Excel高效办公

表格、图表、透视表、函数、数据分析5项修炼

李艳慧 著

人民邮电出版社

北京

图书在版编目（CIP）数据

Excel高效办公：表格、图表、透视表、函数、数据分析5项修炼 / 李艳慧著. -- 北京：人民邮电出版社，2024.3
ISBN 978-7-115-63581-5

Ⅰ. ①E… Ⅱ. ①李… Ⅲ. ①表处理软件—基本知识 Ⅳ. ①TP391.13

中国国家版本馆CIP数据核字(2024)第024680号

内 容 提 要

本书系统地介绍Excel高效办公的相关知识和应用方法，通过精选案例引导读者深入学习。

全书共7章。第1章主要介绍Excel的基础知识，包括表格布局清晰的4个原则、表格以及报表的设计等；第2章主要介绍如何利用Excel制作图表，包括认识图表、常用图表类型以及16种常用图表与经典案例等；第3章主要介绍如何利用Excel制作透视表，包括数据源相关规范、从不同视角快速提炼数据以及不同类型数据透视表的制作等；第4～5章主要介绍Excel公式与函数的相关内容，包括认识公式和函数、常用函数的使用等；第6章主要介绍用Excel分析数据前的数据整理操作，包括文本型数据与数值型数据的转化、数据分列、查找和替换、合并计算、数据验证等；第7章主要介绍用Excel分析数据的相关操作，包括排序、筛选、单变量求解等。

本书不仅适合Excel的初、中级用户学习，也可以作为各类院校相关专业学生和计算机培训班学员的教材或辅导用书。

◆ 著　　　　李艳慧
责任编辑　李永涛
责任印制　胡　南

◆ 人民邮电出版社出版发行　　北京市丰台区成寿寺路11号
邮编　100164　　电子邮件　315@ptpress.com.cn
网址　https://www.ptpress.com.cn
三河市君旺印务有限公司印刷

◆ 开本：787×1092　1/16
印张：13.5　　　　2024年3月第1版
字数：346千字　　　2025年1月河北第6次印刷

定价：79.90元

读者服务热线：(010)81055410　印装质量热线：(010)81055316
反盗版热线：(010)81055315
广告经营许可证：京东市监广登字20170147号

在信息技术飞速发展的今天，计算机早已进入人们的工作、学习和日常生活中，而计算机的操作水平也成为衡量一个人的综合素质的重要标准。为满足广大读者的学习需求，针对当前 Excel 办公应用的特点，著者精心编写了本书。

写作特色

无论读者是否接触过 Excel，都能从本书中获益，掌握使用 Excel 高效办公的方法。

面向实际，精选案例

全书内容以工作中的精选案例为主线，在此基础上适当拓展知识点，以实现学以致用。

图文并茂，轻松学习

本书有效地突出了重点、难点，所有实战操作均配有对应的插图，以便读者在学习过程中直观、清晰地看到操作的过程和效果，从而提高学习效率。

单双混排，超大容量

本书采用单双栏混排的形式，大大扩充了信息容量，在有限的篇幅中为读者介绍了更多的知识和案例。

高手支招，举一反三

本书在每章最后的“高手私房菜”栏目中提炼了各种高级操作技巧，为知识点的扩展应用提供了思路。

配套资源

超值学习资源

本书附赠大量相关内容的视频教程、拓展学习电子书，以及本书所有案例的配套素材和结果文件等，以方便读者学习。

学习资源下载方法

读者可以使用微信扫描封底二维码，关注“异步社区”微信公众号，发送“63581”后，将获得学习资源下载链接和提取码。将下载链接复制到浏览器中并访问下载页面，即可通过提取码下载本书的学习资源。

创作团队

本书由龙马高新教育策划、李艳慧著。在本书的编写过程中，著者已竭尽所能地将更好的内容呈现给读者，但书中难免有疏漏之处，敬请广大读者批评指正。读者在学习过程中有任何疑问或建议，可发送电子邮件至 liyongtao@ptpress.com.cn。

李艳慧

2023 年 10 月

前言

在信息技术飞速发展的今天，计算机早已进入人们的工作、学习和日常生活中，而计算机的操作水平也成为衡量一个人的综合素质的重要标准。为满足广大读者的学习需求，针对当前Excel办公应用的特点，笔者精心编写了本书。

写作特色

无论读者是否接触过Excel，都能从本书中获益，掌握使用Excel高效办公的方法。

○ 面向实际，精选案例

全书内容以工作中的精选案例为主线，在此基础上适当拓展知识点，以实现学以致用。

○ 图文并茂，轻松学习

本书有效地突出了重点、难点，所有实战操作均配有对应的插图，以便读者在学习过程中直观、清晰地看到操作的过程和效果，从而提高学习效率。

○ 单双混排，超大容量

本书采用单双栏混排的形式，大大扩充了信息容量，在有限的篇幅中为读者介绍了更多的知识和案例。

○ 高手支招，举一反三

本书在每章最后的“高手私房菜”栏目中提炼了各种高级操作技巧，为知识点的扩展应用提供了思路。

配套资源

○ 超值学习资源

本书赠送大量相关内容的视频教程、拓展学习电子书，以及本书所有案例的配套素材和结果文件等，以方便读者学习。

○ 学习资源下载方法

读者可以使用微信扫描封底二维码，关注“异步社区”微信公众号，发送“63551”后，将获得学习资源下载链接和提取码。将下载链接复制到浏览器中并访问下载页面，即可通过提取码下载本书的学习资源。

创作团队

本书由龙马高新教育策划，李艳慧著。在本书的编写过程中，著者已竭尽所能地将更好的内容呈现给读者，但书中难免有疏漏之处，敬请广大读者批评指正。读者在学习过程中有任何疑问或建议，可发送电子邮件至liyongtao@ptpress.com.cn。

李艳慧

2023年10月

赠送资源

- 赠送资源 1　Office 2021 快捷键查询手册
- 赠送资源 2　Excel 函数查询手册
- 赠送资源 3　移动办公技巧手册
- 赠送资源 4　网络搜索与下载技巧手册
- 赠送资源 5　2000 个 Word 精选文档模板
- 赠送资源 6　1800 个 Excel 典型表格模板
- 赠送资源 7　1500 个 PPT 精美演示模板
- 赠送资源 8　8 小时 Windows 11 教学视频
- 赠送资源 9　13 小时 Photoshop CC 教学视频

赠送资源

- 赠送资源 1　Office 2021 快捷键查询手册
- 赠送资源 2　Excel 函数查询手册
- 赠送资源 3　移动办公技巧手册
- 赠送资源 4　网络搜索与下载技巧手册
- 赠送资源 5　2000 个 Word 精选文档模板
- 赠送资源 6　1800 个 Excel 典型表格模板
- 赠送资源 7　1500 个 PPT 精美演示模板
- 赠送资源 8　8 小时 Windows 11 教学视频
- 赠送资源 9　13 小时 Photoshop CC 教学视频

第 1 章

表言表语的艺术功

学习目标

在阅读表格时，我们会先研究表格中包含了哪些数据，换句话说就是先理解表格结构。如果一个表格结构混乱，那么我们就需要花费大量的时间和精力去解读这份表格在说什么，从而产生一种“看到表格就头疼”的感觉。本章主要介绍如何让表格结构清晰，显得更专业。

学习效果

类目 姓名	身份证	联系方式	婚姻状态	入职日期	基本工资	业绩目标
李登峰	220***198308085485	131****0726	已婚	2020/8/30	3,600	40.0万
陆春华	500***196507206364	183****5208		2020/6/15	3,360	56.5万
施振宇	500***196507203446	132****0418		2020/4/22	6,400	30.0万
陈铭	210***19870326873X	131****1738	已婚	2020/10/13	5,840	78.5万
王驰磊	330***196112126497	186****6032	已婚	2020/1/7	3,500	45.0万
王心宇	310***196902057834	183****4226	已婚	2020/7/4	5,100	65.0万
张小川	411***197202132411	177****3155		2020/12/22	7,000	20.0万

往年经费使用

	单位	2021年	2022年	2023年
预算	元	120,000	147,000	189,000
上课次数	次	30	35	42
平均讲师费用	元	4,000	4,200	4,500
费用	元	120,000	140,000	180,000
增长率	%	/	17	29
上课次数	次	30	35	40
平均讲师费用	元	4,000	4,000	4,500
结余	元	0	7,000	9,000

报表

就绪 辅助功能: 一切就绪 100%

1.1 表格布局清晰的4个原则

一个一目了然的表格，首先要做到的就是布局清晰。表格布局包括表格的位置、单元格的行高和列宽等内容。

1.1.1 表格不要从A1单元格开始

在日常使用中，很多人习惯让表格从左上角的A1单元格开始，而高手们则会让表格从B2单元格开始，如下图所示。

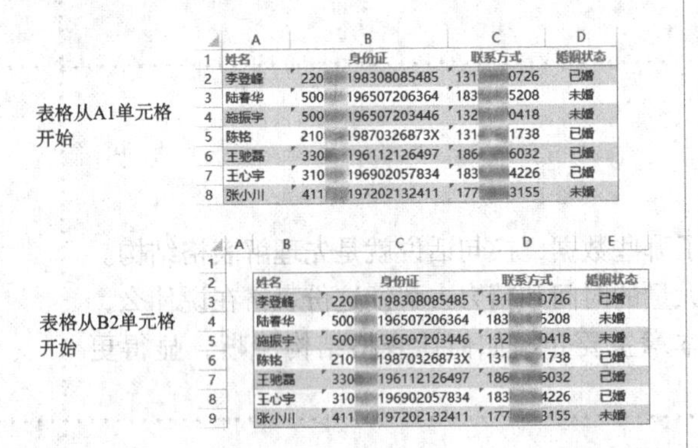

表格从A1单元格开始

姓名	身份证	联系方式	婚姻状态
李登峰	220 198308085485	131 0726	已婚
陆春华	500 196507206364	183 5208	未婚
施振宇	500 196507203446	132 0418	未婚
陈铭	210 19870326873X	131 1738	已婚
王驰磊	330 196112126497	186 6032	已婚
王心宇	310 196902057834	183 4226	已婚
张小川	411 197202132411	177 3155	未婚

表格从B2单元格开始

姓名	身份证	联系方式	婚姻状态
李登峰	220 198308085485	131 0726	已婚
陆春华	500 196507206364	183 5208	未婚
施振宇	500 196507203446	132 0418	未婚
陈铭	210 19870326873X	131 1738	已婚
王驰磊	330 196112126497	186 6032	已婚
王心宇	310 196902057834	183 4226	已婚
张小川	411 197202132411	177 3155	未婚

如果表格从A1单元格开始，会有如下两个问题。

① 看不到表格的上边框和左边框，这样容易导致表格在打印时出现错误。

② 无法一目了然地确定当前表格是否到了边界，需要通过观察滚动条的位置才能确定表格的上方和左边没有数据了。

而表格从B2单元格开始，则可以避免以上两个问题：可以看到表格所有的外边框，而且可以一目了然地确定当前表格的上方和左边没有数据了。

如何让表格由从A1单元格开始变为从B2单元格开始呢？在A1单元格上方插入一行，左侧插入一列即可。在需要插入行的位置（行号“1”）单击鼠标右键，单击【插入】；在需要插入列的位置（列号“A”）单击鼠标右键，单击【插入】，如下图所示。也可以直接选中第1行，按【Ctrl+Shift+=】组合键；或选中第1列，按【Ctrl+Shift+=】组合键。

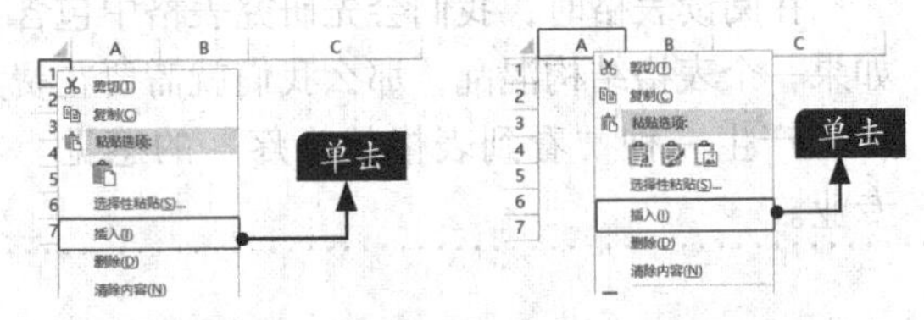

然后拖曳第1行和第2行之间的细线以调整第1行的高度，拖曳A列与B列之间的细线以调整A列的宽度，如下图所示。

姓名	婚姻状态	身份证
李登峰	已婚	220 198308085485
陆春华		500 196507206364
施振宇		500 196507203446
陈铭	已婚	210 19870326873X
王驰磊	已婚	330 196112126497

1.1.2 用文字列把数字列隔开

在下页前两张图所示的表格中有7列数据，其中“姓名”列和“婚姻状态”列是文字，“身份证”“联系方式”“入职日期”“基本工资”“业绩目标”等列为数字。

小提示

为便于计算，本书案例中涉及的工资、业绩等，默认单位为元，大部分数据为虚拟的，未加单位。

姓名	婚姻状态	身份证	联系方式	入职日期	基本工资	业绩目标
李登峰	已婚	220 198308085485	131 0726	20180830	3600	400000
陆春华		500 196507206364	183 5208	20200615	3360	565000
施振宇		500 196507203446	132 0418	20160422	6400	300000
陈铭	已婚	210 19870326873X	131 1738	20201013	5840	785000
王驰磊	已婚	330 196112126497	186 6032	20100107	3500	450000
王心宇	已婚	310 196902057834	183 4226	20200704	5100	650000

从“身份证”列到“业绩目标”列共有5列，其内容全部是数字，这会导致解读数据时多列数字相互混淆。为了避免这样的情况发生，可以将文字列放置在数字列中间。

“姓名”列作为主要数据，不能调整位置，“婚姻状态”列则可以随意调整位置。将“婚姻状态”列放到“联系方式”列和“入职日期”列中间，这样可以有效地降低数字相互混淆的可能性，如下图所示。

姓名	身份证	联系方式	婚姻状态	入职日期	基本工资	业绩目标
李登峰	220 198308085485	131 0726	已婚	20180830	3600	400000
陆春华	500 196507206364	183 5208		20200615	3360	565000
施振宇	500 196507203446	132 0418		20160422	6400	300000
陈铭	210 19870326873X	131 1738	已婚	20201013	5840	785000
王驰磊	330 196112126497	186 6032	已婚	20100107	3500	450000
王心宇	310 196902057834	183 4226	已婚	20200704	5100	650000

1.1.3 快速自动调整列宽

设置完表格从B2单元格开始后，接下来的布局设置就是调整表格的列宽。设定列宽的基本原则是，让每个单元格里的文字、数字都能全部呈现在表格中，并且没有多余的空隙，如下图所示。

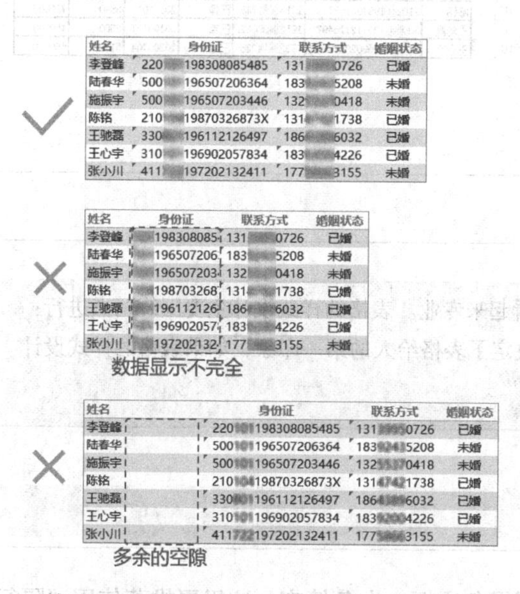

使用手动拖曳单元格边界线来设置列宽的方法，难以调整得恰到好处，有没有什么办法能够根据整列数据的长度来自动调整列宽呢？

可以使用“双击列间隙”的方法。例如需要调整B列的宽度，那么就将鼠标指针放置在B列和C列中间的间隙处，然后双击，Excel即可根据B列的内容自动调整B列列宽，如下图所示。

但是当表格中有较多列时，难道需要双击每一个列间隙来自动调整列宽吗？可以通过先选中多列再使用“双击列间隙”的方法来自动调整多列列宽。选中表格中的B列至H列，然后双击B列至H列中的任意一个列间隙，即可自动调整B列至H列的列宽，如下图所示。

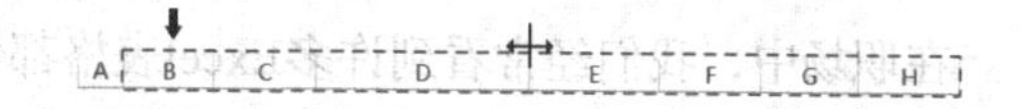

1.1.4 使用“跨列居中”，为表格插入清晰的标题

当解读数据的人打开表格时，第一件事就是思考：“这张表是干吗的？”他会通过审视整个表格的结构，或者查看表格名称来解决这个问题。

为了让读者一目了然地知道该表格的主题，通常需要在表格中插入一个清晰的标题，如下图所示。

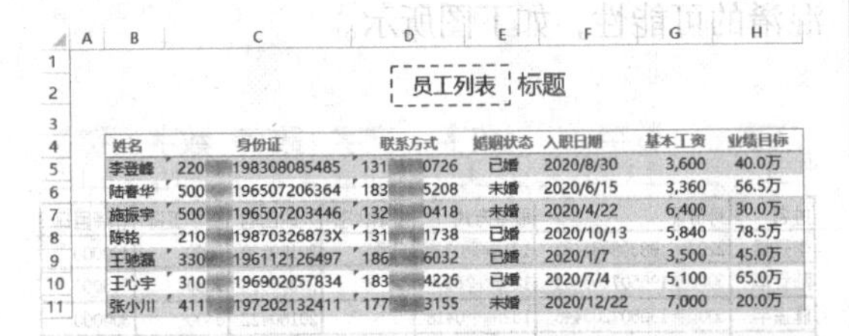

姓名	身份证	联系方式	婚姻状态	入职日期	基本工资	业绩目标
李登峰	220[illegible]198308085485	131[illegible]0726	已婚	2020/8/30	3,600	40.0万
陆春华	500[illegible]196507206364	183[illegible]5208	未婚	2020/6/15	3,360	56.5万
施振宇	500[illegible]196507203446	132[illegible]0418	未婚	2020/4/22	6,400	30.0万
陈铭	210[illegible]19870326873X	131[illegible]1738	已婚	2020/10/13	5,840	78.5万
王驰磊	330[illegible]196112126497	186[illegible]6032	已婚	2020/1/7	3,500	45.0万
王心宇	310[illegible]196902057834	183[illegible]4226	已婚	2020/7/4	5,100	65.0万
张小川	411[illegible]197202132411	177[illegible]3155	未婚	2020/12/22	7,000	20.0万

在第一行下面插入两行。为了让标题在B列至H列居中，通常的做法是对B2至H2单元格进行“合并单元格”的操作。但这样做会有一个很大的问题：当需要调整列之间的顺序时，无法对合并的单元格进行剪切，从而无法剪切列，也无法调整列之间的顺序。

因此，可以通过“跨列居中”的方法来让标题居中。

步骤01 选中B2:H2单元格区域，按【Ctrl+1】快捷键，打开【设置单元格格式】对话框，单击【对齐】选项卡，将水平对齐方式设置为【跨列居中】，然后单击【确定】按钮，如右上图所示。

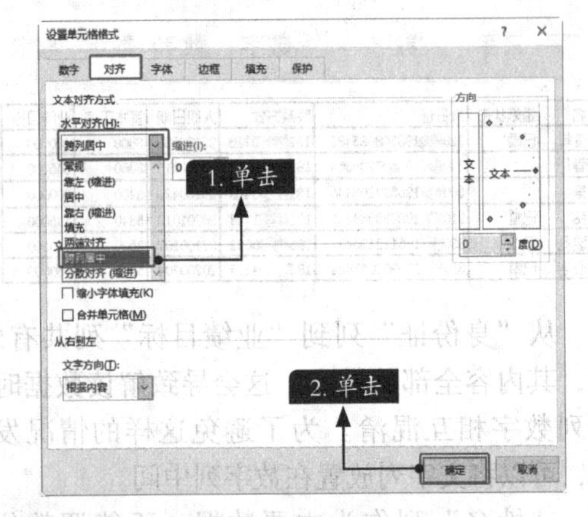

步骤02 此时再输入标题“员工列表”，发现该标题在B2:H2单元格区域中是居中的，但没有将单元格合并，不影响对列的操作，如下图所示。

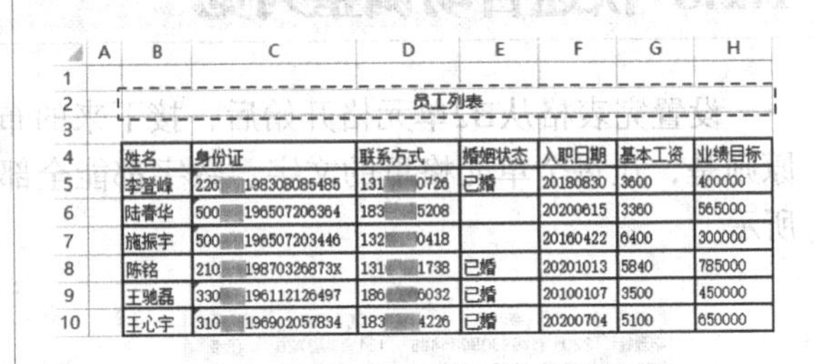

姓名	身份证	联系方式	婚姻状态	入职日期	基本工资	业绩目标
李登峰	220[illegible]198308085485	131[illegible]0726	已婚	20180830	3600	400000
陆春华	500[illegible]196507206364	183[illegible]5208		20200615	3360	565000
施振宇	500[illegible]196507203446	132[illegible]0418		20160422	6400	300000
陈铭	210[illegible]19870326873X	131[illegible]1738	已婚	20201013	5840	785000
王驰磊	330[illegible]196112126497	186[illegible]6032	已婚	20100107	3500	450000
王心宇	310[illegible]196902057834	183[illegible]4226	已婚	20200704	5100	650000

1.2 让表格变得专业

对表格进行样式设计，可以让表格看起来专业。表格的样式设计主要围绕两点进行：填充和边框。不要小看了这两点，它们决定了表格给人的第一印象，如果表格的样式设计得不好，则会让解读表格的人觉得“头疼”。

1.2.1 使用Excel自带的表格样式

在职场中，我们经常看到许多Excel表格都使用黑色边框、白色填充。这里更推荐使用“隔行变色”和“浅色”边框，两者对比如下图所示。

姓名	身份证	联系方式	婚姻状态	入职日期	基本工资	业绩目标
李登峰	220[illegible]198308085485	131[illegible]0726	已婚	2020/8/30	3,600	40.0万
陆春华	500[illegible]196507206364	183[illegible]5208	未婚	2020/6/15	3,360	56.5万
施振宇	500[illegible]196507203446	132[illegible]0418	未婚	2020/4/22	6,400	30.0万
陈铭	210[illegible]19870326873X	131[illegible]1738	已婚	2020/10/13	5,840	78.5万
王驰磊	330[illegible]196112126497	186[illegible]6032	已婚	2020/1/7	3,500	45.0万
王心宇	310[illegible]196902057834	183[illegible]4226	已婚	2020/7/4	5,100	65.0万
张小川	411[illegible]197202132411	177[illegible]3155	未婚	2020/12/22	7,000	20.0万
赵英	370[illegible]196407281817	186[illegible]4449	已婚	2020/6/5	3,500	30.0万
林小玲	341[illegible]196510306265	188[illegible]1291	离异	2020/5/17	4,000	45.0万

黑色边框、白色填充

姓名	身份证	联系方式	婚姻状态	入职日期	基本工资	业绩目标
李登峰	220[illegible]198308085485	131[illegible]0726	已婚	2020/8/30	3,600	40.0万
陆春华	500[illegible]196507206364	183[illegible]5208	未婚	2020/6/15	3,360	56.5万
施振宇	500[illegible]196507203446	132[illegible]0418	未婚	2020/4/22	6,400	30.0万
陈铭	210[illegible]19870326873X	131[illegible]1738	已婚	2020/10/13	5,840	78.5万
王驰磊	330[illegible]196112126497	186[illegible]6032	已婚	2020/1/7	3,500	45.0万
王心宇	310[illegible]196902057834	183[illegible]4226	已婚	2020/7/4	5,100	65.0万
张小川	411[illegible]197202132411	177[illegible]3155	未婚	2020/12/22	7,000	20.0万
赵英	370[illegible]196407281817	186[illegible]4449	已婚	2020/6/5	3,500	30.0万
林小玲	341[illegible]196510306265	188[illegible]1291	离异	2020/5/17	4,000	45.0万

为了解决容易看串行的问题，可以将表格设置为“隔行变色”。使用了“隔行变色”的表格就可以省去内边框了。可以使用Excel自带的“表格格式”为表格设置“隔行变色”。

步骤01 打开“素材\ch01\1.2.xlsx”素材文件，选中需要设置边框和填充的表格数据，单击【开始】选项卡中的【套用表格格式】按钮，单击【浅色】列表框中第1行第4列的样式，如下图所示。

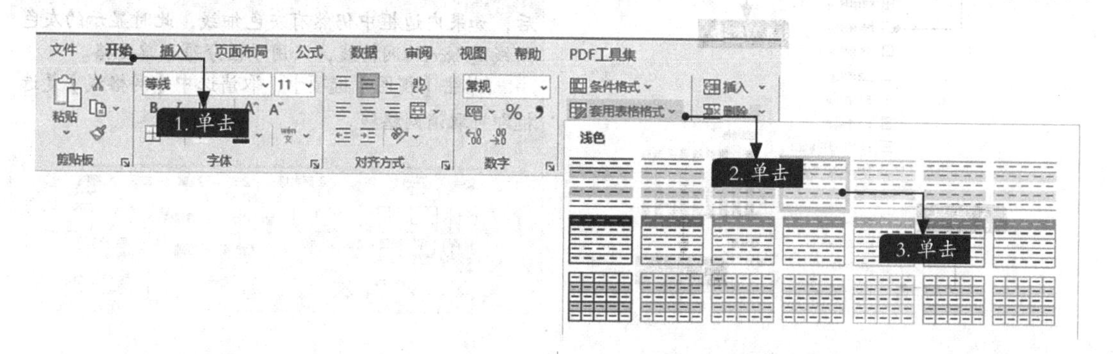

步骤02 Excel会弹出【套用表格式】对话框，单击【确定】按钮即可，如下图所示。

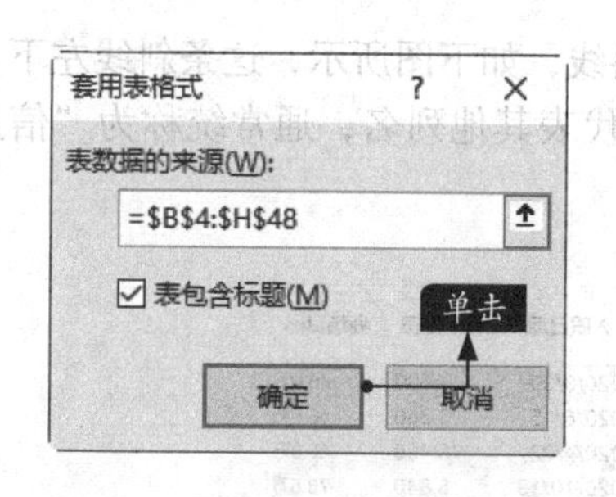

步骤03 Excel会默认给标题行设置筛选按钮，可以通过单击【表设计】选项卡、取消选中【筛选按钮】复选框来删除筛选按钮，如下图所示。

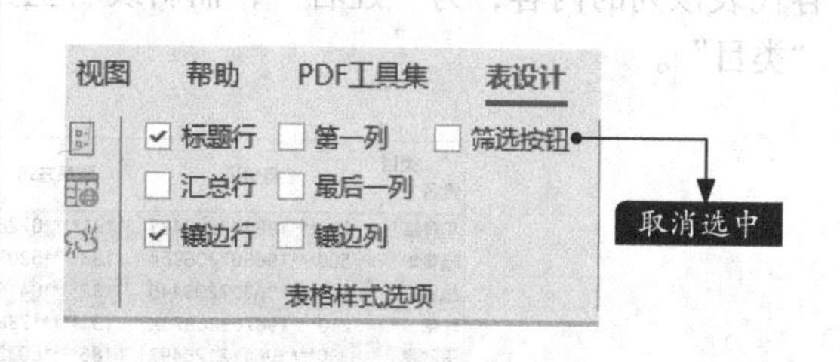

1.2.2 表格边框的设计要点：内无框，四周框

设置完表格的填充颜色后，接下来就是设置表格的边框了。在表格中，已经使用了“隔行变色”来区分行，且每列数据都会对齐以区分列，所以就不需要使用内边框来分隔单元格了。表格边框的设计要点是“内无框，四周框”。

如何实现“内无框，四周框”呢？首先要去除表格中所有的边框，然后将边框颜色设置为灰色，最后设置外侧框线，如右图所示。

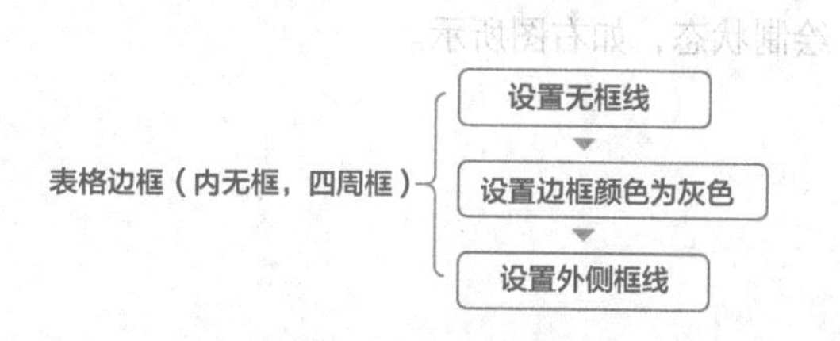

选中单元格区域B4:H48，单击【开始】选项卡中【边框】右侧的下拉按钮，选择【无框线】选项，然后选择【线条颜色】中的“浅灰色”，并选择【外侧框线】选项，如下图所示。

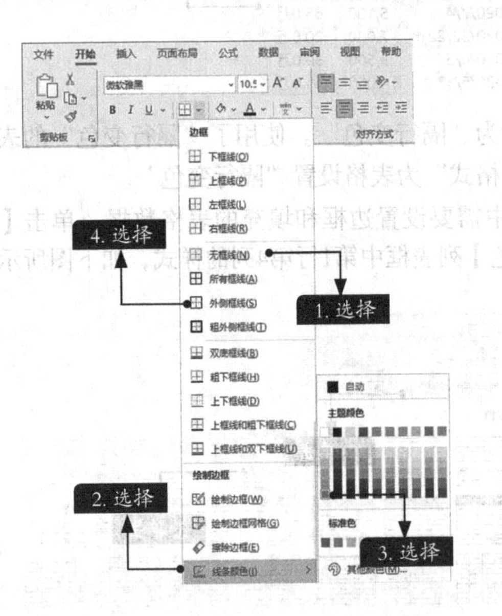

完成了表格边框的设置，如下图所示。

姓名	身份证	联系方式	婚姻状态	入职日期	基本工资	业绩目标
李登峰	220***198308085485	131****0726	已婚	2020/8/30	3,600	40.0万
陆春华	500***196507206364	183****5208		2020/6/15	3,360	56.5万
施振宇	500***196507203446	132****0418		2020/4/22	6,400	30.0万
陈铭	210***19870326873X	131****1738	已婚	2020/10/13	5,840	78.5万
王驰磊	330***196112126497	186****6032	已婚	2020/1/7	3,500	45.0万
王心宇	310***196902057834	183****4226	已婚	2020/7/4	5,100	65.0万
张小川	411***197202132411	177****3155		2020/12/22	7,000	20.0万
赵英	370***196407281817	186****4449	已婚	2020/6/5	3,500	30.0万
林小玲	341***196510306265	188****1291	离异	2020/5/17	4,000	45.0万
沈添怿	310***196902052136	136****8623	已婚	2020/8/14	6,000	65.0万
顾晓英	341***196510304841	183****1698		2020/4/13	6,000	45.0万
张建华	110***196505218635	188****4854	离异	2020/1/27	5,200	65.0万

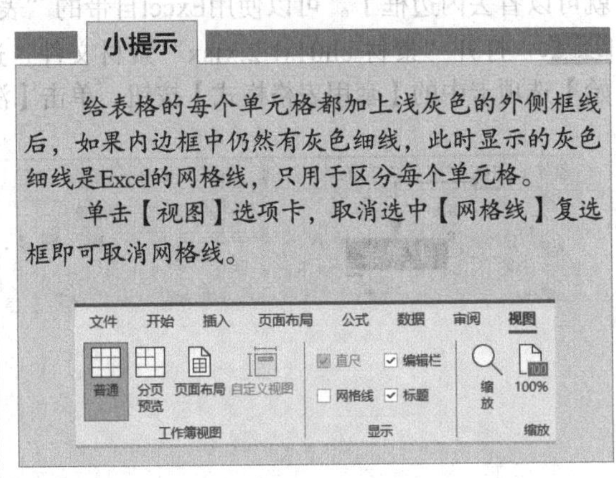

小提示

给表格的每个单元格都加上浅灰色的外侧框线后，如果内边框中仍然有灰色细线，此时显示的灰色细线是Excel的网格线，只用于区分每个单元格。

单击【视图】选项卡，取消选中【网格线】复选框即可取消网格线。

1.2.3 “专业范”爆棚的斜线表头

大部分供参考和讨论的表格都会在左上角添加一条斜线，如下图所示，这条斜线左下方的内容代表该列的内容，为“姓名”，而斜线右上方的内容代表其他列名，通常统称为“信息”或“类目”。

类目 姓名	身份证	联系方式	婚姻状态	入职日期	基本工资	业绩目标
李登峰	220***198308085485	131****0726	已婚	2020/8/30	3,600	40.0万
陆春华	500***196507206364	183****5208		2020/6/15	3,360	56.5万
施振宇	500***196507203446	132****0418		2020/4/22	6,400	30.0万
陈铭	210***19870326873X	131****1738	已婚	2020/10/13	5,840	78.5万
王驰磊	330***196112126497	186****6032	已婚	2020/1/7	3,500	45.0万
王心宇	310***196902057834	183****4226	已婚	2020/7/4	5,100	65.0万
张小川	411***197202132411	177****3155		2020/12/22	7,000	20.0万

如何才能实现以上效果呢？最为便捷的方法就是直接画一条斜线。单击【开始】选项卡中【边框】右侧的下拉按钮，选择【绘制边框】选项，然后在B4单元格中从左上角至右下角绘制一条斜线，绘制完成后按【Esc】键退出绘制状态，如右图所示。

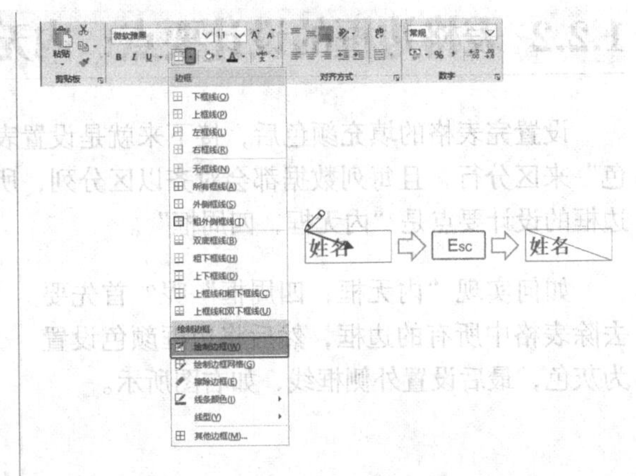

此时的斜线浮于文字上方，影响了文字的显示。如何才能在斜线的右上方显示“类目”二字呢？其实，B4单元格中是有两行数据的，如下图所示。

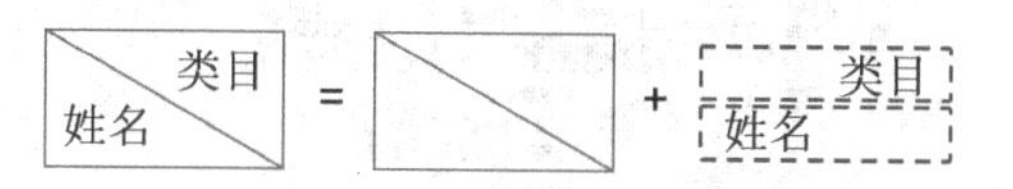

双击B4单元格，进入单元格编辑状态，将光标置于“姓名”前方。如果直接按【Enter】键，Excel将退出B4单元格的编辑状态，光标进入B5单元格，这是因为在Excel中按【Enter】键代表“完成”的意思。要输入两行数据，需要按【Alt+Enter】组合键来实现单元格内的换行，如右上图所示。

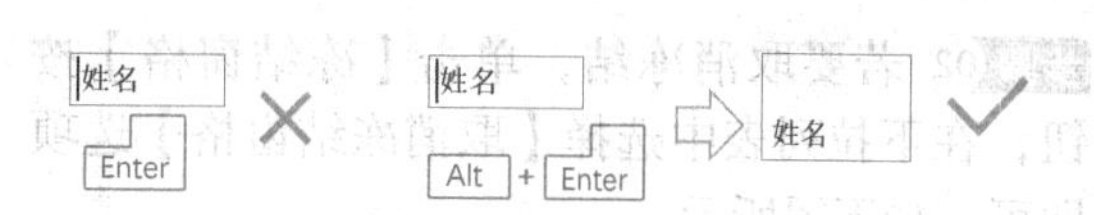

在姓名的上方输入“类目”二字，当希望将“类目”二字右对齐时发现，无法单击【右对齐】按钮，原因是Excel中的对齐功能仅作用于单元格。也就是说，单元格中的两行数据，不能一行左对齐，一行右对齐。这时只能通过添加空格的方法将“类目”向右靠。在“类目”二字前方添加空格，然后将B列的宽度增大，如下图所示。

类目 姓名	身份证	联系方式	婚姻状态	入职日期	基本工资	业绩目标
李登峰	220***198308085485	131****0726	已婚	2020/8/30	3,600	40.0万
陆春华	500***196507206364	183****5208		2020/6/15	3,360	56.5万
施振宇	500***196507203446	132****0418		2020/4/22	6,400	30.0万
陈铭	210***19870326873X	131****1738	已婚	2020/10/13	5,840	78.5万
王驰磊	330***196112126497	186****6032	已婚	2020/1/7	3,500	45.0万
王心宇	310***196902057834	183****4226	已婚	2020/7/4	5,100	65.0万
张小川	411***197202132411	177****3155		2020/12/22	7,000	20.0万

1.3 让表格的标题在滚动表格时一动不动

处理数据量较大的表格时，向下拖动滚动条，表格的标题栏就不见了，用户在查看数据时，需要来回拖动滚动条才能看到标题。那么是否可以将表格设置成无论怎样滚动表格，标题都始终显示呢？

1.3.1 冻结首行、首列

如果表格中的标题只有一行或一列，可以通过冻结首行或首列，让表格的标题始终显示在第一行或第一列。

步骤 01 打开“素材\ch01\1.3.xlsx”文件，单击【视图】选项卡下【窗口】组中的【冻结窗格】按钮，在弹出的下拉列表中选择【冻结首行】选项，如下图所示。

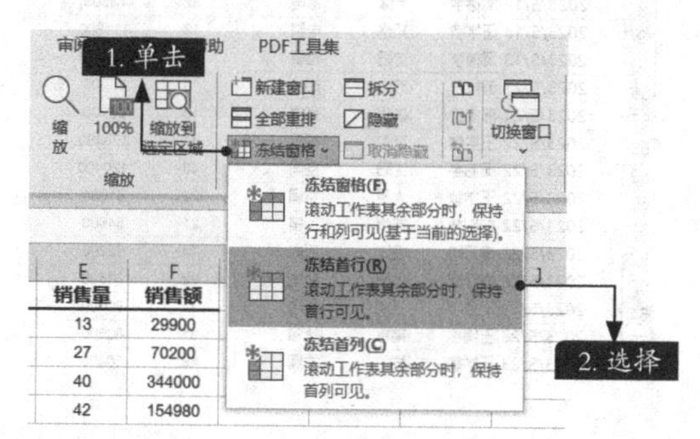

这样就可以将表格的首行“冻住”，在拖动滚动条时，标题始终显示在首行，如下图所示。

	A	B	C	D	E	F
1	日期	销售人员	城市	商品	销售量	销售额
20	2023/5/14	王学敏	郑州	空调	42	117600
21	2023/5/14	刘敬堃	沈阳	冰箱	19	49400
22	2023/5/15	刘敬堃	太原	空调	23	64400
23	2023/5/15	刘敬堃	北京	空调	31	86800
24	2023/5/15	王学敏	上海	空调	15	42000
25	2023/5/15	房天琦	南京	彩电	21	48300
26	2023/5/16	郝宗泉	杭州	冰箱	30	78000
27	2023/5/16	房天琦	合肥	电脑	26	223600
28	2023/5/16	房天琦	天津	相机	38	140220
29	2023/5/16	郝宗泉	武汉	彩电	39	89700
30	2023/5/16	周德宇	沈阳	冰箱	29	75400
31	2023/5/16	周德宇	太原	彩电	21	48300
32	2023/5/16	周德宇	昆明	电脑	13	111800
33	2023/5/17	王学敏	贵阳	相机	32	118080
34	2023/5/17	房天琦	天津	彩电	35	80500
35	2023/5/17	房天琦	北京	相机	31	114390

步骤02 若要取消冻结，单击【冻结窗格】按钮，在下拉列表中选择【取消冻结窗格】选项即可，如下图所示。

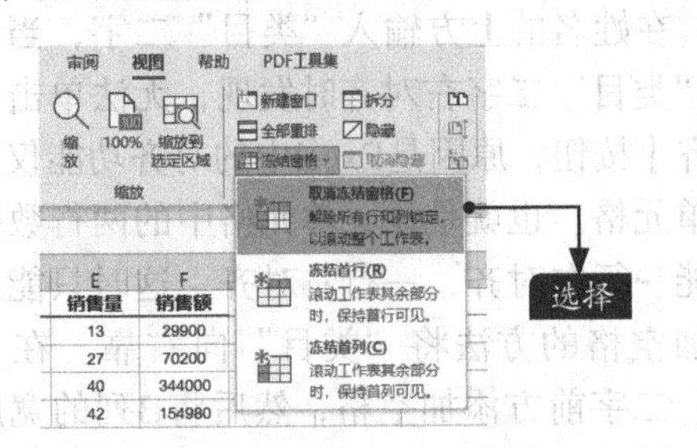

步骤03 使用相似的方法可冻结首列，单击【冻结窗格】按钮，在下拉列表中选择【冻结首列】选项，如下图所示。

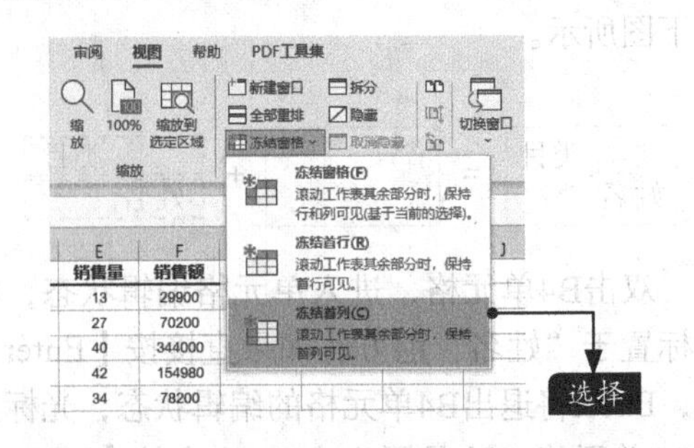

1.3.2 冻结窗格

冻结窗格不仅可以冻结首行和首列，还可以同时冻结多行和多列。如果我们现在既要求冻结首列，又要求冻结首行，该如何操作呢？

步骤01 取消上一小节设置的冻结首行、首列，然后选择B2单元格，单击【视图】选项卡下【窗口】组中的【冻结窗格】按钮，在弹出的下拉列表中选择【冻结窗格】选项，如下图所示。

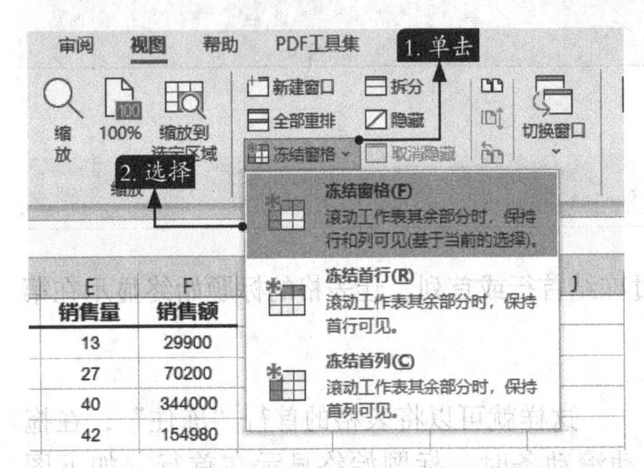

这样就可以同时冻结B2单元格的左侧列和上一行，即冻结首行和首列，如下图所示。

	A	B	C	D	E	F
1	日期	销售人员	城市	商品	销售量	销售额
2	2023/5/12	曹泽鑫	武汉	彩电	13	29900
3	2023/5/12	刘敬堃	沈阳	冰箱	27	70200
4	2023/5/12	周德宇	太原	电脑	40	344000
5	2023/5/12	周德宇	贵阳	相机	42	154980
6	2023/5/12	曹泽鑫	武汉	彩电	34	78200
7	2023/5/12	王腾宇	杭州	冰箱	24	62400
8	2023/5/12	周德宇	天津	彩电	32	73600
9	2023/5/13	王学敏	郑州	电脑	13	111800
10	2023/5/13	周德宇	沈阳	相机	34	125460
11	2023/5/13	周德宇	太原	彩电	20	46000
12	2023/5/13	周德宇	郑州	相机	43	158670
13	2023/5/13	房天琦	上海	空调	45	126000

小提示

冻结窗格的内在逻辑是：以操作之前所选单元格的左上角为起始点，画出横向和纵向的冻结分割线，冻结的区域就是所选单元格的左侧列和上方行，如选择的是C5单元格，执行【冻结窗格】命令后，冻结的区域就是A列、B列以及前4行。

步骤02 若要冻结前10行的数据，可以先取消上一步设置的冻结窗格，然后选择A11单元格，在【冻结窗格】下拉列表中选择【冻结窗格】选项，即可将前10行冻结，如下图所示。

	A	B	C	D	E	F
1	日期	销售人员	城市	商品	销售量	销售额
2	2023/5/12	曹泽鑫	武汉	彩电	13	29900
3	2023/5/12	刘敬堃	沈阳	冰箱	27	70200
4	2023/5/12	周德宇	太原	电脑	40	344000
5	2023/5/12	周德宇	贵阳	相机	42	154980
6	2023/5/12	曹泽鑫	武汉	彩电	34	78200
7	2023/5/12	王腾宇	杭州	冰箱	24	62400
8	2023/5/12	周德宇	天津	彩电	32	73600
9	2023/5/13	王学敏	郑州	电脑	13	111800
10	2023/5/13	周德宇	沈阳	相机	34	125460
56	2023/5/21	郝宗泉	苏州	相机	10	36900
57	2023/5/21	郝宗泉	杭州	彩电	13	29900
58	2023/5/22	王学敏	武汉	相机	47	173430
59	2023/5/22	周德宇	沈阳	空调	43	120400
60	2023/5/22	王学敏	太原	空调	22	61600
61	2023/5/22	刘敬堃	郑州	冰箱	21	54600
62	2023/5/22	房天琦	武汉	彩电	14	32200
63	2023/5/22	曹泽鑫	太原	彩电	32	73600
64	2023/5/23	周德宇	上海	冰箱	31	80600
65	2023/5/23	王腾宇	南京	冰箱	31	80600
66	2023/5/23	王学敏	杭州	空调	18	50400

1.4 表格文字设计法则

设置完表格的布局和边框后，表格的整体样式已经基本成型，还需要增强表格中文字的可读性，这样就能够让表格一目了然。

1.4.1 中文字体用微软雅黑，数字和英文字体用Arial

合适的字体不但可以让数据看起来更优美，还可以让数据更加易读。Excel中默认的字体会根据系统的变化而改变，通常为等线。

在职场中，常用的设置就是将中文的字体设置为微软雅黑，数字和英文的字体设置为Arial。打开“素材\ch01\1.4.xlsx”文件，首先来比较一下宋体、等线和微软雅黑这3种字体的显示效果，如下图所示。

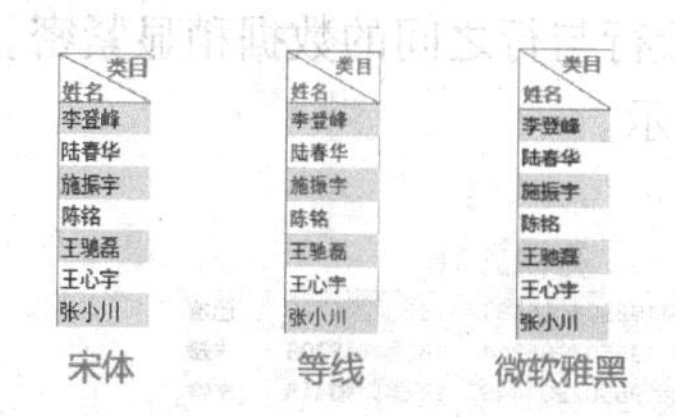

宋体　　等线　　微软雅黑

这3种字体中，宋体常用于大段的文字，在Word文档中较为常用，而等线和微软雅黑相较之下，微软雅黑较为美观。

接下来对比一下数字和英文的3种字体：Times New Roman、微软雅黑和Arial，如下图所示。

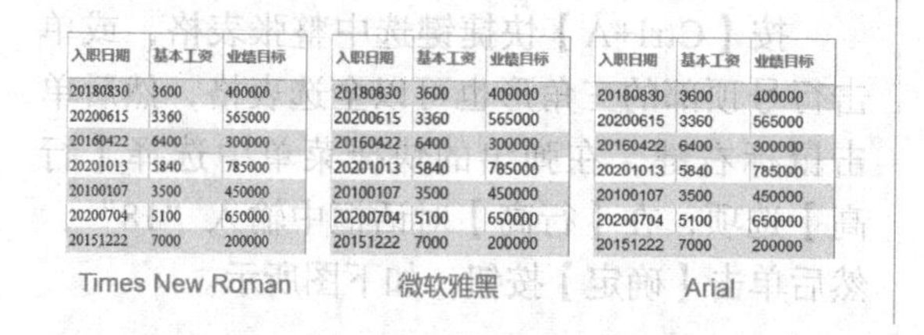

入职日期	基本工资	业绩目标
20180830	3600	400000
20200615	3360	565000
20160422	6400	300000
20201013	5840	785000
20100107	3500	450000
20200704	5100	650000
20151222	7000	200000

Times New Roman

入职日期	基本工资	业绩目标
20180830	3600	400000
20200615	3360	565000
20160422	6400	300000
20201013	5840	785000
20100107	3500	450000
20200704	5100	650000
20151222	7000	200000

微软雅黑

入职日期	基本工资	业绩目标
20180830	3600	400000
20200615	3360	565000
20160422	6400	300000
20201013	5840	785000
20100107	3500	450000
20200704	5100	650000
20151222	7000	200000

Arial

Times New Roman是在Word文档中常用的英文字体，但是粗细不一致，因此在含有大量数字的表格中，它并不是首选。微软雅黑和Arial粗细一致，看上去较为美观，而且Arial更加瘦长，有利于数据的输入，所以在表格中，数字和英文的字体通常都使用Arial。

如何能够快速将中文的字体设置为微软雅黑，将数字和英文的字体设置为Arial呢？难道需要一列列地设置字体吗？

通常会使用两个步骤来完成所有的字体设置。先将表格内全部内容的字体设置为微软雅黑，再将数字和英文的字体设置为Arial，如下图所示。

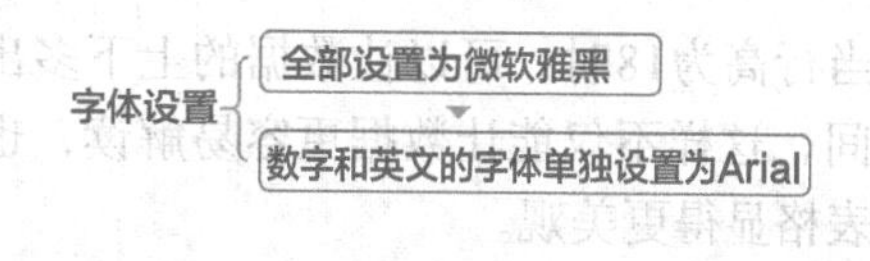

1.4.2 除了标题，全部使用同样的字号

表格中内容的字号在职场中没有明确的规定，通常设置为10~12。因为字号小于10将会导致文字看不清，而字号大于12则会导致不能在一页中显示较多的数据。本案例中的字号为10.5，可以不用修改。

标题的字号则可以比表格中内容的字号大，为了达到一目了然的效果，通常将标题字号设置为12~16。选中表格标题，单击【开始】选项卡中的【增大字号】按钮来调整字号，如下页首图所示。

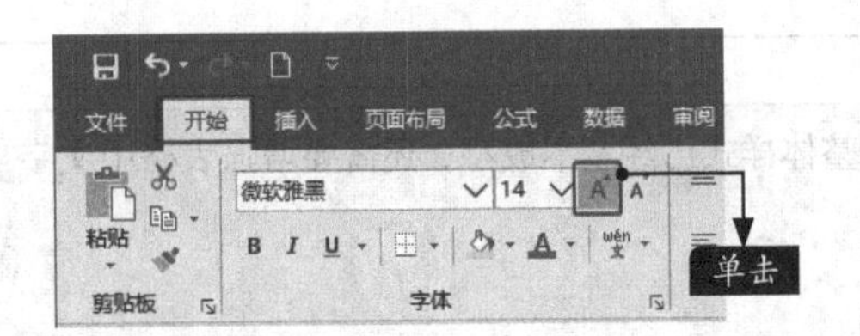

需要注意的是，除了标题外，表格中内容的字号应当统一，全部使用10或者11都可以，但不能混用。因为一旦混用了不同的字号，整张表格中的数据将会难以解读和难以对比。特别是从其他表格中复制数据时，往往会将其他表格的数据格式也一并复制到自己的表格中，这样会造成数据解读的困扰，如右图所示。

类目 姓名	身份证	联系方式	婚姻状态	入职日期	基本工资	业绩目标
李登峰	220101198308085485	131[illegible]0726	已婚	20180830	3600	400000
陆春华	500[illegible]196507206364	183[illegible]5208		20200615	3360	565000
施振宇	500[illegible]196507203446	132[illegible]0418		20160422	6400	300000
陈铭	210[illegible]19870326873X	131[illegible]1738	已婚	20201013	5840	785000
王驰磊	330[illegible]196112126497	186[illegible]6032	已婚	20100107	3500	450000
王心宇	310[illegible]196902057834	183[illegible]4226	已婚	20200704	5100	650000
张小川	411[illegible]197202132411	177[illegible]3155		20151222	7000	200000
赵 英	370[illegible]196407281817	186[illegible]4449	已婚	20110605	3500	300000
林小玲	341[illegible]196510306265	188[illegible]1291	离异	20130517	4000	450000

类目 姓名	身份证	联系方式	婚姻状态	入职日期	基本工资	业绩目标
李登峰	220[illegible]198308085485	131[illegible]0726	已婚	20180830	3600	400000
陆春华	500[illegible]196507206364	183[illegible]5208		20200615	3360	565000
施振宇	500[illegible]196507203446	132[illegible]0418		20160422	6400	300000
陈铭	210[illegible]19870326873X	131[illegible]1738	已婚	20201013	5840	785000
王驰磊	330[illegible]196112126497	186[illegible]6032	已婚	20100107	3500	450000
王心宇	310[illegible]196902057834	183[illegible]4226	已婚	20200704	5100	650000
张小川	411[illegible]197202132411	177[illegible]3155		20151222	7000	200000
赵 英	370[illegible]196407281817	186[illegible]4449	已婚	20110605	3500	300000
林小玲	341[illegible]196510306265	188[illegible]1291	离异	20130517	4000	450000

当设置完字体和字号后，需要重新调整表格的列宽，以适应新的数据长度。

1.4.3 行高统一设置为18

Excel会根据字体与字号自动设置行高。默认的设置会让行与行之间的数据稍显紧密。在职场中，将行高设置为18是较为常见的方法，两者对比如下图所示。

默认行高

李登峰	220[illegible]198308085485	131[illegible]0726	已婚
陆春华	500[illegible]196507206364	183[illegible]5208	未婚
施振宇	500[illegible]196507203446	132[illegible]0418	未婚
陈铭	210[illegible]19870326873X	131[illegible]1738	已婚
王驰磊	330[illegible]196112126497	186[illegible]6032	已婚
王心宇	310[illegible]196902057834	183[illegible]4226	已婚
张小川	411[illegible]197202132411	177[illegible]3155	未婚
赵英	370[illegible]196407281817	186[illegible]4449	已婚

行高为18

李登峰	220[illegible]198308085485	131[illegible]0726	已婚
陆春华	500[illegible]196507206364	183[illegible]5208	未婚
施振宇	500[illegible]196507203446	132[illegible]0418	未婚
陈铭	210[illegible]19870326873X	131[illegible]1738	已婚
王驰磊	330[illegible]196112126497	186[illegible]6032	已婚
王心宇	310[illegible]196902057834	183[illegible]4226	已婚
张小川	411[illegible]197202132411	177[illegible]3155	未婚
赵英	370[illegible]196407281817	186[illegible]4449	已婚

当行高为18时，可以让数据的上下多出一点空间，这样不仅能让数据更容易解读，也能够使表格显得更美观。

选中表格的5~48行，在行号上单击鼠标右键，选择【行高】选项，在弹出的【行高】对话框中输入“18”，然后单击【确定】按钮，如下图所示。

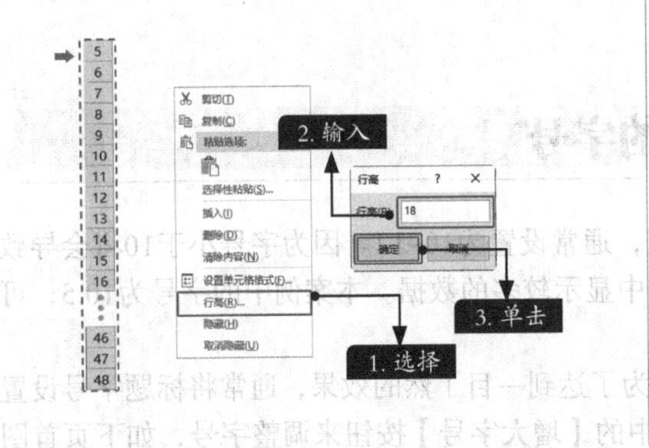

如果行数较多，比如表格有500行，那么手动选中所有行将会非常浪费时间，如何能够快速将整个表格的行高都设置为18呢？

按【Ctrl+A】快捷键选中整张表格，或单击行号顶部的三角形也可以全选表格，然后单击鼠标右键，在弹出的快捷菜单中选择【行高】选项，在【行高】对话框中输入“18”，然后单击【确定】按钮，如下图所示。

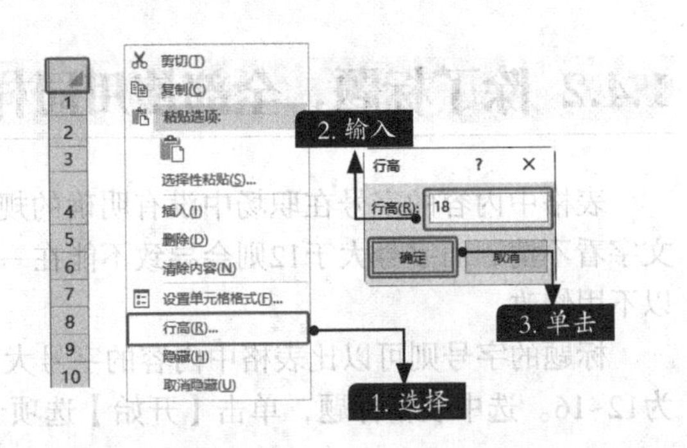

1.4.4 为数字添加易读的千位分隔符

在表格中经常会出现数字，可能是金额、数量或者单价。如果这个数字较大，为了了解其大小，需要一个一个地计算位数，如下图所示。

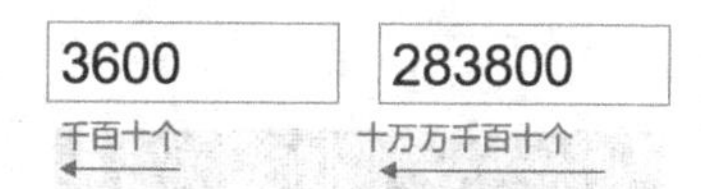

如果数字超过1 000，可以给该数字添加千位分隔符，这样就可以让读者一目了然地知道数字的数量级了，如下图所示。

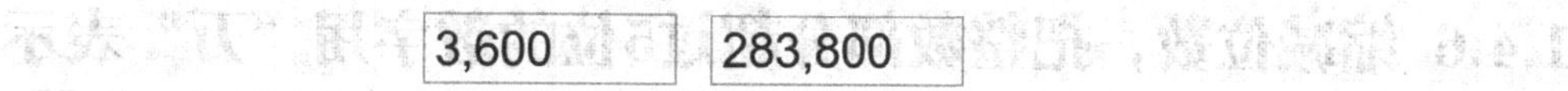

如何能够快速给数字添加千位分隔符呢？比如给本案例中的“基本工资”一列添加千位分隔符。单击G5单元格，按【Ctrl+Shift+↓】组合键快速选中G列的数据，然后单击【开始】选项卡中的【千位分隔样式】按钮即可，如下图所示。

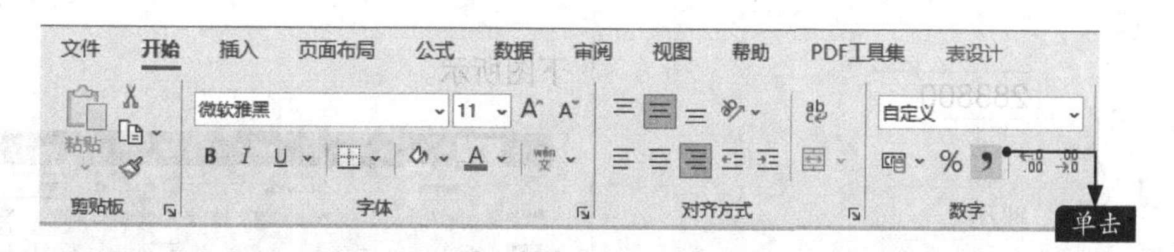

1.4.5 去掉“迷惑人心”的小数位

当为数字添加千位分隔符后，数字将自动变为“会计专用”格式，并且添加了2位小数，如果该列数据本身没有小数，那么这2位小数就会“迷惑人心”。这是由于小数位增加了整个数字的长度，而且小数点“.”与千位分隔符“,”外形较为相似，很容易让人产生误解，如下图所示。

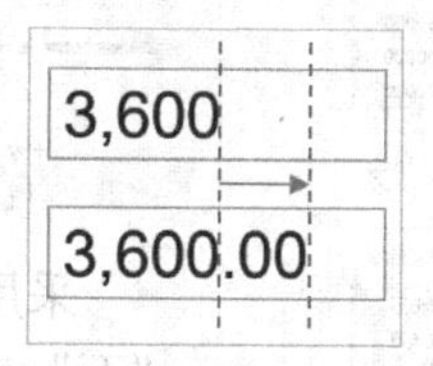

为了避免这样的误解，如果数字中没有小数，则必须去除所有小数位。许多职场人士都习惯了在单元格上单击鼠标右键，再选择【设置单元格格式】选项来调整小数位，这样非常浪费精力，其实，不使用【设置单元格格式】也能够去除小数位。

比如需要去除本案例中的“基本工资”列的小数位，首先选中G5:G48单元格区域，单击【开始】选项卡中的【减少小数位数】按钮两次即可，如下页图所示。

而且在通常情况下，在添加千位分隔符后需要立即去除小数位，所以这两个步骤通常是连续进行的，如下图所示。

1.4.6 缩减位数，把整数部分超过5位的数字用“万”表示

当数字的整数部分超过5位，其值超过“万”时，职场人士通常不会注意“万”以后的数字，而是直接查看该数字有多少“万”，如下图所示。

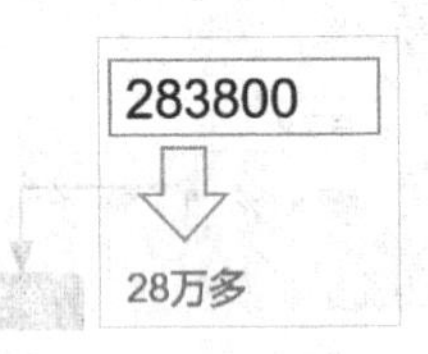

为了省略“万”之后的数字，让数字一目了然，可以让数字显示为多少“万”，如下图所示。

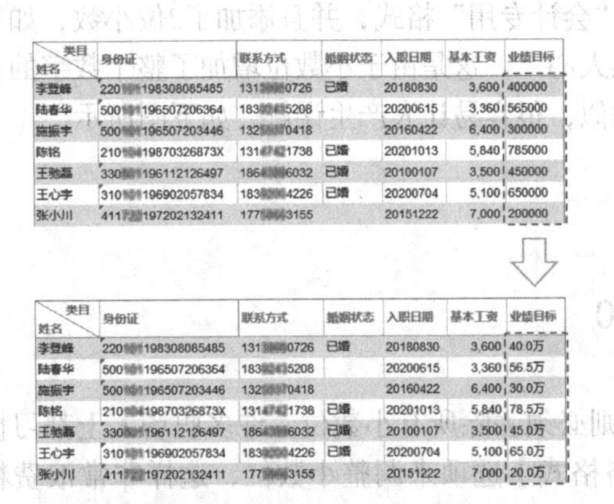

如何将数字用“万”表示呢？

在本案例中，需要将“业绩目标”列的数字用“万”表示，首先选中H5:H48单元格区域，在【开始】选项卡中单击【数字】格式中的【其他数字格式】按钮，在弹出的对话框中选择【自定义】选项，在【类型】中输入“0!.0,万”，然后单击【确定】按钮即可，如下图所示。

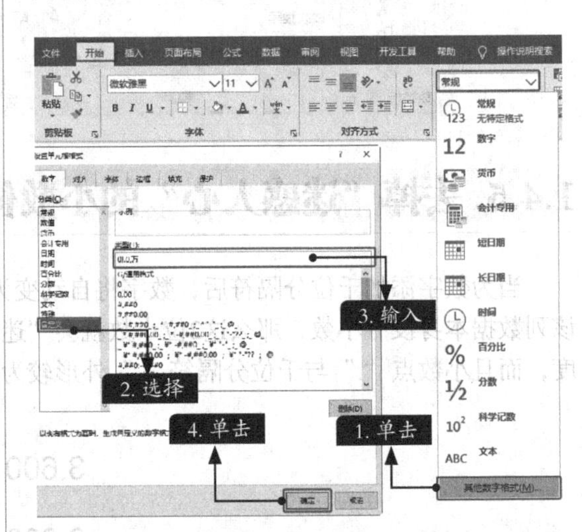

采用这种方式会将数字进行四舍五入后用“万”表示，职场中，除了“万”以外，还会使用到“千”。以下列举了常用的精炼显示方式的代码，只要将这些代码输入【类型】中，即可获得相应的结果，如下图所示。

原始数据	结果数据	使用代码
12345	1.2万	0!.0,万
12345	12.3千	0.0,千
12345	12千	0,千

1.4.7 数字居右，非数字居左，长短一样居中

经常听到职场人士说：“为了美观，把表格中所有的数据都居中显示。”我的疑问是：“居中显示真的实用吗？”

在职场中，数据通常可以分为3类：中文、英文和数字。如果把它们全部居中显示，结果如下图所示。

中文	中文	英文	数字
上衣	合格	Jacket	15,200
日用品	合格	Daily Necessities	99
高端奢侈类	合格	High-end luxury	367,050
鞋	合格	Shoes	880

如果把数字右对齐，中文和英文左对齐，则会让这些数据更加易读，如下图所示。

中文	中文	英文	数字
上衣	合格	Jacket	15,200
日用品	合格	Daily Necessities	99
高端奢侈类	合格	High-end luxury	367,050
鞋	合格	Shoes	880

为什么数字右对齐，中文和英文左对齐会更加易读呢？因为这符合我们的阅读习惯。

中文和英文的阅读顺序是从左至右，如果将它们左对齐则可以很方便地从同一个位置开始从左至右阅读，而将它们居中对齐，则需要让解读数据的人不断地寻找每行的起始位置，如下图所示。

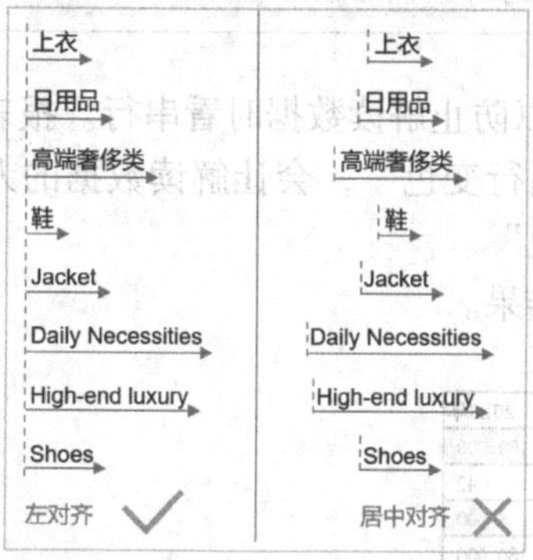

数字的阅读顺序是从右至左，个、十、百、千、万这样阅读，如果将数字都右对齐，可以很方便地从同一个位置开始从右至左阅读，而将它们居中对齐，则需要让解读数据的人不断地寻找每行的起始位置，如右上图所示。

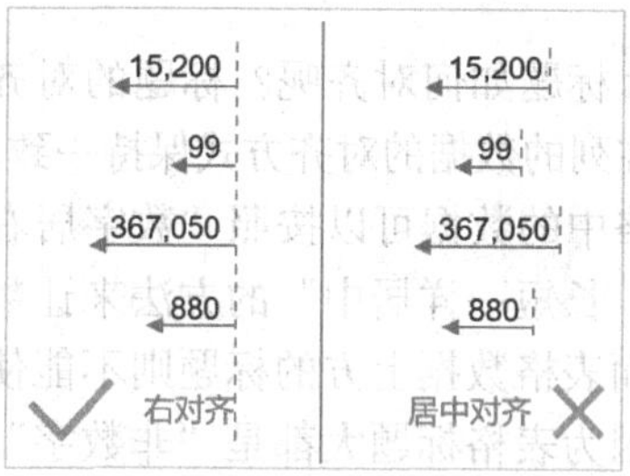

把数字右对齐，非数字左对齐还有一个理由，就是因为这样设置会产生视觉上的“直线”，即使在表格没有内边框的情况下也不会造成数据的误读，如下图所示。

中文	中文	英文	数字
上衣	合格	Jacket	15,200
日用品	合格	Daily Necessities	99
高端奢侈类	合格	High-end luxury	367,050
鞋	合格	Shoes	880

在实际的设置过程中，有一种特例，也就是当整列的数据长短一样时，将其居中对齐可以在不影响阅读的情况下提高美观度，如下图所示。

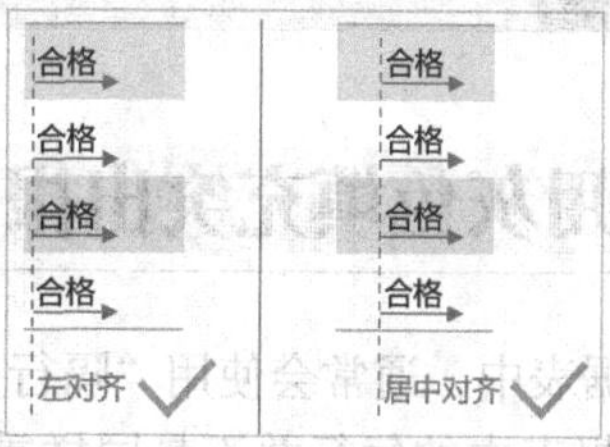

根据“数字居右，非数字居左，长短一样居中”的方法，将本案例中的“姓名”列左对齐，“身份证”列、“联系方式”列、“婚姻状态”列和“入职日期”列居中对齐，“基本工资”列和“业绩目标”列右对齐。

“姓名”列已经左对齐，无须设置。选中C5:F48单元格区域，单击【开始】选项卡中的【居中】按钮。然后选中G5:H48单元格区域，单击【开始】选项卡中的【右对齐】按钮，结果如下页首图所示。

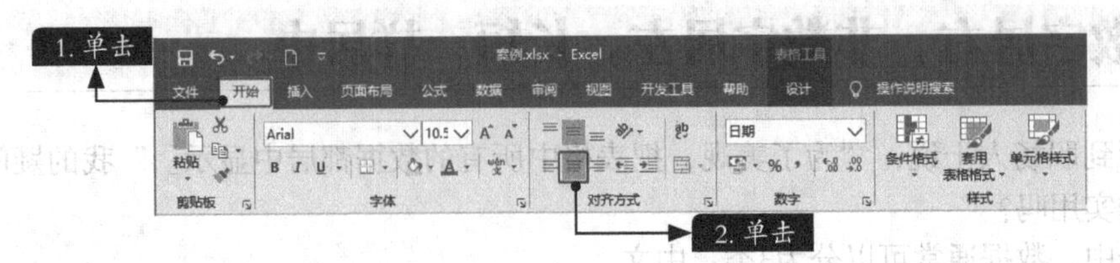

那么标题如何对齐呢？标题的对齐方式与标题所在列的数据的对齐方式保持一致。

表格中的数据可以按照“数字居右，非数字居左，长短一样居中”的方法来让数据更加易读，而表格数据上方的标题则不能使用这个方法，因为表格标题大都是“非数字”，如果按照该方法，所有的表格标题都要居左，那么显示结果如下图所示。

类目 姓名	身份证	联系方式	婚姻状态	入职日期	基本工资	业绩目标
李登峰	220[illegible]1198308085485	131[illegible]0726	已婚	20180830	3,600	40.0万
陆春华	500[illegible]1196507206364	183[illegible]5208		20200615	3,360	56.5万
施振宇	500[illegible]1196507203446	132[illegible]0418		20160422	6,400	30.0万
陈铭	210[illegible]19870326873X	131[illegible]1738	已婚	20201013	5,840	78.5万
王驰磊	330[illegible]1196112126497	186[illegible]6032	已婚	20100107	3,500	45.0万
王心宇	310[illegible]1196902057834	183[illegible]4226	已婚	20200704	5,100	65.0万
张小川	411[illegible]197202132411	177[illegible]3155		20151222	7,000	20.0万

这样的显示结果并不能让人一目了然，反倒让解读数据的人感觉很奇怪，因为在同一列中，标题和数据的对齐方式不一样。如果将标题和标题所在列的数据的对齐方式保持一致，则结果如下图所示。

类目 姓名	身份证	联系方式	婚姻状态	入职日期	基本工资	业绩目标
李登峰	220[illegible]1198308085485	131[illegible]0726	已婚	20180830	3,600	40.0万
陆春华	500[illegible]1196507206364	183[illegible]5208		20200615	3,360	56.5万
施振宇	500[illegible]1196507203446	132[illegible]0418		20160422	6,400	30.0万
陈铭	210[illegible]19870326873X	131[illegible]1738	已婚	20201013	5,840	78.5万
王驰磊	330[illegible]1196112126497	186[illegible]6032	已婚	20100107	3,500	45.0万
王心宇	310[illegible]1196902057834	183[illegible]4226	已婚	20200704	5,100	65.0万
张小川	411[illegible]197202132411	177[illegible]3155		20151222	7,000	20.0万

通过对比可以发现，让标题的对齐方式与标题所在列的数据的对齐方式保持一致，可以让表格更加易读。

1.5 让报表变得一目了然

在职场中，常见的表格分为数据表和报表，前文都是以数据表作为案例，让数据表一目了然，而本节将讲解如何让报表也变得一目了然。

1.5.1 用灰色填充突出报表中的主要项目

在数据表中，通常会使用“隔行变色”来区分每行，以防止解读数据时看串行。报表与数据表不同，报表中的每行并不是同样重要的，如果采用“隔行变色”，会让解读数据的人感觉混乱，无法解读该报表的结构，所以报表不能使用“隔行变色”。

如果报表也使用“隔行变色”，就会得到下图所示的结果。

列1	2021年	2022年	2023年
预算/元	120,000	147,000	189,000
上课次数/次	30	35	42
平均讲师费用/元	4,000	4,200	4,500
费用/元	120,000	140,000	180,000
增长率/%		17	29
上课次数/次	30	35	40
平均讲师费用/元	4,000	4,000	4,500
结余/元	0	7,000	9,000

在该报表中，“预算”“费用”“结余”是主要项目，如果不把它们标注出来，解读数据的人需要花费大量时间和精力才能看懂这张报表。通常采用灰色填充的方法来突出报表中的主要项目。

打开“素材\ch01\1.5.xlsx”文件，选中B3:E3、B6:E6、B10:E10单元格区域，单击【开始】选项卡中的【填充颜色】按钮右侧的下拉按钮，选择“浅灰色”，如下图所示。

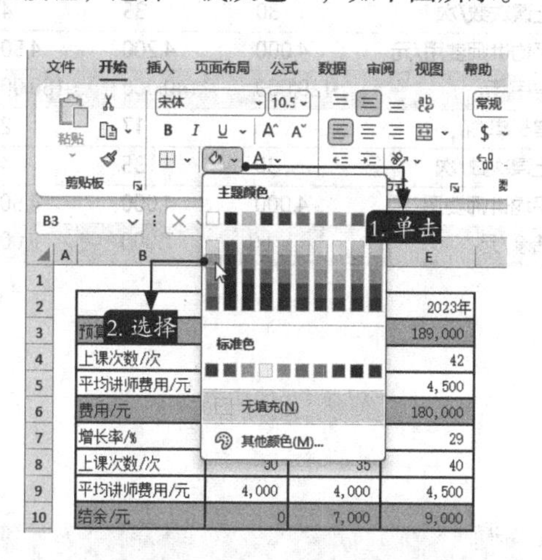

突出“预算”“费用”“结余”项目后的效果如下图所示。

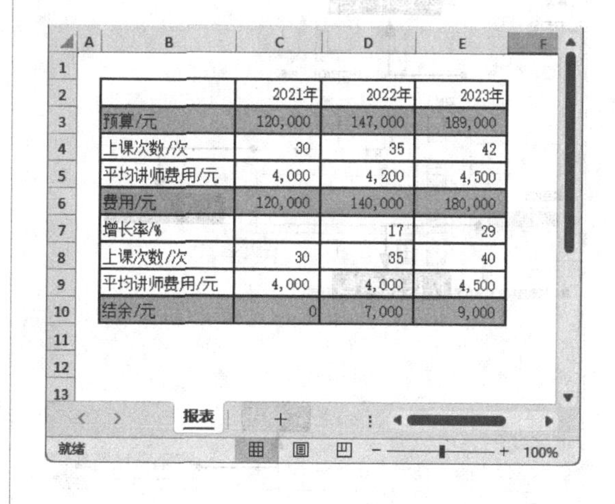

1.5.2 报表边框的设计要点：上下粗，中间细

在数据表中可以“内无框”是因为使用了“隔行变色”，而报表中没有设置“隔行变色”，所以就不能“内无框”了。报表边框的设计要点是“上下粗，中间细”。每行间的细线可以分开每一行的数据，而上下的粗线可以让解读数据的人一目了然地看到报表的上下边界在哪里。

步骤01 选择报表区域中的任意单元格，按【Ctrl+A】快捷键选中整个报表，如下图所示。

	2021年	2022年	2023年
预算/元	120,000	147,000	189,000
上课次数/次	30	35	42
平均讲师费用/元	4,000	4,200	4,500
费用/元	120,000	140,000	180,000
增长率/%		17	29
上课次数/次	30	35	40
平均讲师费用/元	4,000	4,000	4,500
结余/元	0	7,000	9,000

步骤02 单击【开始】选项卡中的【边框】按钮右侧的下拉按钮，选择【其他边框】选项，如右图所示。

步骤03 在弹出的对话框中，先将【颜色】修改为“灰色”，然后在【样式】区域中选择细线，并单击边框的中部，然后选择粗线，并单击边框的上部和下部，最后单击【确定】按钮，如下页图所示。

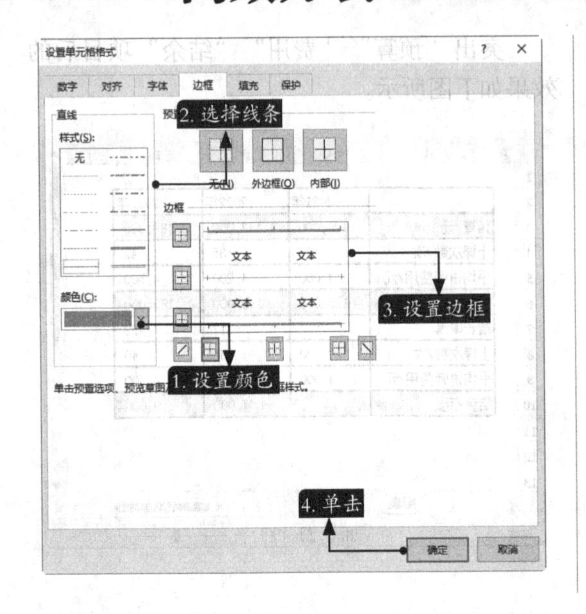

步骤04 设置报表边框后的效果如下图所示。

	2021年	2022年	2023年
预算/元	120,000	147,000	189,000
上课次数/次	30	35	42
平均讲师费用/元	4,000	4,200	4,500
费用/元	120,000	140,000	180,000
增长率/%		17	29
上课次数/次	30	35	40
平均讲师费用/元	4,000	4,000	4,500
结余/元	0	7,000	9,000

1.5.3 空数据不能用留白显示

在报表中，C7单元格是空白的，仔细思考之后发现，这是因为2021年是第1年，所以增长率无法得出。

如果在这个空单元格中填上“0”，那么会引起解读者的误解：2021年的增长率为0%，2021年的费用和2020年持平。这样会传递错误的信息，最终给其他人留下一个不好的印象——“你做的报表是错的”，如下图所示。

	2021年	2022年	2023年
预算/元	120,000	147,000	189,000
上课次数/次	30	35	42
平均讲师费用/元	4,000	4,200	4,500
费用/元	120,000	140,000	180,000
增长率/%	0	17	29
上课次数/次	30	35	40
平均讲师费用/元	4,000	4,000	4,500
结余/元	0	7,000	9,000

而一些专业人士会选择使用“N/A”来填充该单元格，“N/A”是Not Applicable（不适用）的简写，但是对于普通的数据解读者来说，看到“N/A”时，他们往往会陷入思考：“这是什么意思？这里计算出错了吗？”，如下图所示。

	2021年	2022年	2023年
预算/元	120,000	147,000	189,000
上课次数/次	30	35	42
平均讲师费用/元	4,000	4,200	4,500
费用/元	120,000	140,000	180,000
增长率/%	N/A	17	29
上课次数/次	30	35	40
平均讲师费用/元	4,000	4,000	4,500
结余/元	0	7,000	9,000

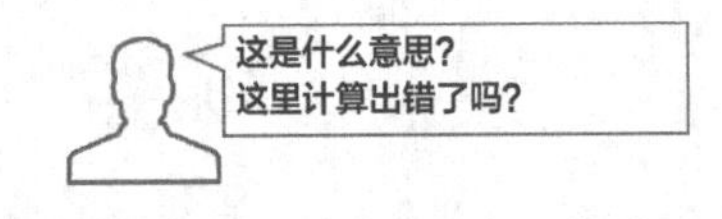

为了让所有人都可以一目了然地知道这里的数据为“空”，可以在该单元格中输入“/”，如下图所示。

	2021年	2022年	2023年
预算/元	120,000	147,000	189,000
上课次数/次	30	35	42
平均讲师费用/元	4,000	4,200	4,500
费用/元	120,000	140,000	180,000
增长率/%	/	17	29
上课次数/次	30	35	40
平均讲师费用/元	4,000	4,000	4,500
结余/元	0	7,000	9,000

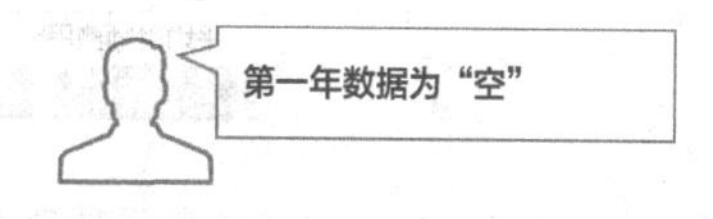

1.5.4 单位要自成一栏才能清晰可见

报表中会有单位，如果按照普通的方式，将“元”“次”“%”（这里将“%”看作单位）等单位放在项目名称后面，每个项目名称的长短不一，就会导致每个单位的位置不同，让人很难一眼就看出每一个项目的单位是什么，如下左图所示。

为了让单位可以一眼就被找到，可以将单位设置为独立的一列。首先在C列前插入新的一列，然后手动输入列标题“单位”和各行的单位，并删除B列中的单位。由于单位的长短相同，所以设置C列为居中显示，并将字体设置为微软雅黑，效果如下右图所示。

	2021年	2022年	2023年
预算/元	120,000	147,000	189,000
上课次数/次	30	35	42
平均讲师费用/元	4,000	4,200	4,500
费用/元	120,000	140,000	180,000
增长率/%	/	17	29
上课次数/次	30	35	40
平均讲师费用/元	4,000	4,000	4,500
结余/元	0	7,000	9,000

	单位	2021年	2022年	2023年
预算	元	120,000	147,000	189,000
上课次数	次	30	35	42
平均讲师费用	元	4,000	4,200	4,500
费用	元	120,000	140,000	180,000
增长率	%	/	17	29
上课次数	次	30	35	40
平均讲师费用	元	4,000	4,000	4,500
结余	元	0	7,000	9,000

1.5.5 项目缩进体现层次

虽然通过设置填充颜色，让“预算”“费用”“结余”这3个重点项目突出了，但是这样的设置没有让人看出表格中的从属关系——“上课次数”和“平均讲师费用”是“预算”的分支，而“增长率”“上课次数”“平均讲师费用”是“费用”的分支。

为了让解读数据的人可以快速地了解该报表的结构，通常会对属于分支的项目进行缩进，较为简便的方法就是在这些需要缩进的单元格前面加上空单元格。

步骤01 首先在C列前插入一列，然后将需要缩进的单元格的内容剪切至新增列，如下图所示。

		单位	2021年	2022年	2023年
预算		元	120,000	147,000	189,000
	上课次数	次	30	35	42
	平均讲师费用	元	4,000	4,200	4,500
费用		元		140,000	180,000
	增长率	%	/	17	29
	上课次数	次	30	35	40
	平均讲师费用	元	4,000	4,000	4,500
结余		元	0	7,000	9,000

新增列

步骤 02 调整C列的宽度，即可完成项目的缩进，效果如下图所示。

	单位	2021年	2022年	2023年
预算	元	120,000	147,000	189,000
上课次数	次	30	35	42
平均讲师费用	元	4,000	4,200	4,500
费用	元	120,000	140,000	180,000
增长率	%	/	17	29
上课次数	次	30	35	40
平均讲师费用	元	4,000	4,000	4,500
结余	元	0	7,000	9,000

1.5.6 用组合把明细数据隐藏

当报表中的行数较多时，虽然可以通过快捷键在多个项目之间进行快捷跳转，但是报表仍然会显示所有的数据，不利于数据的集中查看。比如在本案例中，我们只希望查看“费用”项目的明细数据，但是其他项目的数据会分散我们的注意力。

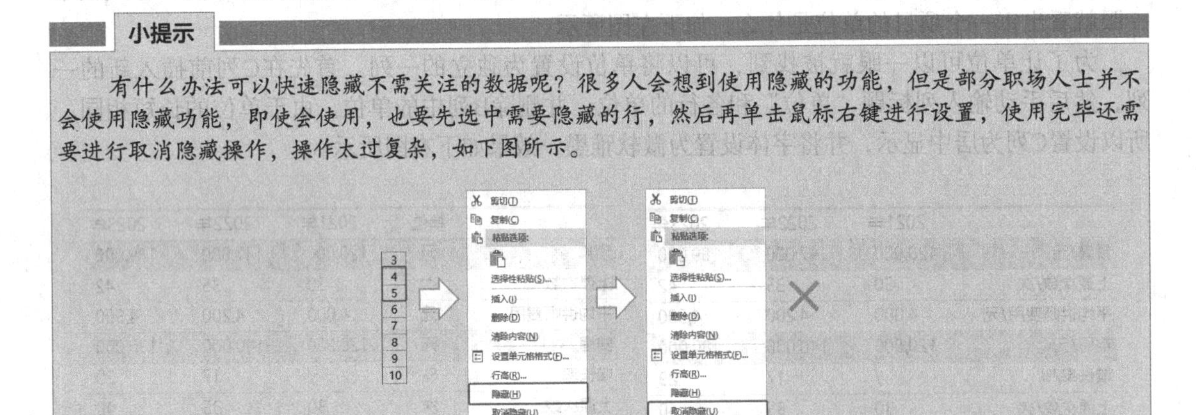

小提示

有什么办法可以快速隐藏不需关注的数据呢？很多人会想到使用隐藏的功能，但是部分职场人士并不会使用隐藏功能，即使会使用，也要先选中需要隐藏的行，然后再单击鼠标右键进行设置，使用完毕还需要进行取消隐藏操作，操作太过复杂，如下图所示。

较为常见的方法就是使用组合功能。

步骤 01 选中第4~5行，单击【数据】选项卡下【分级显示】组中的【组合】按钮，如下图所示。

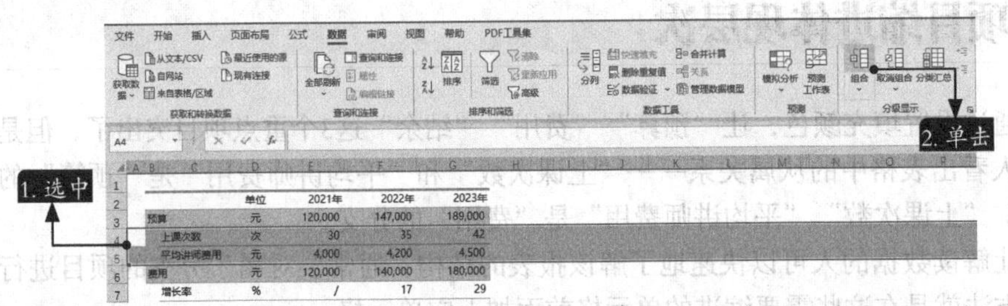

步骤 02 观察行号的左侧，发现旁边出现了一个【-】按钮，单击它，可以隐藏第4~5行，“-”按钮也将变为“+”按钮，如下图所示。

步骤03 单击【+】按钮，可以展开隐藏的第4~5行，如下图所示。

行		单位	2021年	2022年	2023年
2		单位	2021年	2022年	2023年
3	预算	元	120,000	147,000	189,000
6	费用	元	120,000	140,000	180,000
7	增长率	%	/	17	29
8	上课次数	次	30	35	40
9	平均讲师费用	元	4,000	4,000	4,500
10	结余	元	0	7,000	9,000

单击折叠

行		单位	2021年	2022年	2023年
3	预算	元	120,000	147,000	189,000
4	上课次数	次	30	35	42
5	平均讲师费用	元	4,000	4,200	4,500
6	费用	元	120,000	140,000	180,000
7	增长率	%	/	17	29
8	上课次数	次	30	35	40
9	平均讲师费用	元	4,000	4,000	4,500
10	结余	元	0	7,000	9,000

步骤04 使用同样的方法，组合第7~9行，如下图所示。

行	C	D	E	F	G
1					
2		单位	2021年	2022年	2023年
3	预算	元	120,000	147,000	189,000
4	上课次数	次	30	35	42
5	平均讲师费用	元	4,000	4,200	4,500
6	费用	元	120,000	140,000	180,000
7	增长率	%	/	17	29
8	上课次数	次	30	35	40
9	平均讲师费用	元	4,000	4,000	4,500
10	结余	元	0	7,000	9,000

除了单击【+】和【-】按钮外，还可以单击行号顶部的【1】和【2】按钮来实现全部收缩和全部展开。当单击【1】按钮进行全部收缩时，可以方便地仅查看主要项目，而需要查看全部项目时，只要单击【2】按钮进行全部展开即可，如下图所示。

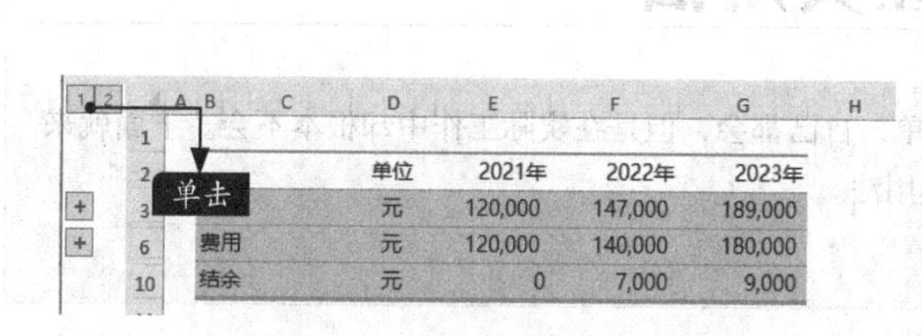

行	C	D	E	F	G
1					
2		单位	2021年	2022年	2023年
3		元	120,000	147,000	189,000
6	费用	元	120,000	140,000	180,000
10	结余	元	0	7,000	9,000

行	C	D	E	F	G
1					
2		单位	2021年	2022年	2023年
3		元	120,000	147,000	189,000
4	上课次数	次	30	35	42
5	平均讲师费用	元	4,000	4,200	4,500
6	费用	元	120,000	140,000	180,000
7	增长率	%	/	17	29
8	上课次数	次	30	35	40
9	平均讲师费用	元	4,000	4,000	4,500
10	结余	元	0	7,000	9,000

单击

1.5.7 将报表的标题放在内部左上角

标题可以在第一时间告诉解读数据的人，这张表格是干什么的。在数据表中，通常会使用“跨列居中”，在整个数据表的正上方插入标题；而在一张工作表中通常会有多张报表，如果采用与数据表相同的标题样式，则会让页面显得很混乱。为了让报表的标题突出，而又不影响整张工作表中的其他报表，通常会将报表的标题放在报表内部，并显示在左上角。

步骤01 在第2行上方插入一行，此时插入的行并不在表格内部，而是在表格外部。在B2单元格处输入标题“往年经费使用”，根据需要设置字体，如下图所示。

往年经费使用

	单位	2021年	2022年	2023年
预算	元	120,000	147,000	189,000
上课次数	次	30	35	42
平均讲师费用	元	4,000	4,200	4,500
费用	元	120,000	140,000	180,000
增长率	%	/	17	29
上课次数	次	30	35	40
平均讲师费用	元	4,000	4,000	4,500

步骤02 选中B2:G2单元格区域，单击【开始】选项卡，单击【边框】按钮右侧的下拉按钮，选择【无框线】选项，如下图所示。

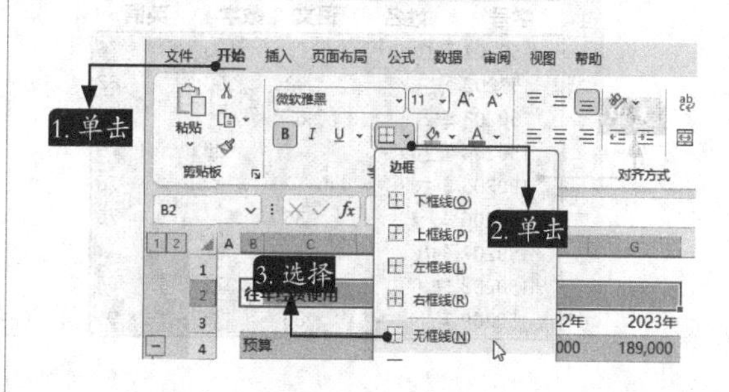

步骤03 选中B1:G1单元格区域，选择【边框】下拉列表中的【粗下框线】选项，如下图所示。

设置报表标题后的效果如下图所示。

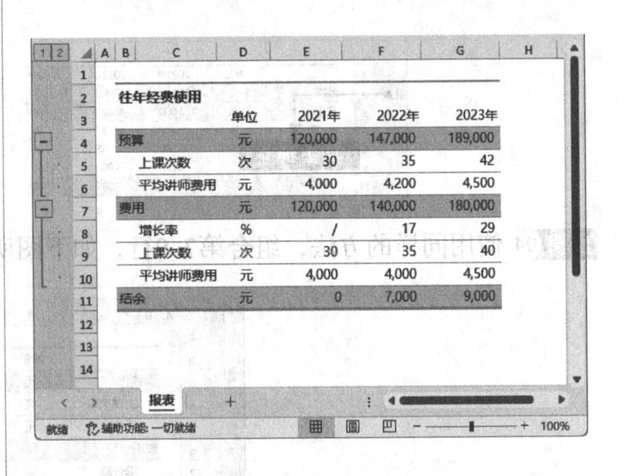

往年经费使用				
	单位	2021年	2022年	2023年
预算	元	120,000	147,000	189,000
上课次数	次	30	35	42
平均讲师费用	元	4,000	4,200	4,500
费用	元	120,000	140,000	180,000
增长率	%	/	17	29
上课次数	次	30	35	40
平均讲师费用	元	4,000	4,000	4,500
结余	元	0	7,000	9,000

1.6 单元格定位的经典用法

很多人认为基础操作比较简单，自己都会，但是在实际工作中却根本不会。下面就来介绍表格中单元格定位的5种经典用法。

1.6.1 在所有的空单元格中输入“99”

如果要求在一个包含成百上千个单元格的区域中的空单元格中输入“99”，稍微熟悉Excel的人，首先想到的操作可能是查找替换。

步骤01 打开“素材\ch01\1.6.xlsx”文件，在“定位”工作表中选择要替换的所有单元格区域，如下图所示。

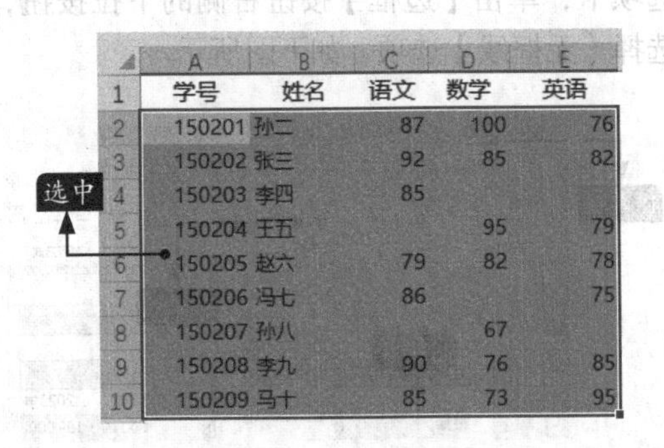

学号	姓名	语文	数学	英语
150201	孙二	87	100	76
150202	张三	92	85	82
150203	李四	85		
150204	王五		95	79
150205	赵六	79	82	78
150206	冯七	86		75
150207	孙八		67	
150208	李九	90	76	85
150209	马十	85	73	95

步骤02 按【Ctrl+F】组合键，打开【查找和替换】对话框，单击【替换】选项卡，在【查找内容】文本框中不输入任何内容，在【替换为】对话框中输入“99”，单击【全部替换】按钮，如下图所示。

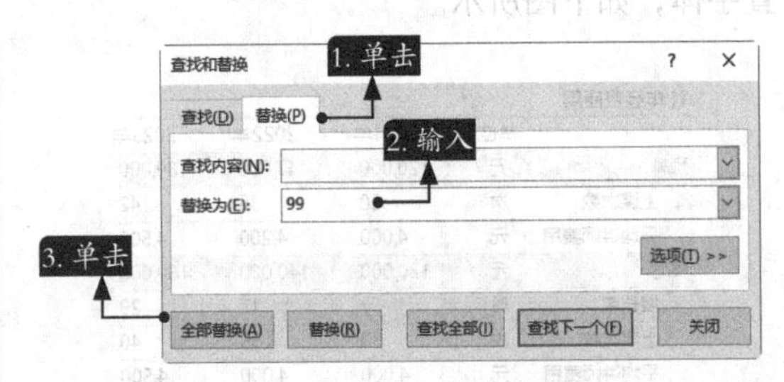

可以看到所选区域的空单元格中均输入了“99”，如下图所示。

	A	B	C	D	E
1	学号	姓名	语文	数学	英语
2	150201	孙二	87	100	76
3	150202	张三	92	85	82
4	150203	李四	85	99	99
5	150204	王五	99	95	79
6	150205	赵六	79	82	78
7	150206	冯七	86	99	75
8	150207	孙八	99	67	99
9	150208	李九	90	76	85
10	150209	马十	85	73	95

在掌握了数据分类的逻辑后，我们就可以利用该逻辑对大量的数据进行划分。所以，了解事物或信息背后的逻辑和规律是非常重要的，一个会学习的人，通常是一个特别善于把握事物或信息背后的逻辑和规律的人。那么，如何使用定位功能在所有的空单元格中输入“99”呢？

步骤01 撤销前面的操作，在“定位”工作表中选择A1:E10单元格区域，如下图所示。

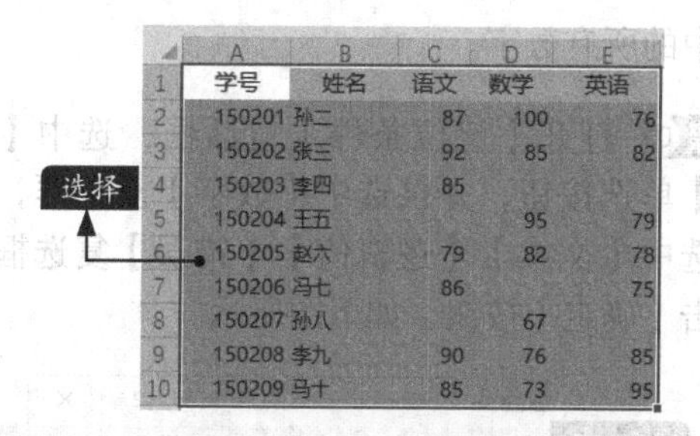

	A	B	C	D	E
1	学号	姓名	语文	数学	英语
2	150201	孙二	87	100	76
3	150202	张三	92	85	82
4	150203	李四	85		
5	150204	王五		95	79
6	150205	赵六	79	82	78
7	150206	冯七	86		75
8	150207	孙八		67	
9	150208	李九	90	76	85
10	150209	马十	85	73	95

步骤02 按【F5】键，打开【定位】对话框，单击【定位条件】按钮，如下图所示。

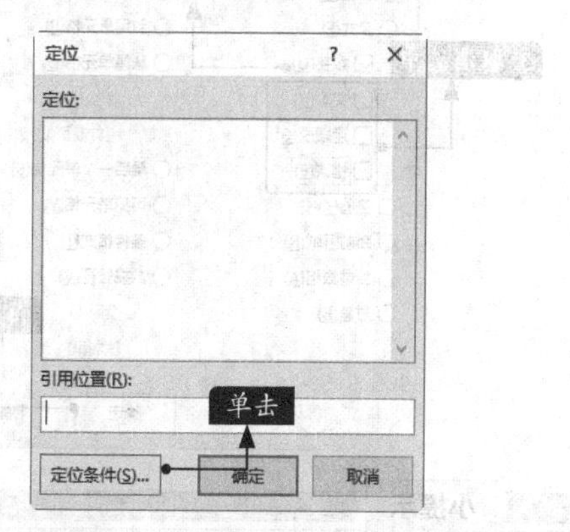

步骤03 打开【定位条件】对话框，选中【空值】单选按钮，单击【确定】按钮，如下图所示。

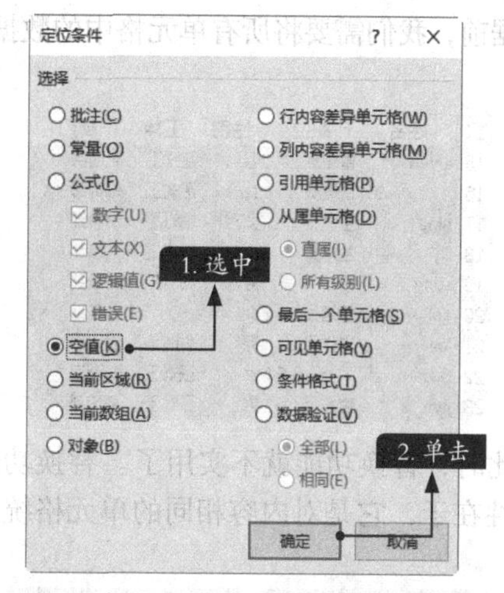

可以看到已选择数据区域中的所有空单元格，如下图所示。

	A	B	C	D	E
1	学号	姓名	语文	数学	英语
2	150201	孙二	87	100	76
3	150202	张三	92	85	82
4	150203	李四	85		
5	150204	王五		95	79
6	150205	赵六	79	82	78
7	150206	冯七	86		75
8	150207	孙八		67	
9	150208	李九	90	76	85
10	150209	马十	85	73	95

步骤04 在一个空单元格中输入“99”，按【Ctrl+Enter】组合键，效果如下图所示。

	A	B	C	D	E
1	学号	姓名	语文	数学	英语
2	150201	孙二	87	100	76
3	150202	张三	92	85	82
4	150203	李四	85	99	99
5	150204	王五	99	95	79
6	150205	赵六	79	82	78
7	150206	冯七	86	99	75
8	150207	孙八	99	67	99
9	150208	李九	90	76	85
10	150209	马十	85	73	95

小提示

如果按【F5】键不显示【定位】对话框，可以先按键盘上的【Fn】键，再按【F5】键。也可以单击【开始】选项卡下【编辑】组中的【查找和替换】按钮，选择【定位条件】选项。

小提示

【Ctrl+Enter】是快速复制组合键，利用它不仅可以快速复制输入的数值，还可以快速复制公式。在选择单元格区域并输入数值或公式后，按【Ctrl+Enter】组合键即可。

1.6.2 定位与替换的区别

在上一小节中使用替换功能可以在所有空单元格中都填入相同的数据。如下图所示，在填入新数据前，我们需要将所有单元格中的数据删除。

14	姓名	职位	性别	工种	部门
15	aFred	管理员	男	正式工	制造部
16	99	管理员	女	正式工	采购部
17	nina	生产员	女	临时工	物料部
18	lily	生产员	女	正式工	人事部
19	sony	87	男	临时工	财务部
20	apl	管理员	女	37	业务部
21	joe	操作员	男	临时工	制造部
22	Susan	54	女	正式工	制造部
23	jem	生产员	男	正式工	制造部

此时，替换功能就不实用了。替换功能的局限性在于，它是对内容相同的单元格统一进行替换，但现在单元格的内容是不一样的，也就无法使用替换功能。

按【Ctrl】键一个个选择虽然也是一种可行的方法，但当数据很多时，这样做就会很慢、很累。

这时，我们就可以使用定位功能进行快速选择，以便对数据进行统一处理。

1.6.3 选择数据区域中的所有数字

下面就来看一下如何使用定位功能选择数据区域中的所有数字。

步骤01 在“定位”工作表中，选择A14:E23单元格区域，如下图所示。

选择

14	姓名	职位	性别	工种	部门
15	aFred	管理员	男	正式工	制造部
16	99	管理员	女	正式工	采购部
17	nina	生产员	女	临时工	物料部
18	lily	生产员	女	正式工	人事部
19	sony	87	男	临时工	财务部
20	apl	管理员	女	37	业务部
21	joe	操作员	男	临时工	制造部
22	Susan	54	女	正式工	制造部
23	jem	生产员	男	正式工	制造部

步骤02 按【F5】键，打开【定位】对话框，单击【定位条件】按钮，如下图所示。

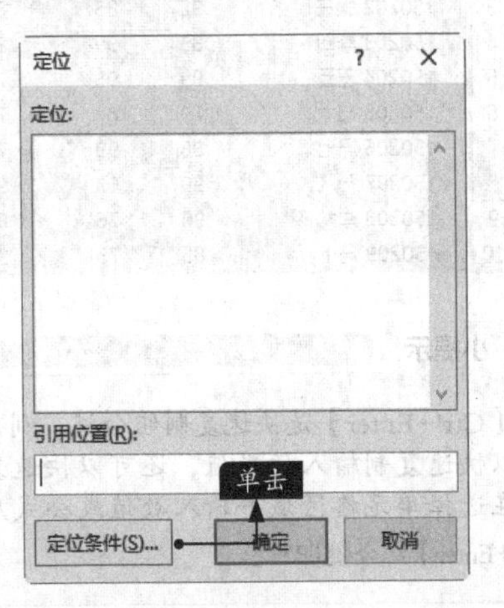

步骤03 打开【定位条件】对话框，选中【常量】单选按钮，并仅选中【数字】复选框，取消选中【文本】【逻辑值】【错误】复选框，单击【确定】按钮，如下图所示。

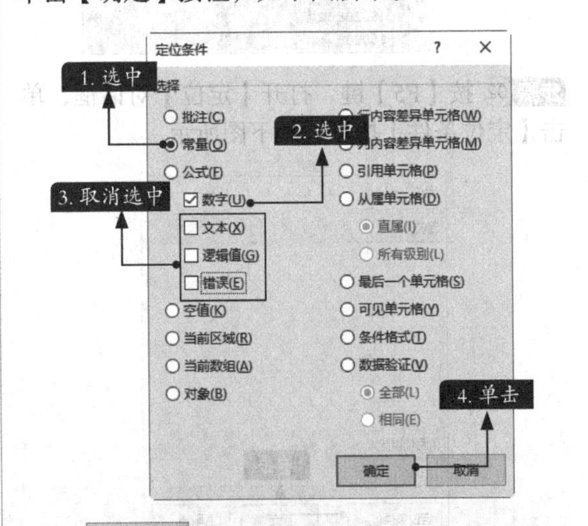

小提示

在【定位条件】对话框中，可以看到【批注】【常量】【公式】【空值】等多种类型的条件，【常量】和【公式】中又包含【数字】【文本】【逻辑值】【错误】4种数据类型。当前所选区域中的数据属于【常量】中的【数字】类型，因此仅选中【数字】复选框。

可以看到已选择数据区域中的所有数字，如下图所示。

14	姓名	职位	性别	工种	部门
15	aFred	管理员	男	正式工	制造部
16	99	管理员	女	正式工	采购部
17	nina	生产员	女	临时工	物料部
18	lily	生产员	女	正式工	人事部
19	sony	87	男	临时工	财务部
20	apl	管理员	女	37	业务部
21	joe	操作员	男	临时工	制造部
22	Susan	54	女	正式工	制造部
23	jem	生产员	男	正式工	制造部

步骤 04 如果要删除这些单元格中的内容，按【Delete】键即可，如下图所示。

14	姓名	职位	性别	工种	部门
15	aFred	管理员	男	正式工	制造部
16		管理员	女	正式工	采购部
17	nina	生产员	女	临时工	物料部
18	lily	生产员	女	正式工	人事部
19	sony		男	临时工	财务部
20	apl	管理员	女		业务部
21	joe	操作员	男	临时工	制造部
22	Susan		女	正式工	制造部
23	jem	生产员	男	正式工	制造部

1.6.4 选择数据区域中的所有错误值

如下图所示，数据区域中包含很多显示为“#N/A”的单元格，即数据区域中的错误值，我们也可以通过定位功能选择数据区域中的所有错误值。

27	学号	姓名	语文	数学	英语
28	150201	孙二	87	100	76
29	150202	张三	92	85	82
30	150203	李四	85	#N/A	#N/A
31	150204	王五	#N/A	95	79
32	150205	赵六	79	82	78
33	150206	冯七	86	#N/A	75
34	150207	孙八	#N/A	67	#N/A
35	150208	李九	90	76	85
36	150209	马十	85	73	95

步骤 01 在“定位”工作表中选择任意显示为“#N/A”的单元格，可以看到编辑栏中显示为“=NA()”，这代表此时单元格中的值为公式的返回值，如下图所示。

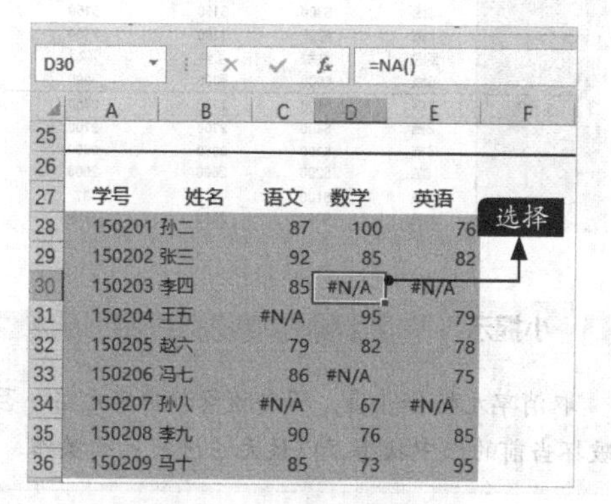

步骤 02 选择A28:E36单元格区域，按【F5】键，打开【定位】对话框，单击【定位条件】按钮，如下图所示。

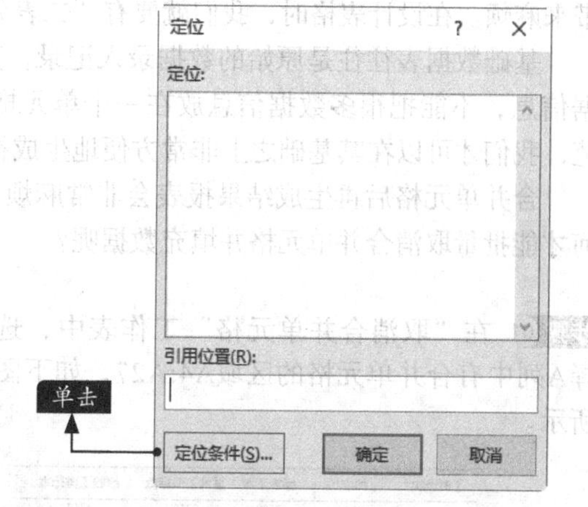

步骤 03 打开【定位条件】对话框，选中【公式】单选按钮，并仅选中【错误】复选框，取消选中【数字】【文本】【逻辑值】复选框，单击【确定】按钮，如下图所示。

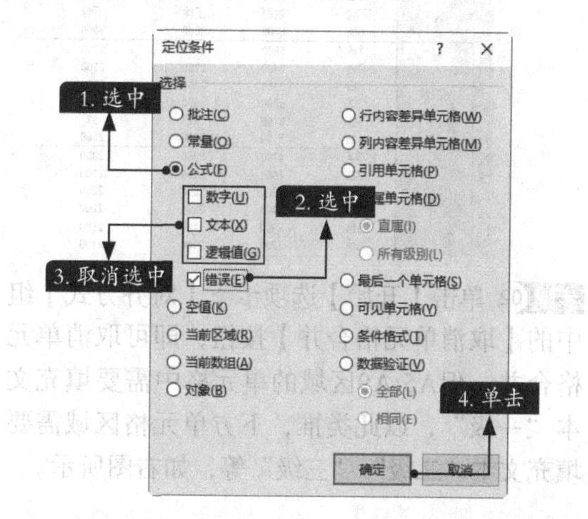

可以看到已选择数据区域中的所有错误值，如下图所示。

27	学号	姓名	语文	数学	英语
28	150201	孙二	87	100	76
29	150202	张三	92	85	82
30	150203	李四	85	#N/A	#N/A
31	150204	王五	#N/A	95	79
32	150205	赵六	79	82	78
33	150206	冯七	86	#N/A	75
34	150207	孙八	#N/A	67	#N/A
35	150208	李九	90	76	85
36	150209	马十	85	73	95

步骤 04 如果要删除这些单元格中的内容，按【Delete】键即可，如下图所示。

27	学号	姓名	语文	数学	英语
28	150201	孙二	87	100	76
29	150202	张三	92	85	82
30	150203	李四	85		
31	150204	王五		95	79
32	150205	赵六	79	82	78
33	150206	冯七	86		75
34	150207	孙八		67	
35	150208	李九	90	76	85
36	150209	马十	85	73	95

1.6.5 批量取消合并单元格并填充数据

我们制作表格时经常会把单元格合并，这样虽然会使表格更美观，但也会给后期的二次统计带来麻烦。在设计表格时，我们就要有“二表分开”的意识，即基础数据表和结果报表要分开。

基础数据表往往是原始的数据录入记录，其最基本的设计原则是一个单元格只能传递一个数据信息，不能把很多数据信息放在一个单元格中，也不能合并单元格。只有基础数据表符合规范，我们才可以在其基础之上非常方便地生成符合不同要求的结果报表。

合并单元格后再生成结果报表会非常麻烦，所以就要避免将基础数据表中的单元格合并。如何才能批量取消合并单元格并填充数据呢？

步骤 01 在“取消合并单元格”工作表中，选择A列中有合并单元格的区域A4:A27，如下图所示。

3	工资级次	档序	标准工资	基本工资标准	绩效工资标准
4		1档	7500	3750	3750
5		2档	7400	3700	3700
6	一级	3档	7300	3650	3650
7		4档	7200	3600	3600
8		5档	7100	3550	3550
9		6档	7000	3500	3500
10		1档	6500	3250	3250
11		2档	6400	3200	3200
12	二级	3档	6300	3150	3150
13		4档	6200	3100	3100
14		职位	性别	工种	不明
15		6档	6000	3000	3000
16		1档	5500	2750	2750
17		2档	5400	2700	2700
18	三级	3档	5300	2650	2650
19		87	5200	2600	2600
20		5档	5100	37	37
21		6档	5000	2500	2500
22		54	4700	2350	2350
23		2档	4600	2300	2300
24	四级	3档	4500	2250	2250
25		4档	4400	2200	2200
26		5档	4300	2150	2150
27		6档	4200	2100	2100

选择

步骤 02 单击【开始】选项卡下【对齐方式】组中的【取消单元格合并】按钮，即可取消单元格合并，但A5:A9区域的单元格中需要填充文本“一级”，以此类推，下方单元格区域需要填充文本“二级”“三级”等，如右图所示。

3	工资级次	档序	标准工资	基本工资标准	绩效工资标准
4	一级	1档	7500	3750	3750
5		2档	7400	3700	3700
6		3档	7300	3650	3650
7		4档	7200	3600	3600
8		5档	7100	3550	3550
9		6档	7000	3500	3500
10	二级	1档	6500	3250	3250
11		2档	6400	3200	3200
12		3档	6300	3150	3150
13		4档	6200	3100	3100
14		职位	性别	工种	不明
15		6档	6000	3000	3000
16	三级	1档	5500	2750	2750
17		2档	5400	2700	2700
18		3档	5300	2650	2650
19		87	5200	2600	2600
20		5档	5100	37	37
21		6档	5000	2500	2500

小提示

取消单元格合并后，不要随意单击单元格，否则会破坏当前的选中状态，以致无法进行后续操作。

步骤 03 按【F5】键，打开【定位】对话框，单击【定位条件】按钮。打开【定位条件】对话框，选中【空值】单选按钮，单击【确定】按钮，如下页首图所示。

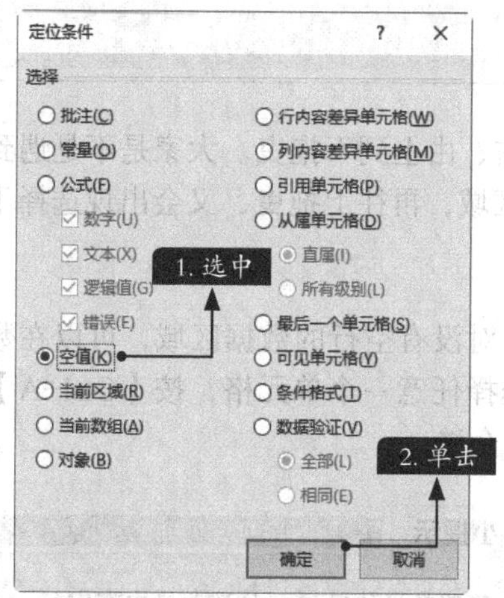

步骤04 这样就可以选择数据区域中的所有空单元格，在编辑栏中输入公式“=A4”，如下图所示。

输入

工资标准

单位：元/月（税后）

工资级次	档序	标准工资	基本工资标准	绩效工资标准
一级	1档	7500	3750	3750
=A4	2档	7400	3700	3700
	3档	7300	3650	3650
	4档	7200	3600	3600
	5档	7100	3550	3550
	6档	7000	3500	3500
二级	1档	6500	3250	3250
	2档	6400	3200	3200
	3档	6300	3150	3150
	4档	6200	3100	3100
	职位	性别	工种	不明
	6档	6000	3000	3000
三级	1档	5500	2750	2750
	2档	5400	2700	2700
	3档	5300	2650	2650
	87	5200	2600	2600
	5档	5100	37	37
	6档	5000	2500	2500

步骤05 按【Ctrl+Enter】组合键，即可快速进行填充，如右上图所示。

工资级次	档序	标准工资	基本工资标准	绩效工资标准
一级	1档	7500	3750	3750
一级	2档	7400	3700	3700
一级	3档	7300	3650	3650
一级	4档	7200	3600	3600
一级	5档	7100	3550	3550
一级	6档	7000	3500	3500
二级	1档	6500	3250	3250
二级	2档	6400	3200	3200
二级	3档	6300	3150	3150
二级	4档	6200	3100	3100
二级	职位	性别	工种	不明
二级	6档	6000	3000	3000
三级	1档	5500	2750	2750
三级	2档	5400	2700	2700
三级	3档	5300	2650	2650
三级	87	5200	2600	2600
三级	5档	5100	37	37
三级	6档	5000	2500	2500
四级	54	4700	2350	2350
四级	2档	4600	2300	2300
四级	3档	4500	2250	2250
四级	4档	4400	2200	2200
四级	5档	4300	2150	2150
四级	6档	4200	2100	2100

步骤06 如果担心公式所生成的值容易被破坏，可以再次选择A4:A27单元格区域，按【Ctrl+C】组合键复制。单击鼠标右键，在弹出的快捷菜单中选择【粘贴选项】菜单下的【值】命令，将公式粘贴为常量值即可，如下图所示。

工资标准

单位：元/月（税后）

选择

剪切(T)
复制(C)
粘贴选项:
选择性粘贴(S)...
智能查找(L)
翻译
插入复制的单元格(E)...
删除(D)...
清除内容(N)
快速分析(Q)
筛选(E)
排序(O)
插入批注(M)
设置单元格格式(F)...
从下拉列表中选择(K)...
显示拼音字段(S)
定义名称(A)...

基本工资标准	绩效工资标准
3750	3750
3700	3700
3650	3650
3600	3600
3550	3550
3500	3500
3250	3250
3200	3200
3150	3150
3100	3100
工种	不明
3000	3000
2750	2750
2700	2700
2650	2650
2600	2600
37	37
2500	2500
2350	2350
2300	2300
2250	2250
2200	2200
2150	2150
2100	2100

小提示

按【Ctrl+Enter】组合键快速进行填充的道理是什么呢？因为A4单元格中的值是一个常量，而A5:A9单元格区域中输入的公式是“=A4”，按【Ctrl+Enter】组合键快速进行填充，就相当于A6单元格中输入的公式是“=A5”，A7单元格中输入的公式是“=A6”，以此类推。到A10单元格时，其中的值又是一个常量，而A11单元格中输入的公式是“=A10”，A12单元格中输入的公式是“=A11”，就这样一级一级推下来。

1.7 选择并处理单元格

操作数据前首先要选择并处理单元格，下面就介绍几种选择并处理单元格的常用技巧，包括快速选择数据区域、迁移选择的数据区域等。

1.7.1 快速选择数据区域

选择数据区域常用的方法就是按住鼠标左键由左至右、由上到下拖曳。大家是不是遇到过这样的问题：数据行数较多时，向下拖曳往往会超过数据区域，再往上拖曳，又会出现选择不完整的情况，来回拖曳两三次才能完整选择所需的数据区域。

那么这个问题该如何解决？

答案是使用【Ctrl+Shift+方向键】组合键快速选择数据区域，接下来看看怎么操作。

先选择A1单元格，左手按住【Ctrl+Shift】组合键，右手按【→】键，即可选择右侧的所有连续数据，如下图所示。

姓名	职别	性别	员工类别	部门	员工年龄	学历层次	增加
aFred	管理员	男	正式工	制造部	28	大专	1
jack	管理员	女	正式工	采购部	25	中专	2
nina	生产员	女	临时工	物料部	21	高中	3
lily	生产员	女	正式工	人事部	35	本科	4
sony	操作员	男	临时工	财务部	36	大专	5
apl	管理员	女	正式工	业务部	25	高中	6
joe	操作员	男	临时工	制造部	35	高中	7
Susan	生产员	女	正式工	制造部	23	大专	8
jem	生产员	男	正式工	制造部	18	高中	9
aFred	管理员	男	正式工	制造部	28	大专	11

在左手按住【Ctrl+Shift】组合键的情况下，右手按【↓】键，即可向下选择所有连续的数据，如下图所示。

姓名	职别	性别	员工类别	部门	员工年龄	学历层次	增加
aFred	管理员	男	正式工	制造部	28	大专	1
jack	管理员	女	正式工	采购部	25	中专	2
nina	生产员	女	临时工	物料部	21	高中	3
lily	生产员	女	正式工	人事部	35	本科	4
sony	操作员	男	临时工	财务部	36	大专	5
apl	管理员	女	正式工	业务部	25	高中	6
joe	操作员	男	临时工	制造部	35	高中	7
Susan	生产员	女	正式工	制造部	23	大专	8
jem	生产员	男	正式工	制造部	18	高中	9
aFred	管理员	男	正式工	制造部	28	大专	11

可以看到遇到空行时，数据选择会不完整，右手继续按【↓】键，直到选择了所需的所有数据，如下图所示。

姓名	职别	性别	员工类别	部门	员工年龄	学历层次	增加
aFred	管理员	男	正式工	制造部	28	大专	1
jack	管理员	女	正式工	采购部	25	中专	2
nina	生产员	女	临时工	物料部	21	高中	3
lily	生产员	女	正式工	人事部	35	本科	4
sony	操作员	男	临时工	财务部	36	大专	5
apl	管理员	女	正式工	业务部	25	高中	6
joe	操作员	男	临时工	制造部	35	高中	7
Susan	生产员	女	正式工	制造部	23	大专	8
jem	生产员	男	正式工	制造部	18	高中	9
aFred	管理员	男	正式工	制造部	28	大专	11
jack	管理员	男	正式工	采购部	25	中专	12
nina	生产员	男	临时工	物料部	21	高中	13
lily	生产员	男	正式工	人事部	35	本科	14
sony	操作员	女	临时工	财务部	36	大专	15
apl	管理员	女	正式工	业务部	25	高中	16
joe	操作员	女	临时工	制造部	35	高中	17
Susan	生产员	女	正式工	制造部	23	大专	18
jem	生产员	女	正式工	制造部	18	高中	19
jem	生产员	男	正式工	制造部	18	高中	9
aFred	管理员	女	正式工	制造部	28	大专	11
jem	生产员	男	正式工	制造部	18	高中	9
aFred	管理员	男	正式工	制造部	28	大专	11

以上就是使用快捷键快速选择数据区域的方法，对没有空行的数据区域，可以在数据区域中选择任意一个单元格，按【Ctrl+A】组合键进行全选。

小提示

在整理数据的时候，如果表格中有空行，在快速选择数据时就会出现中断。

选择A1单元格后，按【Ctrl+→】组合键，可快速定位至数据区域最右侧的单元格；按【Ctrl+↓】组合键，可快速定位至数据区域最下方的单元格。

选择A1单元格后，按【Shift+→】组合键，可快速选择右侧的单元格A2，连续按【Shift+→】组合键，可连续选择相邻的单元格；按【Shift+←】组合键，则会减少单元格的选择，如下图所示。

姓名	职别	性别	员工类别	部门	员工年龄	学历层次	增加
aFred	管理员	男	正式工	制造部	28	大专	1
jack	管理员	女	正式工	采购部	25	中专	2
nina	生产员	女	临时工	物料部	21	高中	3
lily	生产员	女	正式工	人事部	35	本科	4
sony	操作员	男	临时工	财务部	36	大专	5
apl	管理员	女	正式工	业务部	25	高中	6
joe	操作员	男	临时工	制造部	35	高中	7

姓名	职别	性别	员工类别	部门	员工年龄	学历层次	增加
aFred	管理员	男	正式工	制造部	28	大专	1
jack	管理员	女	正式工	采购部	25	中专	2
nina	生产员	女	临时工	物料部	21	高中	3
lily	生产员	女	正式工	人事部	35	本科	4
sony	操作员	男	临时工	财务部	36	大专	5
apl	管理员	女	正式工	业务部	25	高中	6
joe	操作员	男	临时工	制造部	35	高中	7

按【Shift+↓】组合键，可快速选择下一行的数据，连续按【Shift+↓】组合键，可逐行增加选择；连续按【Shift+↑】组合键，则可以逐行减少选择，如下图所示。

姓名	职别	性别	员工类别	部门	员工年龄	学历层次	增加
aFred	管理员	男	正式工	制造部	28	大专	1
jack	管理员	女	正式工	采购部	25	中专	2
nina	生产员	女	临时工	物料部	21	高中	3
lily	生产员	女	正式工	人事部	35	本科	4
sony	操作员	男	临时工	财务部	36	大专	5
apl	管理员	女	正式工	业务部	25	高中	6
joe	操作员	男	临时工	制造部	35	高中	7

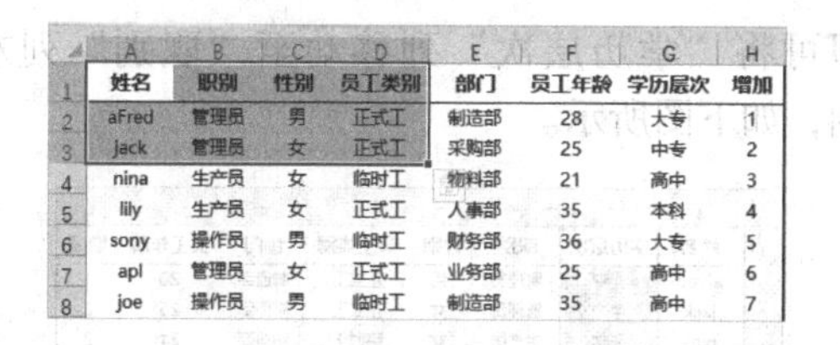

姓名	职别	性别	员工类别	部门	员工年龄	学历层次	增加
aFred	管理员	男	正式工	制造部	28	大专	1
jack	管理员	女	正式工	采购部	25	中专	2
nina	生产员	女	临时工	物料部	21	高中	3
lily	生产员	女	正式工	人事部	35	本科	4
sony	操作员	男	临时工	财务部	36	大专	5
apl	管理员	女	正式工	业务部	25	高中	6
joe	操作员	男	临时工	制造部	35	高中	7

小提示

选择某一单元格后按方向键，可选择相邻的单元格。【F2】键是编辑键，选择某一单元格后按【F2】键或双击鼠标可进入编辑状态。编辑完成后按【Tab】键会自动选择右侧单元格，按【Enter】键可选择下方单元格。

打开【Excel选项】对话框，在【高级】→【编辑选项】中可以更改按【Enter】键后移动所选内容的方向，如下图所示。

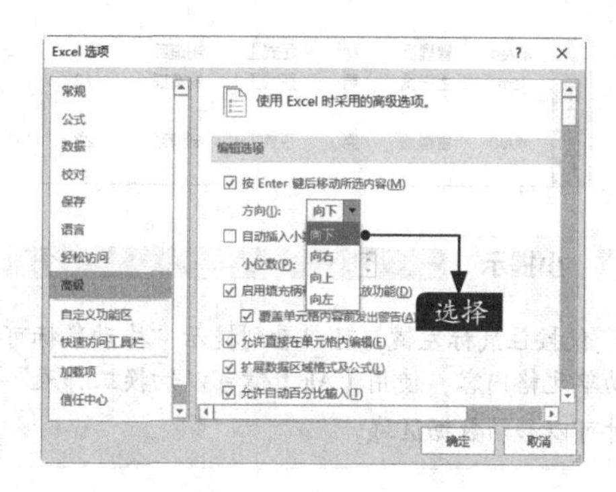

1.7.2 迁移选择的数据区域

选择数据区域后，可以看到被选择的数据区域周围出现了黑框，将鼠标指针放置在边框线上，按住鼠标左键进行拖曳，就可以迁移这些数据区域。

步骤 01 打开“素材\ch01\1.7.xlsx”文件，选择B3:E8单元格区域，然后将鼠标指针放在黑色的边框线上，如下图所示。

姓名	职别	性别	员工类别	部门	员工年龄	学历层次	增加
aFred	管理员	男	正式工	制造部	28	大专	1
jack	管理员	女	正式工	采购部	25	中专	2
nina	生产员	女	临时工	物料部	21	高中	3
lily	生产员	女	正式工	人事部	35	本科	4
sony	操作员	男	临时工	财务部	36	大专	5
apl	管理员	女	正式工	业务部	25	高中	6
joe	操作员	男	临时工	制造部	35	高中	7
Susan	生产员	女	正式工	制造部	23	大专	8
jem	生产员	男	正式工	制造部	18	高中	9

步骤 02 按住鼠标左键进行拖曳，如下图所示。

步骤 03 释放鼠标左键，即可看到数据区域的位置移动了，如下图所示。

步骤 04 将数据区域拖曳至B3:E8单元格区域，即可恢复工作表，如右上图所示。

姓名	职别	性别	员工类别	部门	员工年龄	学历层次	增加
aFred	管理员	男	正式工	制造部	28	大专	1
jack	管理员	女	正式工	采购部	25	中专	2
nina	生产员	女	临时工	物料部	21	高中	3
lily	生产员	女	正式工	人事部	35	本科	4
sony	操作员	男	临时工	财务部	36	大专	5
apl	管理员	女	正式工	业务部	25	高中	6
joe	操作员	男	临时工	制造部	35	高中	7
Susan	生产员	女	正式工	制造部	23	大专	8
jem	生产员	男	正式工	制造部	18	高中	9

在打开的素材文件中，如果需要将“学历层次”列移动至“职别”列左侧，通常的做法为：（1）在“职别”列前插入新列；（2）将“学历层次”列内容复制到插入的新列中；（3）删除最初的“学历层次”列。

但当行数较多时，这样不仅费时还费力，那么怎样快速实现数据列的迁移呢？

步骤 01 在“1.7.xlsx”文件中，选择“学历层次”所在的G列，将鼠标指针移至该列的边框线上，鼠标指针显示为双向黑色十字形状，如下图所示。

姓名	职别	性别	员工类别	部门	员工年龄	学历层次	增加
aFred	管理员	男	正式工	制造部	28	大专	1
jack	管理员	女	正式工	采购部	25	中专	2
nina	生产员	女	临时工	物料部	21	高中	3
lily	生产员	女	正式工	人事部	35	本科	4
sony	操作员	男	临时工	财务部	36	大专	5
apl	管理员	女	正式工	业务部	25	高中	6
joe	操作员	男	临时工	制造部	35	高中	7
Susan	生产员	女	正式工	制造部	23	大专	8
jem	生产员	男	正式工	制造部	18	高中	9

步骤 02 左手按住【Shift】键，右手按住鼠标左

键拖曳，在底部状态栏中会看到提示“拖动鼠标可以剪切和插入单元格内容，使用【Alt】键可以切换工作表”，如下图所示。

23	aFred	管理员	女	正式工	制造部	28
24	jem	生产员	男	正式工	制造部	18
25						
26	aFred	管理员	男	正式工	制造部	28
27						

小提示

仅按住鼠标左键，可以看到提示“拖动鼠标可以移动单元格内容，使用【Alt】键可以切换工作表”，此时可以移动数据区域。

步骤03 按住【Shift】键的同时，直接将G列拖曳至B列左侧，释放鼠标左键和【Shift】键，即可将“学历层次”列移动至“职别”列左侧，如下图所示。

	A	B	C	D	E	F	G	H
1	姓名	学历层次	职别	性别	员工类别	部门	员工年龄	增加
2	aFred	大专	管理员	男	正式工	制造部	28	1
3	jack	中专	管理员	女	正式工	采购部	25	2
4	nina	高中	生产员	女	临时工	物料部	21	3
5	lily	本科	生产员	女	正式工	人事部	35	4
6	sony	大专	操作员	男	临时工	财务部	36	5
7	apl	高中	管理员	女	正式工	业务部	25	6
8	joe	高中	操作员	男	临时工	制造部	35	7
9	Susan	大专	生产员	女	正式工	制造部	23	8
10	jem	高中	生产员	男	正式工	制造部	18	9

小提示

左手按住【Ctrl】键，右手按住鼠标左键并拖曳，即可完成单元格区域的复制。这些操作都不需要特别去记忆，因为在状态栏中Excel会自动给出提示，只需要在操作前看一下状态栏即可。

高手私房菜

技巧1：巧使名字对齐显示

在登记员工姓名时，常常会遇到一个问题：有的员工名字只有2个字，有的有3个字，还有的有4个字。为了让所有员工的名字都能对齐，我们通常会尝试在名字中间加上空格，但这其实是个错误的方法，因为在Excel中，空格和其他字符一样，都是普通字符。如果在名字中间加上一个空格，就会破坏原始数据，这是绝对不允许的！那么，怎样才能既不用加空格又能保证名字文本的两端对齐呢？

步骤01 打开“素材\ch01\技巧1.xlsx”文件，选择A1:A3单元格区域，如下图所示。

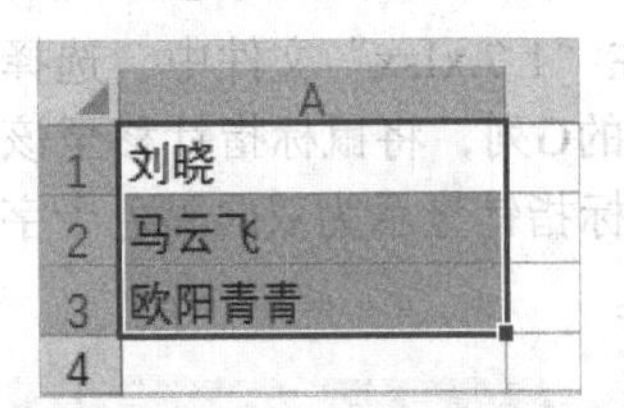

步骤02 按【Ctrl+1】组合键，调出【设置单元格格式】对话框，单击【对齐】选项卡下【水平对齐】下方的下拉按钮，在弹出的下拉列表中选择【分散对齐（缩进）】选项，然后单击【确定】按钮，如右图所示。

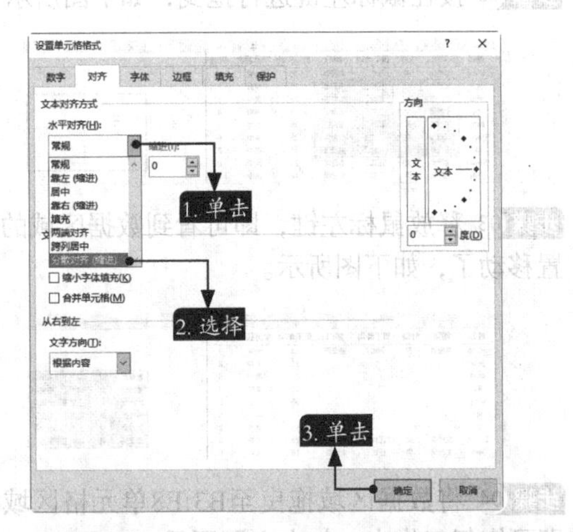

单元格中名字的左端和右端都已对齐，效果如下页首图所示。

技巧2：快速筛选出不重复的数据

在Excel中可以单击【删除重复值】按钮快速筛选出不重复的数据。

步骤01 打开“素材\ch01\技巧2.xlsx”文件，选择A1:A11单元格区域，如下图所示。

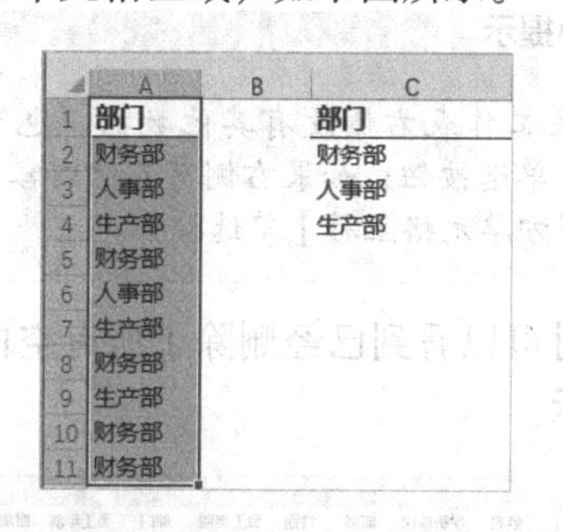

小提示

如果A列没有其他不需要筛选的数据，可以直接选择整个A列。

步骤02 单击【数据】选项卡下【数据工具】组中的【删除重复值】按钮，如下图所示。

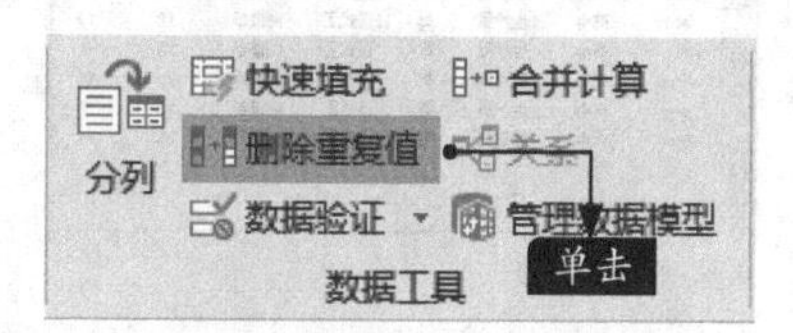

步骤03 弹出【删除重复值】对话框，单击【确定】按钮，如右上图所示。

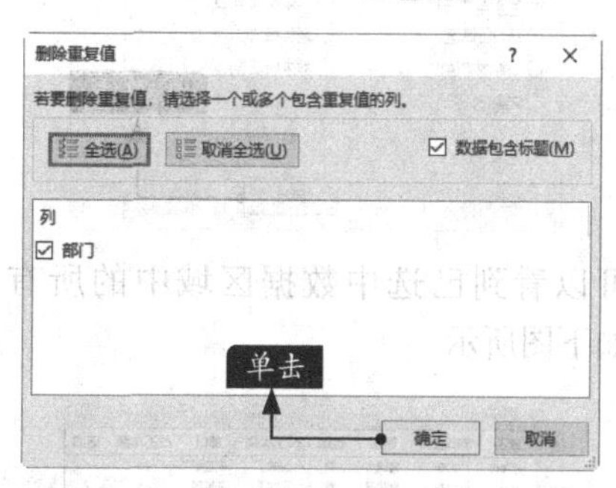

步骤04 弹出提示框，提示操作结果，直接单击【确定】按钮，如下图所示。

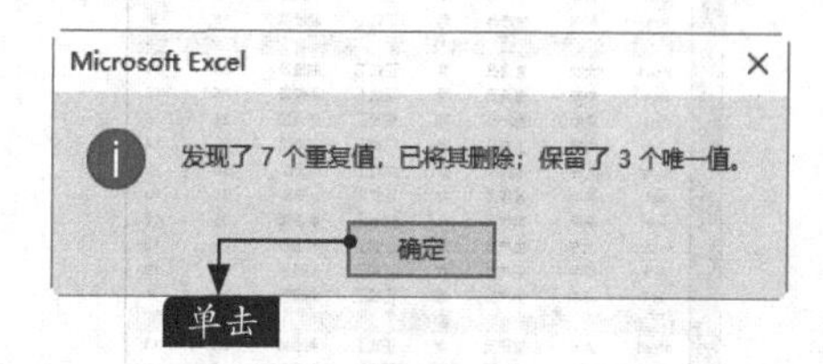

可以看到删除重复值后的效果，如下图所示。

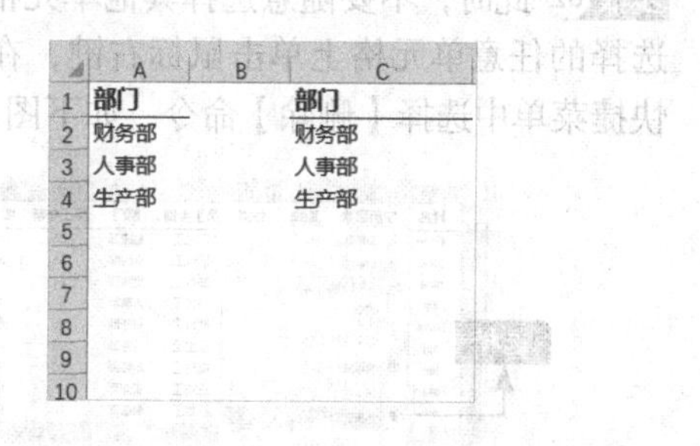

技巧3：批量删除工作表中的空白行

在工作表中保留空白行是一个非常不好的习惯，在制作数据透视表或其他数据统计表时，空白行都会造成一定的影响，导致报错或统计结果与实际不符。怎样才能批量删除工作表中的空白行呢？

步骤01 打开“素材\ch01\技巧3.xlsx”文件，选择A1:H26单元格区域，按【F5】键，打开【定位】对话框，单击【定位条件】按钮。打开【定位条件】对话框，选中【空值】单选按钮，单击【确定】按钮，如下图所示。

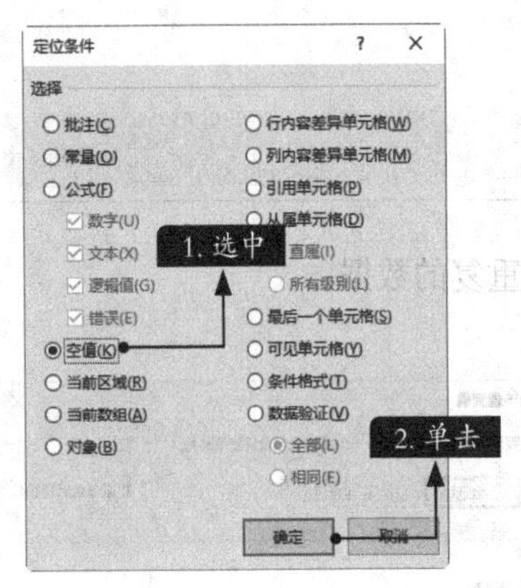

可以看到已选中数据区域中的所有空白行，如下图所示。

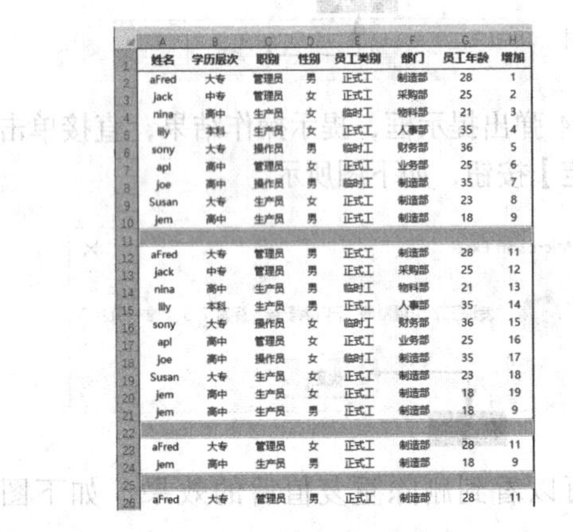

步骤02 此时，不要随意选择其他单元格，在已选择的任意单元格上单击鼠标右键，在弹出的快捷菜单中选择【删除】命令，如下图所示。

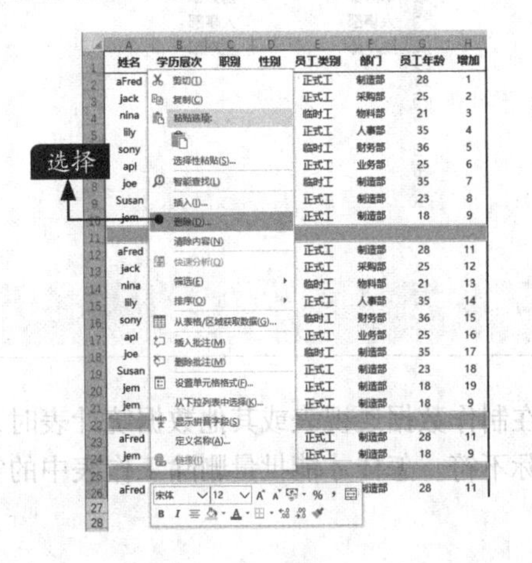

步骤03 弹出【删除】对话框，选中【下方单元格上移】单选按钮，单击【确定】按钮，如下图所示。

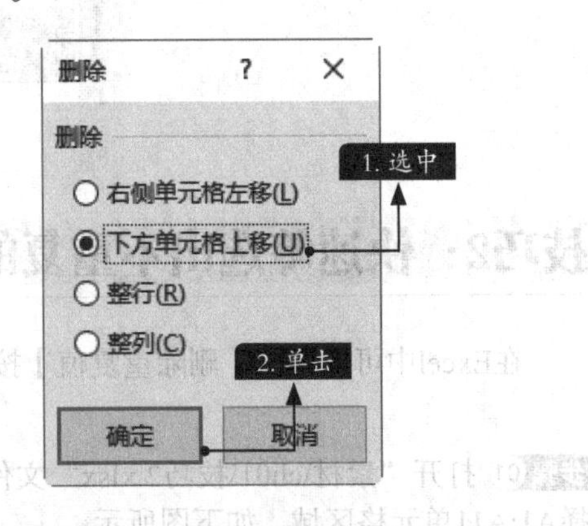

小提示

如果工作表右侧没有其他数据，也可以选中【整行】单选按钮；如果右侧有其他内容，则需要选中【下方单元格上移】单选按钮。

这时可以看到已经删除了所有空白行，如下图所示。

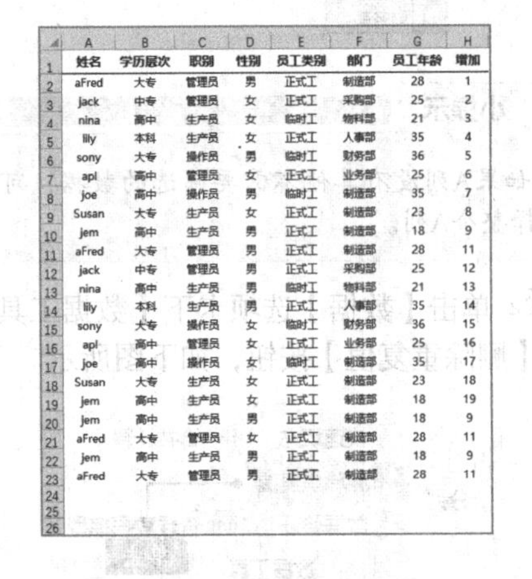

第2章

左手数据，右手图表

学习目标

图表是用来给别人展示信息的，需要在有限的空间和时间内传递关键信息，以帮助受众理解并支持决策。本章将介绍图表可视化的4个要素，以及绘制图表前的准备工作和常见图表的绘制和编辑技巧。

学习效果

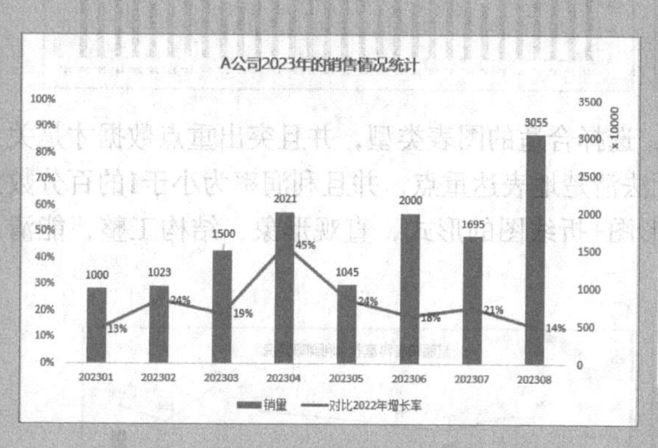

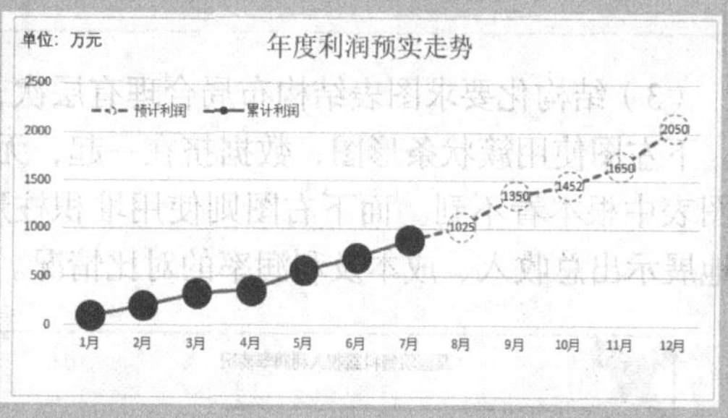

2.1 数据可视化的4要素

利用各种图表类型可以清晰展示数据，实现数据可视化。企业决策者可以通过数据可视化快速获取信息。数据可视化为企业决策提供科学依据，帮助企业决策者更好地利用图表展示和分析数据，提高沟通和决策效率。

做好数据可视化，图表就需要满足简洁化、直观化、结构化和逻辑化这4点要求。

（1）简洁化要求图表有合理的“数据墨水比”，删掉多余元素，让每个图表元素的存在都有意义。图表越简洁越容易被接受。如下左图的图表中数据差异较大，网格线并不能起到辅助理解数据的作用，还会混淆视线。删除网格线后整张图表变得更加清晰，效果如下右图所示。

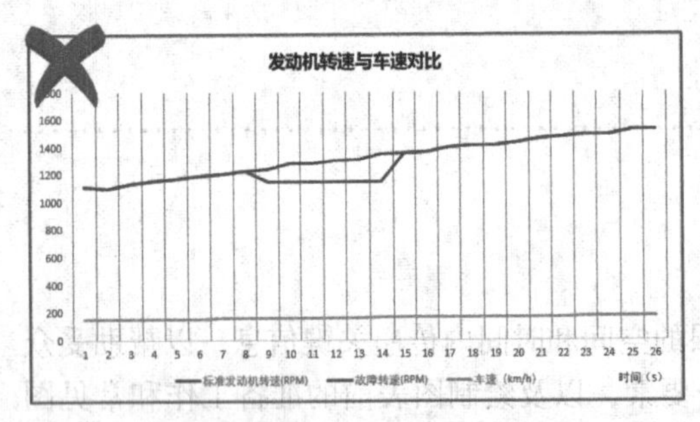

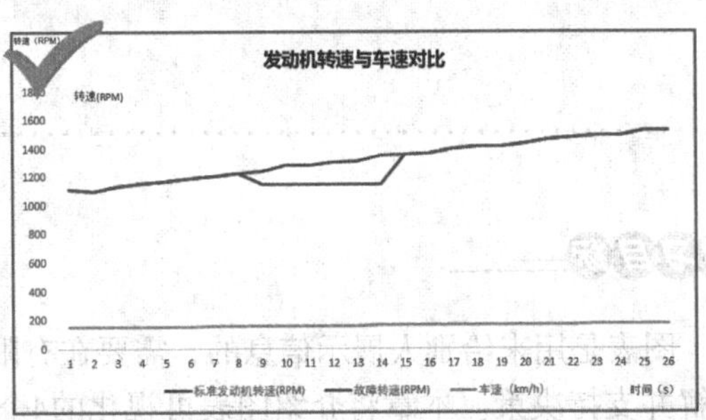

（2）直观化要求图表中没有多余的数据，用最直观的形式把核心数据表达出来。如下左图中把原数据全部显示出来，图表像一团乱麻，这样的图表让人提不起继续阅读的兴趣。这时使用动态图表，在图表中添加下拉菜单，选择不同月份，即可显示出对应月份的数据，这样会更直观。

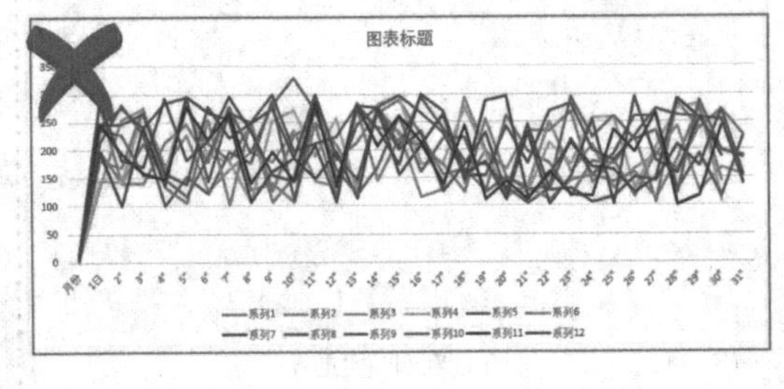

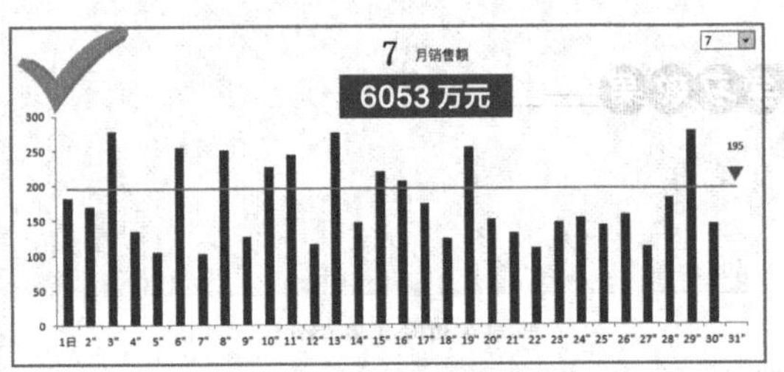

（3）结构化要求图表结构布局合理有层次，选择合适的图表类型，并且突出重点数据才是关键。下左图使用簇状条形图，数据挤在一起，无法清楚地表达重点，并且利润率为小于1的百分数在图表中根本看不到。而下右图则使用堆积柱形图+折线图的形式，直观形象，结构工整，能清晰地展示出总收入、成本及利润率的对比情况。

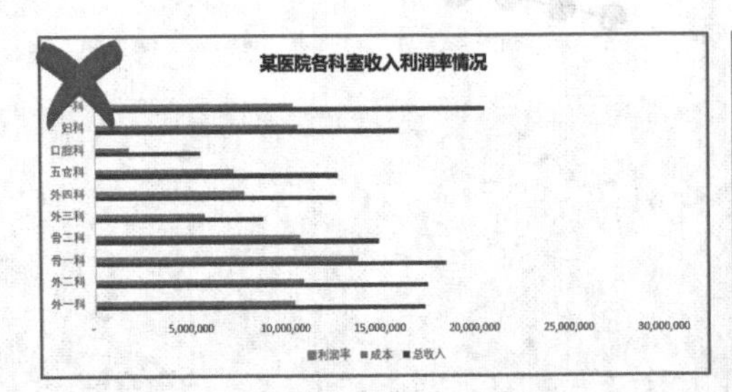

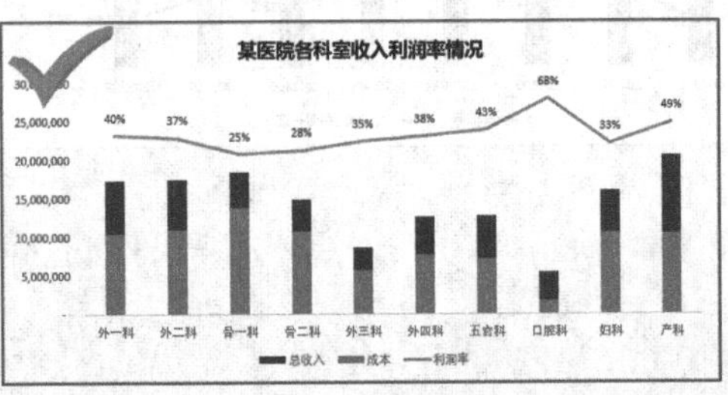

（4）逻辑化要求图表符合人的思维逻辑，制作图表的目的是进行良好的沟通，解决实际问

题，如果制作的图表没有清晰的逻辑，就无法准确反映要表达的想法或客观数据，甚至会误导看图表者对数据的认识。例如，在下图中，总库存、半成品及成品间的关系为：总库存=半成品+成品。下左图中仅展示各种量的具体数值，而下右图中则使用清晰的结构展示出总库存与半成品、成品之间的关系。

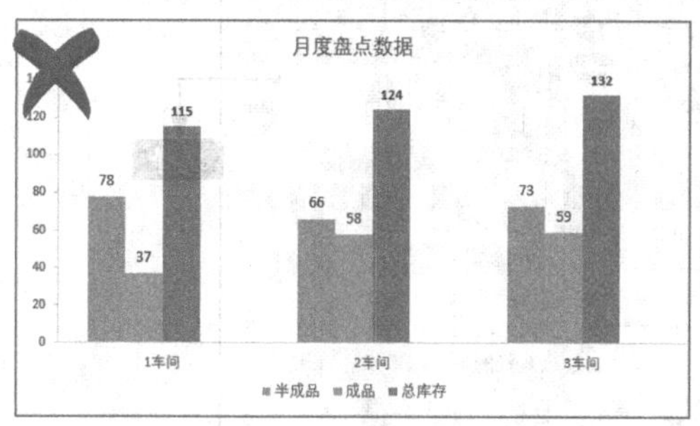

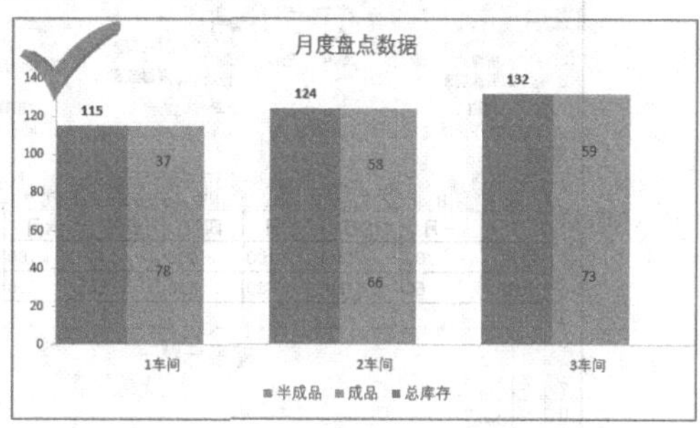

那么数据可视化的好处是什么呢？对图表制作者来讲是能够提升工作效率、展现自己的能力，还有利于自己升职加薪，如下左图所示；对看图表者来讲是图形直观、易理好记、省时省劲，如下右图所示。

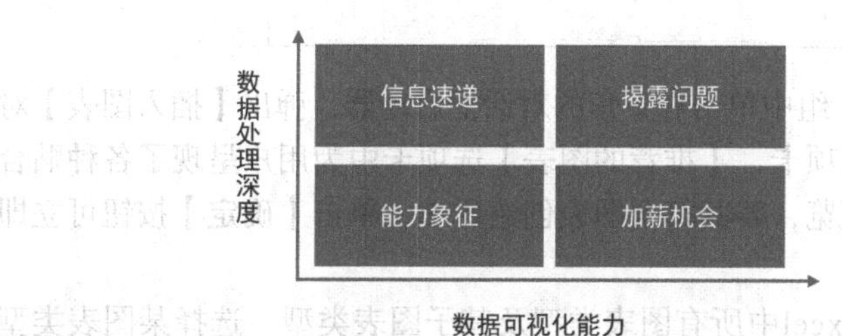

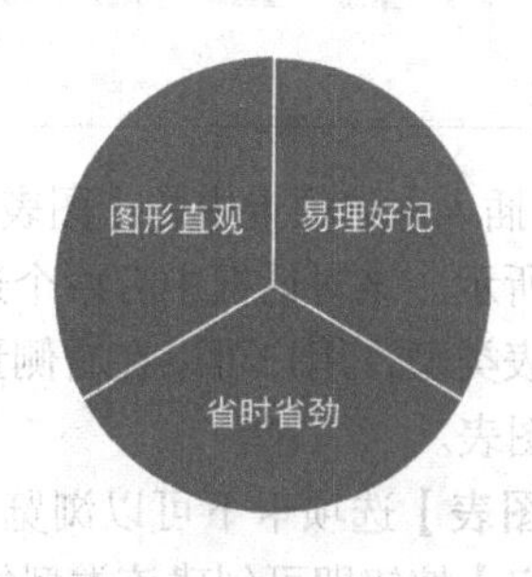

2.2 创建图表的5种方法

用户创建图表前必须先选中数据，若要对表格中所有相邻的数据进行绘图，可将光标置于数据区域的任意单元格中。

创建图表时，Excel会自动对整个表格中的数据进行绘图，若用户只想对表格中的部分数据进行绘图，则需要先单独选择特定数据区域。此外，若数据不连续，可按住【Ctrl】键进行多次选择。若数据区域中有与总计、合计类似的汇总行、列，绝大部分情况下不应将其纳入图表创建范围。选择数据后，便可创建图表。在Excel中创建图表主要有以下5种方式。

（1）选择数据后，按【Alt+F1】快捷键，将迅速创建默认的柱形图。

（2）选择数据后，单击数据区域右下角的【快速分析】按钮，在展开的列表中选择【图表】选项卡，在此选项卡中Excel会根据数据类型和布局自动推荐相关的图表类型，用户单击某图表类型缩览图，即可创建该类型的图表，如下图所示。

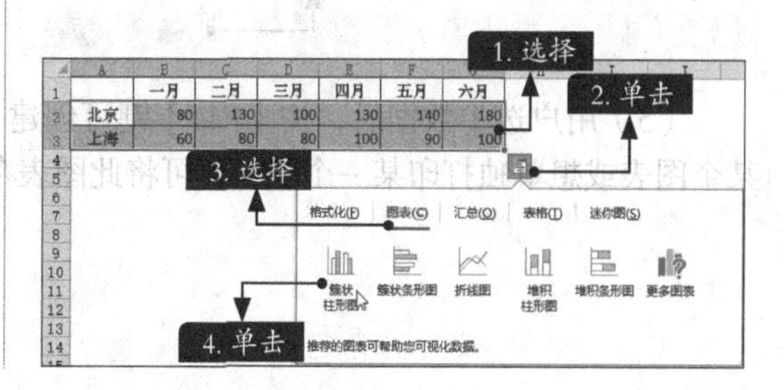

（3）选择数据后，在【插入】选项卡的【图表】组中选择指定的图表类型，即可在工作表中创建该类型图表，如下图所示。

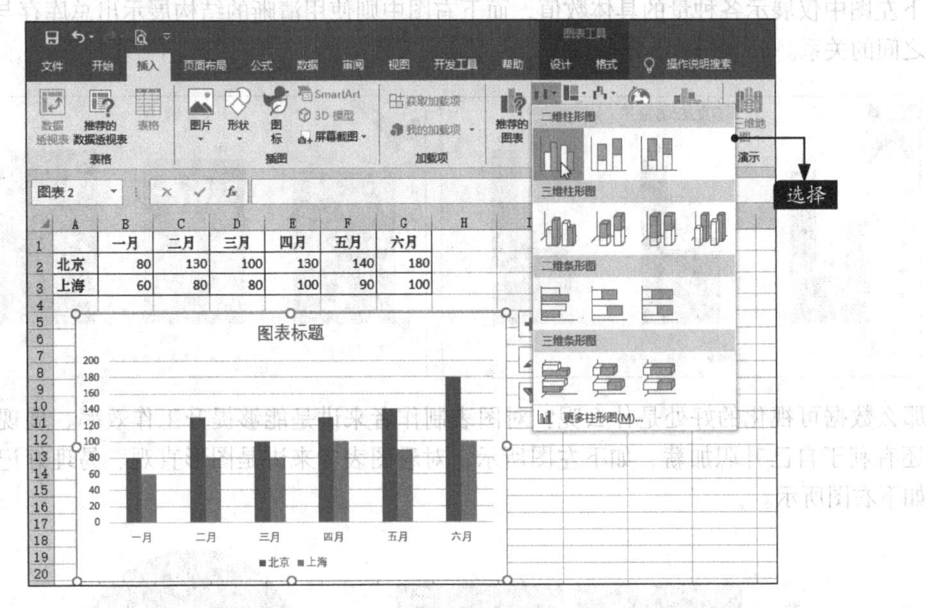

（4）在【插入】选项卡中的【图表】组中单击右下角的对话框启动器，弹出【插入图表】对话框，如下图所示。该对话框中有两个选项卡，【推荐的图表】选项卡中为用户呈现了各种贴合当前数据的图表类型，用户可以在右侧预览，若其符合图表创建要求，单击【确定】按钮可立即创建该类型的图表。

在【所有图表】选项卡下可以浏览Excel中所有图表类型及其子图表类型，选择某图表类型后，单击【确定】按钮即可创建该类型的图表，如下右图所示。

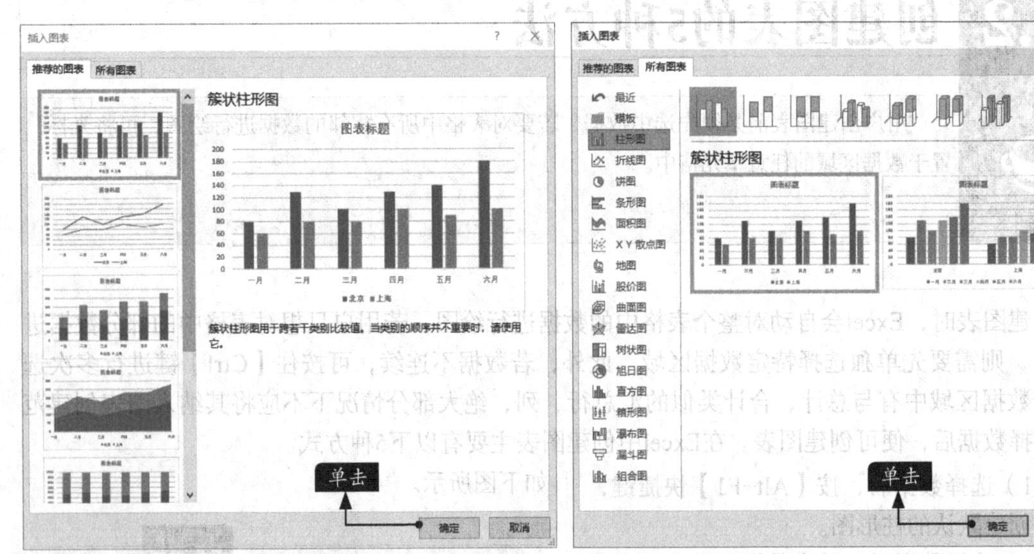

（5）用户选中数据后，按【F11】键可创建一个单独的图表工作表。用户若需要特定地显示某个图表或想单独打印某一个图表，可将此图表存储在图表工作表中。

2.3 不可不知的图表元素

在制作图表的源数据中，数据被呈现在图表中会有“系列”和“类别”之分，以下图为例，通常把表格的一行数据称为“一个系列”，把一列数据称为“一个类别”，这是一个规范的二维源数据表格，如下图所示。

	类别1	类别2	类别3	类别4	类别5
系列1	5	3	4	3	6
系列2	6	4	5	5	7

在Excel图表中，类别和系列是什么？两者有什么关系呢？

（1）类别：可以理解为Excel图表中水平轴表示的对象，类别名称就是轴标签，即横坐标标签。

（2）系列：可以理解为数据的组数，一组数据就是一个系列，数据的大小决定垂直轴方向的高度。以柱形图为例，两个系列就有两个柱形条，柱形条的高度是在垂直轴中体现出来的。

（3）类别与系列的关系：在创建图表后，可以通过单击【切换行/列】按钮来实现类别和系列的互换。

将上图表格中的数据通过簇状柱形图进行可视化，得到如下图所示的图表。图表一般由图表标题、图例、图表区、绘图区、垂直（值）轴、水平（类别）轴等组成。

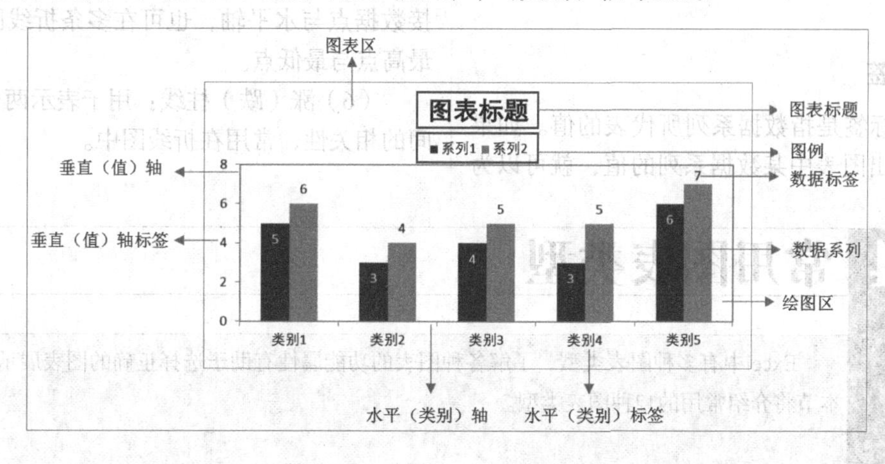

1. 图表区

整张图表及图表中的数据称为图表区，可理解为绘制图表的画布，用于放置各类图表信息。在图表区中将鼠标指针停留在图表元素上方，Excel就会显示该元素的名称，从而方便用户查找图表元素。

2. 绘图区

绘图区主要显示数据表中的数据，这些数据会随着源数据的更新而自动更新。此外，绘图区还可以显示网格线、趋势线、数据标签等相关元素。选择绘图区后，可以调整绘图区的大小。

3. 图表标题

图表创建完成后会自带标题文本框，在标题文本框中可以输入图表标题（该图表的名称，或由图表得出的总结性结论），便于用户快速获取图表要表达的信息。

4. 坐标轴（坐标轴名称）

坐标轴包括垂直（值）轴和水平（类别）轴，垂直（值）轴用于显示系列，而水平（类别）轴用于显示类别。创建图表后，Excel会根据源数据的大小自动确定图表坐标轴中的刻度，当然用户也可以自定义刻度来满足制图需要。当图表中数值涵盖的范围较大时，可以将垂直（值）轴的刻度改为对数刻度。

5. 图例

图例可以不同的颜色或图案来表示图表中的数据系列。创建图表后，图例以默认的颜色来显示图表中的数据系列。图例可以放在图表的顶部、底部、左侧或右侧。

6. 数据系列

数据系列是指源数据中的系列，不同类别中包含多少个系列，图表就包含多少种数据系列。

7. 数据标签

数据标签是指数据系列所代表的值。如果要快速看出图表中某数据系列的值，就可以为图表系列添加数据标签。数据标签还可以显示系列名称、类别名称等。

8. 其他图表元素

除了上面介绍的图表元素，图表还包含趋势线、网格线、数据表、误差线、线条、涨（跌）柱线等元素。

（1）趋势线：表示数据系列的发展趋势，主要用来进行预测和分析。

（2）网格线：坐标轴上刻度线的延伸，并可穿过绘图区，便于用户查看数据，包含垂直网格线和水平网格线。

（3）数据表：与源数据表格相同，是指将源数据以表格的形式添加至图表中，这样在观察Excel图表时就能直接看到具体数据。

（4）误差线：用于显示与数据系列中每个数据标记相关的可能误差量；默认误差值是5%，用户可以根据需要设置误差值大小。

（5）线条：既可以在单条折线图中垂直连接数据点与水平轴，也可在多条折线图中连接最高点与最低点。

（6）涨（跌）柱线：用于表示两个变量之间的相关性，常用在折线图中。

2.4 常用图表类型

Excel中有多种图表类型，了解各种图表的功能属性有助于选择正确的图表展示数据。本节将介绍常用的12种图表类型。

1. 组合图——多元化展示数据

如果单一的图表类型无法满足数据多元化展示的需求，就可以使用组合图，如右图所示。常用的组合图类型有簇状柱形图+折线图、簇状柱形图+堆积柱形图、折线图+面积图、饼图+堆积柱形图等。

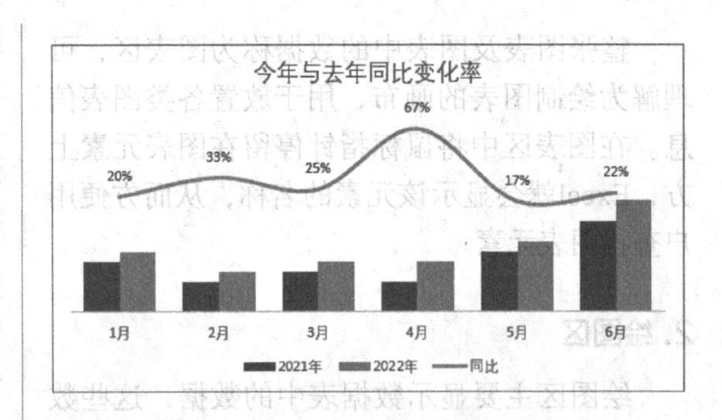

2. 柱形图——显示垂直条的差别对比

柱形图用垂直条来表示数据在不同时期的差别，或者相同时期内不同数据的差别，因此它具有对比明显、数据清晰直观的特点，多用于强调数据随时间变化的趋势，如下图所示。

上半年公司财政收入支出分析报告

月份	收入（万元）	支出（万元）	利润（万元）	获利累计（万元）
一月	1500	500	1000	1000
二月	2680	1500	1180	2180
三月	3450	2600	850	3030
四月	2800	800	2000	5030
五月	2800	2500	300	5330
六月	4500	2000	2500	7830
合计	17730	9900	7830	24400

3. 折线图——显示数据的变化趋势

折线图一般用来显示数据随时间变化的趋势，如在一段时间内数据是呈增长趋势还是下降趋势，都可以用折线图清晰明了地显示出来。折线图可以显示随时间变化的连续数据，因此非常适用于显示在相同时间间隔下数据的变化趋势，如下图所示。

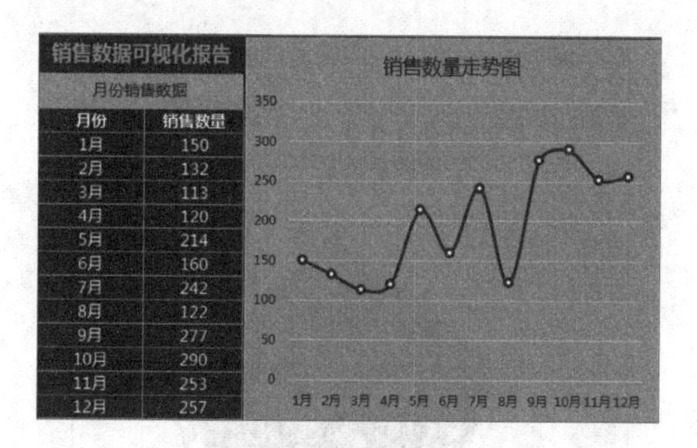

销售数据可视化报告

月份销售数据

月份	销售数量
1月	150
2月	132
3月	113
4月	120
5月	214
6月	160
7月	242
8月	122
9月	277
10月	290
11月	253
12月	257

4. 饼图——显示各项数据所占的百分比

饼图用于对比各项数据占总体的百分比，整个饼代表所有数据之和，其中每一块就是一项数据，如右上图所示。

2023年销量对比表

地区	销售额/万元	占比
东北	265	18%
华北	220	15%
华东	365	25%
华南	254	17%
西南	167	11%
西北	186	13%

2023年不同地区销售对比

西北 13%
东北 18%
西南 12%
华北 15%
华南 17%
华东 25%

5. 条形图——显示各类型数据间的差别

条形图用水平条来表示各项数据。虽然看起来和柱形图类似，但条形图更倾向于使用水平条来弱化时间的变化，以突出强调各类型数据之间的差异，如下图所示。

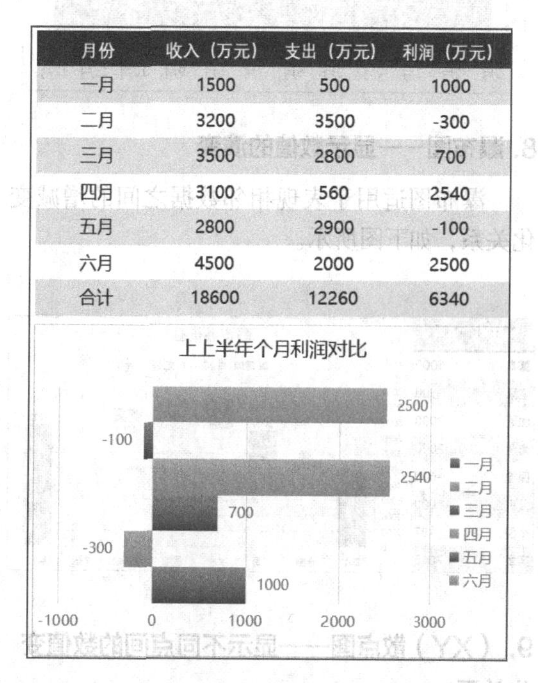

月份	收入（万元）	支出（万元）	利润（万元）
一月	1500	500	1000
二月	3200	3500	-300
三月	3500	2800	700
四月	3100	560	2540
五月	2800	2900	-100
六月	4500	2000	2500
合计	18600	12260	6340

6. 直方图——显示数据型数据

直方图一般用横轴表示数据类型，用纵轴表示数据分布情况，面积表示各组的频数，用于展示数据，如下图所示。

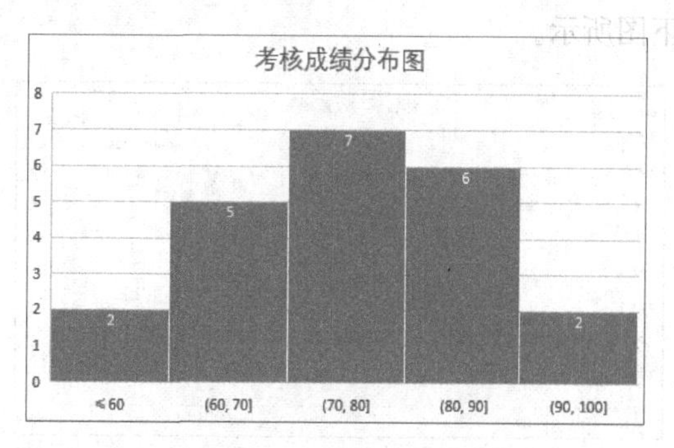

7. 面积图——显示变动的幅度

面积图直接使用大面积色块表示数据，可突出随时间变化的数值变化量，用于显示一段时间内数值的变化幅度，同时也可以看出整体的数值变化，如下图所示。

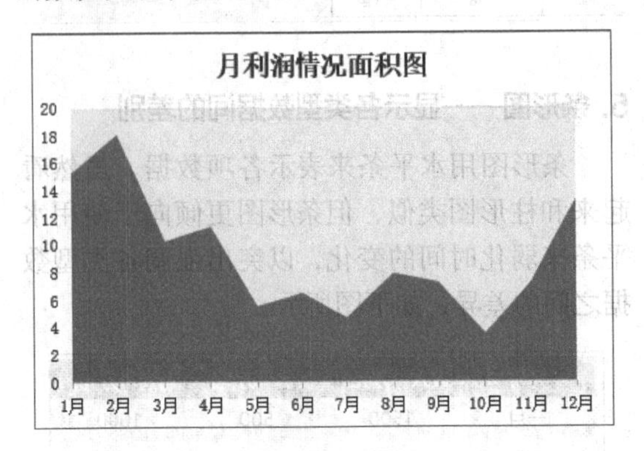

8. 瀑布图——显示数值的演变

瀑布图适用于表现相邻数据之间的增减变化关系，如下图所示。

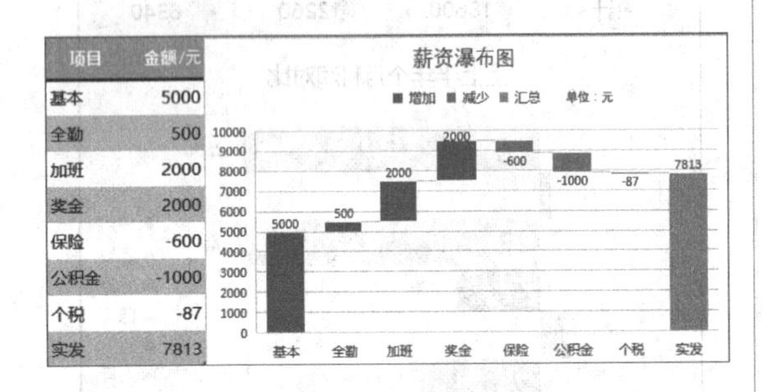

项目	金额/元
基本	5000
全勤	500
加班	2000
奖金	2000
保险	-600
公积金	-1000
个税	-87
实发	7813

9.（XY）散点图——显示不同点间的数值变化关系

（XY）散点图用来显示值集之间的关系，通常用于表示不均匀时间段内数据的变化。此外，（XY）散点图的重要作用是能够快速精准地绘制出函数曲线，并可用于相关性分析，如下图所示。

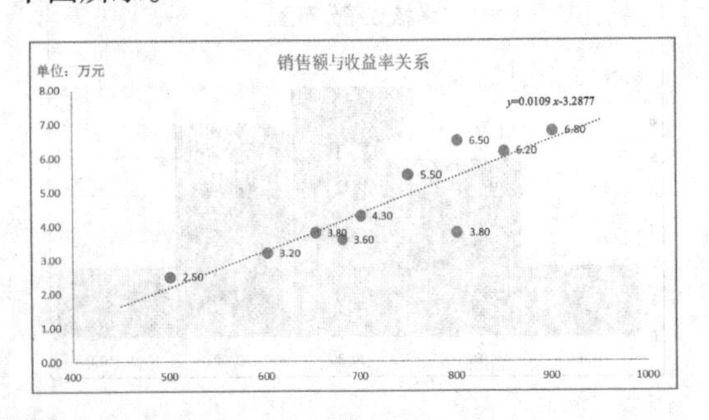

10. 树状图——矩形显示数据所占比例

树状图侧重于数据的分析与展示，使用矩形显示层次结构所占的比例，如下图所示。

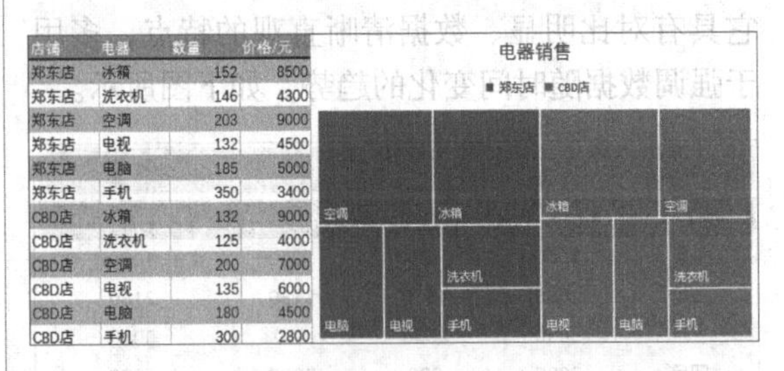

店铺	电器	数量	价格/元
郑东店	冰箱	152	8500
郑东店	洗衣机	146	4300
郑东店	空调	203	9000
郑东店	电视	132	4500
郑东店	电脑	185	5000
郑东店	手机	350	3400
CBD店	冰箱	132	9000
CBD店	洗衣机	125	4000
CBD店	空调	200	7000
CBD店	电视	135	6000
CBD店	电脑	180	4500
CBD店	手机	300	2800

11. 旭日图——用环形显示数据关系

旭日图可以清晰表达层次结构中不同级别的值和其所占的比例，以及各个层次之间的归属关系，如下图所示。

季度	月份	周次	销量/件
第一季度	1月	第1周	35
第一季度	1月	第2周	45
第一季度	1月	第3周	25
第一季度	1月	第4周	50
第一季度	2月	第1周	36
第一季度	2月	第2周	42
第一季度	2月	第3周	53
第一季度	2月	第4周	25
第一季度	3月	第1周	45
第一季度	3月	第2周	53
第一季度	3月	第3周	39
第一季度	3月	第4周	37

第一季度销售统计旭日图

12. 雷达图——显示相对于中心点的波动值

雷达图的每个数据都有自己的坐标轴，以显示数据相对于中心点的波动值。它能显示独立数据之间以及某个特定整体体系之间的关系，如下图所示。

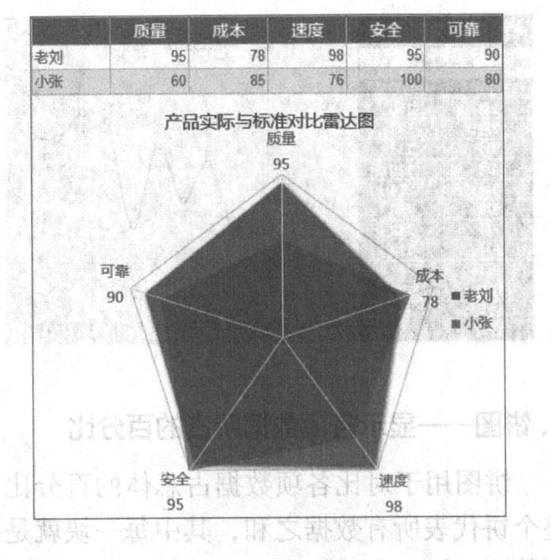

	质量	成本	速度	安全	可靠
老刘	95	78	98	95	90
小张	60	85	76	100	80

2.5 图表设计

除了选择正确的图表类型展示数据外，还需要对图表进行设计。图表设计是对图表布局、图表样式的设置。图表设计的目的是让图表显得更加专业和美观。

在Excel中，图表设计可以使用内置的布局和样式，也可以通过对图表各元素进行自定义的设置来完成。

1. 图表布局

在创建图表时都会有默认的图表元素，这些图表元素的组合和分布构成了图表的布局。用户可以手动调整图表元素的布局，对于图表元素，可以单击【图表元素】快捷按钮进行增减。除此之外，Excel也内置了对图表元素进行布局的命令。选中图表，在【图表工具-设计】选项卡中单击【快速布局】按钮，在其下拉菜单中有多种布局方式，如下图所示，将鼠标指针移至布局方式缩略图上，图表会立即切换成该布局方式，若需要永久应用该布局方式，可单击该缩略图。

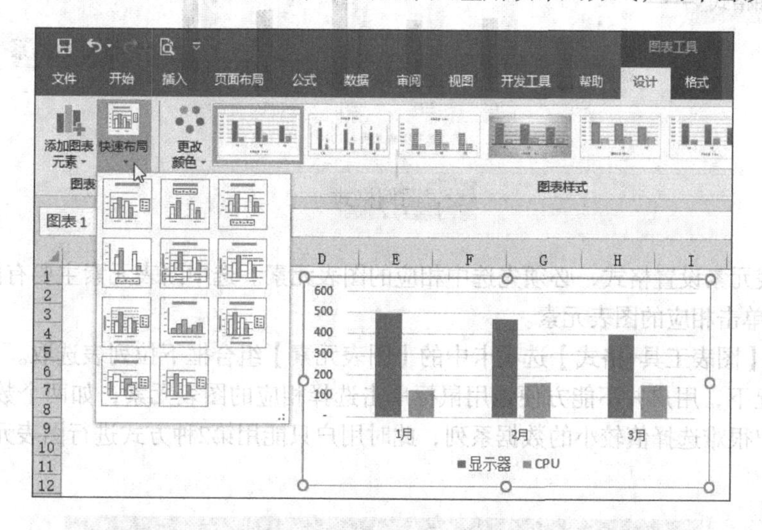

2. 图表样式

图表样式是指图表中绘图区和数据系列的形状、填充颜色、框线颜色等格式设置的组合。创建图表时，Excel会以默认的样式对图表进行设置，用户若想对图表样式进行精确的调整，可以使用手动调整的方式。除此之外，【图表工具-设计】选项卡中的图表样式库中内置了多种图表样式，如下图所示，用户将鼠标指针移至图表样式缩略图上，图表会立即显示应用该样式后的预览效果，若需要应用该图表样式，可单击该缩略图。

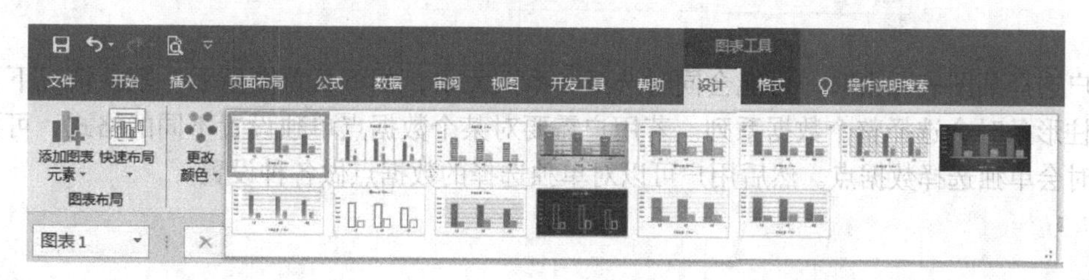

2.6 图表元素格式设置

在Excel中插入的图表，一般使用内置的默认样式，如果用户要做个性化的设置，就需要进一步对图表进行修饰和处理。

对图表的修饰和处理，就是对图表元素在形状、颜色、文字等各方面进行个性化的格式设置，以达到图表的功能和美化的平衡，下图展示了在图表中可进行格式设置的主要图表元素。

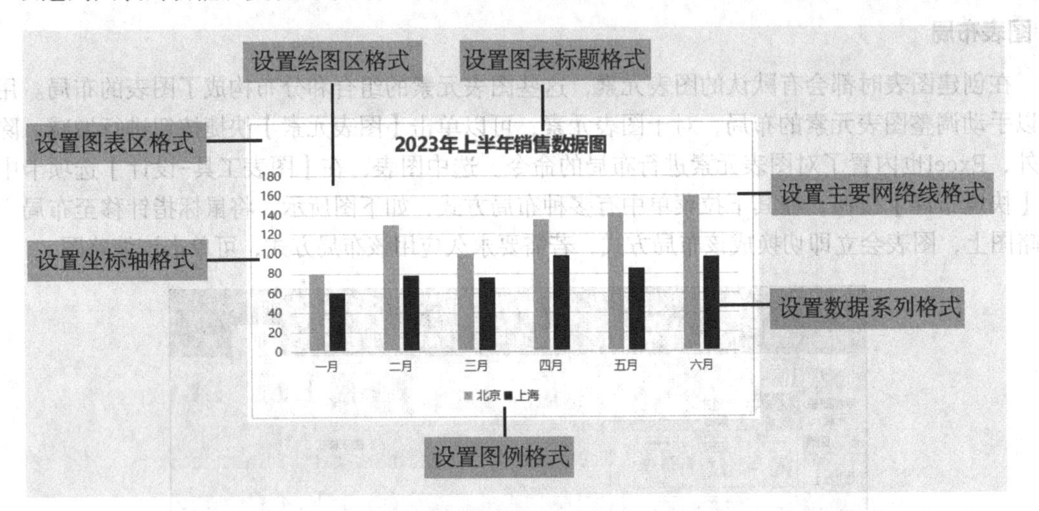

若要对图表元素设置格式，必须先选中相应的图表元素。选中图表元素主要有两种方式。

（1）直接单击相应的图表元素。

（2）通过【图表工具-格式】选项卡中的【图表元素】组合框下拉列表选取。

在有些情况下，用户并不能方便地用鼠标单击选择相应的图表元素，如两个数据系列的值差异较大时，用户很难选择值较小的数据系列，此时用户只能用第2种方式进行图表元素的选取，如下图所示。

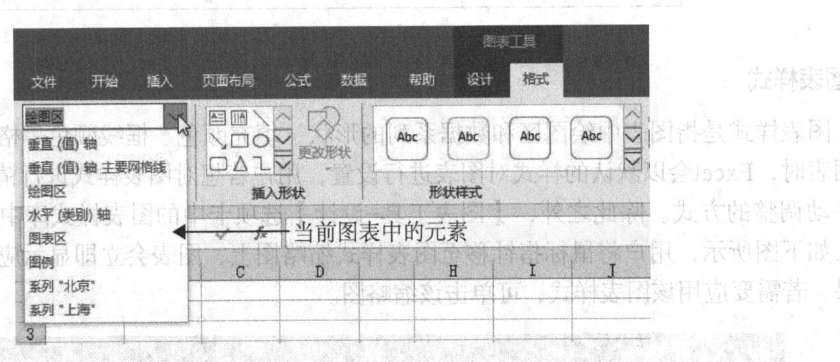

用户选择某图表元素时，可能会同时选择一系列元素，如下页首图所示。默认情况下，用户单击某柱形条时会选择整个数据系列。若用户需要对某个数据点单独设置不同的格式，可再次单击，此时会单独选择数据点。然后用户可以对单独选择的数据点做各种设置。

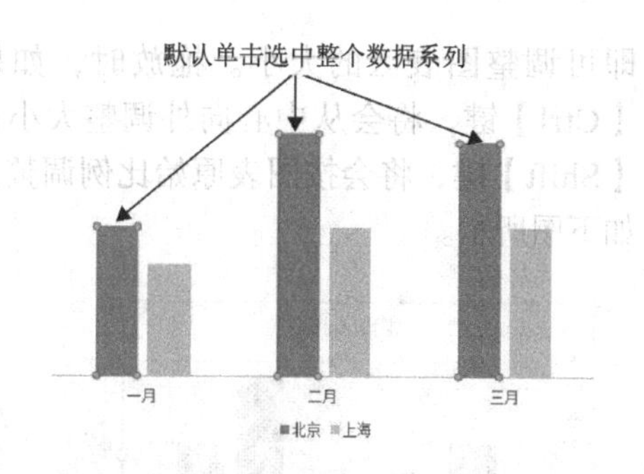

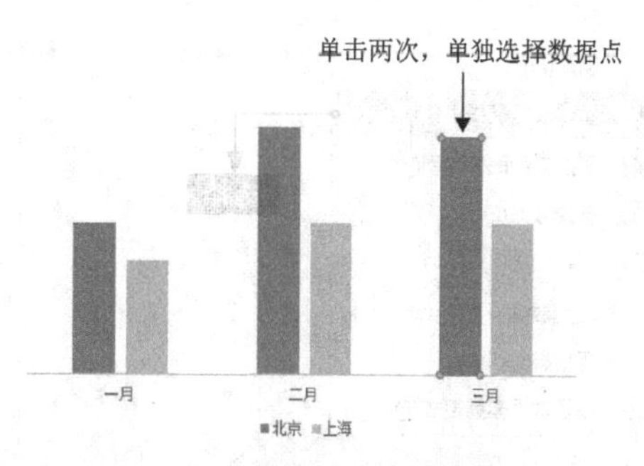

1. 设置任务窗格格式

在Excel中设置图表元素格式，绝大部分情况下都是通过任务窗格来完成的。用户选中某图表元素后，在【图表工具–格式】选项卡中选择【设置所选内容格式】选项，如右图所示。此外，双击任何一个图表元素，也可调出用于设置图表元素格式的任务窗格。

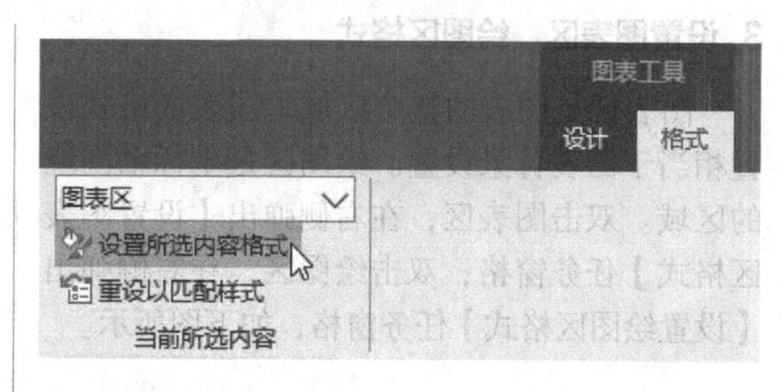

任务窗格的标题及其包含的选项取决于所选的图表元素。例如，如果选中的是图表标题，标题将显示【设置图表标题格式】，如果选中的是数据系列，标题将显示【设置数据系列格式】。任务窗格中包含了许多对图表元素进行设置的选项，如下图所示。

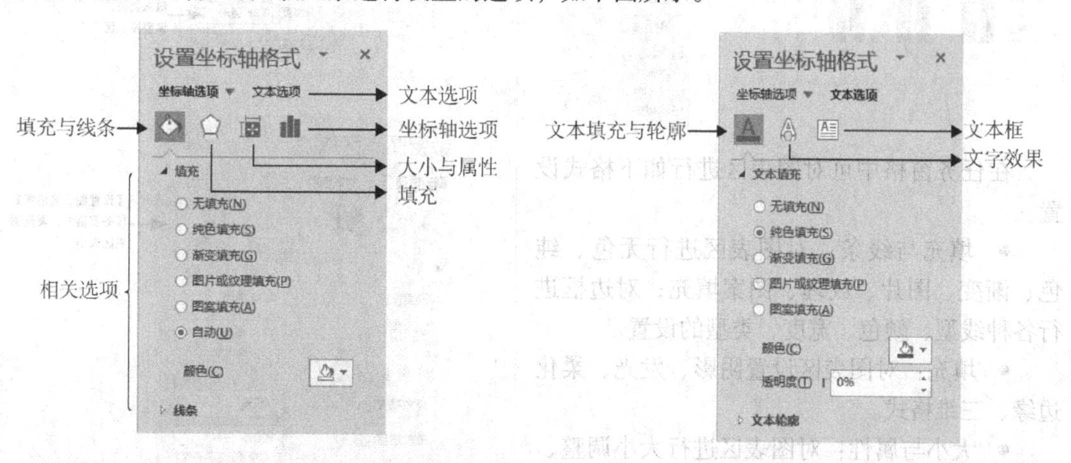

小提示

任务窗格是一种非模式对话框，类似于功能区中的选项卡。在显示任务窗格时，用户可以继续在Excel中操作，并且任务窗格仍然会保持打开状态，在任务窗格中执行的更改将会立即生效。

2. 清除样式

如果在对图表元素设置格式之后对效果不满意或格式设置错误，可按快捷键【Ctrl+Z】进行撤销，或者选中该图表元素并单击鼠标右键，在弹出的快捷菜单中选择【重设以匹配样式】选项，这样会将该图表元素恢复到刚创建时的默认格式。用户若想要重设所有图表元素的格式，可选择整个图表区，再执行【重设以匹配样式】命令，如下页首图所示。

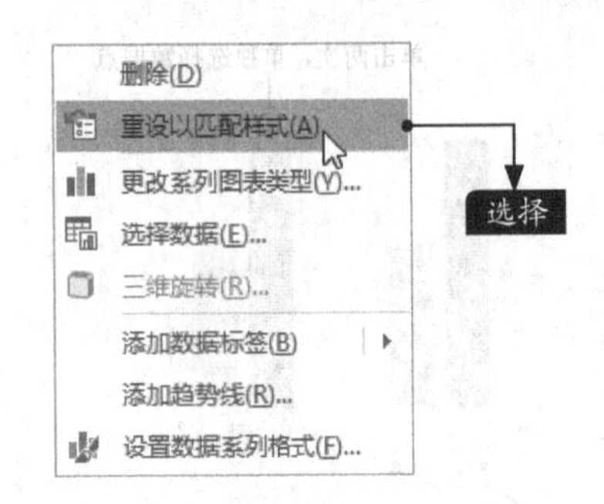

3. 设置图表区、绘图区格式

图表区是图表的整个区域，图表区格式设置相当于图表背景设置。绘图区是坐标轴围绕的区域。双击图表区，在右侧弹出【设置图表区格式】任务窗格；双击绘图区，在右侧弹出【设置绘图区格式】任务窗格，如下图所示。

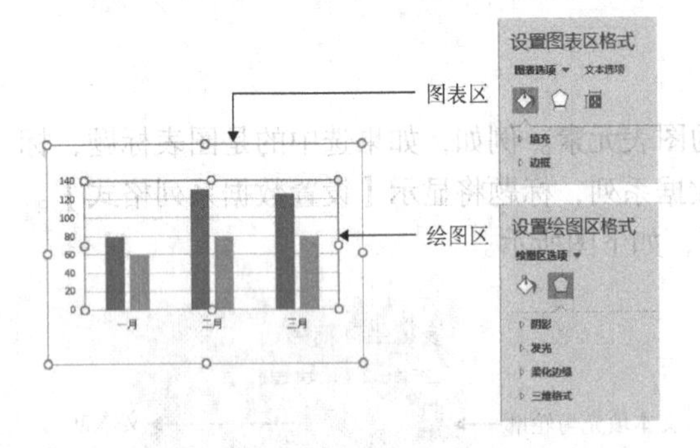

在任务窗格中可对图表区进行如下格式设置。

- 填充与线条：对图表区进行无色、纯色、渐变、图片、纹理、图案填充；对边框进行各种线型、颜色、宽度、类型的设置。
- 填充：对图表区设置阴影、发光、柔化边缘、三维格式。
- 大小与属性：对图表区进行大小调整、图表状态的属性设置。

小提示

对绘图区可进行填充与线条和填充设置，设置方法与图表区的设置方法相同。

在图表制作过程中，为了满足显示或打印的需要，经常要调整图表区和绘图区的大小。调整图表区的大小有以下方法。

（1）选中图表区后在图表区的边框上会显示8个控制点。将鼠标指针移到控制点上，鼠标指针变成双向箭头形状时，拖动鼠标指针即可调整图表区的大小。拖放时，如果按住【Ctrl】键，将会从中心向外调整大小；按住【Shift】键，将会按图表原始比例调整大小，如下图所示。

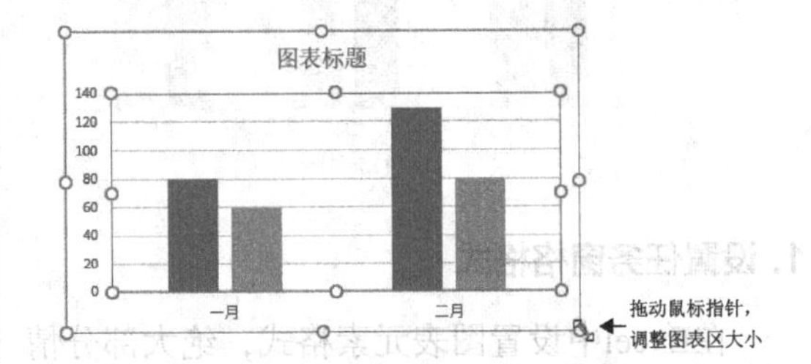

（2）选中图表区后，在【图表工具-格式】选项卡的【大小】组中，可以手动输入数值进行图表区大小的调整。此外，也可以在【设置图表区格式】任务窗格中的【大小】组中，对图表区的高度、宽度进行数值调整，如下图所示。

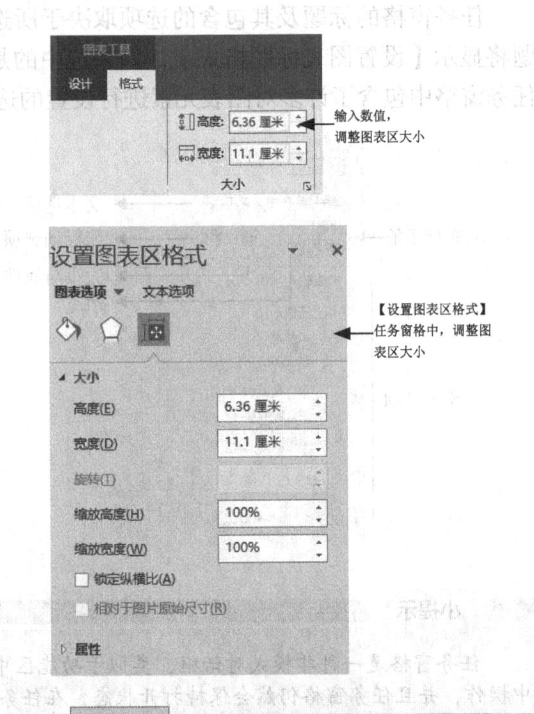

小提示

对于绘图区，只能以拖动控制点的方式进行大小的调整，选中绘图区后可以通过拖动边框来调整绘图区在图表区中的位置。

4. 设置数据系列格式

数据系列是绘图中一系列点、线、面的组合，图表类型不同，数据系列的外观形状也不相同，如下图所示。

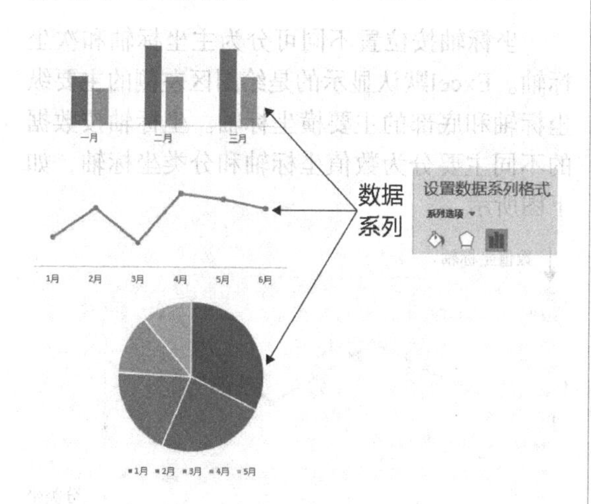

因图表类型不同，数据系列的格式选项也有所不同，下面介绍常见的柱形图、折线图、饼图的数据系列的格式设置。

（1）柱形图数据系列格式。双击图中柱形条，打开【设置数据系列格式】任务窗格，如下图所示。

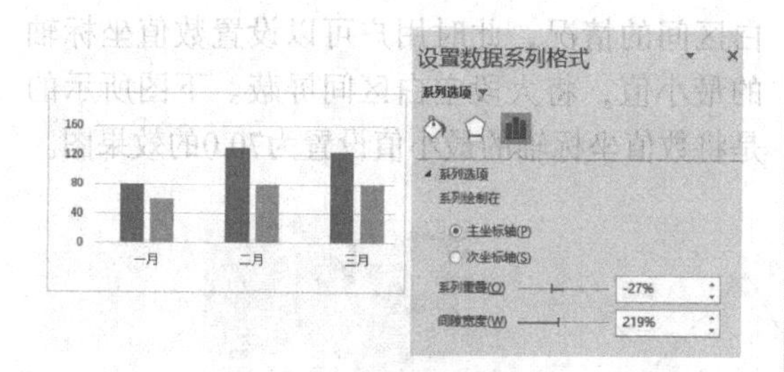

● 设置主坐标轴和次坐标轴。创建图表时，默认只有一个主坐标轴，当某个图表中包含两个或两个以上的数据系列时，可将其中一个数据系列绘制在次坐标轴；当设置次坐标轴时，相应系列值参照点为次坐标轴上的刻度，下图中某一数据系列绘制在了次坐标轴，然后将该数据系列转换成折线图，这样就形成了一个组合图。

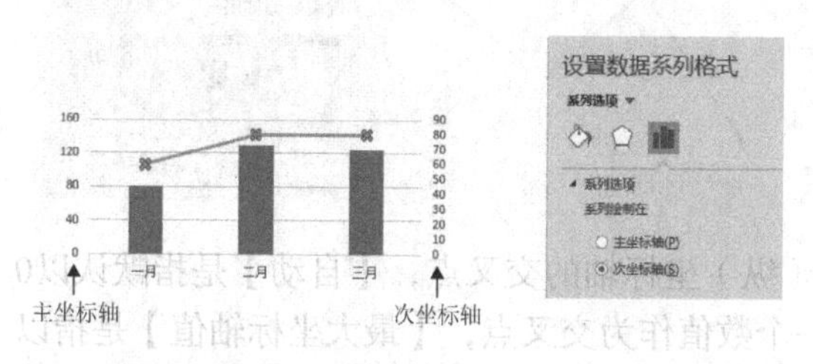

● 设置系列重叠间隔。默认情况下，柱形图的不同数据系列之间存在间隔，该间隔的比例范围为柱形宽度的－100%～100%，－100%表示间隔为一个柱形条宽，100%表示数据系列重叠，0%表示数据系列紧贴在一起，如下图所示，原柱形图的系列重叠间隔为－27%，将【系列重叠】设置为0%，此时两个数据系列将紧贴在一起。

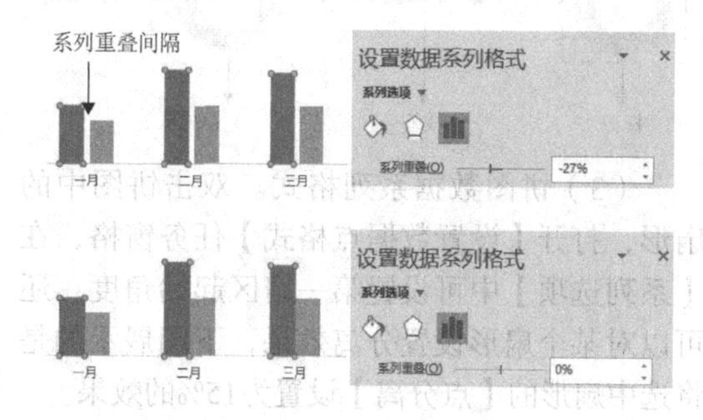

● 设置间隙宽度。间隙宽度用于调整分类轴中各分类项之间的距离，取值范围为0%～500%，同时也会调整柱形条的宽度，下图展示了【间隙宽度】为500%和0%时的效果。

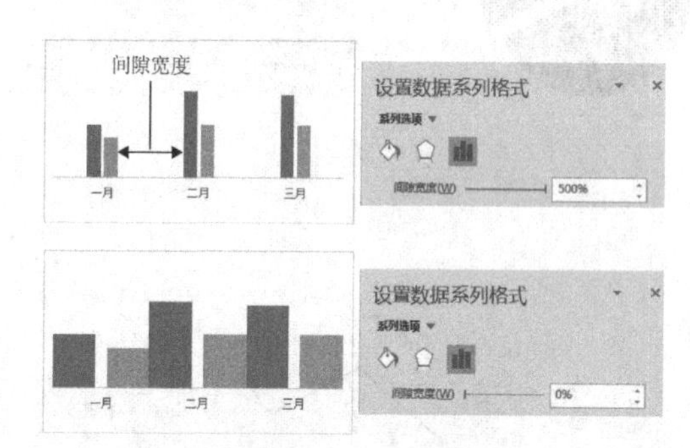

（2）折线图数据系列格式。双击折线图中的折线，打开【设置数据系列格式】任务窗格，在【填充与线条】选项卡中的【线条】标签中可设置线条的样式、颜色等。在【标记】标签中可设置数据标记的类型、大小、填充、边框，此外选中【平滑线】复选框，可将尖角折线转换成平滑曲线折线，如下图所示。

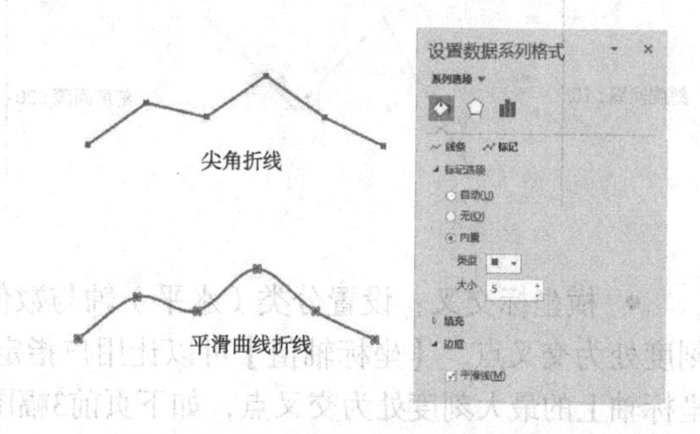

下页首图展示了折线图中线条与标记的区别。

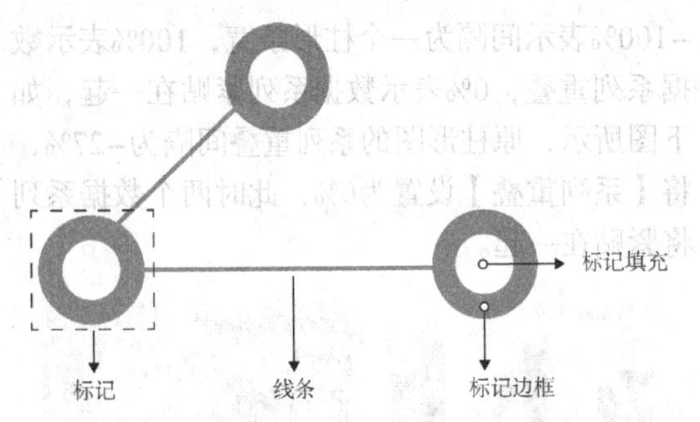

（3）饼图数据系列格式。双击饼图中的扇形，打开【设置数据点格式】任务窗格，在【系列选项】中可设置第一扇区起始角度，还可以对某个扇形设置分离效果，下图展示的是将选中扇形的【点分离】设置为15%的效果。

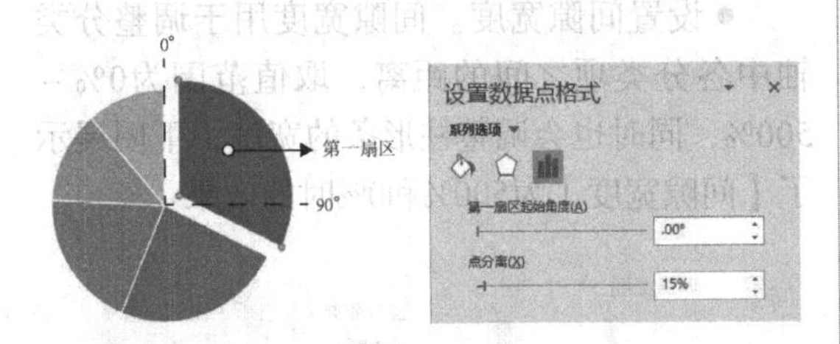

5. 设置坐标轴格式

坐标轴按位置不同可分为主坐标轴和次坐标轴。Excel默认显示的是绘图区左侧的主要纵坐标轴和底部的主要横坐标轴。坐标轴按数据的不同主要分为数值坐标轴和分类坐标轴，如下图所示。

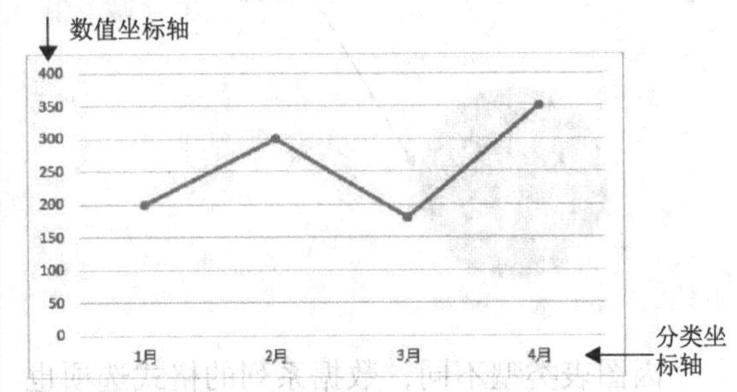

（1）数值坐标轴的设置。

● 边界—最小值：设置数值坐标轴刻度的最小值。对于全部都是由正数创建的图表，数值坐标轴的最小值是0，但当数据源的数据普遍大于0时，有可能造成数值坐标轴底端留有大段空白区间的情况，此时用户可以设置数值坐标轴的最小值，将大段空白区间屏蔽。下图所示的是将数值坐标轴的最小值设置为70.0的效果图。

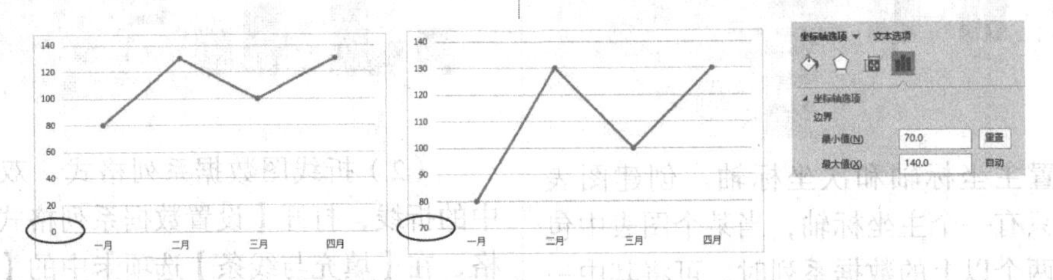

● 边界–最大值：设置数值坐标轴刻度的最大值。

● 单位：设置数值坐标轴刻度间隔。下图所示是将数值坐标轴刻度间隔设置为10和20的效果。

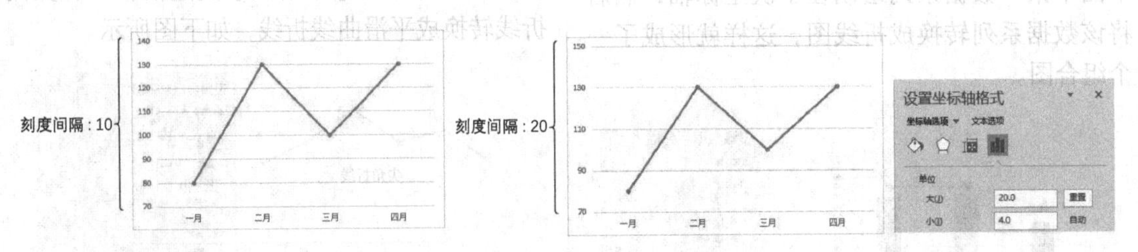

● 横坐标交叉：设置分类（水平）轴与数值（纵）坐标轴的交叉点，【自动】是指默认以0刻度处为交叉点，【坐标轴值】可以让用户指定一个数值作为交叉点，【最大坐标轴值】是指以坐标轴上的最大刻度处为交叉点，如下页前3幅图所示。

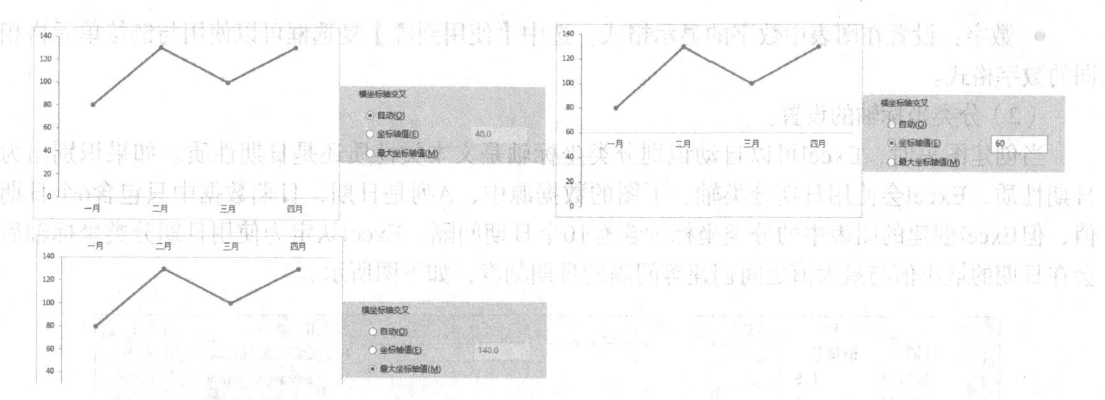

● 显示单位：当数值坐标轴刻度较大时，可通过设置显示单位来缩小数值坐标轴上的数值。

● 对数刻度：刻度之间为等比数列（如10、100、1000、10000）。

● 逆序刻度值：数值坐标轴的刻度值及图表方向会以垂直镜像方式显示（类似将图表垂直翻转），如下图所示。

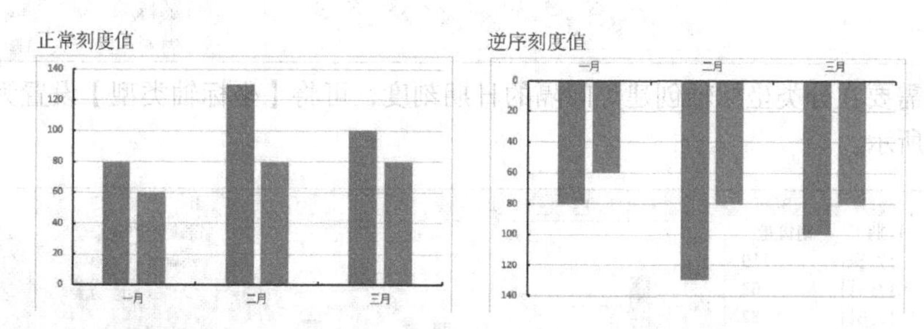

● 主刻度线类型：设置主刻度线。默认情况下，数值坐标轴是没有刻度线的，如需要可在此设置刻度线，下图展示了设置了主刻度线的效果。

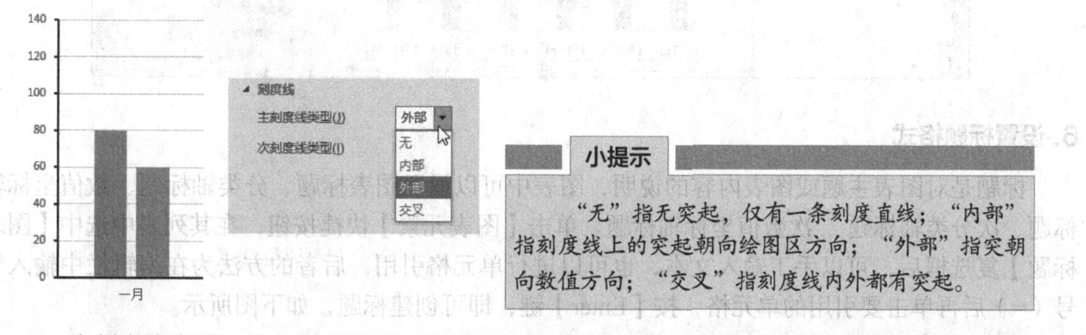

小提示

“无”指无突起，仅有一条刻度直线；“内部”指刻度线上的突起朝向绘图区方向；“外部”指突起朝向数值方向；“交叉”指刻度线内外都有突起。

● 次刻度线类型：对主刻度线的再次划分，主要用于为解读数据点的数值提供更精准的参照。

● 标签位置：设置刻度数字所在的位置，【轴旁】指处于数值坐标轴的旁边，【无】表示隐藏刻度数字显示，【低】表示将刻度数字显示在左侧或下方，【高】表示将刻度数字显示在右侧或上方。下图展示了将刻度数字显示在“高”处的效果。

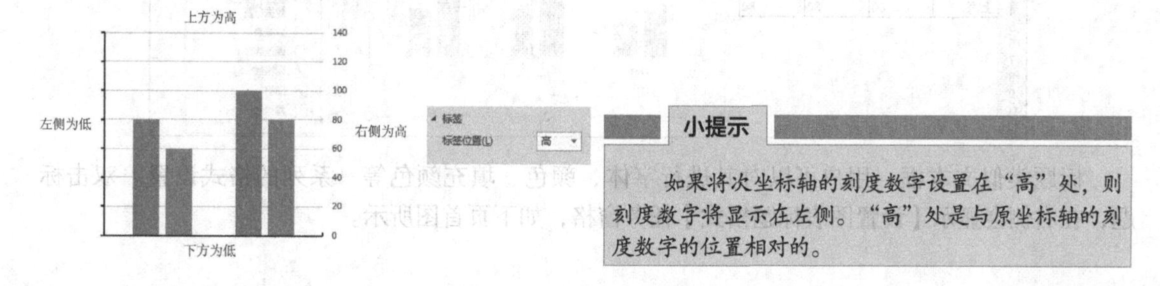

小提示

如果将次坐标轴的刻度数字设置在“高”处，则刻度数字将显示在左侧。“高”处是与原坐标轴的刻度数字的位置相对的。

● 数字：设置在图表中数字的显示格式。选中【使用到源】复选框可以使用与链接单元格相同的数字格式。

（2）分类坐标轴的设置。

当创建图表时，Excel可以自动识别分类坐标轴是文本类性质还是日期性质。如果识别出为日期性质，Excel会使用日期分类轴。下图的数据源中，A列是日期，日期数据中只包含6个日期值，但Excel创建的图表中的分类坐标轴含有10个日期间隔。Excel认定为使用日期分类坐标轴后会在日期的最小值与最大值之间创建等间隔的日期刻度，如下图所示。

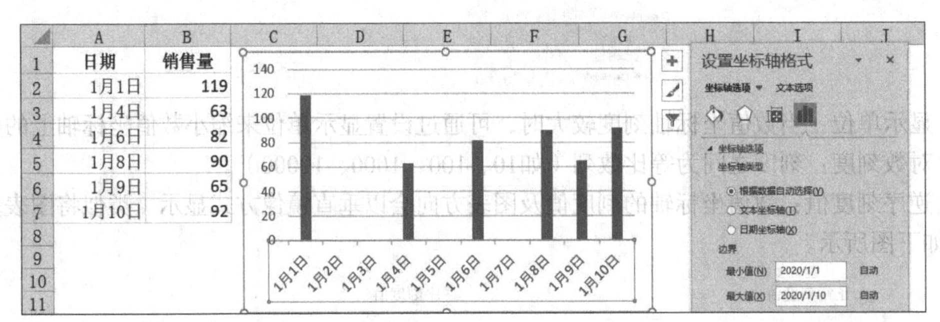

用户若不需要在分类坐标轴创建等间隔的日期刻度，可将【坐标轴类型】设置为【文本坐标轴】，如下图所示。

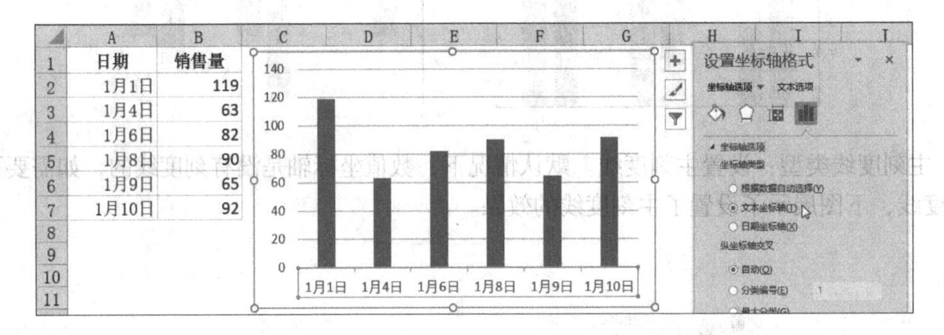

6. 设置标题格式

标题是对图表主题或图表内容的说明，图表中可以设置图表标题、分类轴标题、数值坐标轴标题、次分类轴标题、次数值坐标轴标题。单击【图表元素】快捷按钮，在其列表中选中【图表标题】复选框后，可以手工输入文本，也可以进行单元格引用，后者的方法为在编辑栏中输入等号（=）后再单击要引用的单元格，按【Enter】键，即可创建标题，如下图所示。

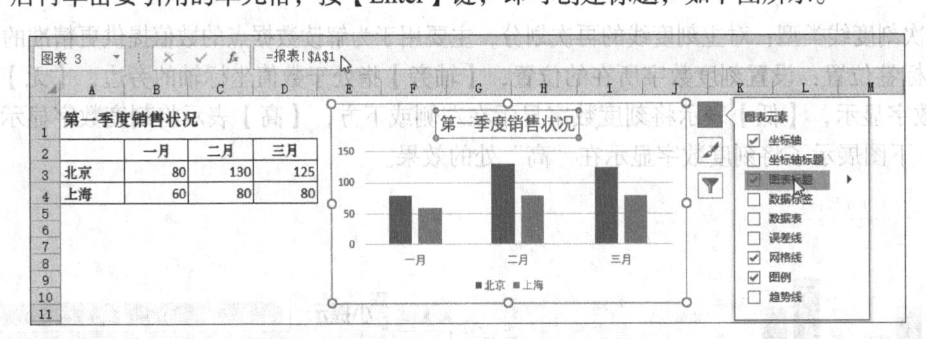

标题类似文本框，用户可以对其进行字体、颜色、填充颜色等一系列的格式设置。双击标题，在右侧会显示【设置图表标题格式】任务窗格，如下页首图所示。

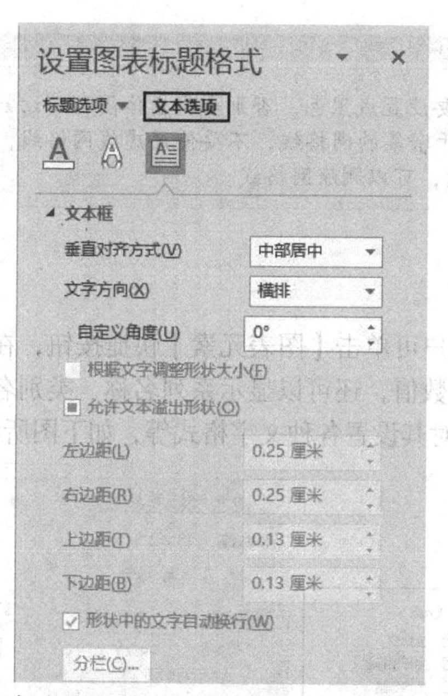

在任务窗格中可对标题进行如下格式设置。

● 文本与填充：对图表区中的文本的颜色、轮廓进行设置。

● 文本效果：对文本设置阴影、映像、发光、柔化边缘、三维格式、三维旋转等效果。

● 文本框：对文本框中文字的对齐方式和文字方向进行设置。

7. 设置图例格式

图例用于对数据系列进行说明。双击图表中的图例，打开【设置图例格式】任务窗格，在【图例选项】下可选择图例的位置，选中【显示图例，但不与图表重叠】复选框可使图例不与绘图区进行上下重叠，如下图所示。除了对图例进行位置设置外，还可以设置填充和效果，方法与设置其他图表元素格式类似。

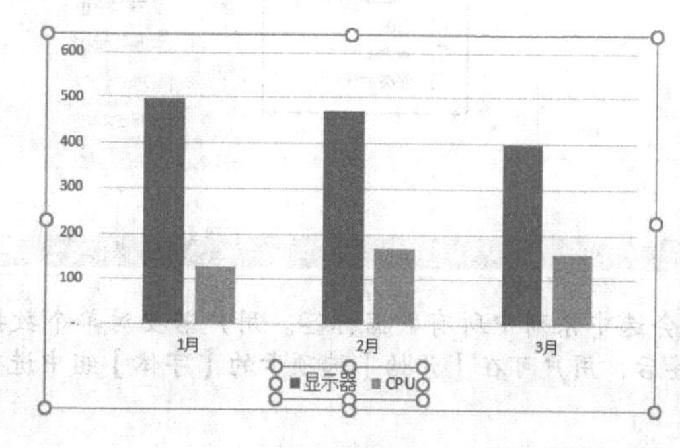

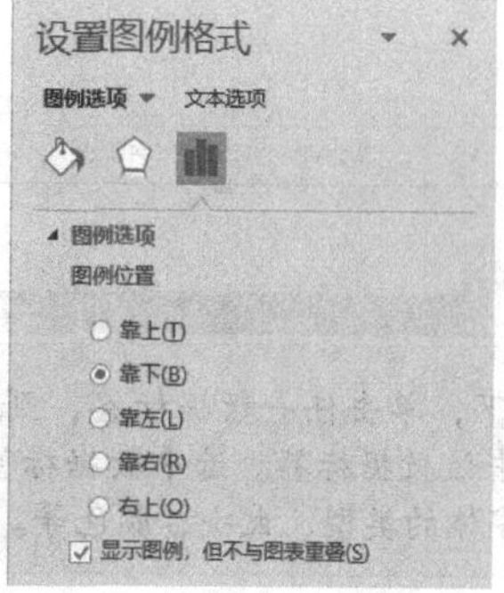

8. 设置网络线格式

网格线的主要作用是在未显示数据标签时，可以大致读出数据点对应坐标的刻度。单击图表右上角的【图表元素】快捷按钮，在【网格线】选项列表中可以选中【主轴主要水平网格线】和【主轴主要垂直网格线】等复选框来满足使用需求。在【设置主要网格线格式】任务窗格中可以对网格线的颜色、宽度等进行设置，如下图所示。

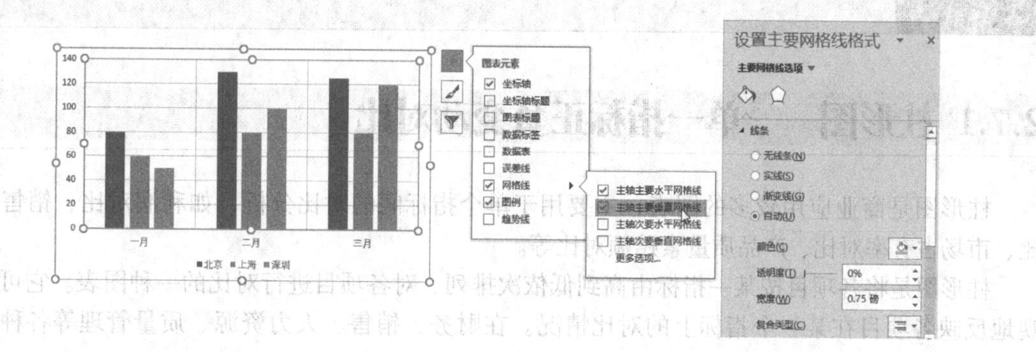

小提示

网格线属于图表的辅助信息，所以应设置为灰色，而不要设置成黑色，否则会将主体图形“切割”成数个部分，严重影响对图表的阅读。此外，为了避免使用过于密集的网格线，不要使用虚线网格线，以免造成视觉干扰。当图表中有数据标签或强调整体趋势、走向时，可以删除网格线。

9. 设置数据标签格式

数据标签用于在图表中显示每个数据点的数值。用户可单击【图表元素】快捷按钮，在其列表中选中【数据标签】复选框。数据标签除了可以显示数值，还可以显示系列名称、类别名称、引导线等。此外，还可以在图表中任意拖动数据标签、对其设置各种文字格式等，如下图所示。

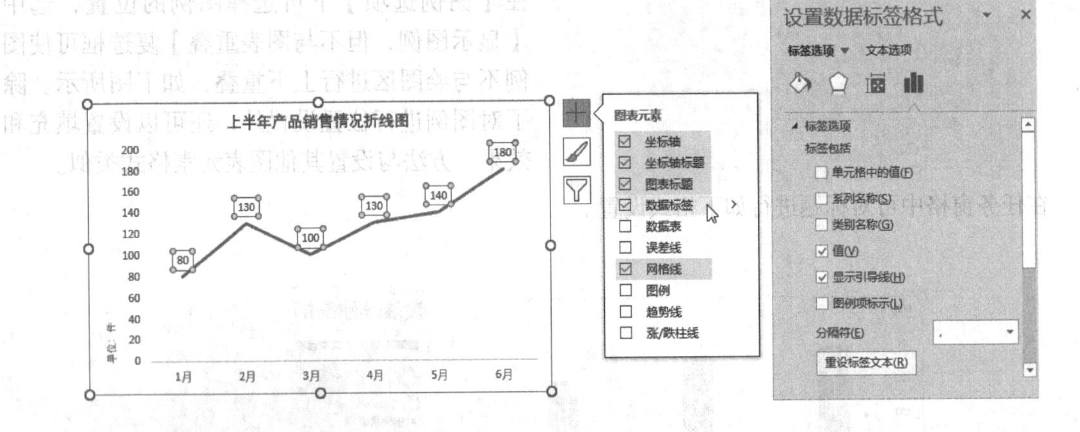

小提示

默认情况下，单击任一数据标签，则会选中系列中所有数据标签。用户若要对单个数据标签设置格式，可再次单击该数据标签。选中数据标签后，用户可在【开始】选项卡的【字体】组中进行任意的格式设置，如设置字体的类型、大小、颜色等。

2.7 16种常用图表与经典案例

本节将结合不同的数据及场景，介绍16种常用图表。

2.7.1 柱形图——单一指标正负变动对比

柱形图是商业应用较多的图表，主要用于单个指标间的对比分析，如利润对比、销售量对比、市场占有率对比、产品质量索赔额对比等。

柱形图是将各项目按某一指标由高到低依次排列、对各项目进行对比的一种图表。它可以直观地反映各项目在某一个指标上的对比情况。在财务、销售、人力资源、质量管理等各种领域中，柱形图都被广泛使用。

本案例主要通过柱形图对比A公司6款产品在8月的利润，从而确定哪款产品比较受市场欢迎。数据如下图所示。

单位：万元

名称	A产品	B产品	C产品	D产品	E产品	F产品
产品利润	500	400	350	300	120	60

步骤01 打开“素材\ch02\2.7.1.xlsx”文件，在数据区域中选中任意单元格，单击【插入】选项卡下【图表】组中的【查看所有图表】按钮。在弹出的【插入图表】对话框中选择【柱形图】选项，单击【确定】按钮，如下图所示。

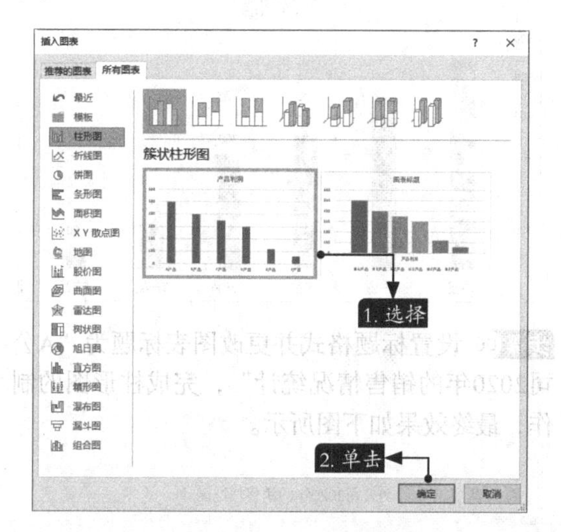

执行上述操作后，完成柱形图的创建，如下图所示。

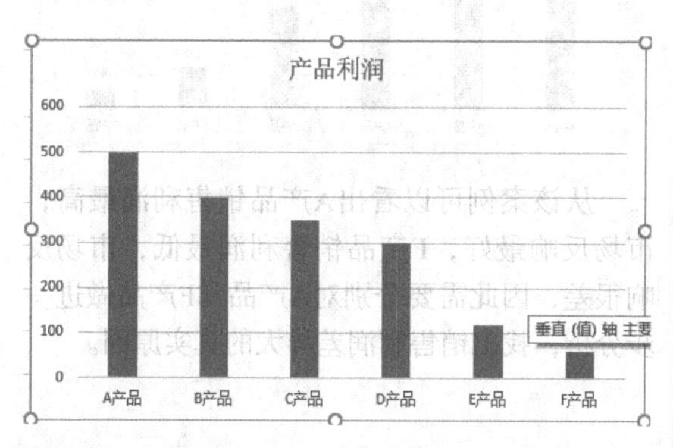

步骤02 创建柱形图后，可以做进一步美化。在“产品利润”数据系列上单击鼠标右键，选择【设置数据系列格式】选项，如右上图所示。

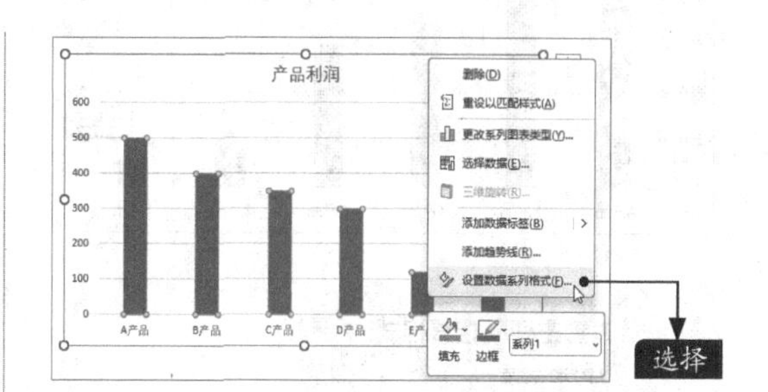

步骤03 打开【设置数据系列格式】任务窗格，在【系列选项】下的【填充】选项中，选中【纯色填充】单选按钮，并设置【颜色】为“橙色”，即可将柱形图数据系列的颜色设置为“橙色”，如下图所示。

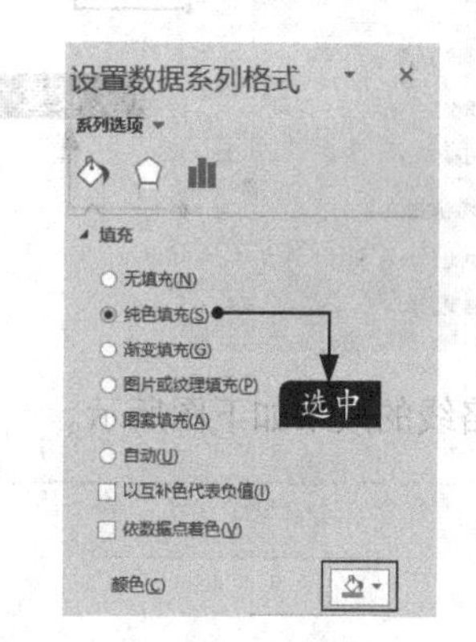

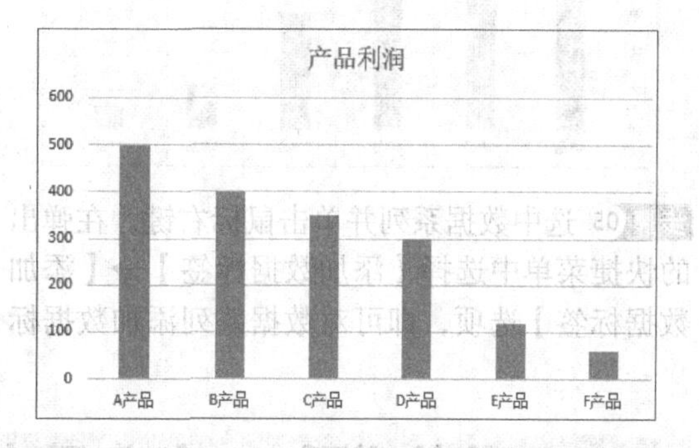

步骤04 选中图表中的网格线并单击鼠标右键，选择【设置网格线格式】选项，在弹出的【设置主要网格线格式】任务窗格中的【线条】选项中，选中【自动】单选按钮，设置【颜色】为“棕黄”，并设置【短划线类型】为“虚线”，

如下图所示。

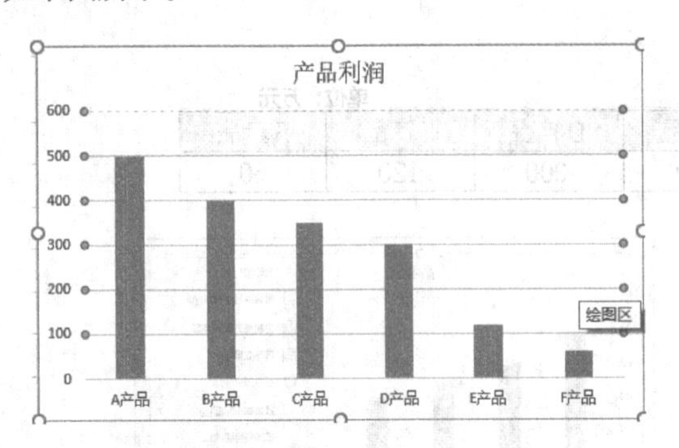

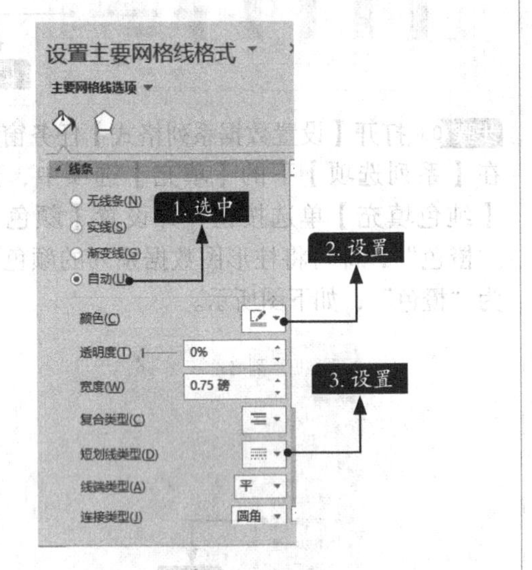

设置网格线的效果如下图所示。

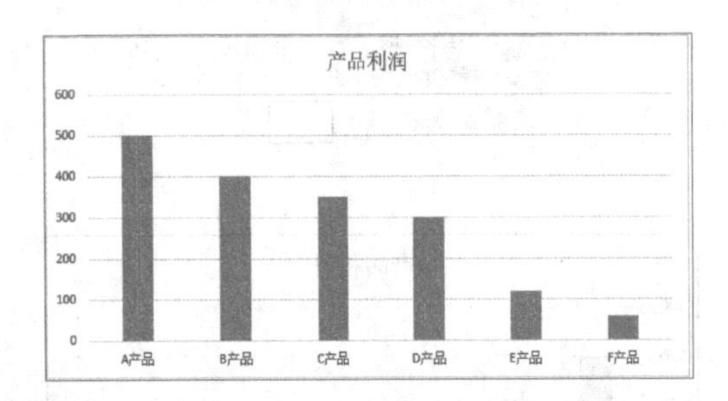

步骤05 选中数据系列并单击鼠标右键，在弹出的快捷菜单中选择【添加数据标签】→【添加数据标签】选项，即可对数据系列添加数据标签，如下图所示。

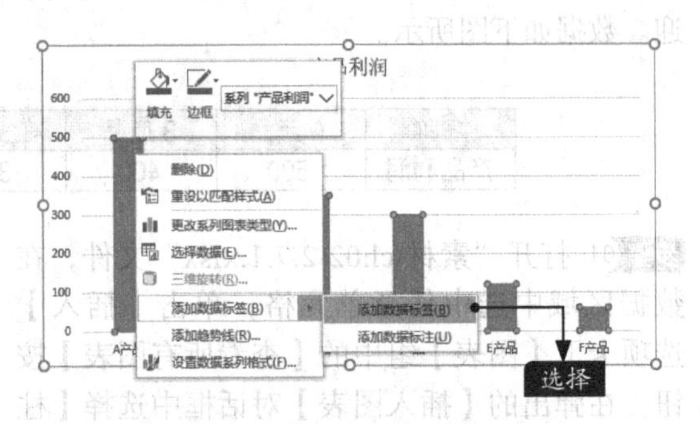

添加数据标签后效果如下图所示。

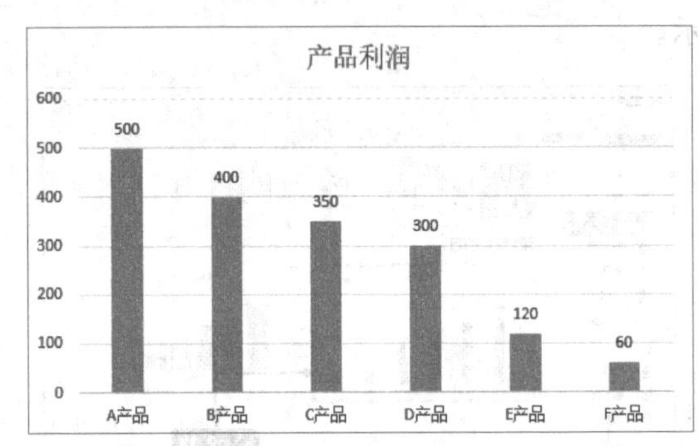

步骤06 设置标题格式并更改图表标题为“A公司2020年的销售情况统计”，完成柱形图的制作，最终效果如下图所示。

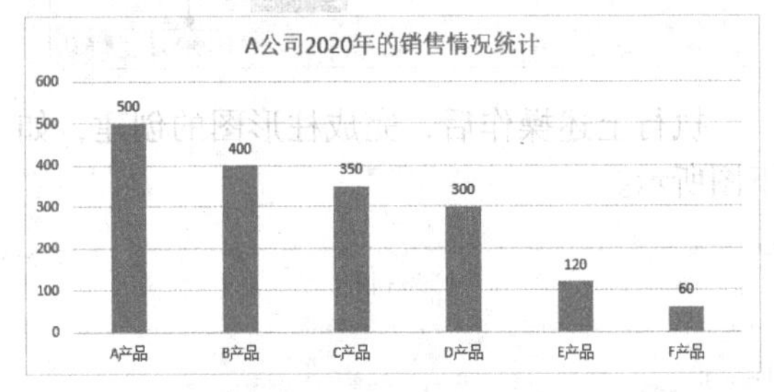

从该案例可以看出A产品销售利润最高，市场反响最好，F产品销售利润最低，市场反响很差，因此需要分别对A产品和F产品做进一步分析，找出销售利润差异大的真实原因。

2.7.2 二维柱形图——各分项对比关系

柱形图主要用于单指标间的对比分析，如果要对比分析两个指标间的关系，如同期比、环比、改善前后对比、目标与达成对比等，就需要用到二维柱形图。

二维柱形图是柱形图的一种简单扩展。二维柱形图在工作场景中的应用非常广泛，主要用于财务利润分析、薪资结构分析、销售业绩对比、制造能力提升对比、质量改善对比分析等。

本案例主要通过二维柱形图展示A公司2022年和2023年同期销量的对比情况，从而判断该产品2023年的销量能否满足市场需求，进而制定不同的销售策略。数据如下图所示。

单位：千件

项目	1月	2月	3月	4月	5月	6月
2022年	50	60	68	88	55	60
2023年	58	80	45	90	48	75

步骤01 打开“素材\ch02\2.7.2.xlsx”素材文件，在数据区域选中任意单元格，单击【插入】选项卡下【图表】组中的【插入柱形图或条形图】按钮，选择【簇状柱形图】选项，完成二维柱形图的创建，生成的图表如下图所示。

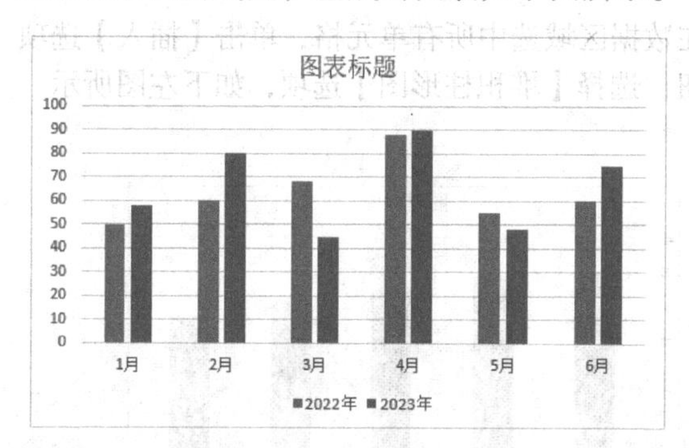

步骤02 在“2022年”数据系列上单击，选择【填充】选项并选择喜欢的颜色。同理，为“2023年”数据系列选择其他颜色进行填充，如下图所示。

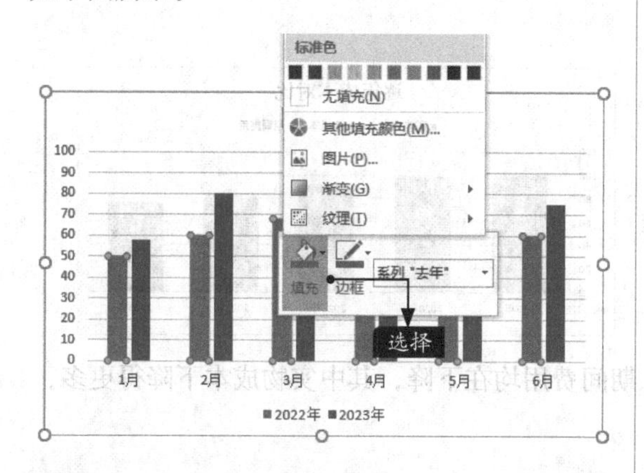

步骤03 选中图表中的网格线并单击鼠标右键，选择【设置网格线格式】选项，弹出【设置主要网格线格式】任务窗格，在【线条】选项下选中【无线条】单选按钮，将图表设置为无网格线的效果，如右上图所示。

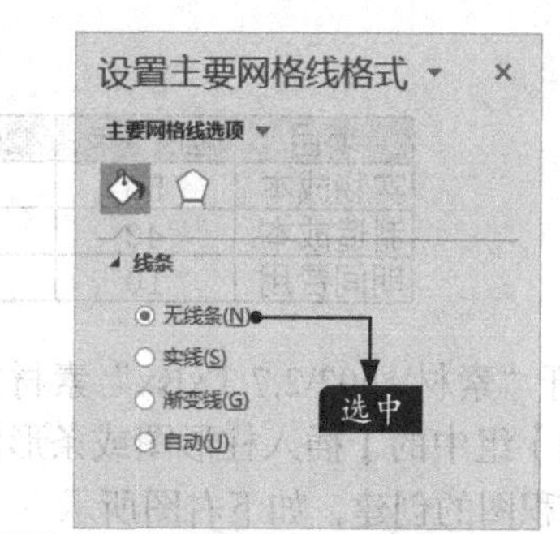

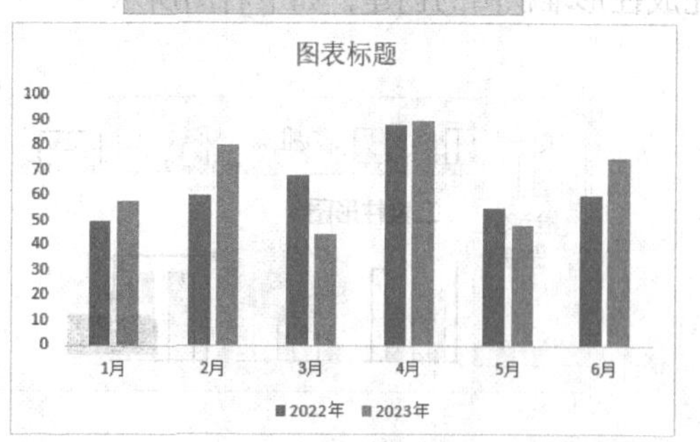

步骤04 设置标题格式并更改图表标题为“同比变化对比”，添加纵坐标轴标题为“销量”并补充单位，完成二维柱形图的制作，最终效果如下图所示。

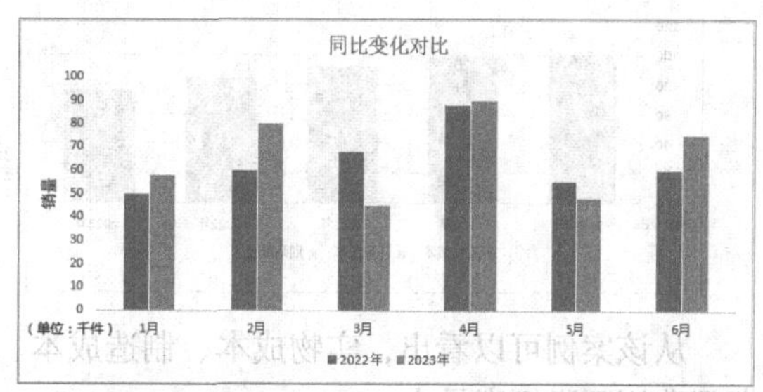

从该案例可以看出，该产品2023年的同期销量整体要比2022年的高，但3月和5月的产品销量有所下降，因此需要进一步找出产品销量下降的真实原因。

二维柱形图在工作中会经常用到，并且操作也非常简单。

2.7.3 柱形堆积图——各分项与趋势关系

两个指标间的对比分析用二维柱形图，柱形堆积图主要用于多个指标对比分析或单指标多项对比分析，如利润结构对比、人力薪资结构对比、成本结构对比、销售结构对比、采购结构对比、产能结构对比等。柱形堆积图在工作中经常用到。

本案例主要通过柱形堆积图来展示A公司过去5年各项成本费用的变化趋势，数据如下图所示。

单位：万元

项目	2019年	2020年	2021年	2022年	2023年
实物成本	50	49	45	40	38
制造成本	40	40	38	35	30
期间费用	10	10	9	9	8

步骤01 打开“素材\ch02\2.7.3.xlsx”素材文件，在数据区域选中所有单元格，单击【插入】选项卡下【图表】组中的【插入柱形图或条形图】按钮，选择【堆积柱形图】选项，如下左图所示，完成柱形堆积图的创建，如下右图所示。

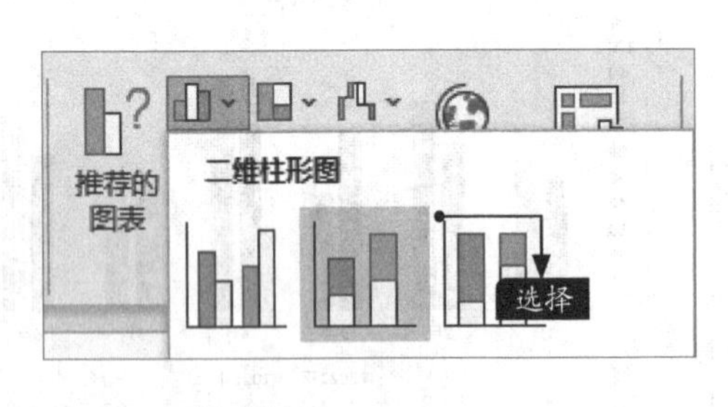

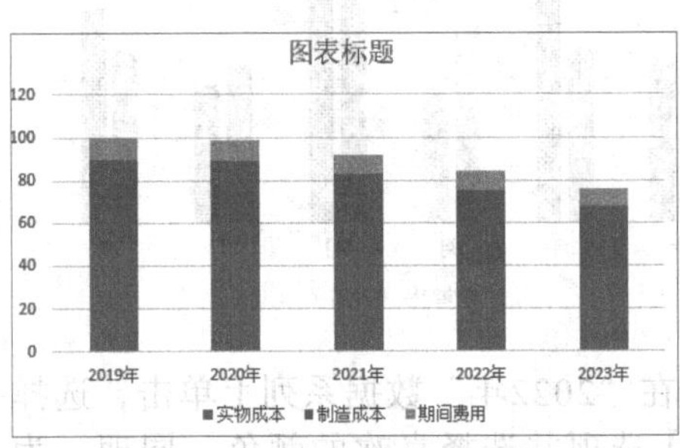

步骤02 调整图表大小，为创建的柱形堆积图表设置标题格式、数据标签格式、网格线格式和填充颜色，设置标题为“逐年成本对比”，最终效果如下左图所示。设置图例位置为【顶部】，效果如下右图所示。

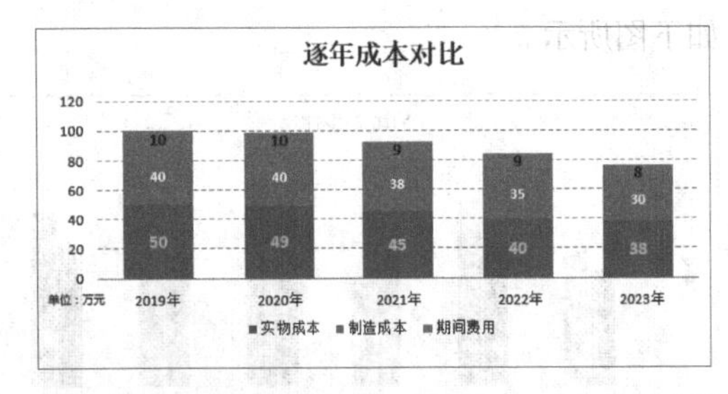

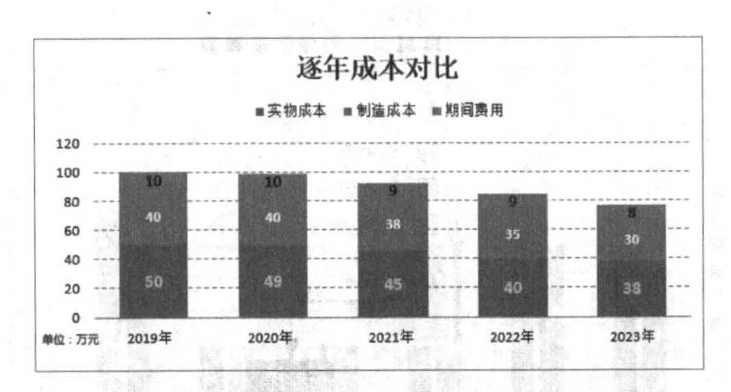

从该案例可以看出，实物成本、制造成本、期间费用均在下降，其中实物成本下降得更多，期间费用下降幅度最小。

2.7.4 柱线复合图——分项同期对比与变动率

柱线复合图在工作中经常用到，主要用于一个或两个指标间的对比分析，如同期比、环比、改善前后对比，广泛用于财务利润分析、薪资结构分析、销售业绩对比、制造能力提升对比等。在一张图表中可同时展示柱形图和折线图，通过对两种形式图表的组合对比达到数据分析的目的。

制作柱线复合图需要满足以下两个条件。

（1）具有一个指标或两个指标。

（2）数据至少要有两个。

本案例主要通过柱线复合图来展示A公司2023年1~8月产品销量，以及同期增长率，从而发现销量随着月份增加的变化和与去年同期相比的波动情况，进而确定当前的市场营销活动是否起到关键作用，数据如下图所示。

月份	销量/件	对比2022年增长率
202301	10000000	13%
202302	10230000	24%
202303	15000000	19%
202304	20210000	45%
202305	10450000	24%
202306	20000000	18%
202307	16950000	21%
202308	30550000	14%

步骤01 打开“素材\ch02\2.7.4.xlsx”素材文件，在数据区域选中任意单元格，单击【插入】选项卡下【图表】组中的【查看所有图表】按钮，在【插入图表】对话框中选择【所有图表】→【柱形图】选项，选择【簇状柱形图】中的第二个选项，即可创建簇状柱形图，如下图所示。

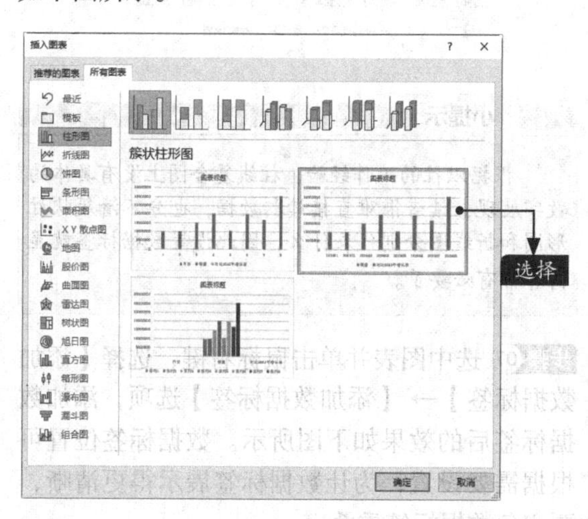

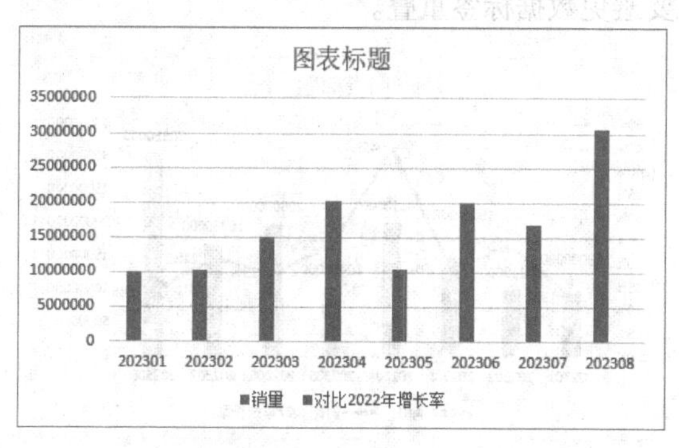

步骤02 在创建的簇状柱形图中，将会发现看不到与增长率相关的数据，这时就需要设置双坐标轴来体现增长率的变化。在簇状柱形图中，选中“销量”数据系列并单击鼠标右键，在弹出的菜单中选择【设置数据系列格式】选项，如下图所示。

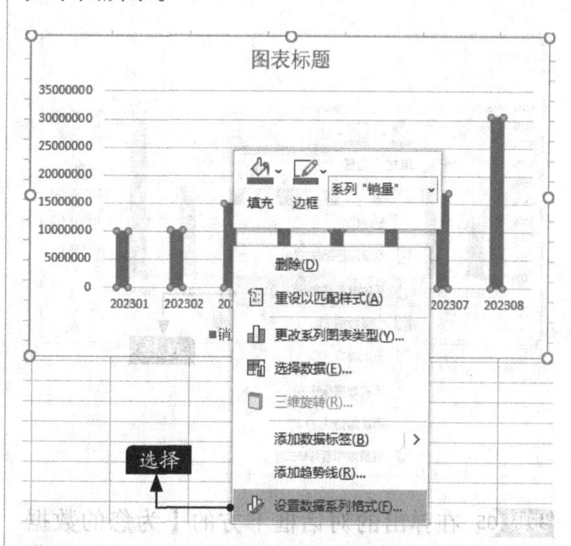

步骤03 打开【设置数据系列格式】任务窗格，在【系列选项】选项下选中【次坐标轴】单选按钮，可以看到簇状柱形图左右两边同时出现了坐标轴，左边为增长率坐标轴，右边为销量坐标轴，且增长率数据系列为红色，如下页前两幅图所示。

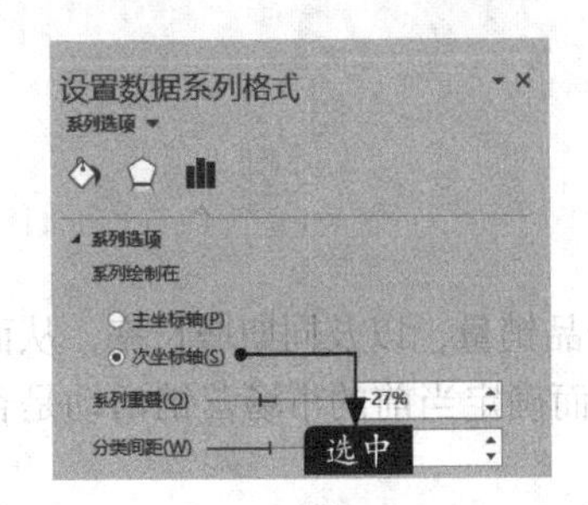

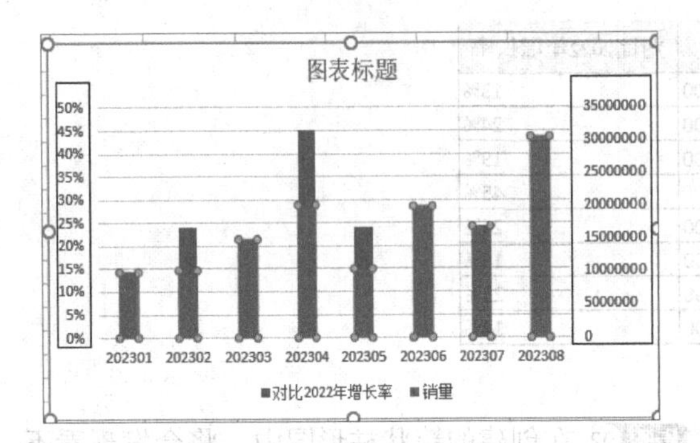

步骤04 为了看到增长率的波动情况，可选择使用折线图。在簇状柱形图的“对比2022年增长率”数据系列上单击鼠标右键，在弹出的快捷菜单中选择【更改系列图表类型】选项，如下图所示。

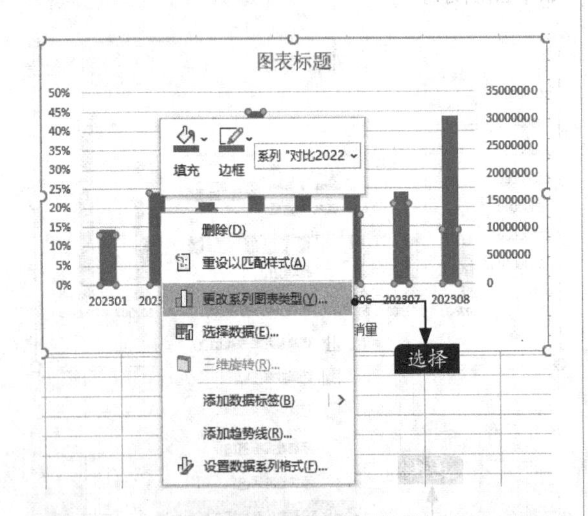

步骤05 在弹出的对话框下方的【为您的数据系列选择图表类型和轴】区域中，将【销量】的图表类型设置为簇状柱形图，【对比2022年增长率】的图表类型设置为折线图，如右上图所示。

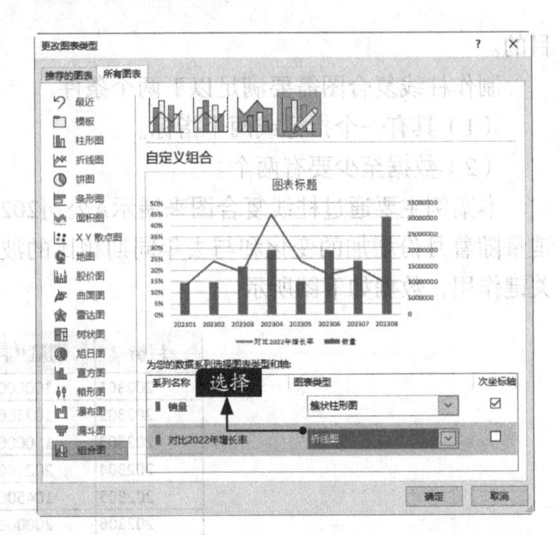

步骤06 单击【确定】按钮后，效果图如下图所示。

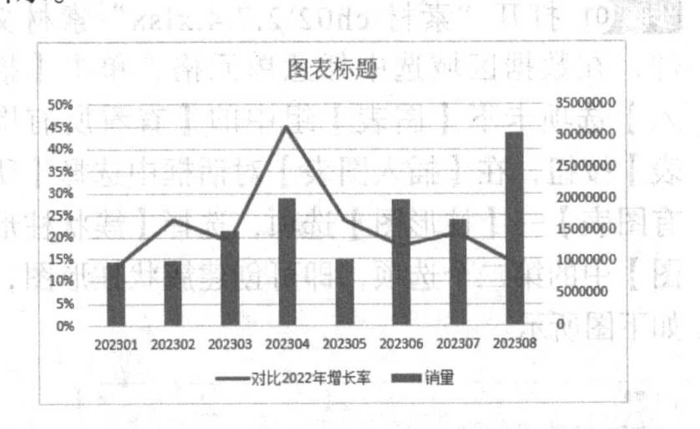

小提示

根据以往的工作经验，柱线复合图上没有具体的数字展现，读者很难直接读取数据，也分不清簇状柱形图和折线图分别代表什么，因此设置数据标签就显得非常有必要了。

步骤07 选中图表并单击鼠标右键，选择【添加数据标签】→【添加数据标签】选项，添加数据标签后的效果如下图所示。数据标签位置可根据需要设置，为让数据标签展示得更清晰，要避免数据标签重叠。

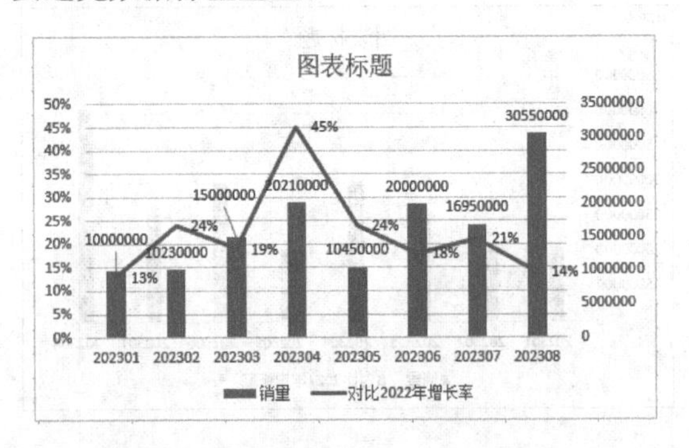

步骤08 选择主要垂直坐标轴，在【设置坐标轴格式】任务窗格中设置【显示单位】为“10000”，如下左图所示，即销量数据。选择次要垂直坐标轴，将【边界】选项中的【最大值】设置为“1.0”，如下右图所示。

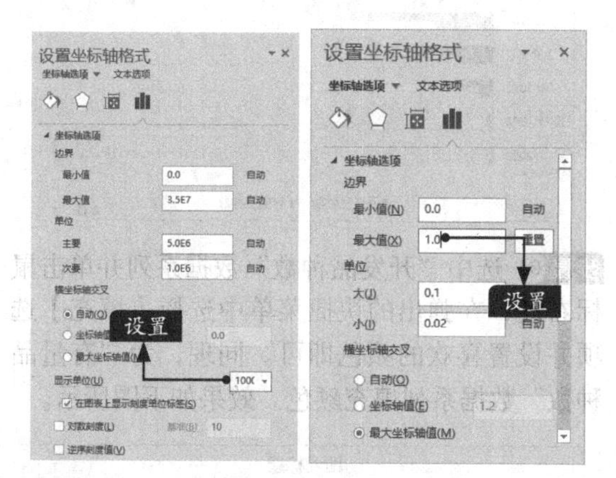

步骤09 设置坐标轴格式后，选中并删除网格线，效果如下图所示。

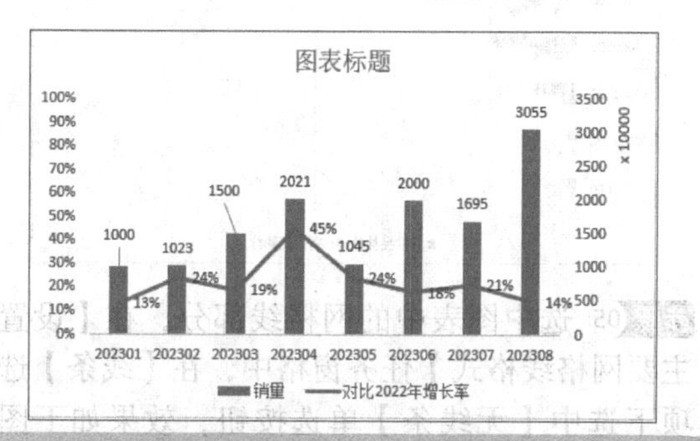

步骤10 更改图表标题为“A公司2023年的销售情况统计”，完成柱线复合图的制作，效果如下图所示。

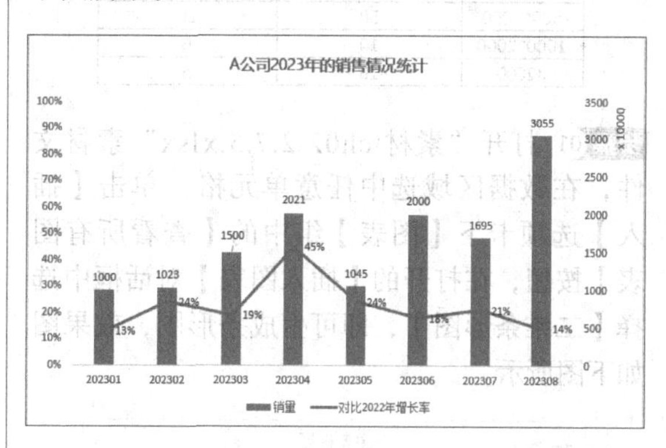

根据本案例可以看出，2023年A公司不同月份的销量差异较大，8月销量最高为3055万件，1月销量最低为1000万件；4月的同期增长率4月最高为45%，其他月份维持在15%左右。

柱线复合图会在工作中经常用到，因为它既可以反映当前实际情况，也可以反映以往的波动情况。掌握了以上步骤即可轻松完成如上分析，帮助运营部门做决策。

2.7.5 条形图——多类指标单项对比

条形图在工作中应用非常广泛，它是用相同宽度的长条的长短来表示数据多少的图表。条形图可以横置或纵置，纵置时也称为柱形图。条形图也是统计分析中最常用的图表之一，主要特点如下。

（1）易于看出各个数据的大小。

（2）易于比较数据之间的差别。

条形图主要用于两个指标的多项对比或多个指标的两项对比，如利润结构对比、人力薪资结构对比、成本结构对比、销售结构对比、采购结构对比、产能结构对比、改善前后对比等。

条形图纵坐标轴表示各项目，横坐标轴则用于展示各项目在两个指标的多项对比或多个指标的两项对比中的具体数值。

下面通过一个实际案例来介绍如何制作条形图图表，以及需要注意的事项。

本案例主要通过条形图对A公司产品开发的数量与实际产生销量的情况进行对比分析，从而判断哪些产品的开发是有价值的，这也可以从侧面对研发人员起到监督作用。产品开发品种数和有量品种数的明细表如下页首图所示。

件数/件	开发品种数/类	有量品种数/类
<10	500	200
10~100	200	80
100~500	100	50
500~1000	50	20
1000~2000	10	6
>2000	10	5

步骤01 打开“素材\ch02\2.7.5.xlsx”素材文件，在数据区域选中任意单元格，单击【插入】选项卡下【图表】组中的【查看所有图表】按钮，在打开的【插入图表】对话框中选择【二维条形图】，即可生成条形图，效果图如下图所示。

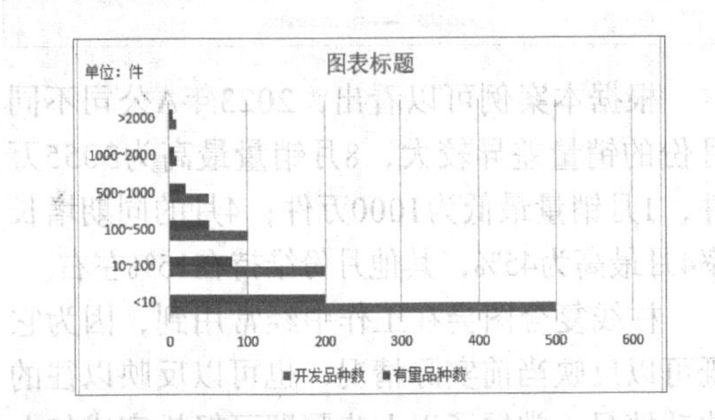

步骤02 选中坐标轴并单击鼠标右键，在弹出来的快捷菜单中，选择【设置坐标轴格式】选项，打开【设置坐标轴格式】任务窗格，在【坐标轴选项】下选中【逆序类别】复选框，如下图所示。

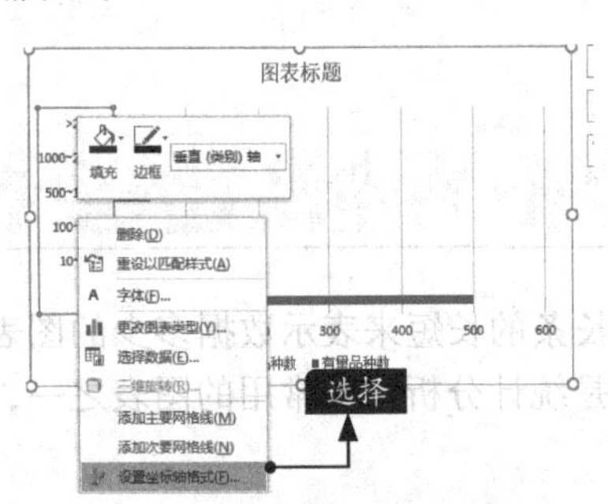

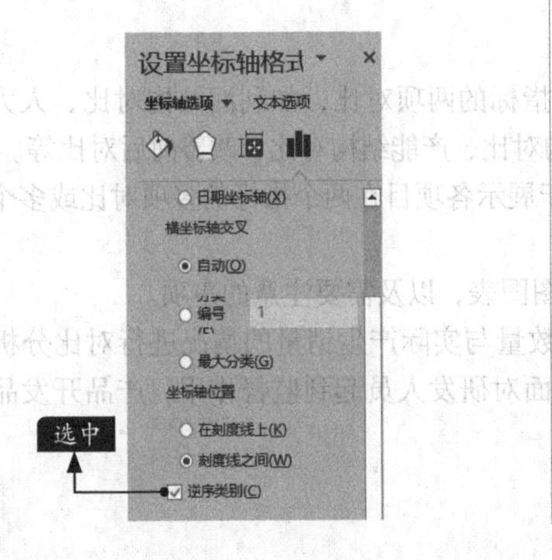

步骤03 设置坐标轴格式后，条形图的效果如下图所示。

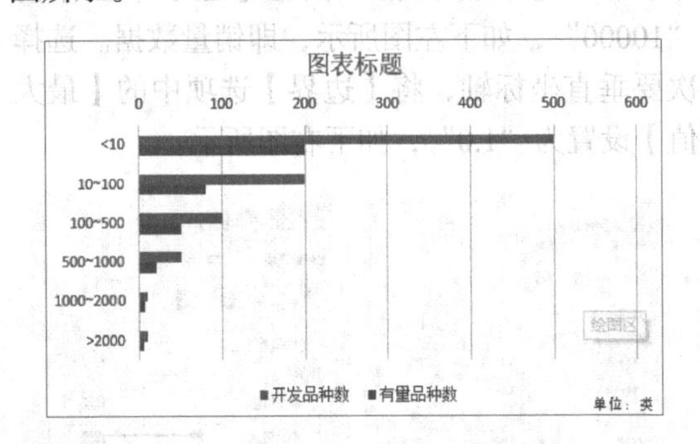

步骤04 选中“开发品种数”数据系列并单击鼠标右键，在弹出的快捷菜单中选择【填充】选项并设置喜欢的颜色即可。同理，为“有量品种数”数据系列填充颜色。效果如下图所示。

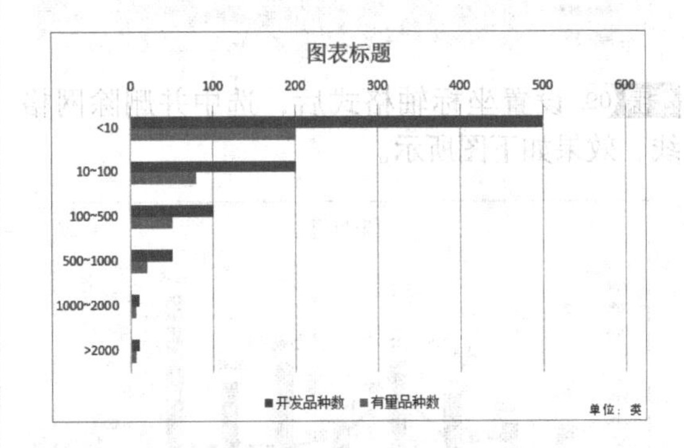

步骤05 选中图表中的网格线部分，在【设置主要网格线格式】任务窗格中，在【线条】选项下选中【无线条】单选按钮，效果如下图所示。

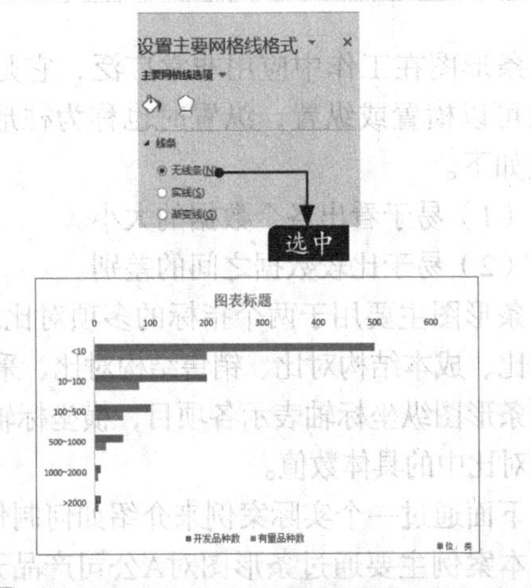

步骤06 横坐标轴边界的最大值为600，但数据系列的实际值没有那么大，因此可以设置坐标轴格式，调整坐标轴，边界的最大值为500，如

下图所示。

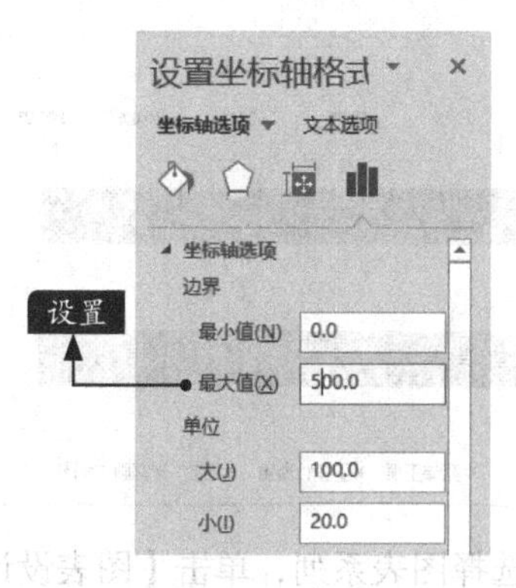

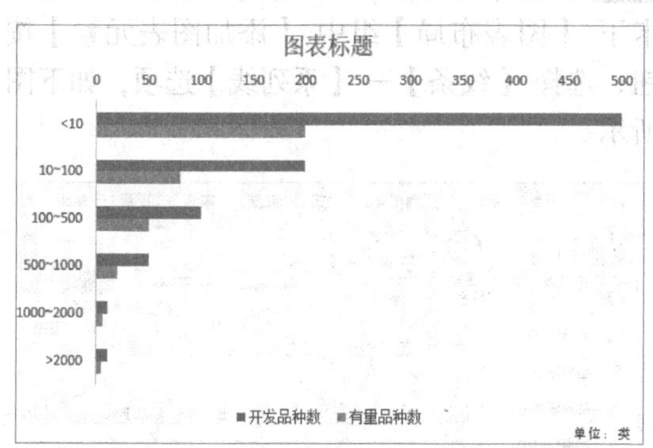

步骤07 更改图表标题为“产品开发与批量情况”，调整图例颜色，并增加数据标签及纵坐标轴标题，完成条形图的制作，最终效果如下图所示。

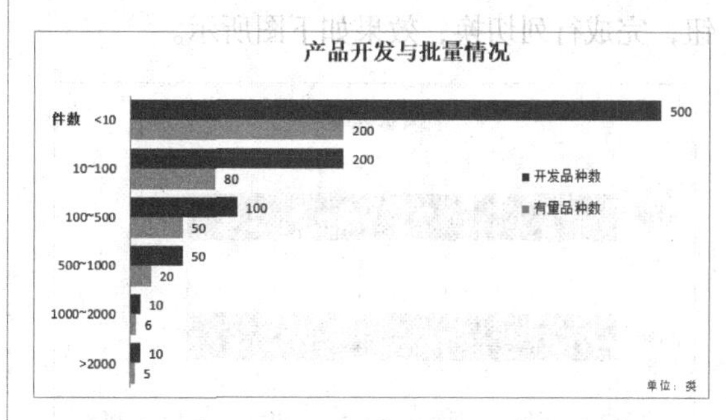

从该案例可以看出开发品种数和有量品种数主要在“<10”和“10~100”两个区间，这两种产品最有投资价值。“>2000”的开发品种数和有量品种数最少，需要进一步考虑是否优化“>2000”的产品。

2.7.6 条形堆积图——多分项目对比

条形堆积图类似柱形堆积图，主要用于多个指标对比分析或单指标多项对比分析，如利润结构对比、人力薪资结构对比、成本结构对比、销售结构对比、采购结构对比、产能结构对比等。在工作中经常会用到条形堆积图。

条形堆积图中的纵坐标轴表示各项目，横坐标轴则用于展示各项目在多个指标或单个指标的多项对比中的数值。

本案例主要通过条形堆积图来展示A公司员工2022年和2023年的工资结构对比情况，为人力资源部门调整薪酬结构提供依据。数据如下图所示。

	基础工资	工资性费用	绩效	奖励	补贴
2022年	36.3%	14.1%	36.4%	11.6%	1.6%
2023年	35.0%	13.8%	39.2%	10.9%	1.1%

步骤01 打开“素材\ch02\2.7.6.xlsx”素材文件，在数据区域选中任意单元格，单击【插入】选项卡下【图表】组中的【查看所有图表】按钮，打开【插入图表】对话框，选择【二维条形堆积图】，即可生成条形堆积图，效果如右图所示。

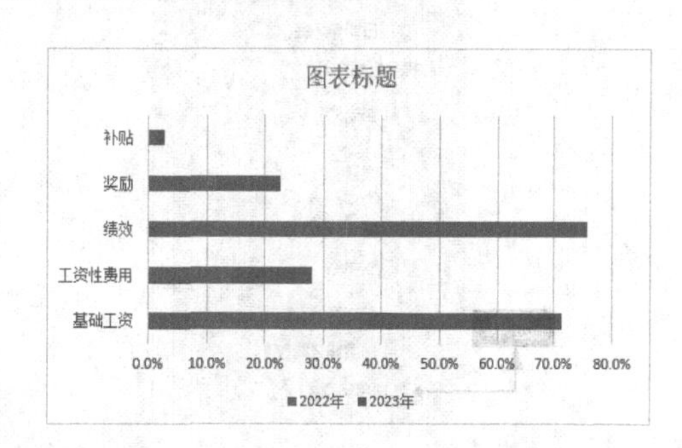

步骤02 观察图表发现左侧坐标轴显示的是工资结构对比情况，但实际需要显示的是2023年和2022年的工资结构对比情况，单击【图表设计】选项卡下【数据】组中的【切换行/列】按钮，完成行列切换，效果如下图所示。

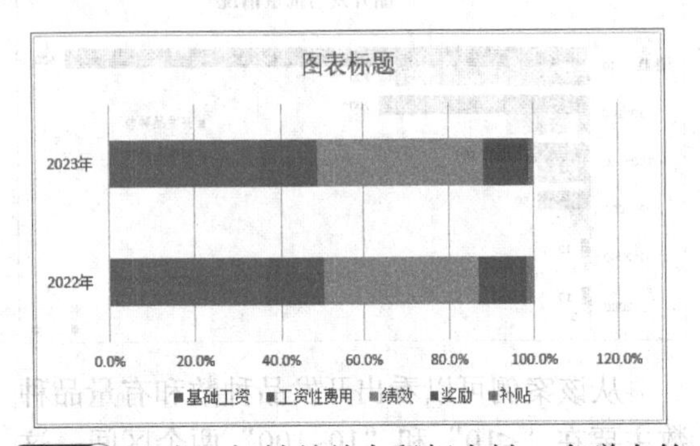

步骤03 选中坐标轴并单击鼠标右键，在弹出的快捷菜单中选择【设置坐标轴格式】选项，在【设置坐标轴格式】任务窗格中，在【坐标轴选项】选项下选中【逆序类别】复选框，如下图所示。

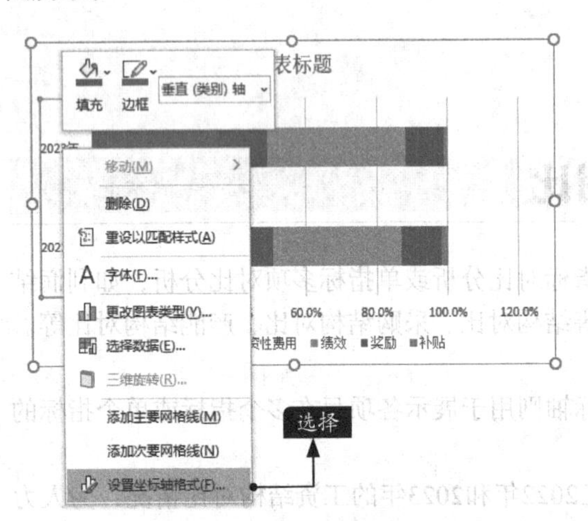

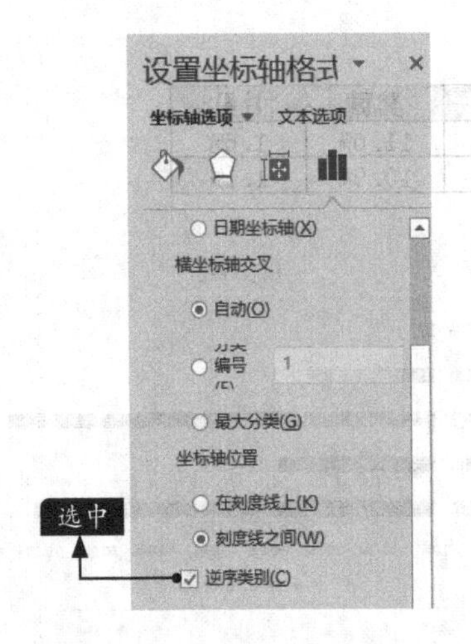

设置坐标轴格式后的效果如下图所示。

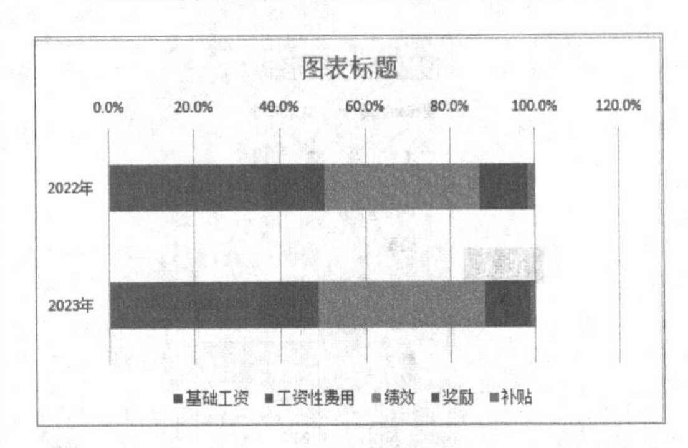

步骤04 选择图表系列，单击【图表设计】选项卡下【图表布局】组中【添加图表元素】按钮，选择【线条】→【系列线】选项，如下图所示。

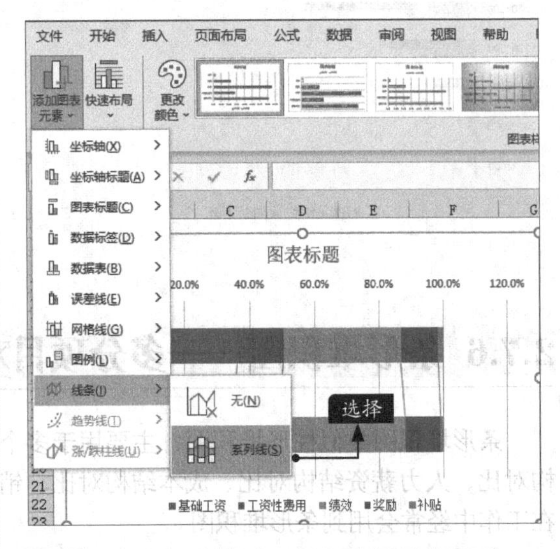

步骤05 对条形堆积图做进一步的美化，设置标签格式、网格线格式、坐标轴格式和填充颜色，并更改图表标题为“工资结构对比”，完成条形堆积图的制作，最终效果如下图所示。

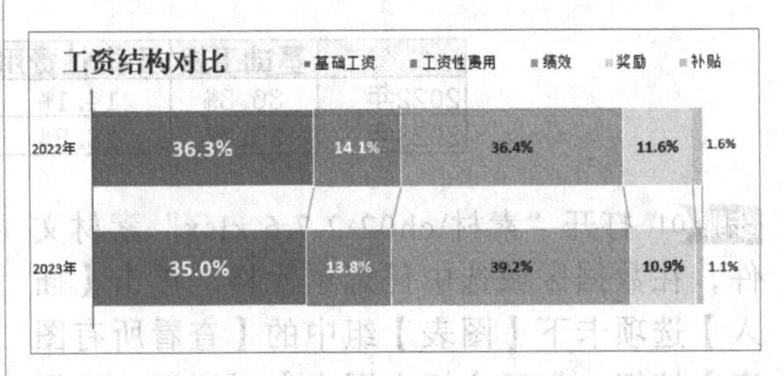

从该案例可以看出2023年加大了绩效的占比，减小了基础工资、工资性费用、奖励和补贴的占比。

2.7.7 面积图——历年变化趋势

面积图是将各项目按时间序列进行排序的一种图表，可以直观地反映各项目随时间变化的趋势。面积图的横坐标轴表示具有相等间隔的时间序列，纵坐标轴表示各项目多个指标的数值。在制作完成的面积图中，可通过鲜明的颜色清楚地表示各项目的趋势变化关系。

本案例主要通过面积图来展示A公司历年来各类产品的销售情况，从而分析随着时间变化的各年销售数量的变化趋势，进而对各类产品未来的市场需求量进行预测。

先将A公司历年来各类产品的销售数据进行整理，并对各年销售数量进行统计，“辅助”行表示各年各类产品销售数量的总和，数据如下图所示。

产品销售	2012年	2013年	2014年	2015年	2016年	2017年	2018年	2019年	2020年	2021年	2022年	2023年
A产品	15	30	30	75	105	105	135	165	165	195	225	235
B产品	30	60	60	150	210	210	270	330	330	390	450	600
C产品	60	120	120	300	420	420	540	660	660	780	900	1100
D产品	100	200	200	500	700	700	900	1100	1100	1300	1500	1500
F产品	150	300	300	750	1050	1050	1350	1650	1650	1950	2250	2250
辅助	355	710	710	1775	2485	2485	3195	3905	3905	4615	5325	5685

步骤01 打开“素材\ch02\2.7.7.xlsx”素材文件，选中数据区域中任意单元格，单击【插入】选项卡下【图表】组中的【插入折线图或面积图】按钮，选择【堆积面积图】选项，生成面积图，效果如下图所示。

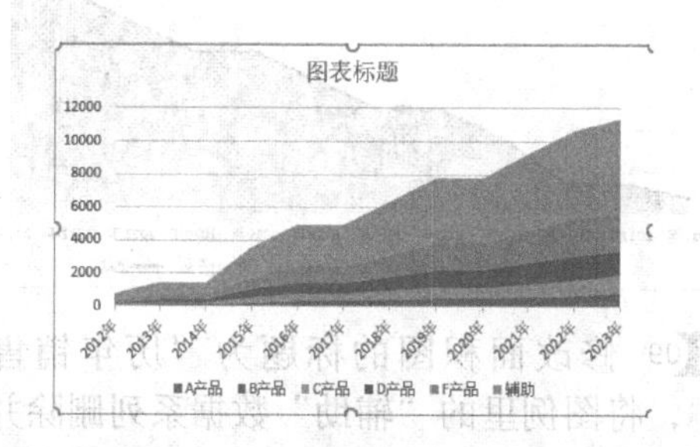

步骤02 选中“辅助”数据系列并单击鼠标右键，在弹出的快捷菜单中选择【更改系列图表类型】选项，弹出【更改图表类型】对话框，选择【所有图表】→【组合图】选项，将“辅助”数据系列的【图表类型】设置为【折线图】，如下图所示。

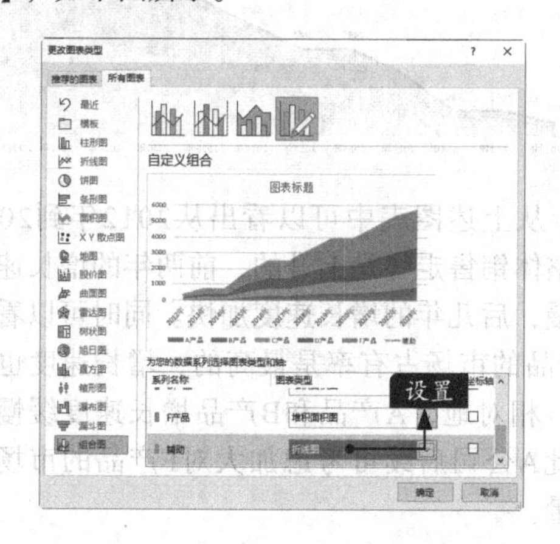

设置后的效果如下图所示。

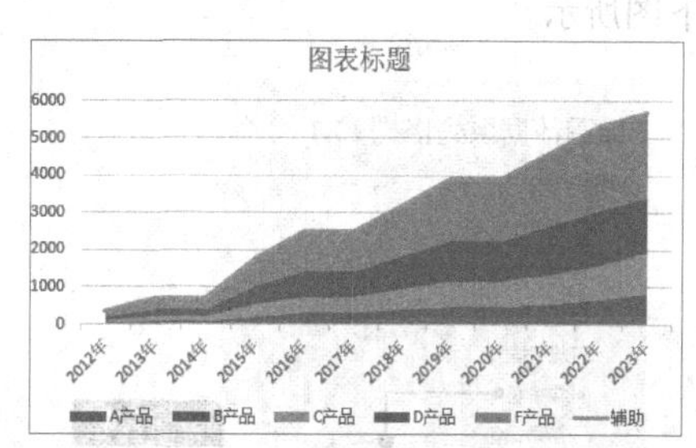

步骤03 选中“F产品”数据系列并单击鼠标右键，选择【设置数据系列格式】选项，如下图所示。

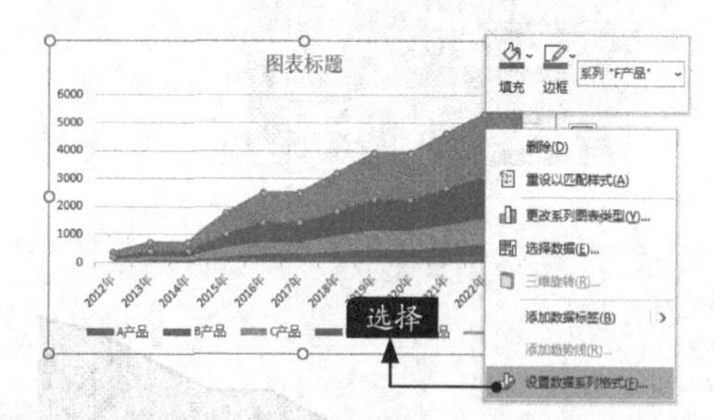

步骤04 在右侧的【设置数据系列格式】任务窗格中，选中【填充】选项下的【纯色填充】单选按钮，并将【颜色】设置为“红色”，如下图所示。

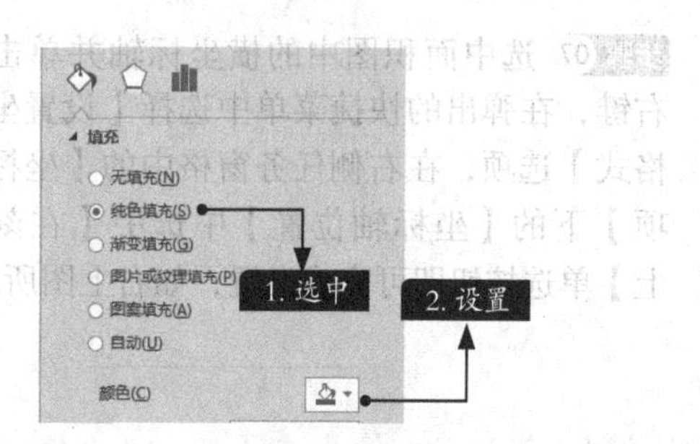

步骤05 按照同样的办法对其他数据系列的颜色进行修改，效果如下图所示。

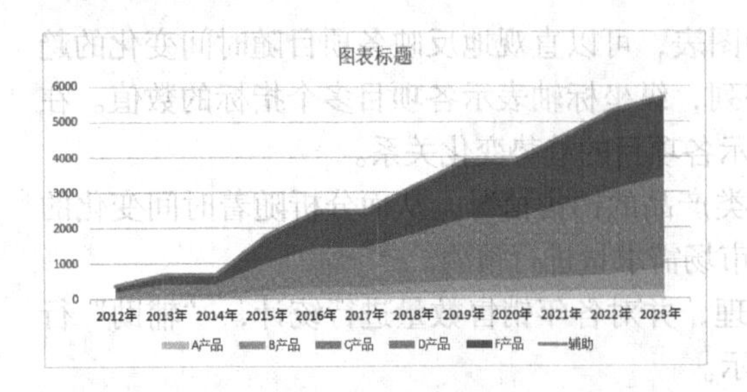

步骤06 选中“辅助”数据系列并单击鼠标右键，选择【设置数据系列格式】选项，在右侧任务窗格中的【线条】选项下选中【实线】单选按钮，并设置线条【颜色】为“黑色”，效果如下图所示。

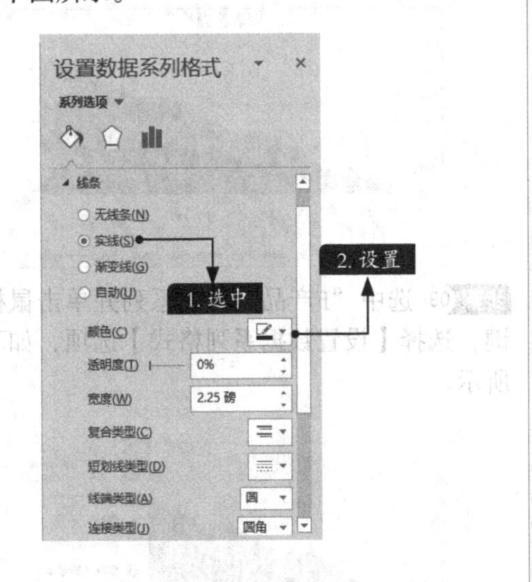

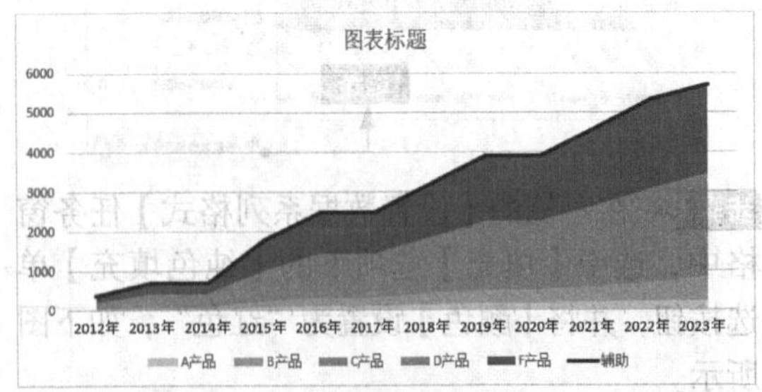

步骤07 选中面积图中的横坐标轴并单击鼠标右键，在弹出的快捷菜单中选择【设置坐标轴格式】选项，在右侧任务窗格中的【坐标轴选项】下的【坐标轴位置】中选中【在刻度线上】单选按钮即可完成设置，如右上图所示。

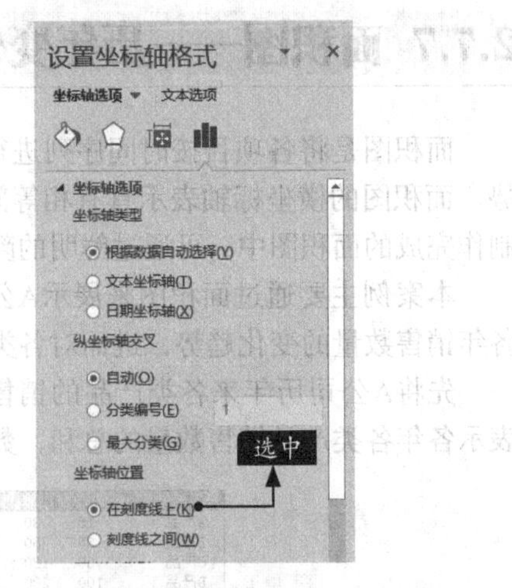

步骤08 选中“辅助”数据系列并单击鼠标右键，在弹出的快捷菜单中选择【添加数据标签】选项，即可设置面积图中的折线数据标签，效果如下图所示。

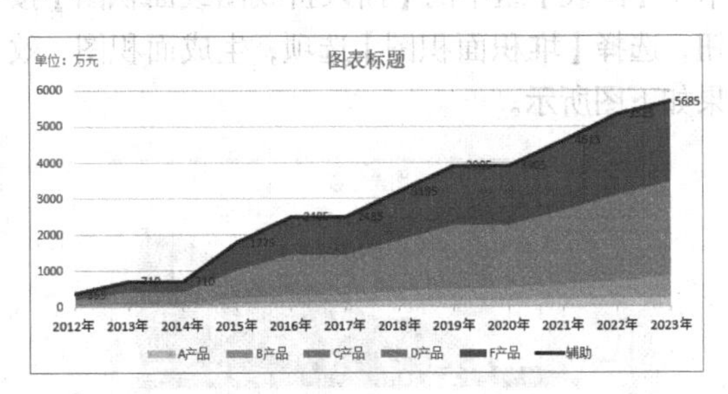

步骤09 修改面积图的标题为“历年销售走势”，将图例里的“辅助”数据系列删除并对图例位置进行适当调整，同时去掉图表的边框、修改网格线为虚线，即完成此面积图的制作，最终效果如下图所示。

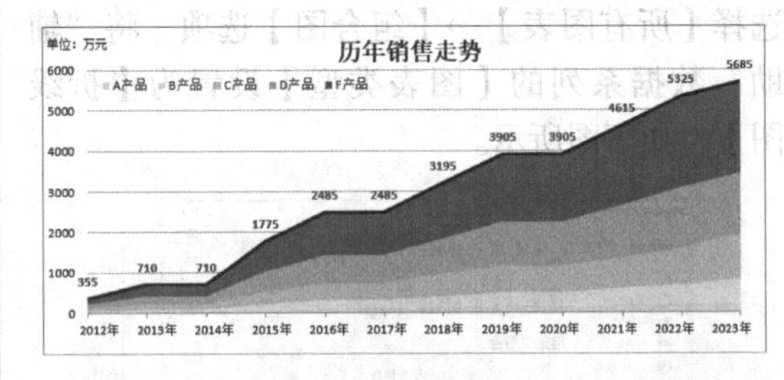

从上述图表中可以看出从2012年到2023年整体销售走势是上升的，前两年的增长速度缓慢，后几年的增长速度加快。同时可以看出F产品的市场占有率是最高的，增长速度也最快，相对地，A产品和B产品增长速度缓慢，因此A公司后续可考虑加大对F产品的市场投放量。

2.7.8 趋势折线图——实际预计趋势

趋势折线图主要用于销售走势预测、财务利润走势预测、风险评估等。在工作中经常用于预计相等时间间隔下数据的变化趋势。

趋势折线图的横坐标轴表示具有相等间隔的时间序列，纵坐标轴表示各项目多个指标的数值。

本案例主要通过趋势折线图来展示A公司某年度1~7月累计利润变化情况，以分析累计利润的走向，进而对8~12月的累计利润进行合理预测，数据如下图所示。

单位：万元

	1月	2月	3月	4月	5月	6月	7月	8月	9月	10月	11月	12月
累计利润	100	205	335	360	565	700	882					
预计利润							882	1025	1350	1452	1650	2050

步骤01 打开“素材\ch02\2.7.8.xlsx”素材文件，选中数据区域中的任意单元格，单击【插入】选项卡下【图表】组中【查看所有图表】按钮，弹出【插入图表】对话框，选择【所有图表】→【折线图】→【带数据标记的折线图】中的第一个选项，单击【确定】按钮，如下图所示。

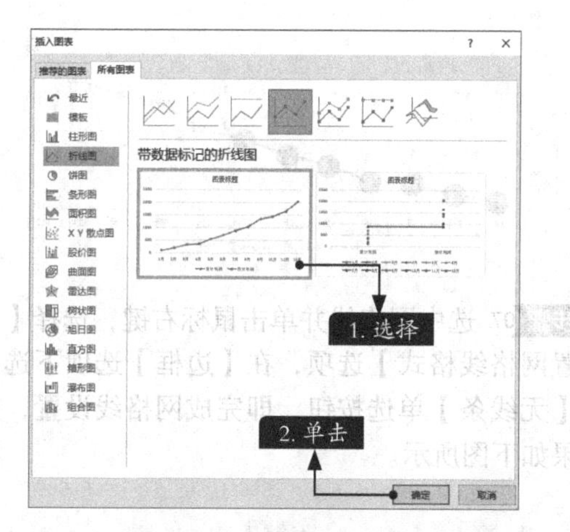

执行上述操作后，生成趋势折线图的效果如下。

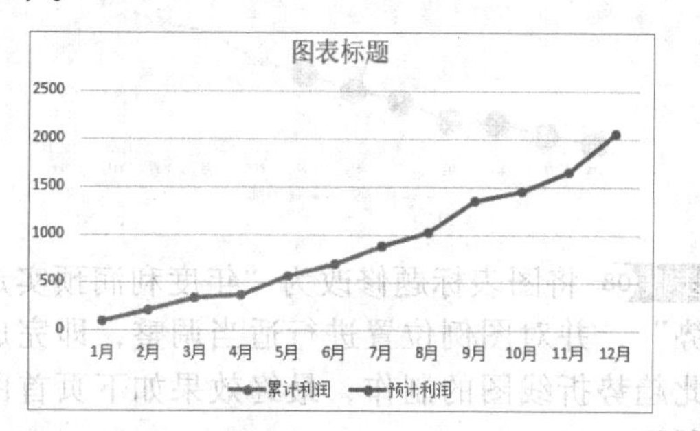

步骤02 在趋势折线图中选中1~7月的数据并单击鼠标右键，在弹出的快捷菜单中选择【设置数据系列格式】选项，在右侧任务窗格中选中【标记】→【标记选项】→【内置】单选按钮，将【类型】设置为“圆点”，并修改【大小】为“20”。在【填充】选项下选中【纯色填充】单选按钮，设置【颜色】为“红色”，并在【边框】选项下选中【无线条】单选按钮，如下图所示。

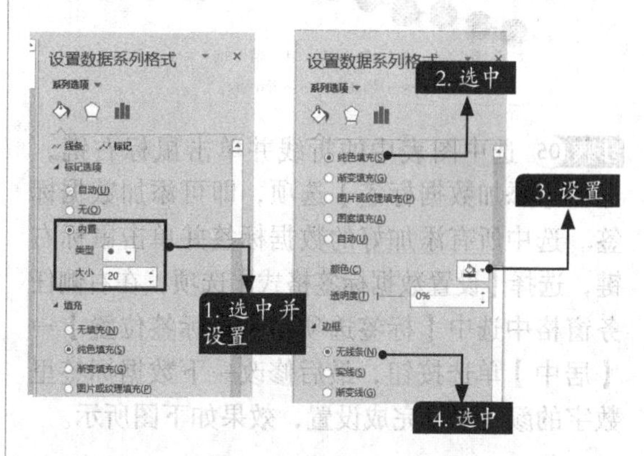

设置数据系列格式后的趋势折线图的效果如下图所示。

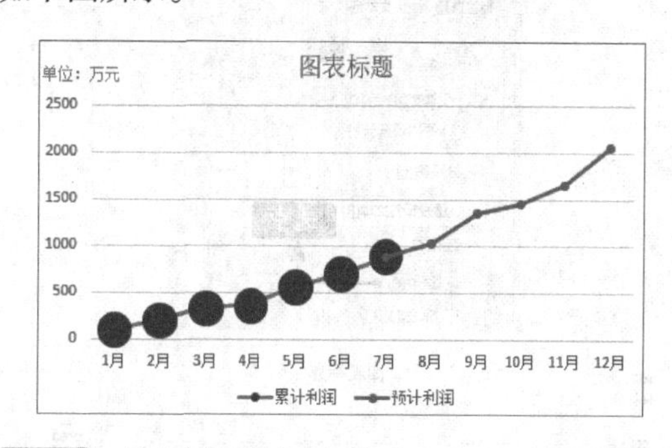

步骤03 按同样的方法修改7~12月的数据标记。选中【内置】单选按钮后修改【大小】为“20”，设置填充颜色为白色，设置边框为红色虚线，效果如下页首图所示。

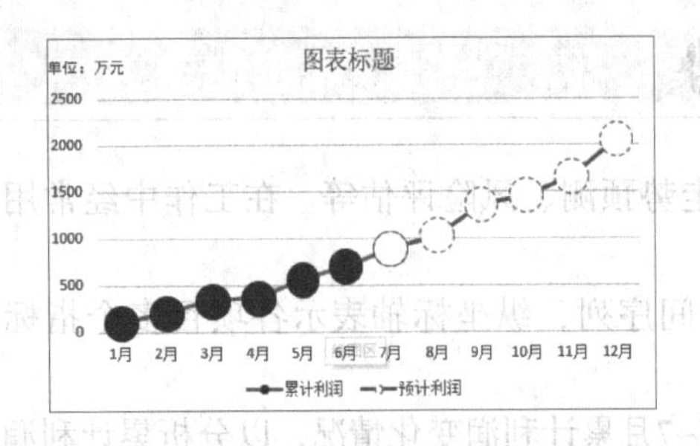

步骤04 选中1~7月数据系列并单击鼠标右键，选择【设置数据系列格式】选项，在右侧任务窗格中选择【线条】选项，将1~7月数据系列折线设置成红色实线，7~12月数据系列折线设置成红色虚线，修改后的效果如下图所示。

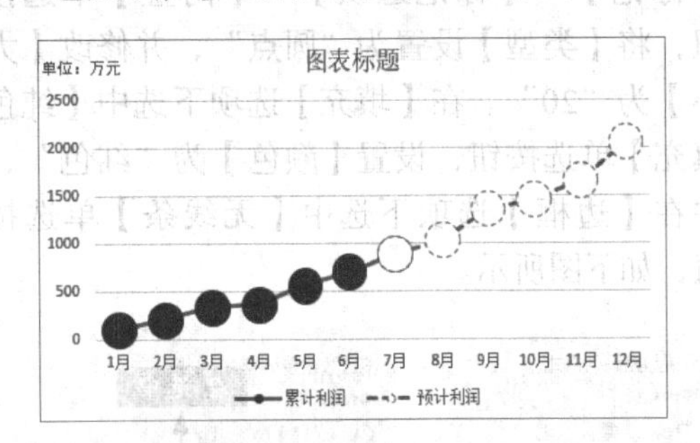

步骤05 选中图表中的折线并单击鼠标右键，选择【添加数据标签】选项，即可添加数据标签。选中所有添加好的数据标签并单击鼠标右键，选择【设置数据标签格式】选项，在右侧任务窗格中选中【标签选项】→【标签位置】→【居中】单选按钮，最后修改一下数据标签里数字的颜色即可完成设置，效果如下图所示。

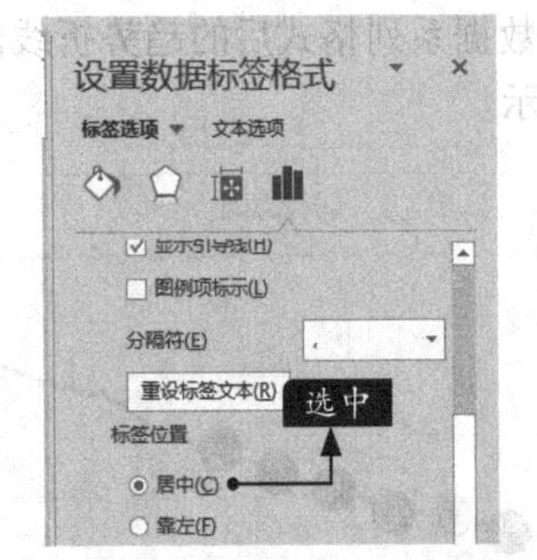

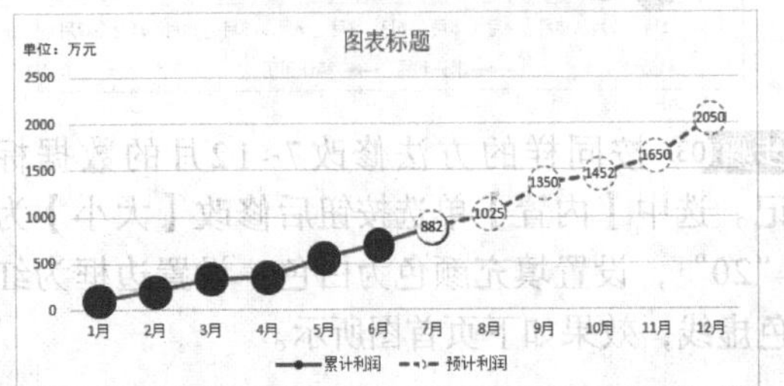

步骤06 修改趋势折线图图表中7月的数据为累计利润。选中图表数据标签并单击鼠标右键，选择【选择数据】选项，弹出【选择数据源】对话框，选中【预计利润】复选框，再单击【图例项（系列）】中的“向上”按钮，也就是将“预计利润”和“累计利润”调换位置，即可完成设置，如下图所示。

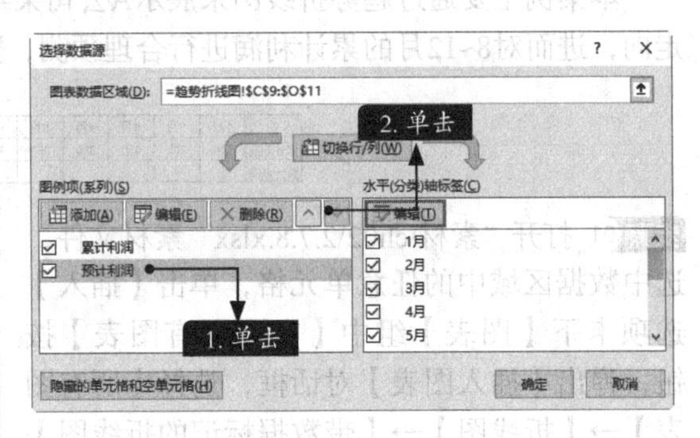

修改后的趋势折线图的效果如下图所示。

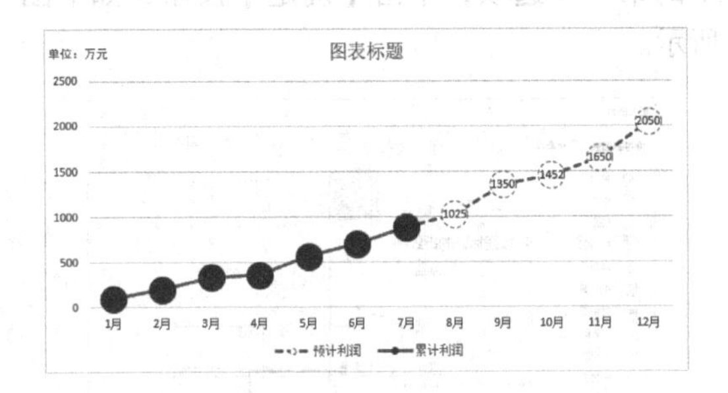

步骤07 选中网格线并单击鼠标右键，选择【设置网格线格式】选项，在【边框】选项下选中【无线条】单选按钮，即完成网格线设置，效果如下图所示。

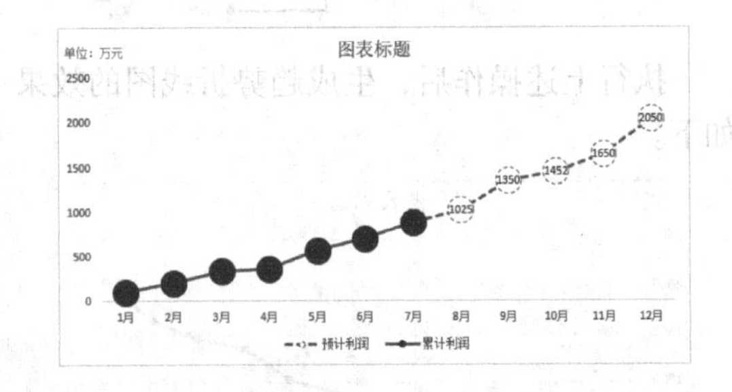

步骤08 将图表标题修改为“年度利润预实走势”，并对图例位置进行适当调整，即完成此趋势折线图的制作，最终效果如下页首图所示。

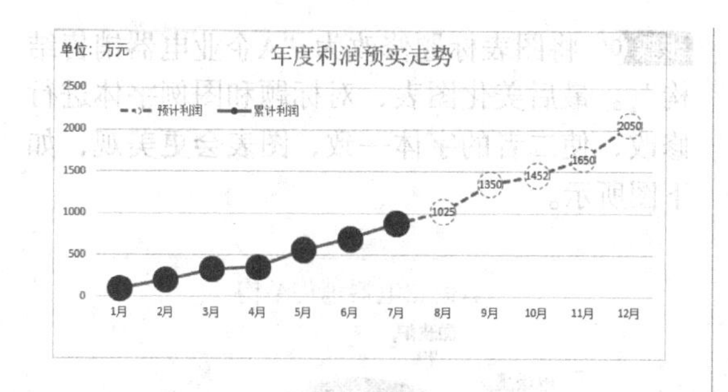

从上述图表中可以看出，A公司1~7月的累计利润呈持续增长的趋势，按照这个增长趋势，可以预测8~12月的累计利润有很大的增长空间。

2.7.9 饼状分布图——分类占比对比

饼状分布图主要用于单一维度的比重分析，如薪资结构分析、产品利润贡献度分析、产品利润结构分析、质量索赔分析、销售分析、采购分类占比分析等。饼状分布图的应用非常广泛，在工作中属于使用率较高的图表。

本案例主要通过饼状分布图展示A企业电器销售结构的比例关系，进而分析A企业各项产品的销售情况。数据如下图所示。

项目	比例
冰箱	35%
彩电	26%
洗衣机	20%
电饭煲	12%
微波炉	7%

步骤01 打开“素材\ch02\2.7.9.xlsx”素材文件，选中数据区域中的任意单元格，打开【插入图表】对话框，选择【所有图表】→【饼图】→【饼图】中的第一个选项，单击【确定】按钮，如下图所示。

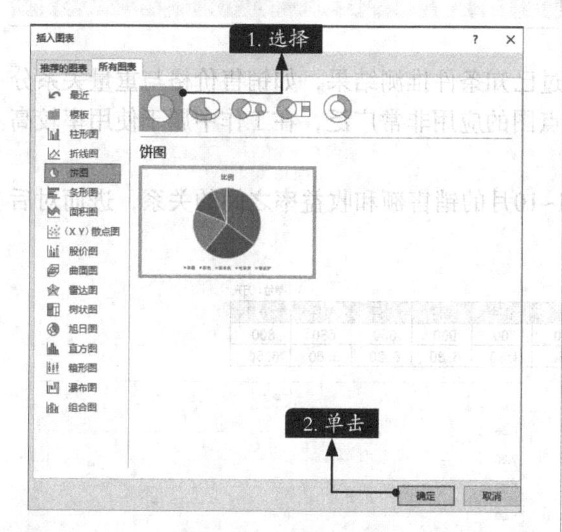

步骤02 选中饼图并单击鼠标右键，选择【添加数据标签】选项，即可添加所有的数据标签。接着选中所有数据标签并单击鼠标右键，选择【设置数据标签格式】选项，在右侧任务窗格中选中【标签选项】选项下的【类别名称】复选框，然后在【分隔符】中选择【空格】选项，在【标签位置】选项下选中【数据标签外】单选按钮，即可完成设置，如下图所示。

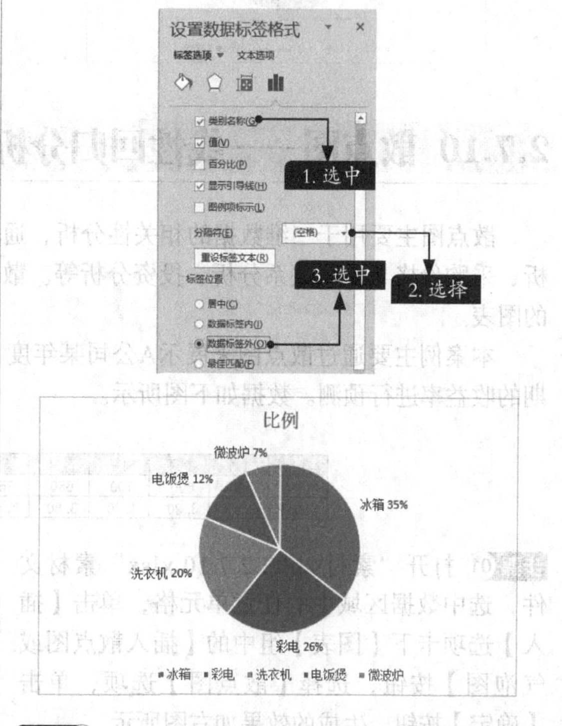

步骤03 选中饼图中要修改颜色的扇形并单击鼠标右键，选择【设置数据点格式】选项，在右

侧任务窗格中选中【系列选项】→【填充】→【纯色填充】单选按钮，设置想要的颜色，如下图所示。

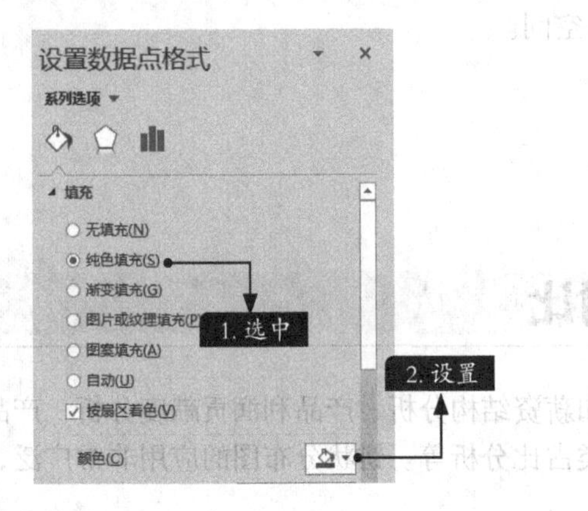

步骤04 对其余扇形依次进行设置，设置完后的效果如下所示。

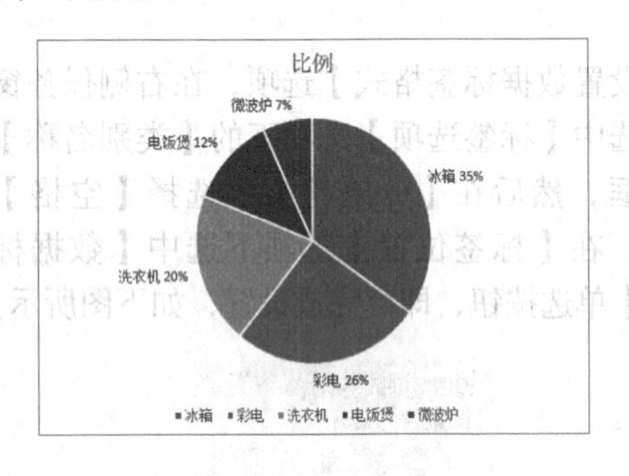

步骤05 将图表标题修改为“A企业电器销售结构”。最后美化图表，对标题和图例字体进行修改，使二者的字体一致，图表会更美观，如下图所示。

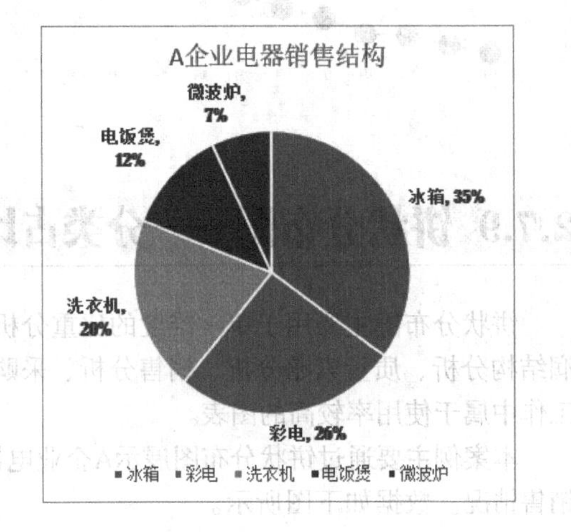

从上述图表中可以看出，冰箱、彩电、洗衣机这3类大件电器所占比例为81%，而电饭煲和微波炉所占比例为19%，A企业的重点销售产品是大件电器。

2.7.10 散点图——线性回归分析

散点图主要用于二维数据的相关性分析，通过已知条件推测结果，如销售价格与重量关系分析、采购价格与重量关系分析、投资分析等。散点图的应用非常广泛，在工作中属于使用率较高的图表。

本案例主要通过散点图来展示A公司某年度1~10月的销售额和收益率之间的关系，进而对后期的收益率进行预测。数据如下图所示。

单位：万元

项目	1月	2月	3月	4月	5月	6月	7月	8月	9月	10月
销售额	500	600	700	650	750	800	900	850	680	800
收益率	2.50	3.20	4.30	3.80	5.50	3.80	6.80	6.20	3.60	6.50

步骤01 打开“素材\ch02\2.7.10.xlsx”素材文件，选中数据区域中的任意单元格，单击【插入】选项卡下【图表】组中的【插入散点图或气泡图】按钮，选择【散点图】选项，单击【确定】按钮，生成的效果如右图所示。

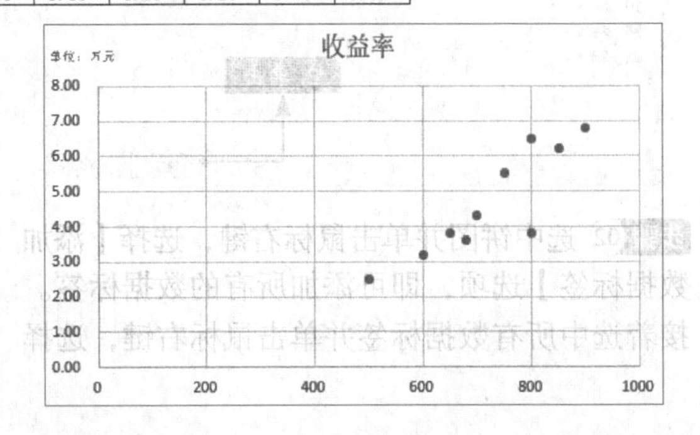

步骤02 选中横坐标轴并单击鼠标右键，选择【设置坐标轴格式】选项，在右侧任务窗格中选择【坐标轴选项】选项，将【边界】的【最小值】设置为“400”，如下图所示。

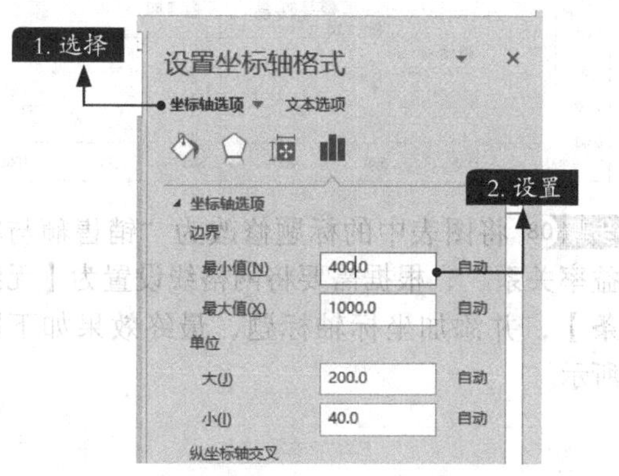

完成设置后，生成的效果如下图所示。

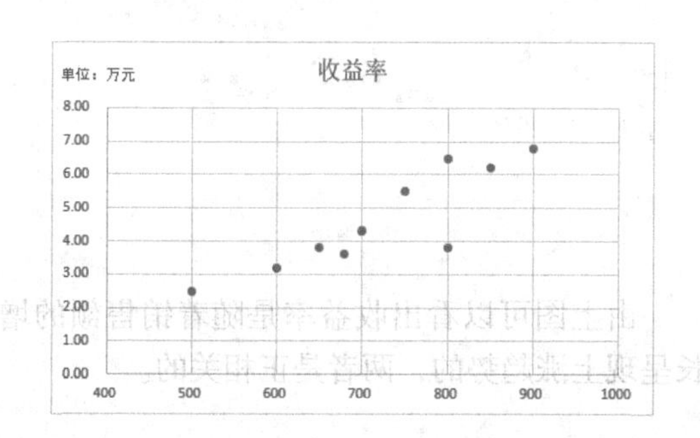

步骤03 选中所有的散点并单击鼠标右键，选择【添加趋势线】选项，如下图所示。

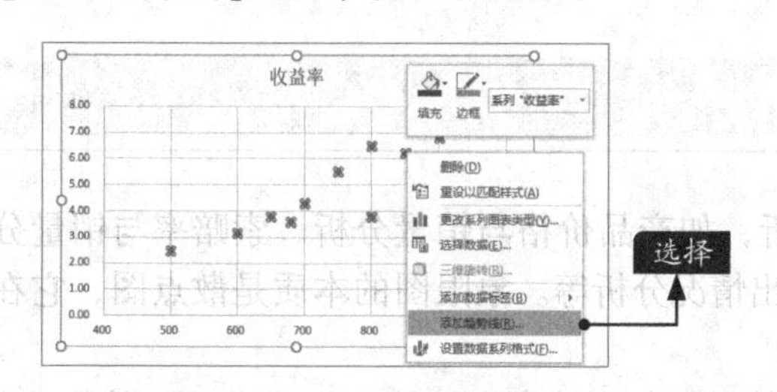

添加趋势线后，生成的效果如下图所示。

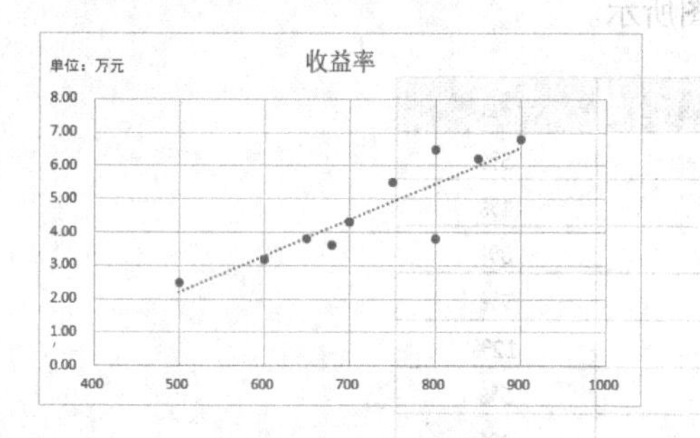

步骤04 选中趋势线并单击鼠标右键，选择【设置趋势线格式】选项，在右侧任务窗格中的【趋势线选项】选项下选中【线性】单选按钮，在【趋势预测】中设置【前推】为“50”，【后推】为“50”，以延长趋势线。最后选中【显示公式】复选框，使图表中出现公式，如下图所示。

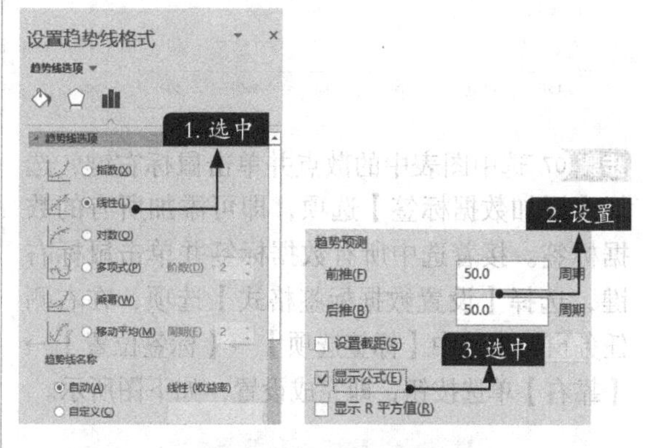

设置完成后，效果如下图所示。

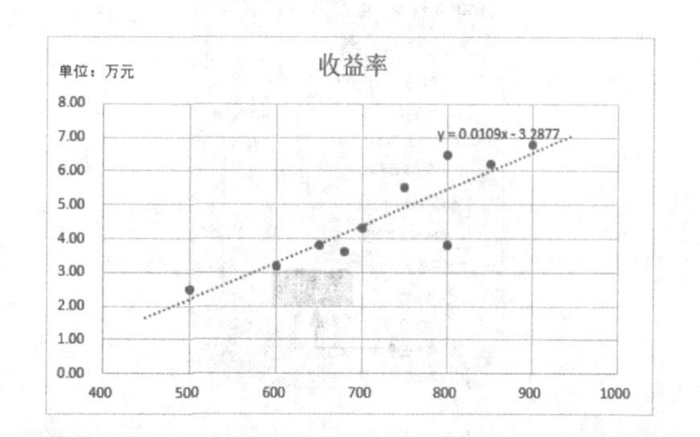

步骤05 选中图中的散点并单击鼠标右键，在右侧对话框中选择【设置数据系列格式】选项，在右侧任务窗格中选中【填充与线条】→【标记】→【标记选项】→【内置】单选按钮，设置【类型】为“圆点”，【大小】为“9”，并在【填充】选项下选中【纯色填充】单选按钮，设置【颜色】为“绿色”，如下图所示。

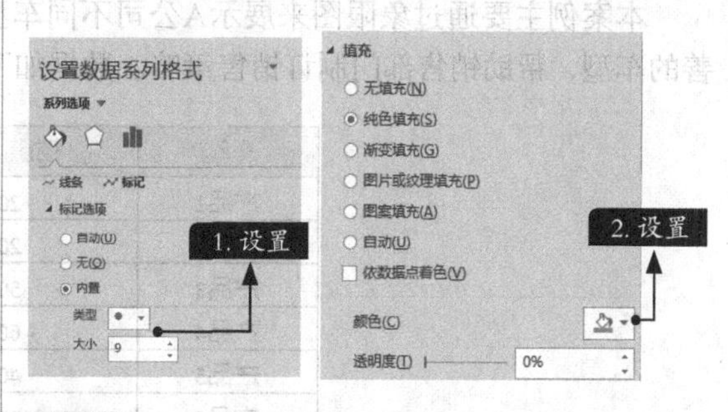

步骤06 选中偏离程度最大的一个散点，将【颜色】修改成“黄色”。设置完成后的效果如下页首图所示。

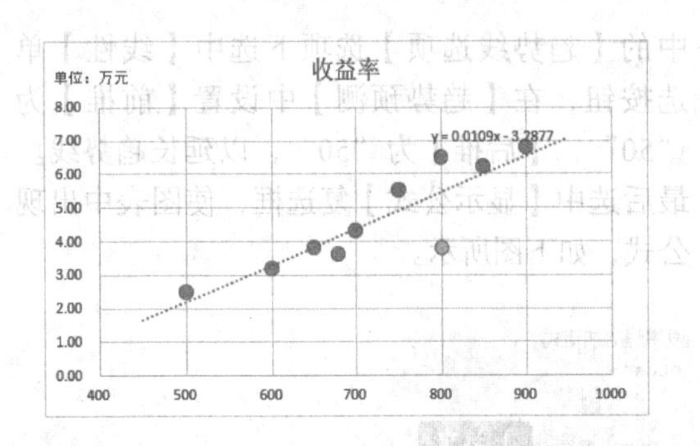

步骤 07 选中图表中的散点并单击鼠标右键，选择【添加数据标签】选项，即可添加所有的数据标签。接着选中所有数据标签并单击鼠标右键，选择【设置数据标签格式】选项，在右侧任务窗格中选中【标签选项】→【标签位置】→【靠右】单选按钮，即完成设置，如下图所示。

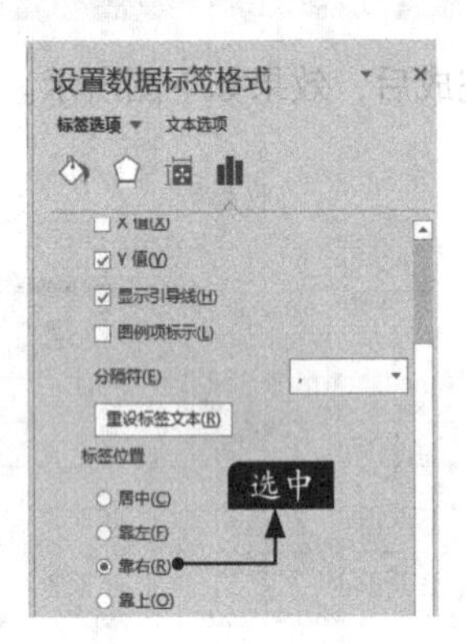

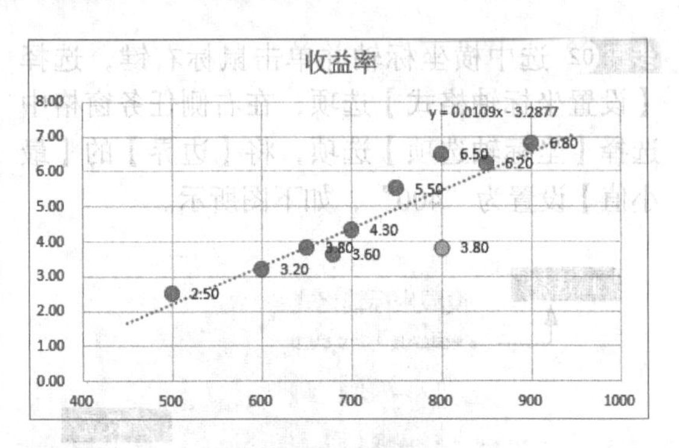

步骤 08 将图表中的标题修改为“销售额与收益率关系”，根据需要将网格线设置为【无线条】，并添加坐标轴标题，最终效果如下图所示。

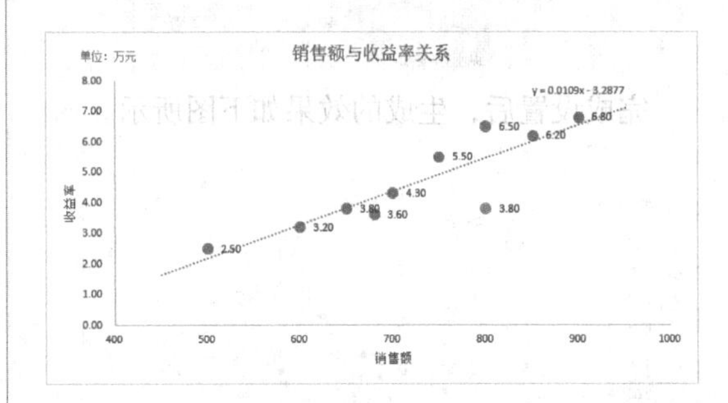

由上图可以看出收益率是随着销售额的增长呈现上涨趋势的，两者是正相关的。

2.7.11 象限图——二维指标对比

象限图主要用于二维或三维相关性数据的分析，如产品价格与销量分析、索赔率与销量分析、能力及学历与薪酬的关系分析、制造投入与产出情况分析等。象限图的本质是散点图，它在工作中应用较广泛。

本案例主要通过象限图来展示A公司不同车型的销量与索赔率之间的关系，用于识别需要改善的车型，帮助销售部门制订销售策略。数据如下图所示。

车型	销量/万辆	索赔率
产品1	20	5%
产品2	20	1%
产品3	50	8%
产品4	60	7%
产品5	40	12%
产品6	85	5%
产品7	24	4%
产品8	62	3%

步骤01 打开“素材\ch02\2.7.11.xlsx”素材文件，选中数据区域中的任意单元格，创建散点图，并删掉网格线，效果如下图所示。

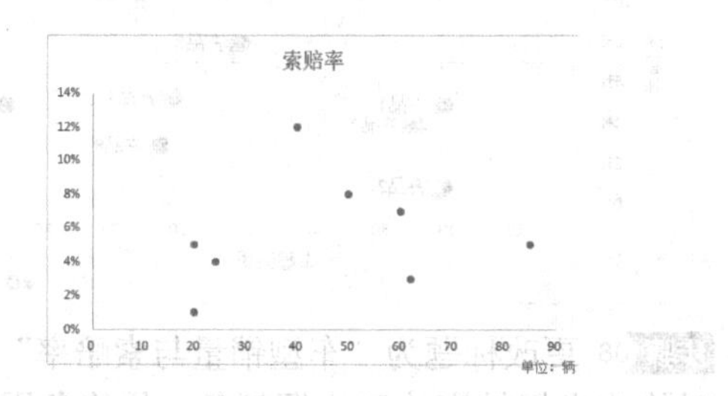

步骤02 选中横坐标轴并单击鼠标右键，选择【设置坐标轴格式】选项，在右侧任务窗格中选中【坐标轴选项】→【纵坐标轴交叉】→【坐标轴值】单选按钮，设置【坐标轴值】为“45”，效果如下图所示。

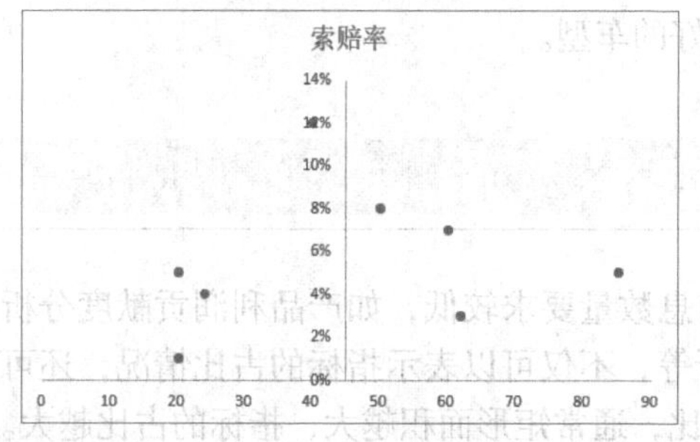

步骤03 用同样的方法设置另一个坐标轴，效果如下图所示。

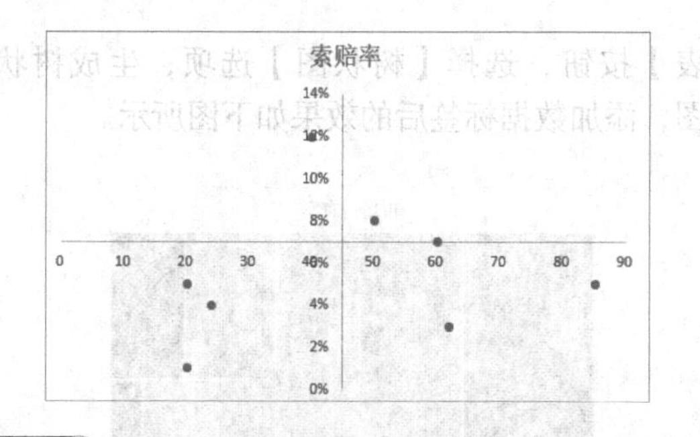

步骤04 选中横/纵坐标轴并单击鼠标右键，选择【设置坐标轴格式】选项，在右侧任务窗格中选择【坐标轴选项】→【标签】选项，设置【标签位置】为【低】，如下图所示。

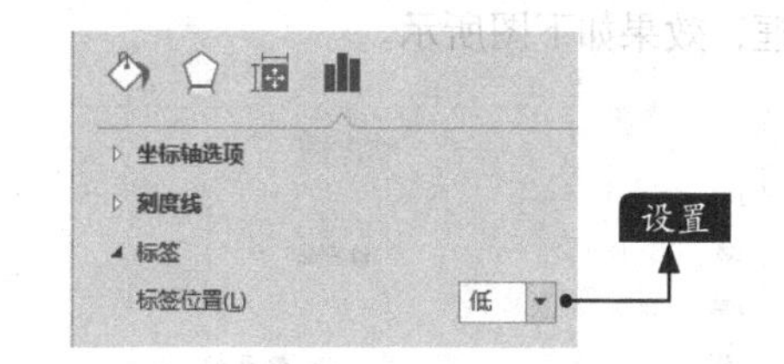

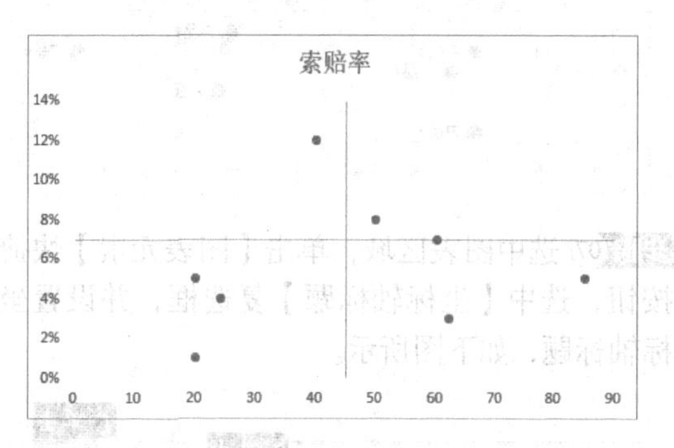

步骤05 选择图表中的散点进行美化。在【设置数据系列格式】任务窗格中选中【标记】→【标记选项】→【内置】单选按钮，设置散点的形状和大小。在【填充】选项下设置散点的填充形状及填充颜色，同时添加数据标签，如下图所示。

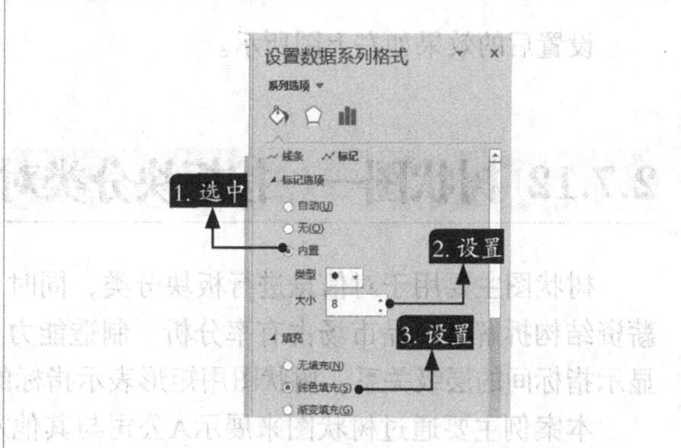

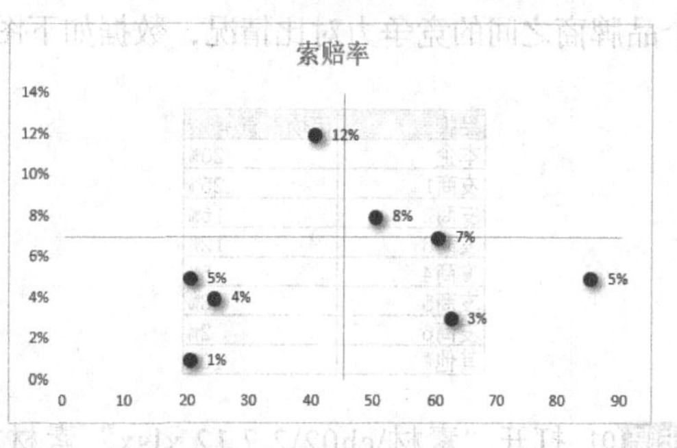

步骤06 选中标签，在【数据标签格式】下的【标签选项】选项中选中【单元格中的值】复选框，设置数据标签区域为B3:B10，然后单击

【数据标签区域】对话框中的【确定】按钮，并在【标签选项】中取消选中【Y值】复选框，效果如下图所示。

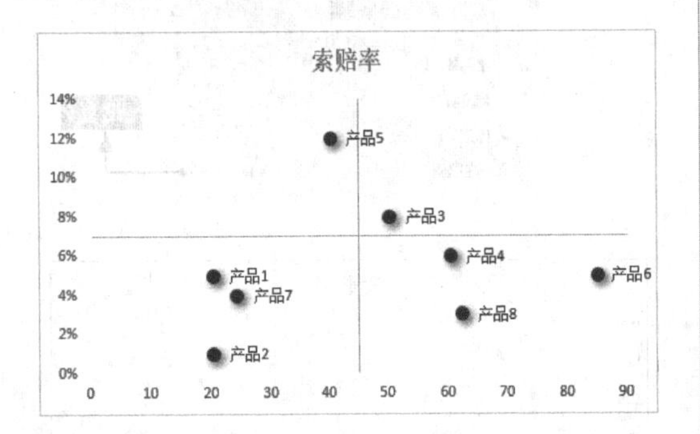

步骤07 选中图表区域，单击【图表元素】快捷按钮，选中【坐标轴标题】复选框，并设置坐标轴标题，如下图所示。

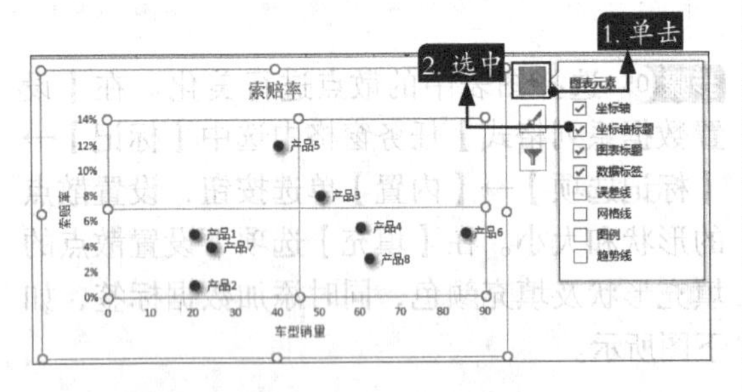

设置后的效果如右上图所示。

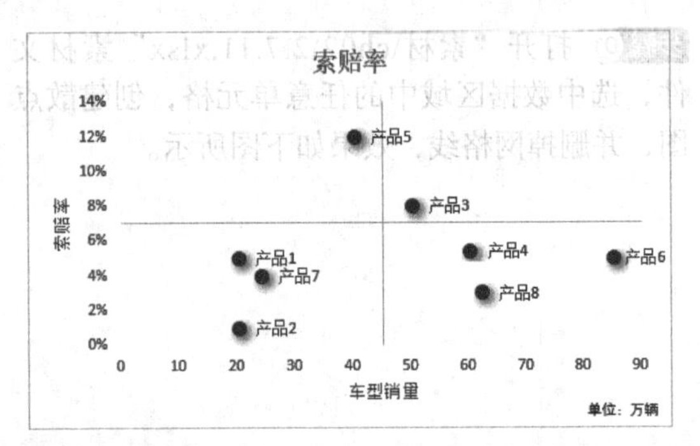

步骤08 更改标题为“车型销量与索赔率”，同时修改坐标轴字体和边框颜色，最终象限图的效果如下图所示。

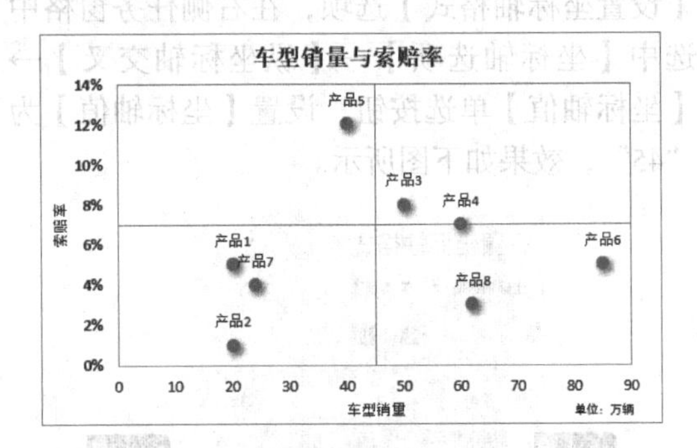

我们可以从4个象限中清晰看出产品5和产品3的销量较低且索赔率高，它们是最需要改善的车型；产品6销量高且索赔率低，是市场反馈最好的车型。

2.7.12 树状图——按板块分类对比

树状图主要用于对信息进行板块分类，同时对信息数量要求较低，如产品利润贡献度分析、薪资结构拆解、产品市场占有率分析、制造能力分析等，不仅可以表示指标的占比情况，还可以显示指标间的层级关系。树状图用矩形表示指标的占比，通常矩形面积越大，指标的占比越大。

本案例主要通过树状图来展示A公司与其他友商的手机市场占有率，可一目了然地显示出各个品牌商之间的竞争力对比情况，数据如下图所示。

品牌	市场占有率
本企	20%
友商1	25%
友商2	16%
友商3	12%
友商4	5%
友商5	3%
友商6	2%
其他	10%

步骤01 打开“素材\ch02\2.7.12.xlsx”素材文件，选中数据区域中的任意单元格，单击【插入】选项卡下【图表】组中【插入层次结构图表】按钮，选择【树状图】选项，生成树状图，添加数据标签后的效果如下图所示。

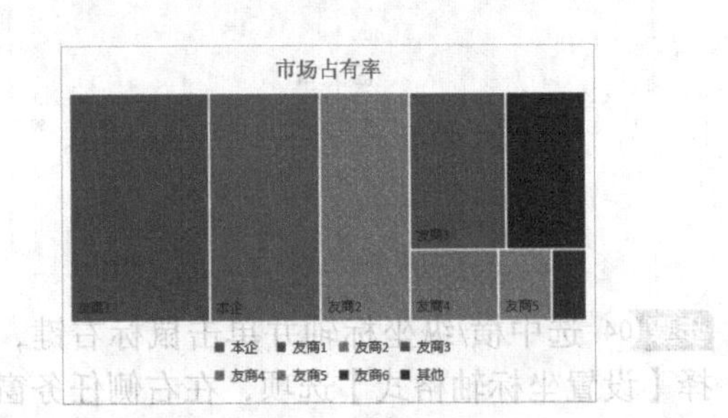

步骤 02 选中树状图单击鼠标右键，在【设置数据标签格式】任务窗格中的【标签包括】选项下分别选中【类别名称】和【值】复选框，如下图所示。

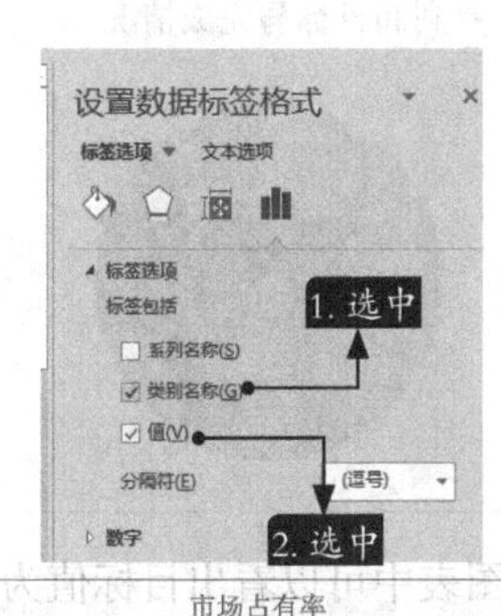

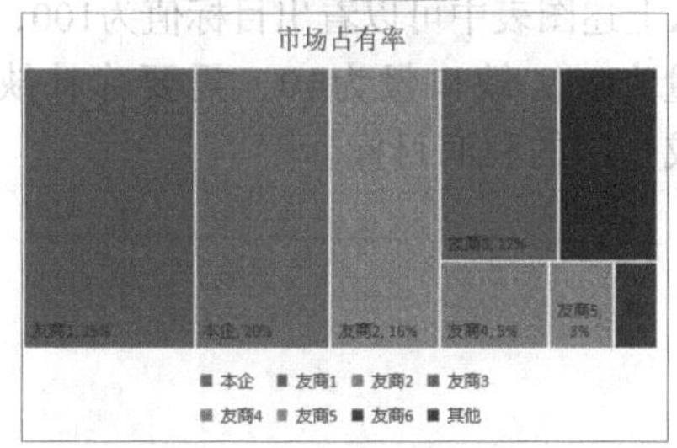

步骤 03 更改标题为“手机市场占有率”，同时为了展示效果更佳，可以根据板块大小，设置数据标签的字体颜色和大小，最终效果如下图所示。

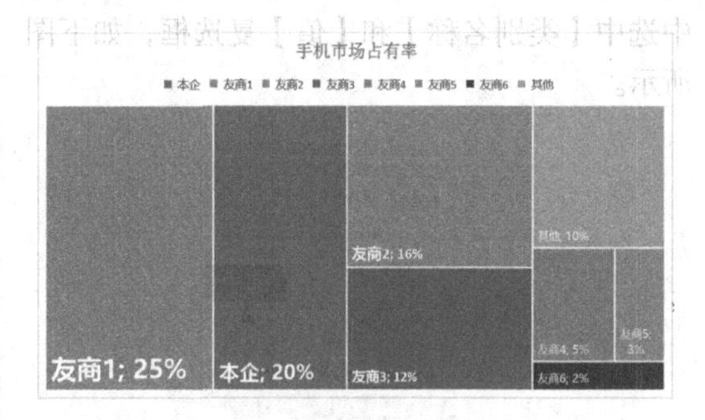

从上述图表中可以清晰发现，友商1的手机市场占有率最高，为25%；其次是本企的手机市场占有率为20%；友商6手机市场占有率最低，仅为2%。

2.7.13 环形图——分类占比解析

环形图主要用于对数据进行多次细分，可以展示不同类别的数据在整体中的比例，如财务季度月度对比分析、销售市场与结构拆解、目标与达成情况分析、质量索赔拆解、人力资源按部门配备情况等。

本案例主要通过环形图来展示A公司的利润目标和实际完成情况。整理后的数据如下图所示。

	目标	完成	缺口
目标	100		
完成情况		60	40

步骤 01 打开“素材\ch02\2.7.13.xlsx”素材文件，选中数据区域中的任意单元格，单击【插入】选项卡下【图表】组中【插入饼图或圆环图】按钮，选择【圆环图】选项，完成环形图的创建，效果如下图所示。

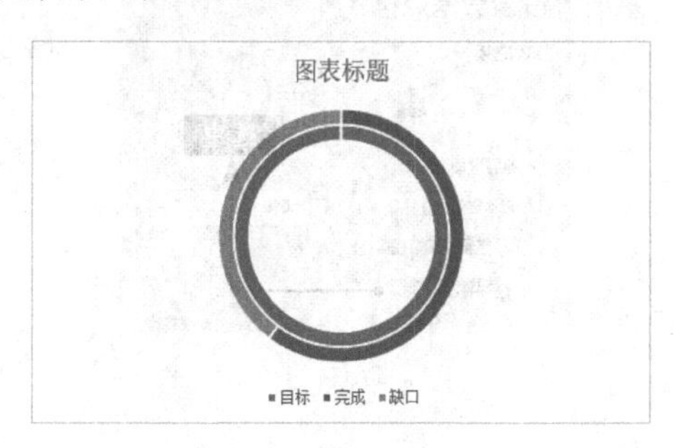

步骤 02 选中环形图单击鼠标右键，选择【设置数据系列格式】选项，在右侧【设置数据系列格式】任务窗格中将【圆环图圆环大小】设置为“0%”，如下图所示。

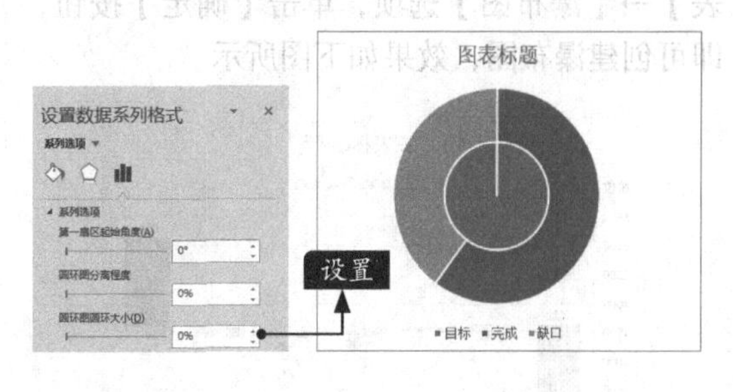

步骤03 选中环形图并单击鼠标右键，选择【添加数据标签】选项，添加数据标签。选中数据标签并单击鼠标右键，选择【设置数据标签格式】选项，在【设置数据标签格式】任务窗格中选中【类别名称】和【值】复选框，如下图所示。

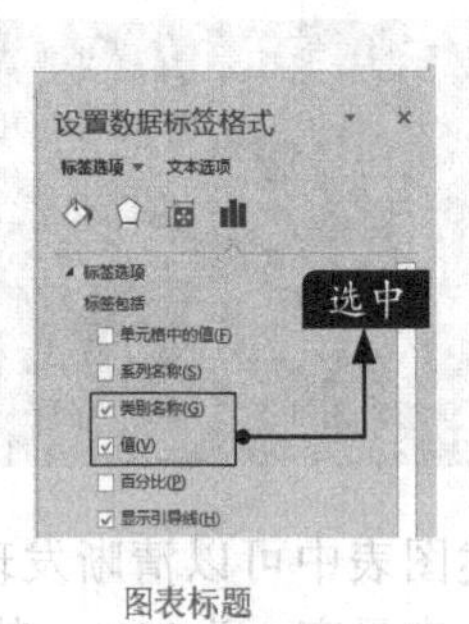

步骤04 更改图表的标题为“利润目标与完成情况”，并为圆环设置不同的填充颜色，最终效果如下图所示。

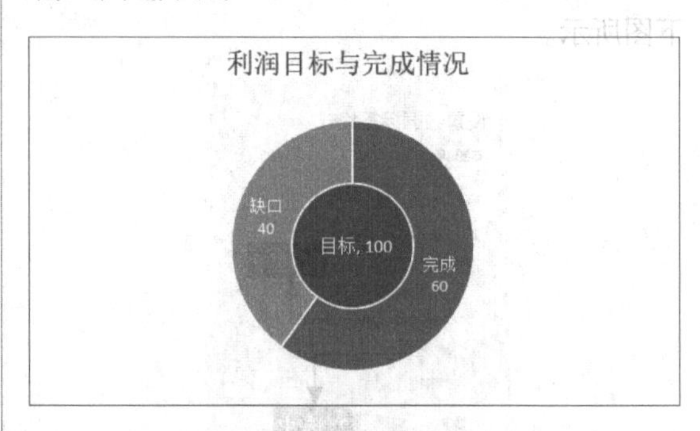

从上述图表中可以看出目标值为100，实际完成量为60，缺口量为40，需要弥补缺口才能达成今年的利润目标。

2.7.14 瀑布图——环比变动关联

瀑布图采用绝对值与相对值结合的方式，适用于表达数个特定数值之间的数量变化关系。瀑布图主要用于关联性变动原因分析，如人员结构变化分析、财务实物成本变化分析、费用超标多元分析、设计变更成本变化分析等。

本案例主要通过瀑布图来展示A公司在岗人数的变化情况。整理后的数据如下图所示。

单位：人

年初人数	提前退休	定向培养	歇工	离职	新招学生	年末人数
1652	-50	-120	-40	-60	200	1582

步骤01 打开“素材\ch02\2.7.14.xlsx”素材文件，选中数据区域中的任意单元格，选择【插入】→【图表】→【查看所有图表】选项。在弹出的【插入图表】对话框中选择【所有图表】→【瀑布图】选项，单击【确定】按钮，即可创建瀑布图，效果如下图所示。

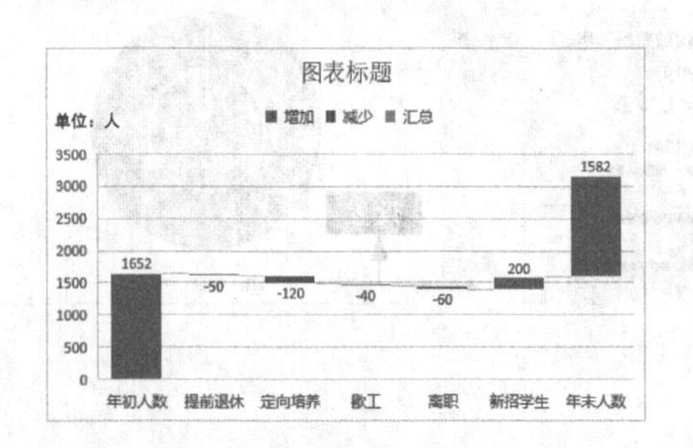

步骤02 选中“年末人数”数据系列并单击鼠标右键，选择【设置数据点格式】选项，在右侧的【设置数据点格式】任务窗格中选中【设置为汇总】复选框，如下图所示。

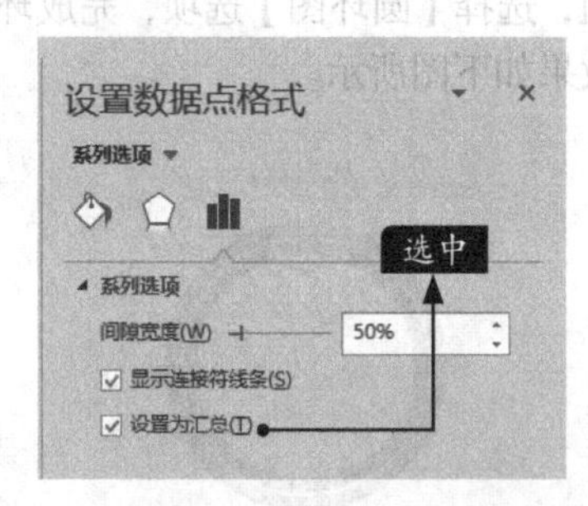

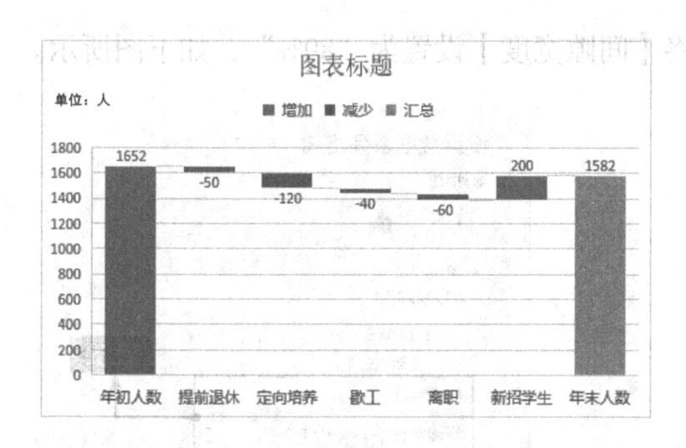

步骤03 选中“年末人数”数据系列并单击鼠标右键，选择【设置数据点格式】选项，在右侧任务窗格中选中【填充与线条】→【填充】→【纯色填充】单选按钮，将【颜色】设置为“草绿色”。按同样的步骤设置“年初人数”数据系列，效果如下图所示。

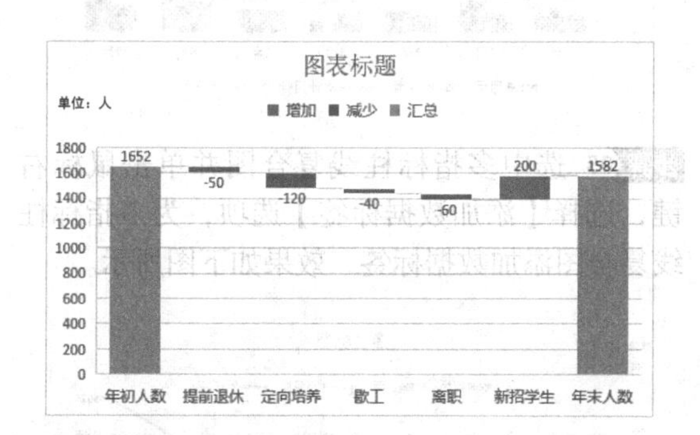

步骤04 选中网格线并单击鼠标右键，选择【设置网格线格式】选项，在右侧任务窗格中设置【线条】为“无线条”，如下图所示。

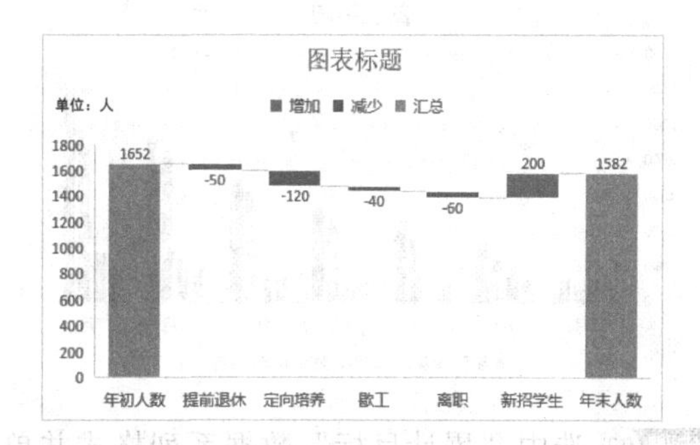

步骤05 将图表中的标题修改为“在岗人数”，最终效果如下图所示。

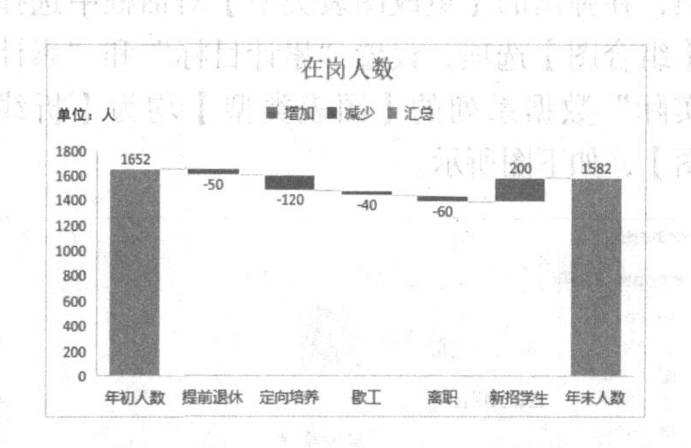

上述图表可直观地显示在岗人数的增减变化，以便A公司对年初和年末在岗人数进行对比。由于员工结构的变动，年末人数相对年初人数要少一些。

2.7.15 多指标柱线复合图——预算分项节约对比

多指标柱线复合图是用柱形和折线两种形式显示各项目中多个指标间对比关系的一种图表，可直观展示各项目的对比和累计情况。多指标柱线复合图主要用于由KPI管理的目标与达成情况对比分析，如销售目标的达成对比、客户满意度的提升对比、生产效率的提升对比、成本控制的达成对比等，在工作中被广泛使用。

本案例主要通过多指标柱线复合图来展示A公司1~7月业绩目标与累计达成情况，从而确定当前销售业绩是否达标。数据如下图所示。

项目	1月	2月	3月	4月	5月	6月	7月
目标	300	320	280	300	350	500	450
实际	320	500	350	189	365	600	700
累计目标	300	620	900	1200	1550	2050	2500
累计实际	320	820	1170	1359	1724	2324	3024

步骤01 打开“素材\ch02\2.7.15.xlsx”素材文件，选中数据区域中的任意单元格，单击【插入】选项卡下【图表】组中【柱形图】按钮，选择【簇状柱形图】选项，生成簇状柱形图，效果如下页

首图所示。

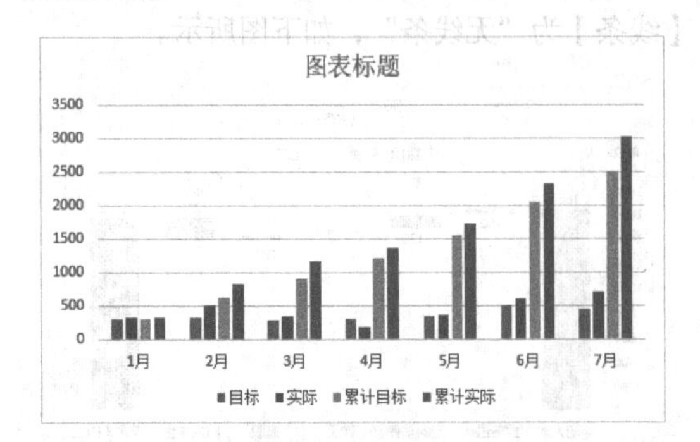

步骤02 选中“累计目标”数据系列格式并单击鼠标右键，选择【更改系列图表类型】选项，在弹出的【更改图表类型】对话框中选择【组合图】选项，设置“累计目标”和“累计实际”数据系列的【图表类型】均为【折线图】，如下图所示。

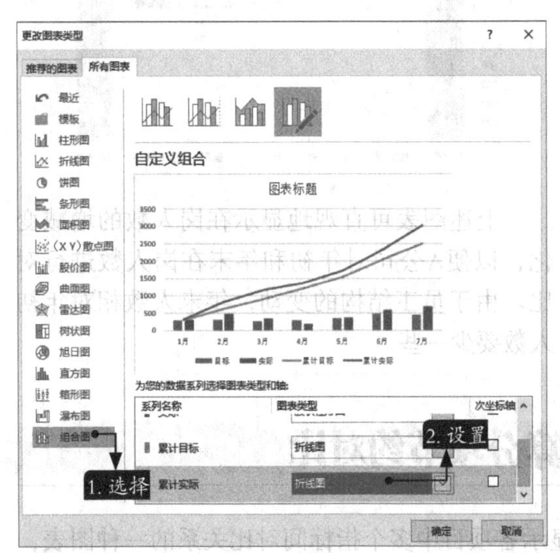

步骤03 设置好后，单击【确定】按钮，效果如下图所示。

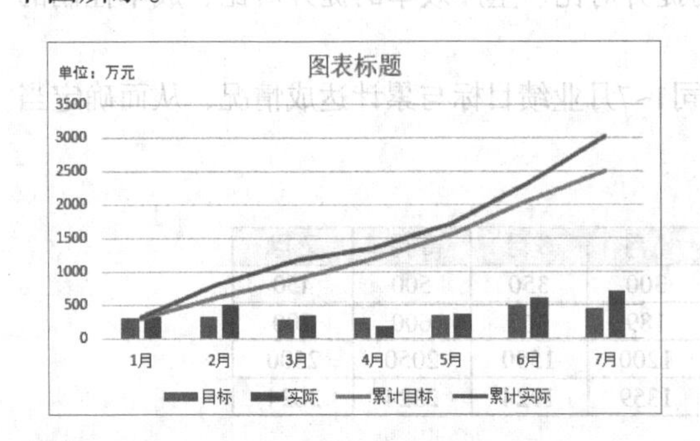

步骤04 选中图表中的柱形数据系列并单击鼠标右键，选择【设置数据系列格式】选项，在右侧任务窗格中将【系列重叠】设置为“0%”，将【间隙宽度】设置为“89%”，如下图所示。

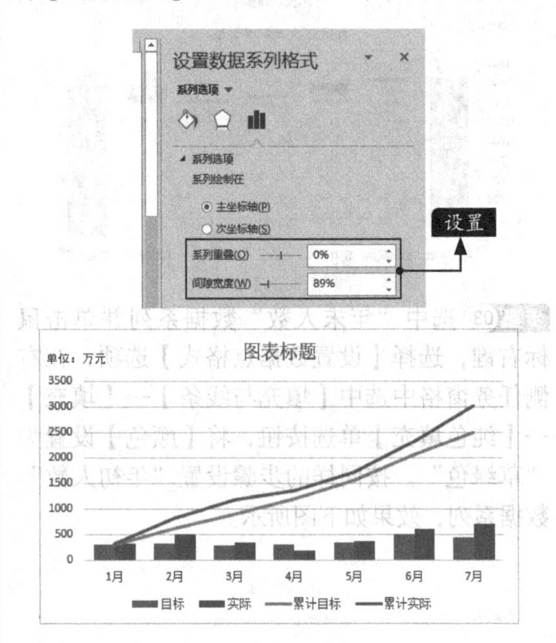

步骤05 选中多指标柱线复合图并单击鼠标右键，选择【添加数据标签】选项，为多指标柱线复合图添加数据标签，效果如下图所示。

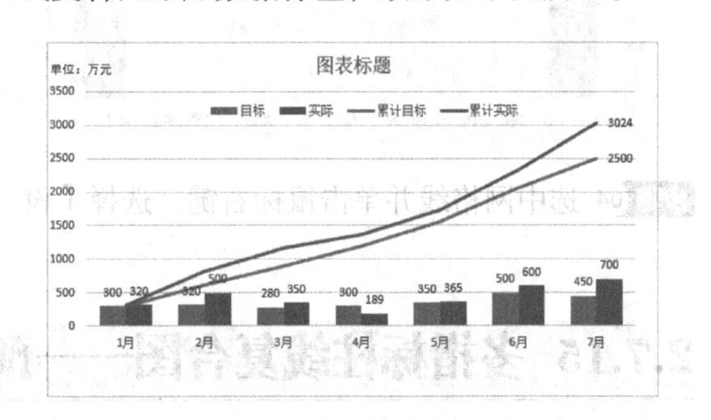

步骤06 若要使两个柱形数据系列的标签位置不一致，可以在【设置数据标签格式】任务窗格中选中【标签位置】选项下的【居中】单选按钮，如下图所示。

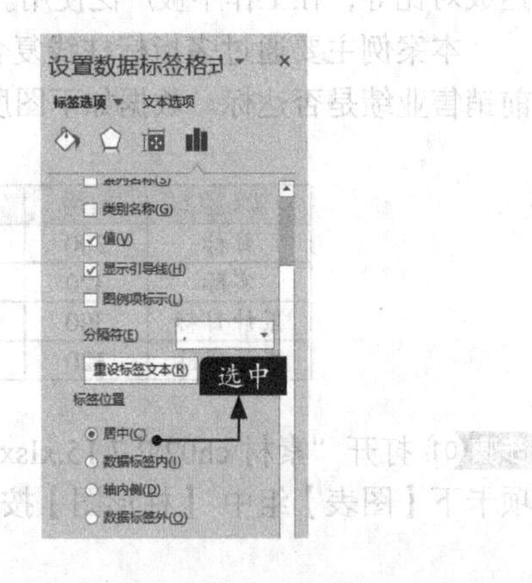

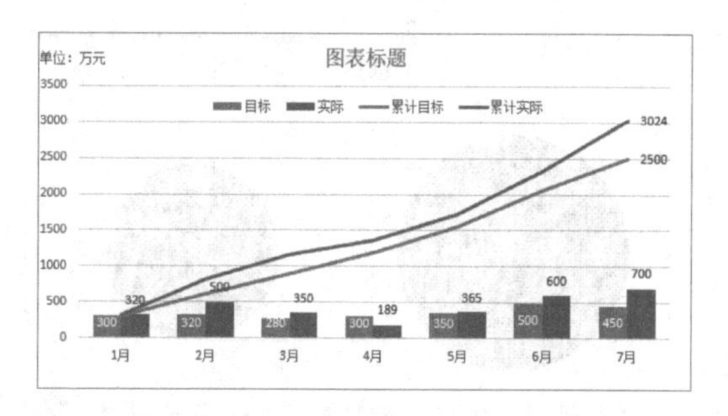

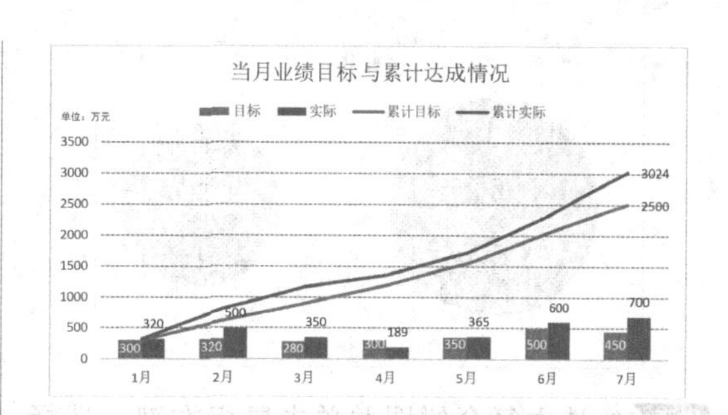

步骤07 更改图表的标题为“当月业绩目标与累计达成情况”，并设置网格线格式，最终多指标柱线复合图的效果如右上图所示。

从上述图表中可清晰看出当月目标值和实际值的对比情况，基本每个月都超额达成了目标。

2.7.16 复合饼图——单项二次细分拆解

复合饼图是饼状分布图的升级版，可在一张图表上显示单项的二次细分拆解，既展示主要项目，又展示非主要项目。复合饼图在工作中应用非常广泛，主要用于薪资结构分析、产品利润贡献度分析、产品利润结构分析、质量索赔分析、销售分析、采购分类占比分析等方面。

本案例主要通过复合饼图来展示A公司对其供应商进行评价的票数统计情况，并对已评价的供应商进行分级，以确定后续合作对象。数据如下图所示。

评价分类	评价细分类	总量/条
未评价	未评价	199
已评价	优	20
	良	15
	差	15
	中	16

步骤01 打开“素材\ch02\2.7.16.xlsx”素材文件，选中数据区域中的任意单元格，单击【插入】选项卡下【图表】组中【插入饼图或圆环图】按钮，选择【子母饼图】选项，创建复合饼图的效果如下图所示。

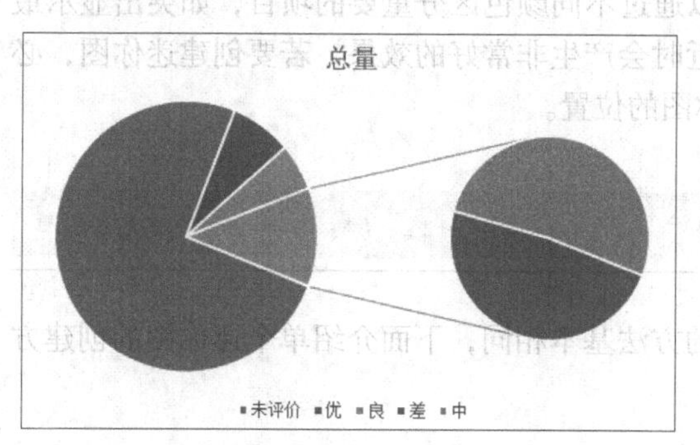

步骤02 选中小饼图并单击鼠标右键，选择【设置数据系列格式】选项，在【设置数据系列格式】任务窗格中，设置【第二绘图区中的值】为“4”，同时将【第二绘图区大小】设置为“75%”，如下图所示。

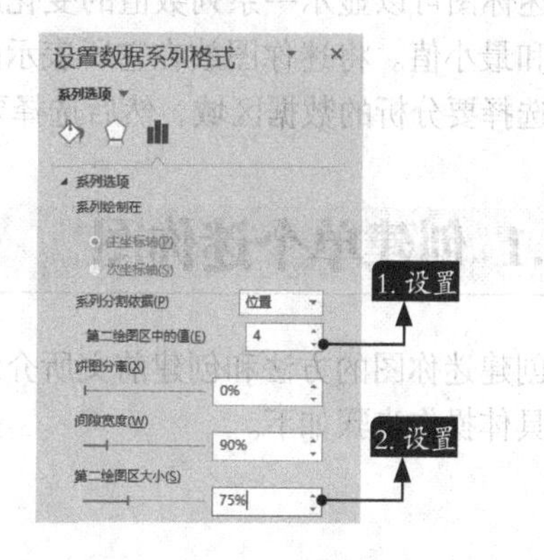

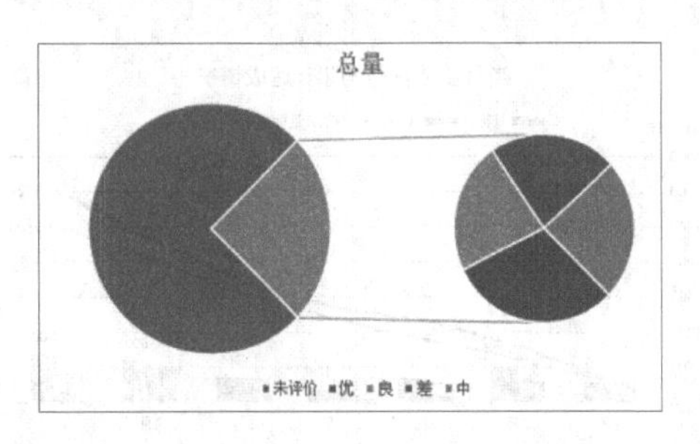

步骤03 选中复合饼图并单击鼠标右键，选择【添加数据标签】选项。接着选中已添加好的数据标签并单击鼠标右键，选择设置数据标签格式选项，在【设置数据标签格式】任务窗格中选中【类别名称】复选框，并同时在【开始】选项卡下根据需要更改数据标签的格式，如下图所示。

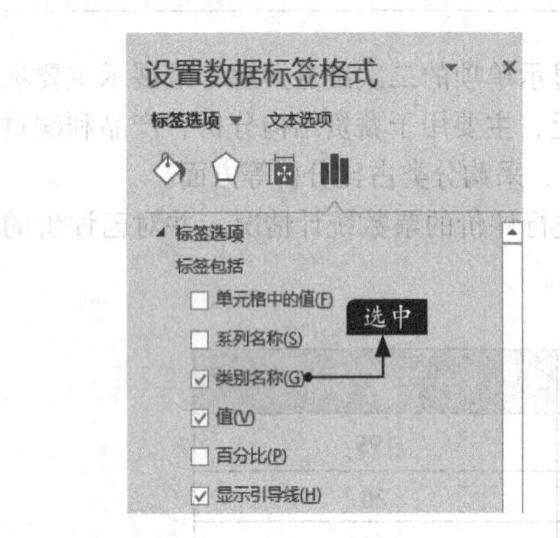

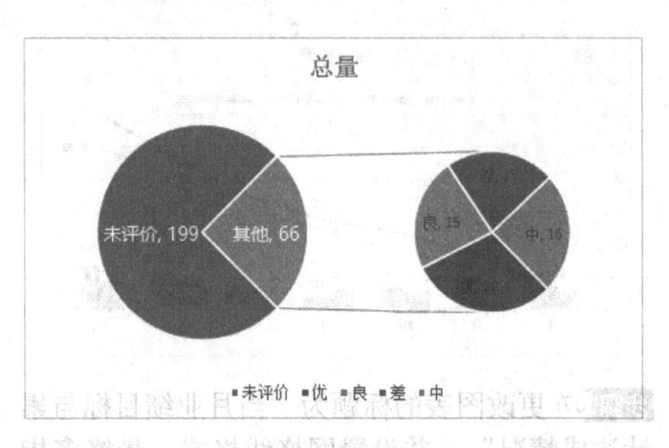

步骤04 更改图表的标题为“供应商评价分析”，修改标签“其他”为“未评价”，并为图表添加黑色边框，给复合饼图填充相应的颜色，调整图例位置，最终效果如下所示。

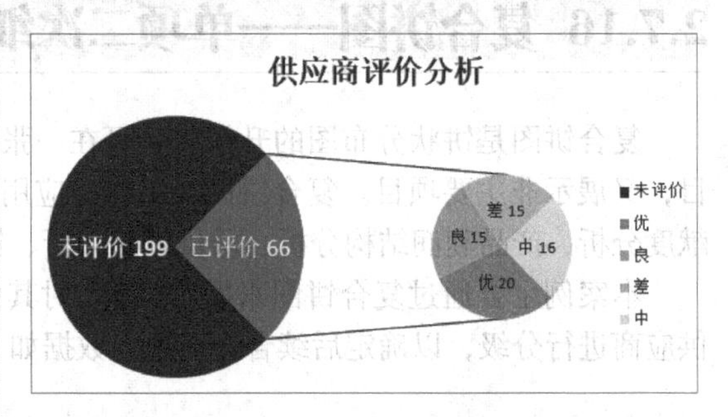

从上述图表中可以清晰地看出已评价和未评价的数量，同时还可以看到等级为优、良、差、中的供应商数量。

2.8 制作迷你图

迷你图是一种微型图表，可放在工作表的单个单元格中。迷你图能够以简明且非常直观的方式显示大量数据集所反映出的趋势。

迷你图可以显示一系列数值的变化趋势，可以通过不同颜色区分重要的项目，如突出显示最大值和最小值。将迷你图放在它所表示的数据附近时会产生非常好的效果。若要创建迷你图，必须先选择要分析的数据区域，然后选择要放置迷你图的位置。

2.8.1 创建单个迷你图

创建迷你图的方法和创建前文所介绍的图表的方法基本相同，下面介绍单个迷你图的创建方法，具体操作步骤如下。

步骤 01 打开“素材\ch02\2.8.xlsx”文件，选择要插入迷你图的单元格N3，然后单击【插入】选项卡下【迷你图】组中的【盈亏】按钮，如下图所示。

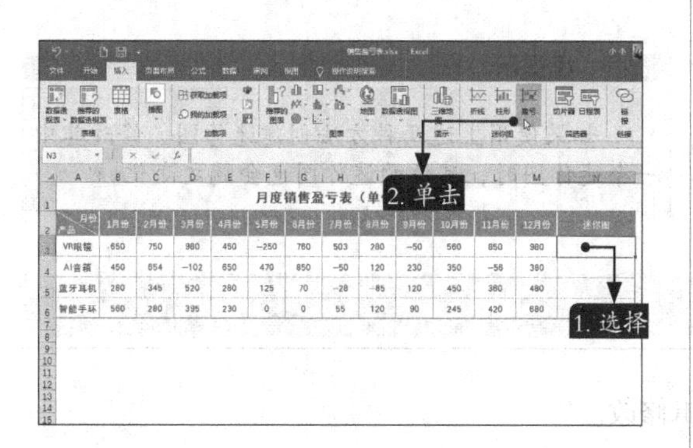

步骤 02 打开【创建迷你图】对话框，单击【数据范围】文本框后的⬆按钮，如下图所示。

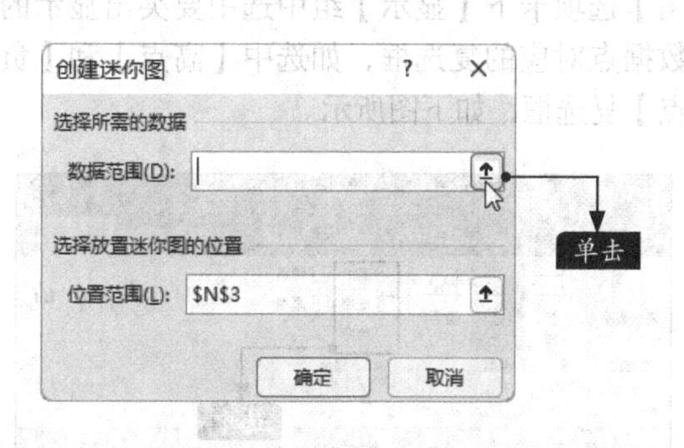

步骤 03 选择工作表中的B3:M3单元格区域，返回【创建迷你图】对话框，然后单击【确定】按钮，如下图所示。

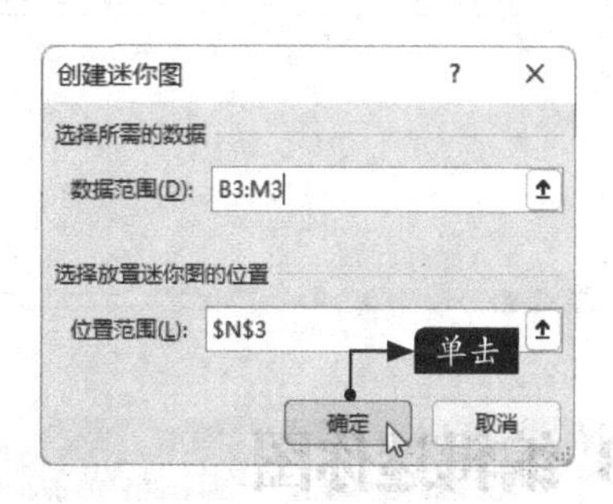

此时即可为所选单元格区域创建对应的迷你图，如下图所示。

2.8.2 创建多个迷你图

可以为多行或多列创建多个迷你图，具体操作步骤如下。

步骤 01 选择要存放迷你图的N4:N6单元格区域，然后单击【插入】选项卡下【迷你图】组中的【盈亏】按钮，如下图所示。

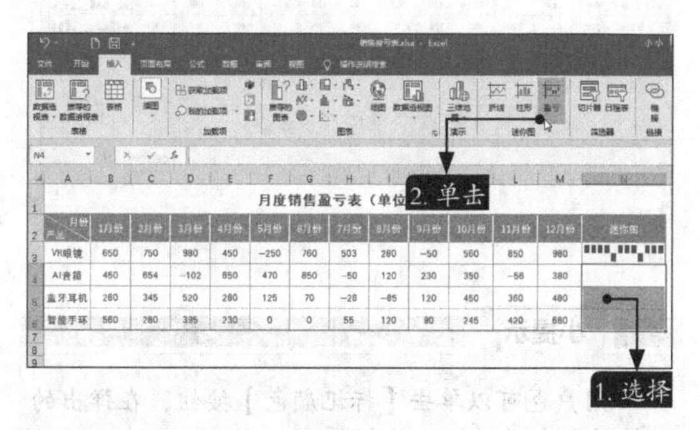

步骤 02 打开【创建迷你图】对话框，单击【数据范围】文本框后的⬆按钮，选择要创建迷你图的B4:M6单元格区域，单击【确定】按钮，如下图所示。

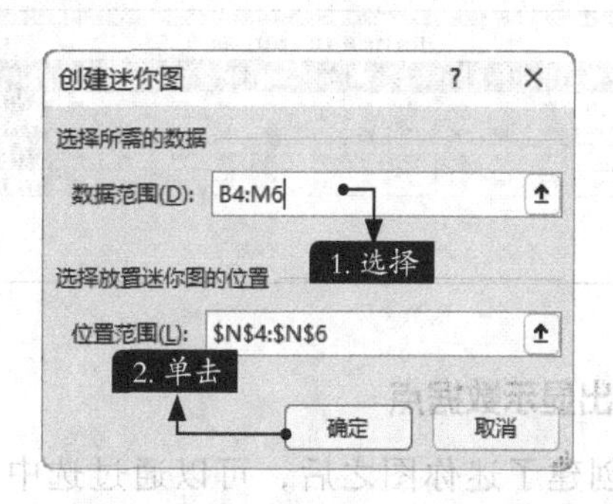

此时即可创建多个迷你图，如下页首图所示。

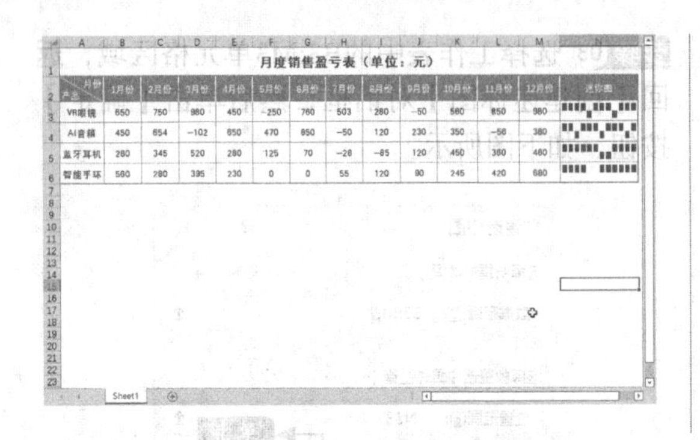

另外，用户也可以使用填充的方式创建多个迷你图。拖曳鼠标指针或向下填充（按【Ctrl+D】组合键）可将迷你图填充到同一列的其他单元格中。

小提示

如果使用上述两种方法创建迷你图，修改其中一个迷你图时，其他的迷你图也会随之变化。

2.8.3 编辑迷你图

当插入的迷你图不合适时，可以对其进行编辑修改。

1. 更改迷你图的类型

如果创建的迷你图不能体现数据的走势，用户可以更改迷你图的类型，具体操作步骤如下。

选择插入的迷你图，单击【迷你图工具-迷你图】选项卡下【类型】组中的【柱形】按钮，如下图所示。

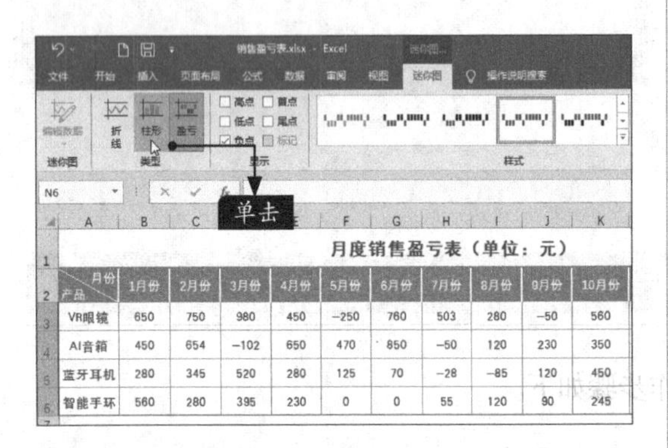

此时即可快速将原来的迷你图更改为柱形迷你图，如下图所示。

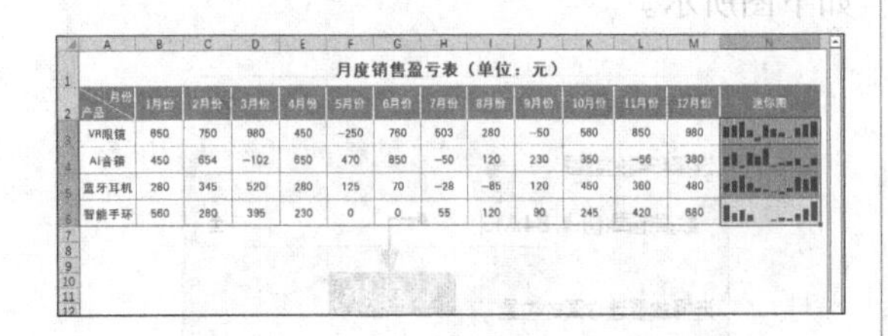

2. 突出显示数据点

创建了迷你图之后，可以通过选中【高点】【低点】【负点】等复选框，突出显示迷你图中的数据点，具体操作步骤如下。

选择插入的迷你图，在【迷你图工具-迷你图】选项卡下【显示】组中选中要突出显示的数据点对应的复选框，如选中【高点】和【负点】复选框，如下图所示。

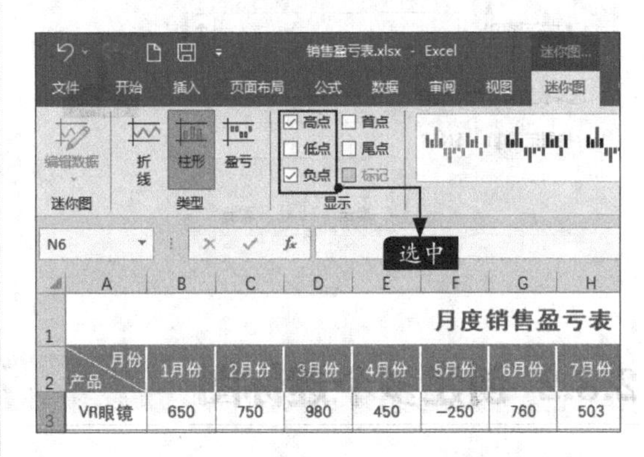

此时即可以红色突出显示迷你图中的最高点和负数值，如下图所示。

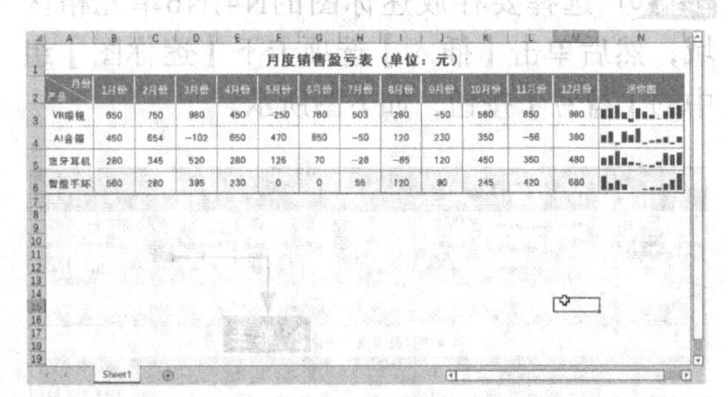

小提示

用户也可以单击【标记颜色】按钮，在弹出的下拉列表中设置标记的颜色。

3. 更改迷你图的样式

用户可以根据需要，对插入的迷你图的样式进行更改，让迷你图更美观，具体操作步骤如下。

选择插入的迷你图，单击【迷你图工具-迷你图】选项卡下【样式】组中的【其他】按钮，在弹出的下拉列表中选择要更改的样式，如下图所示。

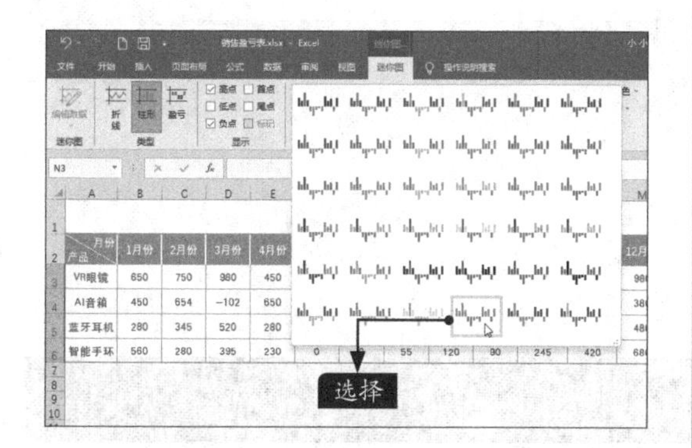

此时即可为所选迷你图应用选择的样式，效果如下图所示。

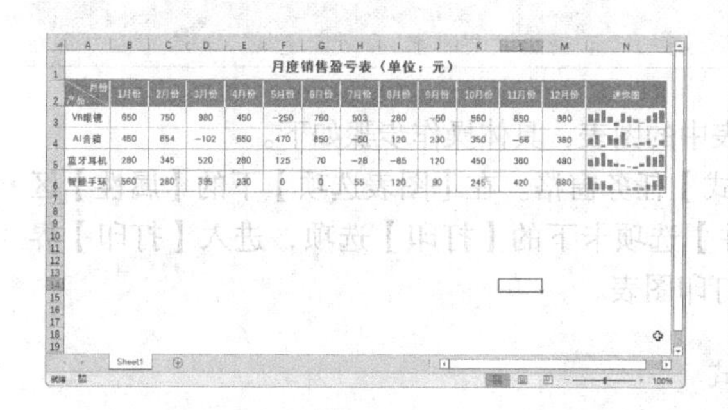

4. 设置迷你图的坐标轴

设置迷你图的坐标轴，可以更好地体现数据点之间的差异和变化趋势，具体操作步骤如下。

步骤 01 选择插入的迷你图，单击【迷你图工具-迷你图】选项卡下【组合】组中的【坐标轴】按钮，在打开的下拉列表中选择【纵坐标轴的最小值选项】区域下的【自定义值】选项，如右上图所示。

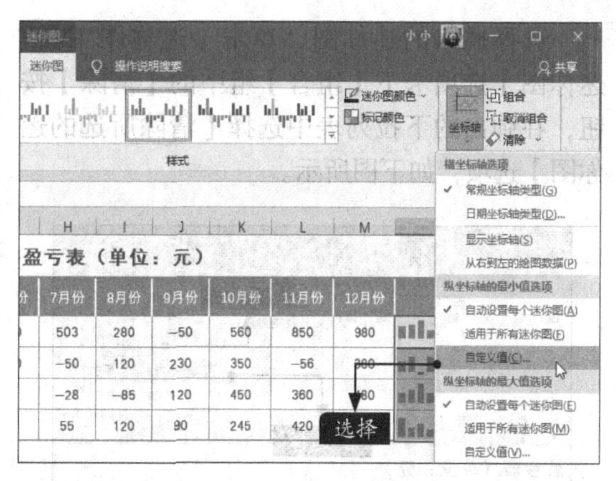

步骤 02 打开【迷你图垂直轴设置】对话框，在文本框中输入最小值“-300.0”，单击【确定】按钮，如下图所示。

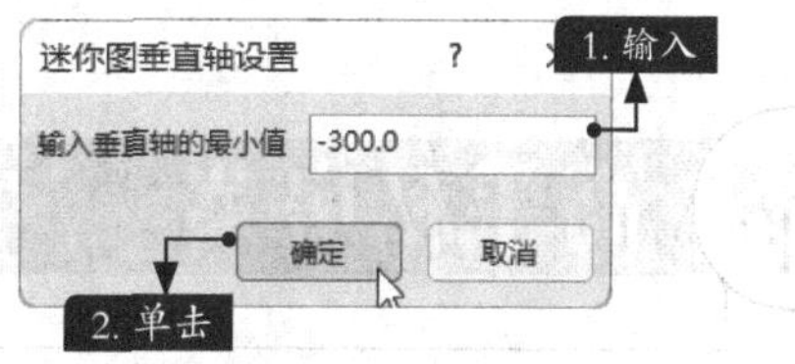

步骤 03 选择【纵坐标轴的最大值选项】区域下的【自定义值】选项，打开【迷你图垂直轴设置】对话框，在文本框中输入最大值“1000”，单击【确定】按钮，如下图所示。

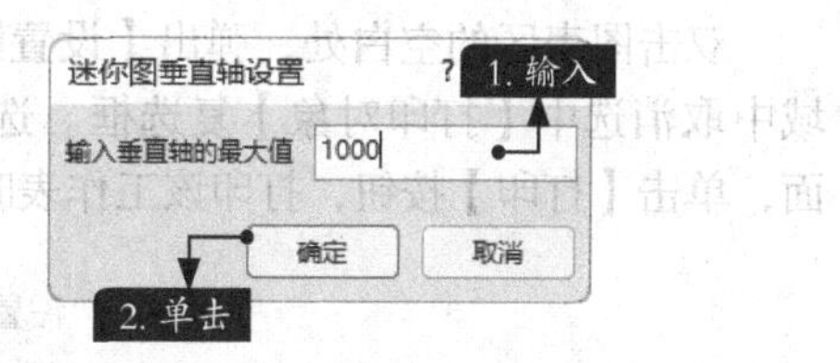

返回到工作表中，即可看到设置迷你图坐标轴后的效果，如下图所示。

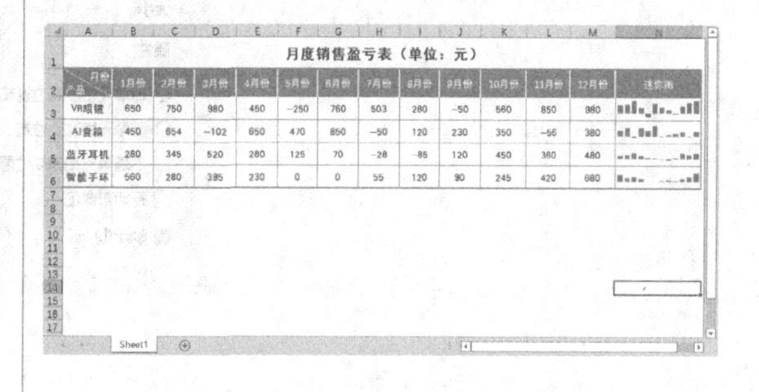

2.8.4 清除迷你图

将插入的迷你图清除的具体操作步骤如下。

选择插入的迷你图，单击【迷你图工具-迷你图】选项卡下【组合】组中的【清除】按钮，在弹出的下拉列表中选择【清除所选的迷你图】选项，如下图所示。

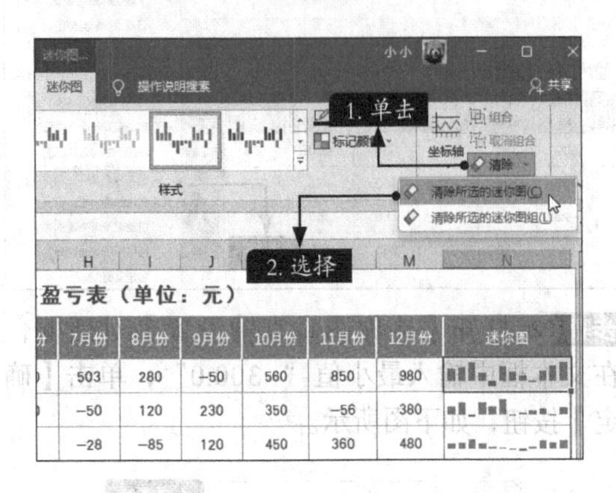

此时即可将选中的迷你图清除，如下图所示。

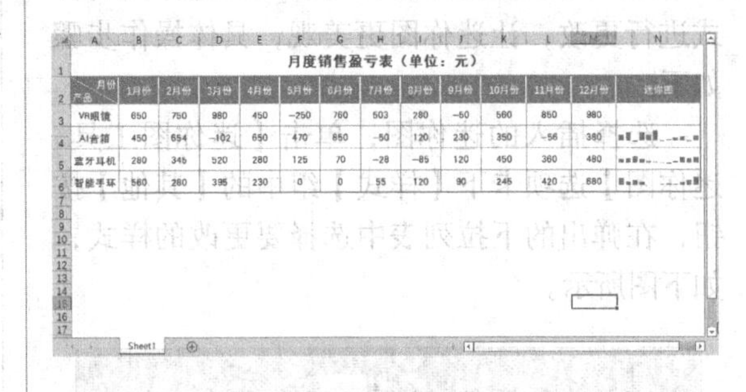

高手私房菜

技巧：打印工作表时不打印图表

在打印工作表时，用户可以设置不打印工作表中的图表，具体操作步骤如下。

双击图表区的空白处，弹出【设置图表区格式】任务窗格。在【图表选项】下的【属性】区域中取消选中【打印对象】复选框。选择【文件】选项卡下的【打印】选项，进入【打印】界面，单击【打印】按钮，打印该工作表时将不会打印图表。

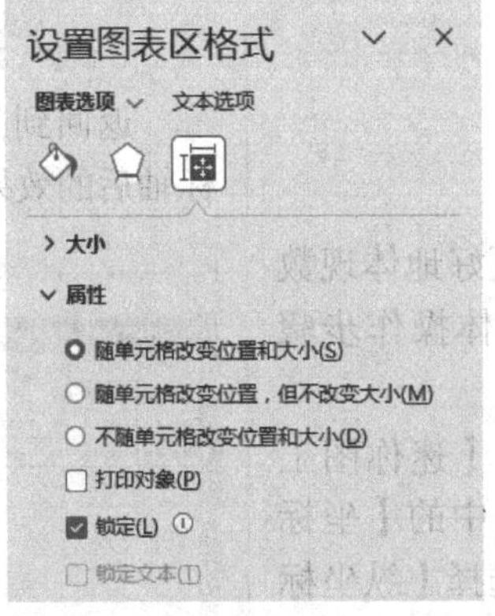

第3章

一样的数据，不一样的看法

学习目标

数据透视表是Excel中分析汇总数据最为方便和快捷的工具之一，尤其是面对大量数据时，合理使用数据透视表可以迅速提高数据分析的能力和准确度，本章将介绍数据透视表及其在实际工作中的应用。

学习效果

	A	B	C	D	E	F	G	H	I	J	K
1											
2	销售人员	(全部)									
3											
4		列标签									
5		冰箱		空调		彩电		电脑		相机	
6	行标签	单月数据	按月累计	单月数据	按月累计	单月数据	按月累计	单月数据	按月累计	单月数据	按月累计
7	5月	913	913	855	855	1001	1001	343	343	531	531
8	6月	2311	3224	2426	3281	2005	3006	441	784	736	1267
9	7月	1829	5053	2107	5388	1729	4735	168	952	558	1825
10	总计	5053		5388		4735		952		1825	
11											

	A	B	C	D	E	F	G
1							
2							
3	求和项:销售量	列标签					
4	行标签	冰箱	空调	彩电	电脑	相机	总计
5	曹一一	488	398	266	85	61	1298
6	房六六	842	924	756	224	326	3072
7	冯五五	876	781	1095	193	507	3452
8	郝七七	848	656	984	55	217	2760
9	刘二二	547	713	379	77	152	1868
10	王四四	383	568	185	49	48	1233
11	周三三	1069	1348	1070	269	514	4270
12	金老师	21					21
13	王老师		39				39
14	总计	5074	5427	4735	952	1825	18013

3.1 数据源相关规范

制作数据透视表首先要求数据要规范，规范的数据才能被Excel快速、高效地处理。

在数据透视表中，数据源要求是规范的表格，如下图所示。

	A	B	C	D	E	F	G	H
1	销售日期	月份	门店	类目	商品	数量	单价	金额
2	2023-01-01	一月	广州	外设产品	键盘	41	130	5,330
3	2023-01-01	一月	深圳	外设产品	手写板	63	530	33,390
4	2023-01-01	一月	北京	电脑配件	显示器	42	730	30,660
5	2023-01-01	一月	上海	电脑配件	显示器	58	1,330	77,140
6	2023-01-02	一月	深圳	电脑配件	内存	72	480	34,560
7	2023-01-02	一月	北京	外设产品	手写板	90	360	32,400
8	2023-01-02	一月	上海	外设产品	鼠标	10	70	700
9	2023-01-02	一月	上海	外设产品	鼠标垫	31	30	930
10	2023-01-03	一月	广州	电脑配件	内存	74	260	19,240

标题行，
不能有相同的标题

同一列，相同数据类型

（1）数据区域的第1行为列标题。

（2）列标题不能同名。

（3）数据区域中不能有空行和空列。

（4）数据区域中不能有合并单元格。

（5）每列数据为同一种类型的数据。

（6）单元格的数据前后不能有空格或其他打印字符。

下图展示的是一张不规范的数据源表格：C列无标题，D1和E1为同名标题，E2:E6存在合并单元格，F4单元格内容为文本型数字，A5单元格中的日期不规范，第8行为空行，第11行为小计行，第13行为总计行。用户需使用正确、规范的数据源表格，方可进行数据透视表的创建。

无标题　相同标题　合并单元格　文本型数字

	A	B	C	D	E	F	G	H
1	销售日期	月份		品牌	品牌	数量	单价	金额
2	2023-03-10	三月	北京	外设产品		23	120	2,760
3	2023-03-12	三月	北京	外设产品		11	120	1,320
4	2023-04-14	四月	北京	外设产品	键盘	14	140	1,960
5	2023.6.30	六月	北京	外设产品		19	110	2,090
6	2023-02-07	二月	北京	外设产品		72	140	10,080
7	2023-04-15	四月	北京	外设产品	键盘	76	110	8,360
8								
9	2023-02-10	二月	广州	外设产品	键盘	39	100	3,900
10	2023-01-01	一月	广州	外设产品	键盘	41	130	5,330
11	小计					80		
12	2023-03-18	三月	杭州	外设产品	键盘	87	180	15,660
13	总计					368		
14								

不规范的日期格式　空行　小计行　总计行

3.2 一分钟完成海量数据分析

上面的规范对于任何表格来说都是适用的，尤其是基础数据表。因此，我们以后设计基础数据表时都要注意遵守这些规范。

下面介绍如何创建数据透视表，具体操作步骤如下。

步骤 01 打开"素材\ch03\3.2.xlsx"素材文件，选择数据区域中的任意单元格，单击【插入】选项卡下【表格】组中的【数据透视表】按钮，如下图所示。

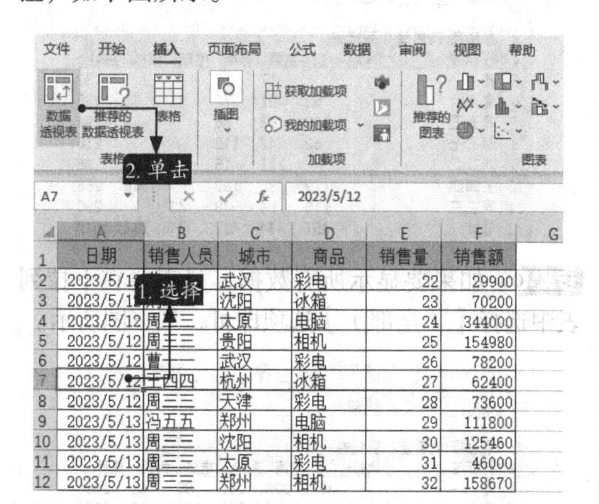

	A	B	C	D	E	F
1	日期	销售人员	城市	商品	销售量	销售额
2	[illegible]	[illegible]	武汉	彩电	22	29900
3	[illegible]	[illegible]	沈阳	冰箱	23	70200
4	2023/5/12	周三三	太原	电脑	24	344000
5	2023/5/12	周三三	贵阳	相机	25	154980
6	2023/5/12	曹[illegible]	武汉	彩电	26	78200
7	2023/5/12	王四四	杭州	冰箱	27	62400
8	2023/5/12	周三三	天津	彩电	28	73600
9	2023/5/13	冯五五	郑州	电脑	29	111800
10	2023/5/13	周三三	沈阳	相机	30	125460
11	2023/5/13	周三三	太原	彩电	31	46000
12	2023/5/13	周三三	郑州	相机	32	158670

步骤 02 打开【创建数据透视表】对话框，保持默认设置，单击【确定】按钮，如下图所示。

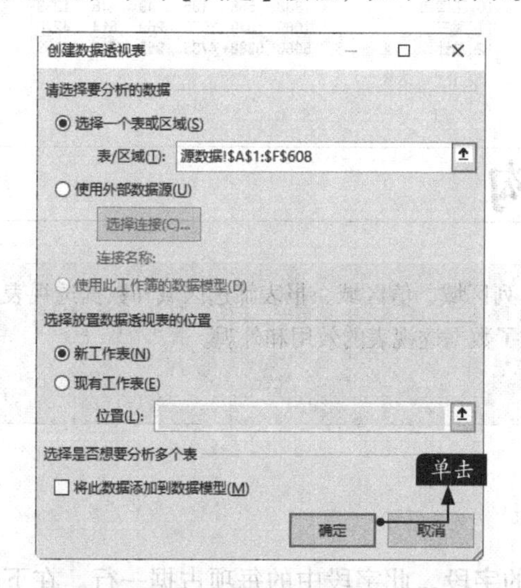

小提示

【请选择要分析的数据】区域的作用是选择要制作数据透视表的原始数据区域，【选择放置数据透视表的位置】区域的作用是选择数据透视表是放在新工作表中还是现有的工作表中。

这样就可以新建空白工作表，并显示空白数据透视表和【数据透视表字段】任务窗格，如右上图所示。

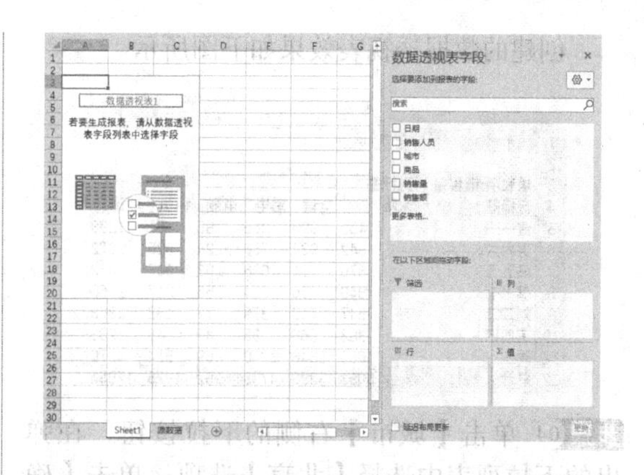

小提示

【数据透视表字段】任务窗格是一个布局窗口，【选择要添加到报表的字段】区域中显示的是原始数据表中的标题，【在以下区域间拖动字段】区域是数据透视表的布局区域，【筛选】区域用于放置筛选字段，【列】区域和【行】区域代表二维表中的列和行2个维度，【值】区域用于显示具体数值。

步骤 03 将【商品】字段拖曳至【列】区域，将【销售人员】字段拖曳至【行】区域，将【销售量】字段拖曳至【值】区域，将【城市】字段拖曳至【筛选】区域，如下图所示。

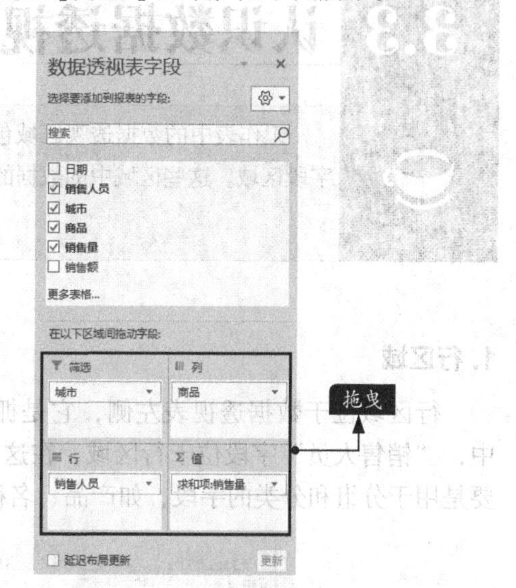

小提示

若关闭了【数据透视表字段】任务窗格，可以单击【数据透视表工具-分析】选项卡下【显示】组中的【字段列表】按钮，或在数据透视表上单击鼠标右键，在弹出的快捷菜单中选择【显示字段列表】选项，都可以重新打开【数据透视表字段】任务窗格。

创建的数据透视表效果如下图所示。

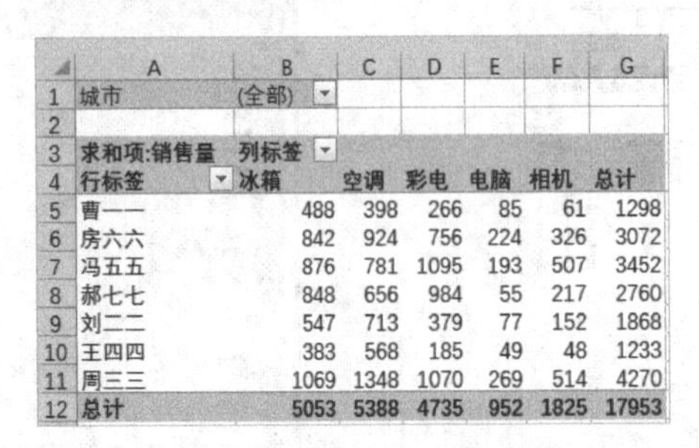

	A	B	C	D	E	F	G
1	城市	(全部)					
2							
3	求和项:销售量	列标签					
4	行标签	冰箱	空调	彩电	电脑	相机	总计
5	曹一一	488	398	266	85	61	1298
6	房六六	842	924	756	224	326	3072
7	冯五五	876	781	1095	193	507	3452
8	郝七七	848	656	984	55	217	2760
9	刘二二	547	713	379	77	152	1868
10	王四四	383	568	185	49	48	1233
11	周三三	1069	1348	1070	269	514	4270
12	总计	5053	5388	4735	952	1825	17953

步骤04 单击【城市】右侧的下拉按钮，在弹出的下拉列表中选择【北京】选项，单击【确定】按钮，如下图所示。

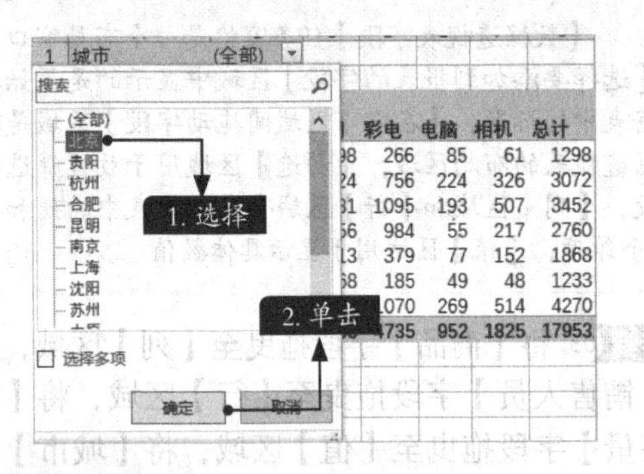

此时可以仅显示出北京的销售数据，如下图所示。

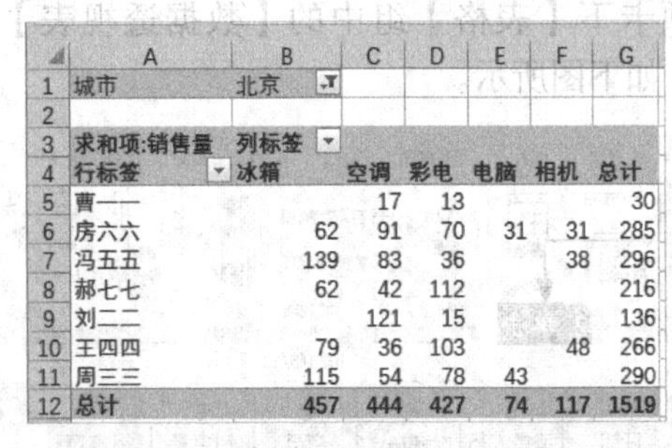

	A	B	C	D	E	F	G
1	城市	北京					
2							
3	求和项:销售量	列标签					
4	行标签	冰箱	空调	彩电	电脑	相机	总计
5	曹一一		17	13			30
6	房六六	62	91	70	31	31	285
7	冯五五	139	83	36		38	296
8	郝七七	62	42	112			216
9	刘二二		121	15			136
10	王四四	79	36	103		48	266
11	周三三	115	54	78	43		290
12	总计	457	444	427	74	117	1519

步骤05 如果要显示所有数据，只需要在下拉列表中选择【（全部）】选项即可，如下图所示。

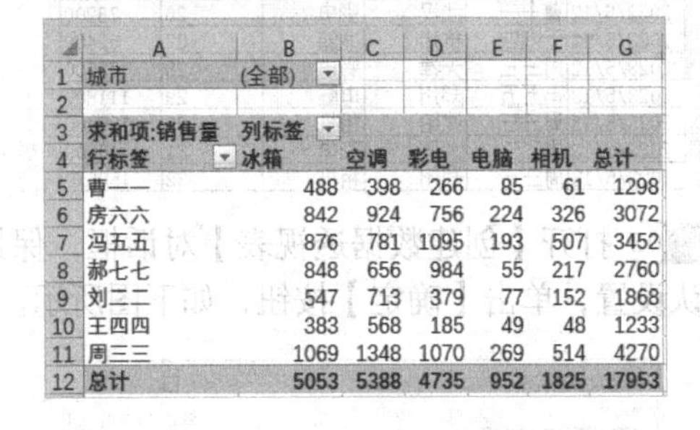

	A	B	C	D	E	F	G
1	城市	(全部)					
2							
3	求和项:销售量	列标签					
4	行标签	冰箱	空调	彩电	电脑	相机	总计
5	曹一一	488	398	266	85	61	1298
6	房六六	842	924	756	224	326	3072
7	冯五五	876	781	1095	193	507	3452
8	郝七七	848	656	984	55	217	2760
9	刘二二	547	713	379	77	152	1868
10	王四四	383	568	185	49	48	1233
11	周三三	1069	1348	1070	269	514	4270
12	总计	5053	5388	4735	952	1825	17953

3.3 认识数据透视表结构

工作表中的数据透视区域包括行区域、列区域、值区域、报表筛选区域和数据透视表字段区域。这些区域中的数据的设置，决定了数据透视表的效用和外观。

1. 行区域

行区域位于数据透视表左侧，它是拥有行方向的字段，此字段中的每项占据一行。在下图中，“销售人员”字段位于行区域，在这个字段中，每个销售人员都占据一行。放在行区域的主要是用于分组和分类的字段，如产品、名称和地点等。

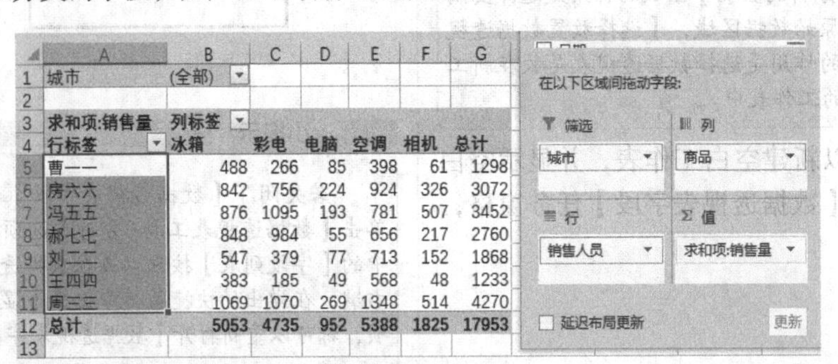

	A	B	C	D	E	F	G
1	城市	(全部)					
2							
3	求和项:销售量	列标签					
4	行标签	冰箱	彩电	电脑	空调	相机	总计
5	曹一一	488	266	85	398	61	1298
6	房六六	842	756	224	924	326	3072
7	冯五五	876	1095	193	781	507	3452
8	郝七七	848	984	55	656	217	2760
9	刘二二	547	379	77	713	152	1868
10	王四四	383	185	49	568	48	1233
11	周三三	1069	1070	269	1348	514	4270
12	总计	5053	4735	952	5388	1825	17953
13							

2. 列区域

列区域位于数据透视表的顶部，它是具有列方向的字段，此字段中的每项占用一列。在下图中，“商品”字段位于列区域，该字段包含5项，商品字段中的项（元素）水平放置在列区域，从而形成数据透视表中的列字段，如名称、月份、季度、年份、周期等，此外也可以放置用于分组或分类的字段。

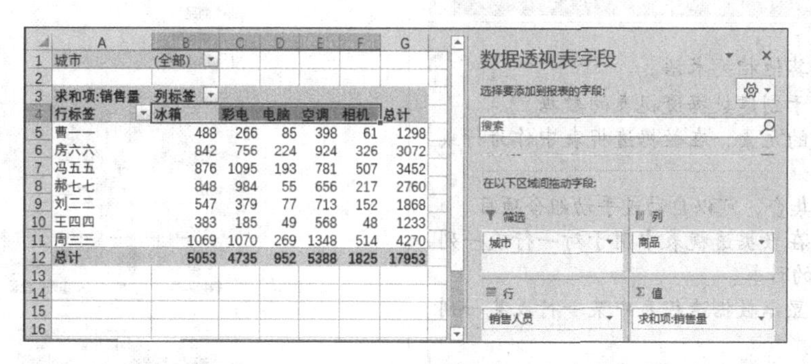

城市	(全部)					
求和项:销售量	列标签					
行标签	冰箱	彩电	电脑	空调	相机	总计
曹一一	488	266	85	398	61	1298
房六六	842	756	224	924	326	3072
冯五五	876	1095	193	781	507	3452
郝七七	848	984	55	656	217	2760
刘二二	547	379	77	713	152	1868
王四四	383	185	49	568	48	1233
周三三	1069	1070	269	1348	514	4270
总计	5053	4735	952	5388	1825	17953

3. 值区域

值区域是计算区域，用于数值型字段中数据的汇总计算，如下图所示。存放在该区域的字段主要是数值型字段，文本型字段也可放于值区域，但只能计算文本型字段的个数。

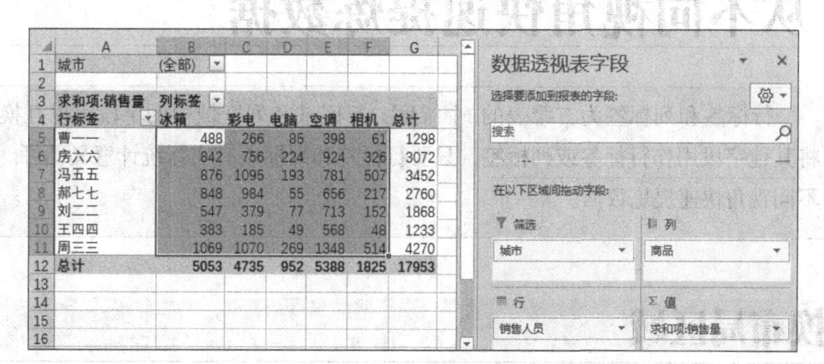

城市	(全部)					
求和项:销售量	列标签					
行标签	冰箱	彩电	电脑	空调	相机	总计
曹一一	488	266	85	398	61	1298
房六六	842	756	224	924	326	3072
冯五五	876	1095	193	781	507	3452
郝七七	848	984	55	656	217	2760
刘二二	547	379	77	713	152	1868
王四四	383	185	49	568	48	1233
周三三	1069	1070	269	1348	514	4270
总计	5053	4735	952	5388	1825	17953

4. 报表筛选区域

数据透视表的左上角为报表筛选区域，用于对某字段的数据项进行分页筛选。存储在报表筛选区域中的是用户想要独立或者重点关注的字段，如下图所示。

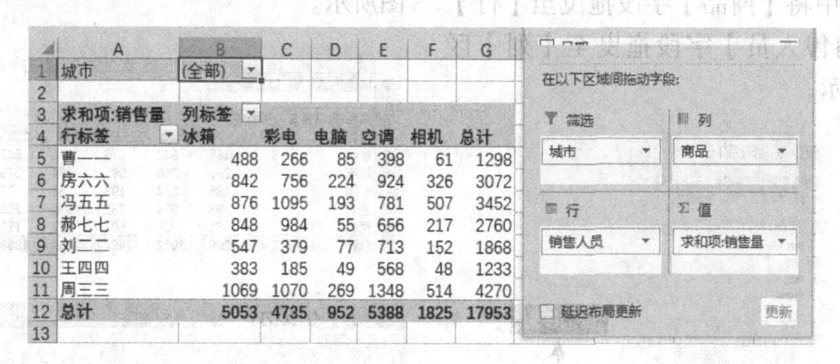

城市	(全部)					
求和项:销售量	列标签					
行标签	冰箱	彩电	电脑	空调	相机	总计
曹一一	488	266	85	398	61	1298
房六六	842	756	224	924	326	3072
冯五五	876	1095	193	781	507	3452
郝七七	848	984	55	656	217	2760
刘二二	547	379	77	713	152	1868
王四四	383	185	49	568	48	1233
周三三	1069	1070	269	1348	514	4270
总计	5053	4735	952	5388	1825	17953

5. 数据透视表字段区域

【数据透视表字段】任务窗格中呈现了数据透视表的结构，中间的字段列表列示了数据源中的字段名，下方对应了透视表的4个区域，如右图所示。在【数据透视表字段】任务窗格中可以方便地在数据透视表中添加、删除和移动字段。

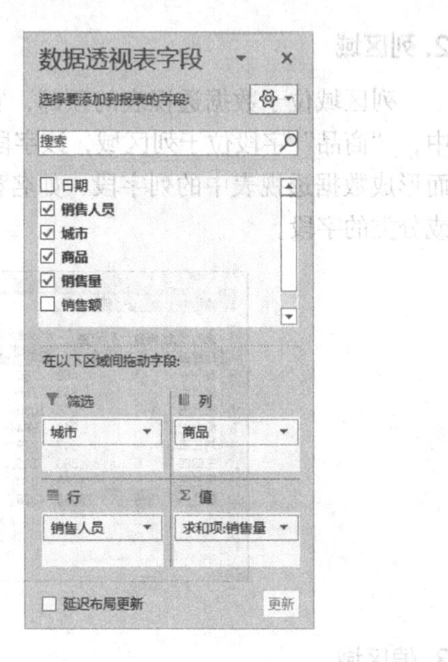

小提示

数据透视表其他相关术语。

数据源：用于创建数据透视表的数据。

项：字段中的元素，在数据透视表中作为行或列的标题显示。

组：项目的集合，可以自动或手动组合项目。

分类汇总：在数据透视表中用于对一行或一列的数据进行总和的计算。

总计：用于显示数据透视表中某一行或某一列数据的总体情况。

刷新：重新计算数据透视表中的数据，以反映目前数据源的状态。

3.4 从不同视角快速提炼数据

行标签和列标签为二维表的2个维度，行区域和列区域中的字段可以互换，甚至可以将其他字段用作行标签或列标签，只要行标签和列标签有实际统计意义即可。这样可以从不同视角快速提炼数据。

3.4.1 更换布局区域

更换布局区域可以快速调整数据透视表的布局，以满足不同用户的查看需求，具体步骤如下。

步骤 01 接3.2节继续操作，在【数据透视表字段】任务窗格中将【商品】字段拖曳至【行】区域，将【销售人员】字段拖曳至【列】区域，如下图所示。

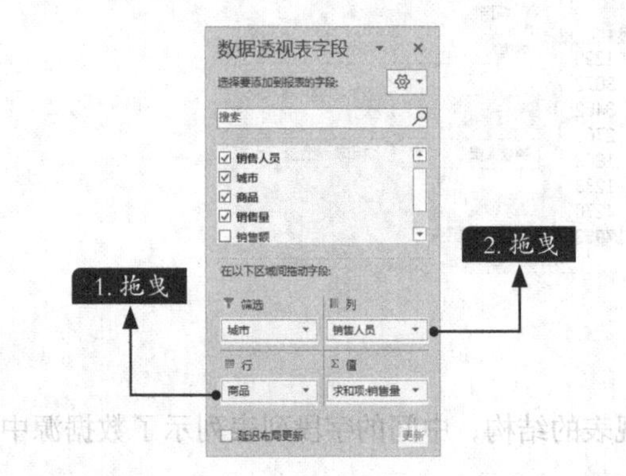

更换行标签和列标签后的数据透视表如下图所示。

	A	B	C	D	E	F	G	H	I
1	城市	(全部)							
2									
3	求和项:销售量	列标签							
4	行标签	曹一一	房六六	冯五五	郝七七	刘二二	王四四	周三三	总计
5	冰箱	488	842	876	848	547	383	1069	5053
6	彩电	266	756	1095	984	379	185	1070	4735
7	电脑	85	224	193	55	77	49	269	952
8	空调	398	924	781	656	713	568	1348	5388
9	相机	61	326	507	217	152	48	514	1825
10	总计	1298	3072	3452	2760	1868	1233	4270	17953

小提示

更换布局区域后，数据透视表会自动根据设置改变布局。

步骤 02 此外，也可以将【城市】字段拖曳至【列】区域，将【销售人员】字段拖曳至【筛选】区域，如下图所示。

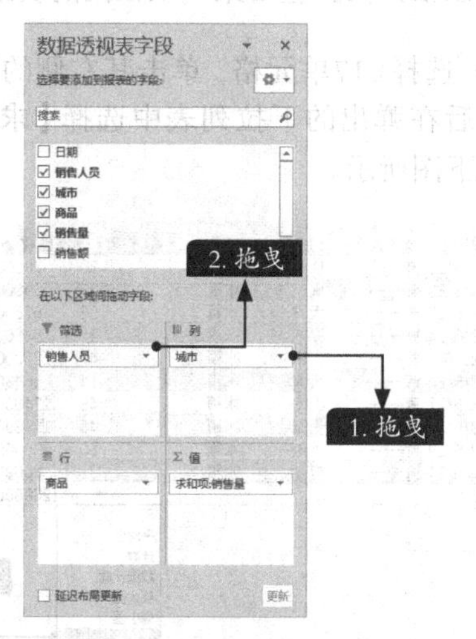

更换布局后的数据透视表如下图所示。

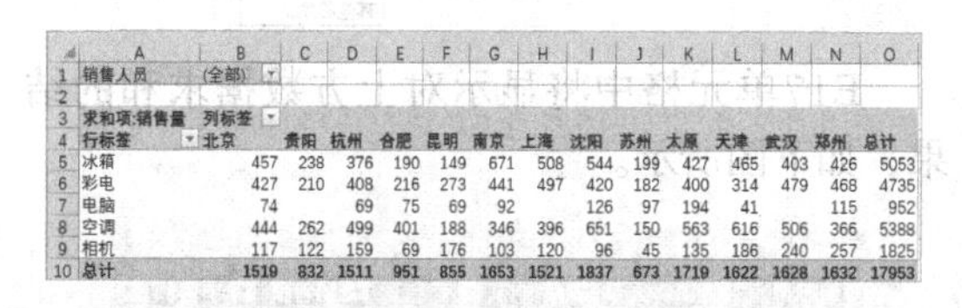

	A	B	C	D	E	F	G	H	I	J	K	L	M	N	O
1	销售人员	(全部)													
2															
3	求和项:销售量	列标签													
4	行标签	北京	贵阳	杭州	合肥	昆明	南京	上海	沈阳	苏州	太原	天津	武汉	郑州	总计
5	冰箱	457	238	376	190	149	671	508	544	199	427	465	403	426	5053
6	彩电	427	210	408	216	273	441	497	420	182	400	314	479	468	4735
7	电脑	74		69	75	69	92		126	97	194	41		115	952
8	空调	444	262	499	401	188	346	396	651	150	563	616	506	366	5388
9	相机	117	122	159	69	176	103	120	96	45	135	186	240	257	1825
10	总计	1519	832	1511	951	855	1653	1521	1837	673	1719	1622	1628	1632	17953

小提示

销售量、销售额等数据也可以用作数据透视表的行标签或列标签，但这样制作出来的数据透视表没有实际意义。

步骤 03【行】区域和【列】区域可以包含多个字段，如将【销售人员】字段也拖曳至【行】区域，如下图所示。

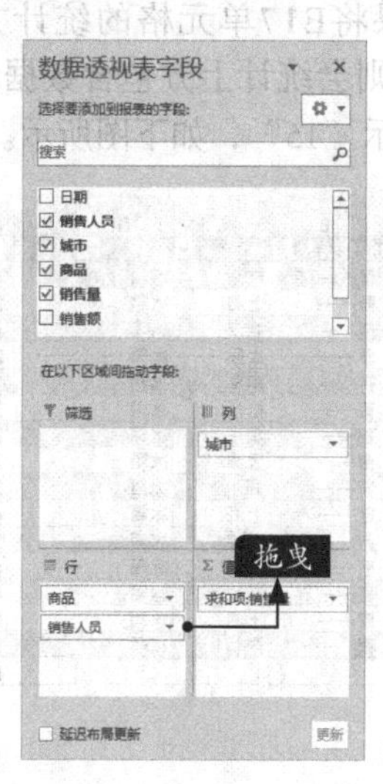

更换布局后的效果如下图所示。

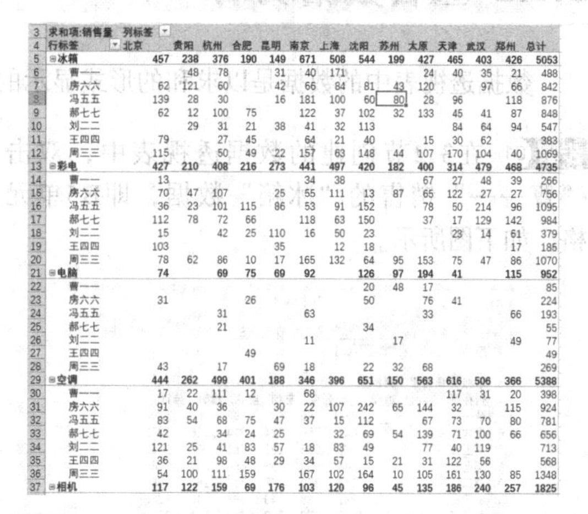

	求和项:销售量	列标签													
4	行标签	北京	贵阳	杭州	合肥	昆明	南京	上海	沈阳	苏州	太原	天津	武汉	郑州	总计
5	⊟冰箱	457	238	376	190	149	671	508	544	199	427	465	403	426	5053
6	曹一一		48	78		31	40	171			24	40	35	21	488
7	房六六	62	121	60		42	66	84	81	43	120		97	66	842
8	冯五五	139	28	30		16	181	100	60	80	28	96		118	876
9	郝七七	62	12	100	75		122	37	102	32	133	45	41	87	848
10	刘二二		29	31	21	38	41	32	113			84	64	94	547
11	王四四	79		27	45		64	21	40		15	30	62		383
12	周三三	115		50	49	22	157	63	148	44	107	170	104	40	1069
13	⊟彩电	427	210	408	216	273	441	497	420	182	400	314	479	468	4735
14	曹一一	13					34	38			67	27	48	39	266
15	房六六	70	47	107		25	55	111	13	87	65	122	27	27	756
16	冯五五	36	23	101	115	86	53	91	152		78	50	214	96	1095
17	郝七七	112	78	72	66		118	63	150		37	17	129	142	984
18	刘二二	15		42	25	110	16	50	23			23	14	61	379
19	王四四	103				35		12	18					17	185
20	周三三	78	62	86	10	17	165	132	64	95	153	75	47	86	1070
21	⊟电脑	74		69	75	69	92		126	97	194	41		115	952
22	曹一一								20	48	17				85
23	房六六	31			26				50		76	41			224
24	冯五五			31			63				33			66	193
25	郝七七			21					34						55
26	刘二二						11			17				49	77
27	王四四				49										49
28	周三三	43		17		69	18		22	32	68				269
29	⊟空调	444	262	499	401	188	346	396	651	150	563	616	506	366	5388
30	曹一一	17	22	111	12		68					117	31	20	398
31	房六六	91	40	36		30	22	107	242	65	144	32		115	924
32	冯五五	83	54	68	75	47	37	15	112		67	73	70	80	781
33	郝七七	42		34	24	25		32	69	54	139	71	100	66	656
34	刘二二	121	25	41	83	57	18	83	49		77	40	119		713
35	王四四	36	21	98	48	29	34	57	15	21	31	122	56		568
36	周三三	54	100	111	159		167	102	164	10	105	161	130	85	1348
37	⊟相机	117	122	159	69	176	103	120	96	45	135	186	240	257	1825

步骤 04 在【行】区域中将【销售人员】字段拖曳至【商品】字段上方，如下图所示。

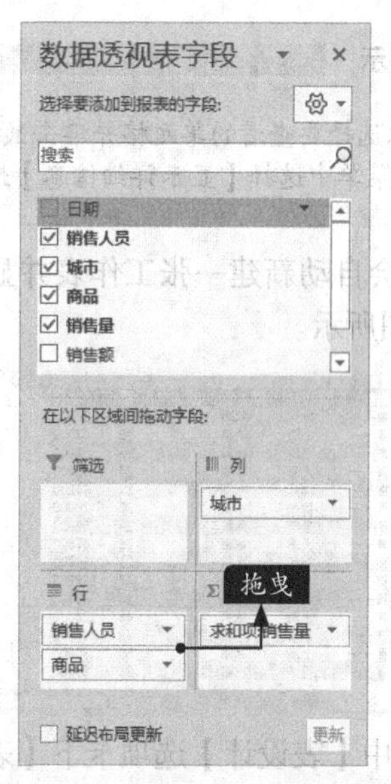

这时可以看到数据透视表中的汇总方式会更改为按销售人员汇总，如下图所示。

3	求和项:销售量	列标签													
4	行标签	北京	贵阳	杭州	合肥	昆明	南京	上海	沈阳	苏州	太原	天津	武汉	郑州	总计
5	⊟曹一一	30	70	189	12	31	179	209	20	48	108	208	114	80	1298
6	冰箱		48	78		31	40	171			24	40	35	21	488
7	彩电	13					34	38			67	27	48	39	266
8	电脑								20	48	17				85
9	空调	17	22	111	12		68					117	31	20	398
10	相机						37					24			61
11	⊟房六六	285	208	203	55	141	143	396	386	195	405	268	124	263	3072
12	冰箱	62	121	60		42	66	84	81	43	120		97	66	842
13	彩电	70	47	107		25	55	111	13	87	65	122	27	27	756
14	电脑	31			26				50		76	41			224
15	空调	91	40	36		30	22	107	242	65	144	32		115	924
16	相机	31			29	44		94				73		55	326
17	⊟冯五五	296	137	273	190	218	355	206	350	80	266	259	404	418	3452
18	冰箱	139	28	30		16	181	100	60	80	28	96		118	876
19	彩电	36	23	101	115	86	53	91	152		78	50	214	96	1095
20	电脑			31			63				33			66	193
21	空调	83	54	68	75	47	37	15	112		67	73	70	80	781
22	相机	38	32	43		69	21		26		60	40	120	58	507
23	⊟郝七七	216	119	227	165	25	261	158	355	96	326	133	350	329	2760
24	冰箱	62	12	100	75		122	37	102	32	133	45	41	87	848
25	彩电	112	78	72	66		118	63	150		37	17	129	142	984
26	电脑			21					34						55
27	空调	42		34	24	25		32	69	54	139	71	100	66	656
28	相机		29				21	26		10	17		80	34	217
29	⊟刘二二	136	90	167	129	205	86	165	185	52	77	147	197	232	1868
30	冰箱		29	31	21	38	41	32	113			84	64	94	547
31	彩电	15		42	25	110	16	50	23			23	14	61	379
32	电脑						11			17				49	77
33	空调	121	25	41	83	57	18	83	49		77	40	119		713
34	相机		36	53						35				28	152
35	⊟王四四	266	21	125	142	64	98	90	73	21	46	152	118	17	1233

3.4.2 查看数据明细

数据透视表中的数据是以求和的形式显示的，用户可以根据需要查看某一项数据的明细。

步骤01 在3.2节创建的数据透视表中，双击“曹一一”销售的“冰箱”数据，即B5单元格，如下图所示。

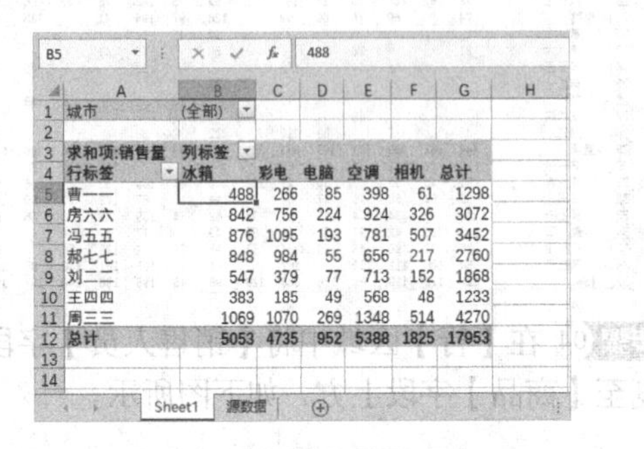

城市	(全部)					
求和项:销售量	列标签					
行标签	冰箱	彩电	电脑	空调	相机	总计
曹一一	488	266	85	398	61	1298
房六六	842	756	224	924	326	3072
冯五五	876	1095	193	781	507	3452
郝七七	848	984	55	656	217	2760
刘二二	547	379	77	713	152	1868
王四四	383	185	49	568	48	1233
周三三	1069	1070	269	1348	514	4270
总计	5053	4735	952	5388	1825	17953

小提示

也可以选择要查看的单元格并单击鼠标右键，在弹出的快捷菜单中选择【显示详细信息】选项。

Excel会自动新建一张工作表并显示详细数据，如下图所示。

日期	销售人员	城市	商品	销售量	销售额
2023/7/11	曹一一	杭州	冰箱	48	124800
2023/7/7	曹一一	上海	冰箱	26	67600
2023/7/5	曹一一	武汉	冰箱	35	91000
2023/6/29	曹一一	太原	冰箱	24	62400
2023/6/25	曹一一	南京	冰箱	17	44200
2023/6/21	曹一一	杭州	冰箱	30	78000
2023/6/21	曹一一	南京	冰箱	23	59800
2023/6/17	曹一一	天津	冰箱	26	67600
2023/6/14	曹一一	郑州	冰箱	21	54600
2023/6/4	曹一一	上海	冰箱	47	122200
2023/5/30	曹一一	天津	冰箱	14	36400
2023/5/27	曹一一	上海	冰箱	48	124800
2023/5/25	曹一一	贵阳	冰箱	48	124800
2023/5/19	曹一一	上海	冰箱	50	130000
2023/5/14	曹一一	昆明	冰箱	31	80600

步骤02 选中【表设计】选项卡下【表格样式选项】组中的【汇总行】复选框，即可在表格底部显示汇总行，如下图所示。

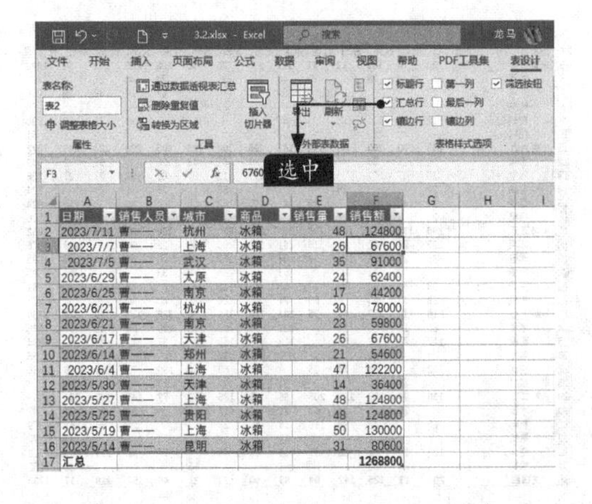

日期	销售人员	城市	商品	销售量	销售额
2023/7/11	曹一一	杭州	冰箱	48	124800
2023/7/7	曹一一	上海	冰箱	26	67600
2023/7/5	曹一一	武汉	冰箱	35	91000
2023/6/29	曹一一	太原	冰箱	24	62400
2023/6/25	曹一一	南京	冰箱	17	44200
2023/6/21	曹一一	杭州	冰箱	30	78000
2023/6/21	曹一一	南京	冰箱	23	59800
2023/6/17	曹一一	天津	冰箱	26	67600
2023/6/14	曹一一	郑州	冰箱	21	54600
2023/6/4	曹一一	上海	冰箱	47	122200
2023/5/30	曹一一	天津	冰箱	14	36400
2023/5/27	曹一一	上海	冰箱	48	124800
2023/5/25	曹一一	贵阳	冰箱	48	124800
2023/5/19	曹一一	上海	冰箱	50	130000
2023/5/14	曹一一	昆明	冰箱	31	80600
汇总					1268800

步骤03 选择E17单元格，单击其右侧的下拉按钮，然后在弹出的下拉列表中选择【求和】选项，如下图所示。

日期	销售人员	城市	商品	销售量	销售额
2023/6/21	曹一一	杭州	冰箱	30	78000
2023/6/21	曹一一	南京	冰箱	23	59800
2023/6/17	曹一一	天津	冰箱	26	67600
2023/6/14	曹一一	郑州	冰箱	21	54600
2023/6/4	曹一一	上海	冰箱	47	122200
2023/5/30	曹一一	天津	冰箱	14	36400
2023/5/27	曹一一	上海	冰箱	48	124800
2023/5/25	曹一一	贵阳	冰箱	48	124800
2023/5/19	曹一一	上海	冰箱	50	130000
2023/5/14	曹一一	昆明	冰箱	31	80600
汇总					1268800

无
平均值
计数
数值计数
最大值
最小值
求和
标准偏差
方差
其他函数...
选择

E17单元格中将显示对上方数据求和的结果，如下图所示。

日期	销售人员	城市	商品	销售量	销售额
2023/7/11	曹一一	杭州	冰箱	48	124800
2023/7/7	曹一一	上海	冰箱	26	67600
2023/7/5	曹一一	武汉	冰箱	35	91000
2023/6/29	曹一一	太原	冰箱	24	62400
2023/6/25	曹一一	南京	冰箱	17	44200
2023/6/21	曹一一	杭州	冰箱	30	78000
2023/6/21	曹一一	南京	冰箱	23	59800
2023/6/17	曹一一	天津	冰箱	26	67600
2023/6/14	曹一一	郑州	冰箱	21	54600
2023/6/4	曹一一	上海	冰箱	47	122200
2023/5/30	曹一一	天津	冰箱	14	36400
2023/5/27	曹一一	上海	冰箱	48	124800
2023/5/25	曹一一	贵阳	冰箱	48	124800
2023/5/19	曹一一	上海	冰箱	50	130000
2023/5/14	曹一一	昆明	冰箱	31	80600
汇总				488	1268800

步骤04 如果将E17单元格的统计方式更改为“计数”，则会统计上方包含数据的单元格数量，结果显示“15”，如下图所示。

日期	销售人员	城市	商品	销售量	销售额
2023/7/11	曹一一	杭州	冰箱	48	124800
2023/7/7	曹一一	上海	冰箱	26	67600
2023/7/5	曹一一	武汉	冰箱	35	91000
2023/6/29	曹一一	太原	冰箱	24	62400
2023/6/25	曹一一	南京	冰箱	17	44200
2023/6/21	曹一一	杭州	冰箱	30	78000
2023/6/21	曹一一	南京	冰箱	23	59800
2023/6/17	曹一一	天津	冰箱	26	67600
2023/6/14	曹一一	郑州	冰箱	21	54600
2023/6/4	曹一一	上海	冰箱	47	122200
2023/5/30	曹一一	天津	冰箱	14	36400
2023/5/27	曹一一	上海	冰箱	48	124800
2023/5/25	曹一一	贵阳	冰箱	48	124800
2023/5/19	曹一一	上海	冰箱	50	130000
2023/5/14	曹一一	昆明	冰箱	31	80600
汇总				15	1268800

3.4.3 设置值汇总依据

数据透视表默认通过求和的形式汇总数据，我们可以根据需要设置其他汇总依据，如计数、平均值、最大值、最小值、乘积等。

接3.4.2小节继续操作，选择“Sheet1”工作表，选择数据透视表区域中的任意单元格并单击鼠标右键，在弹出的快捷菜单中选择【值汇总依据】→【最大值】选项，如下图所示。

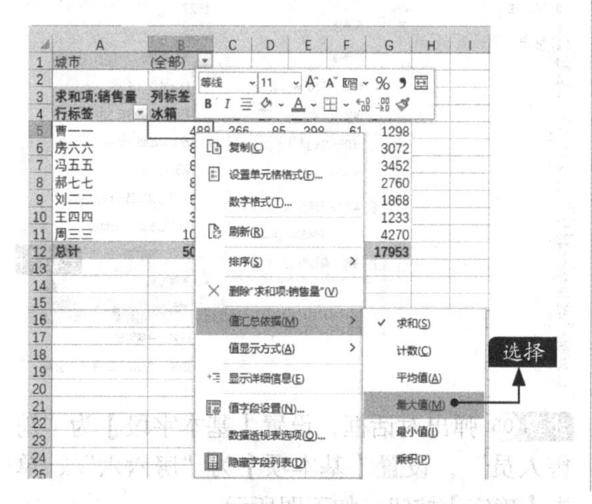

设置值汇总依据为【最大值】后的效果如下图所示。

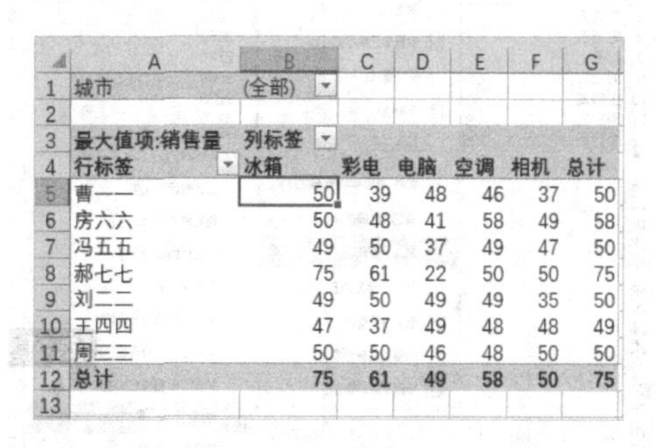

	A	B	C	D	E	F	G
1	城市	(全部)					
2							
3	最大值项:销售量	列标签					
4	行标签	冰箱	彩电	电脑	空调	相机	总计
5	曹一一	50	39	48	46	37	50
6	房六六	50	48	41	58	49	58
7	冯五五	49	50	37	49	47	50
8	郝七七	75	61	22	50	50	75
9	刘二二	49	50	49	49	35	50
10	王四四	47	37	49	48	48	49
11	周三三	50	50	46	48	50	50
12	总计	75	61	49	58	50	75
13							

小提示

这里重新将汇总依据更改为【求和】，再进行后续操作。

3.4.4 设置值显示方式

在数据透视表中可以更改值显示方式，如总计的百分比、列汇总的百分比、行汇总的百分比等，具体步骤如下。

步骤 01 接3.4.3小节继续操作，选择数据透视表区域中的任意单元格并单击鼠标右键，在弹出的快捷菜单中选择【值显示方式】→【列汇总的百分比】选项，如下图所示。

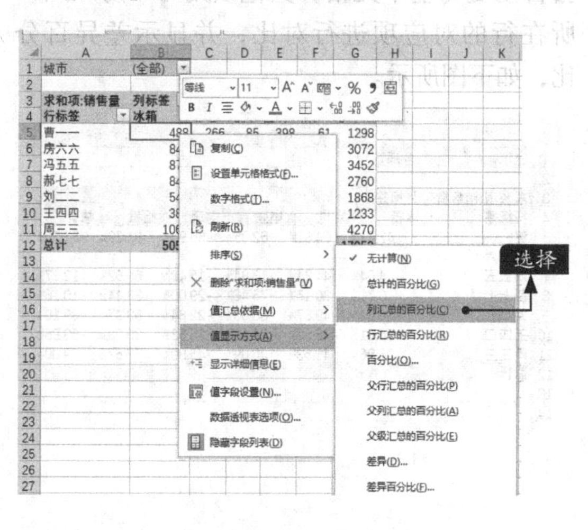

设置值显示方式为【列汇总的百分比】后的效果如下图所示。

	A	B	C	D	E	F	G
1	城市	(全部)					
2							
3	求和项:销售量	列标签					
4	行标签	冰箱	彩电	电脑	空调	相机	总计
5	曹一一	9.66%	5.62%	8.93%	7.39%	3.34%	7.23%
6	房六六	16.66%	15.97%	23.53%	17.15%	17.86%	17.11%
7	冯五五	17.34%	23.13%	20.27%	14.50%	27.78%	19.23%
8	郝七七	16.78%	20.78%	5.78%	12.18%	11.89%	15.37%
9	刘二二	10.83%	8.00%	8.09%	13.23%	8.33%	10.40%
10	王四四	7.58%	3.91%	5.15%	10.54%	2.63%	6.87%
11	周三三	21.16%	22.60%	28.26%	25.02%	28.16%	23.78%
12	总计	100.00%	100.00%	100.00%	100.00%	100.00%	100.00%
13							

小提示

选择【列汇总的百分比】，可以查看不同销售人员在同一商品销售量中所占的百分比。如果选择【行汇总的百分比】，可以查看同一销售人员在不同商品销售量中所占的百分比。

步骤02 先将值显示方式设置为【无计算】，然后选择数据透视表区域的任意单元格并单击鼠标右键，在弹出的快捷菜单中选择【值显示方式】→【差异】选项，如下图所示。

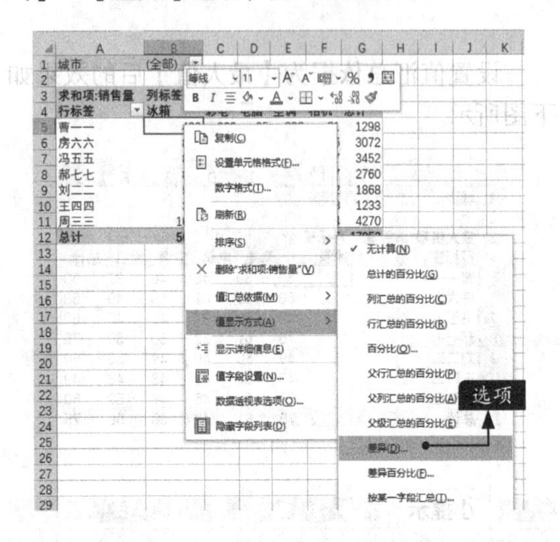

小提示

【差异】的作用是选择某一个字段作为基本字段，并选择基本字段中的基本项，将其他同一字段的数据与基本项对比，显示对比结果。

步骤03 弹出对话框，设置【基本字段】为“销售人员”，设置【基本项】为“郝七七”，单击【确定】按钮，如下图所示。

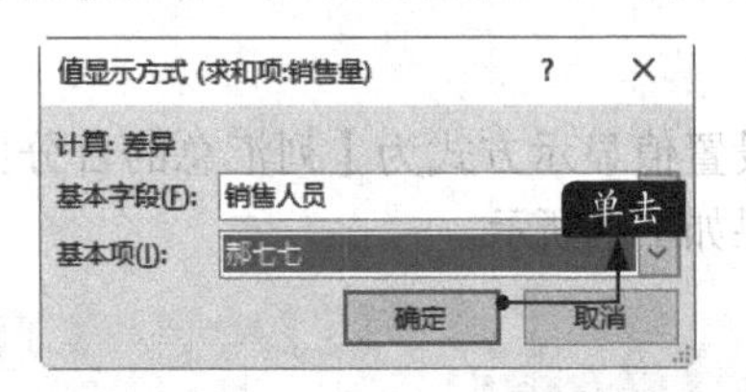

可以看到“郝七七”所在行的其他单元格会自动变为空单元格，其他项则与“郝七七”所在行的对应项进行对比，销售量更多的显示为正数，否则显示为负数，如下图所示。

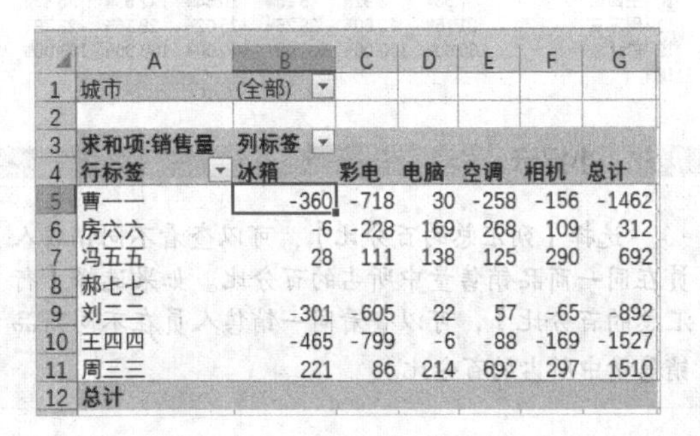

	A	B	C	D	E	F	G
1	城市	(全部)					
2							
3	求和项:销售量	列标签					
4	行标签	冰箱	彩电	电脑	空调	相机	总计
5	曹一一	-360	-718	30	-258	-156	-1462
6	房六六	-6	-228	169	268	109	312
7	冯五五	28	111	138	125	290	692
8	郝七七						
9	刘二二	-301	-605	22	57	-65	-892
10	王四四	-465	-799	-6	-88	-169	-1527
11	周三三	221	86	214	692	297	1510
12	总计						

步骤04 选择数据透视表区域中的任意单元格并单击鼠标右键，在弹出的快捷菜单中选择【值显示方式】→【差异百分比】选项，如下图所示。

步骤05 弹出对话框，设置【基本字段】为“销售人员”，设置【基本项】为“房六六”，单击【确定】按钮，如下图所示。

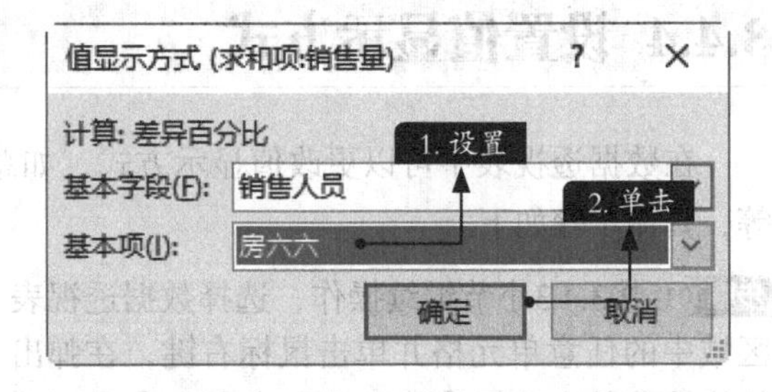

可以看到“房六六”所在行的其他单元格会自动变为空单元格，其他项则与“房六六”所在行的对应项进行对比，并显示差异百分比，如下图所示。

	A	B	C	D	E	F	G
1	城市	(全部)					
2							
3	求和项:销售量	列标签					
4	行标签	冰箱	彩电	电脑	空调	相机	总计
5	曹一一	-42.04%	-64.81%	-62.05%	-56.93%	-81.29%	-57.75%
6	房六六						
7	冯五五	4.04%	44.84%	-13.84%	-15.48%	55.52%	12.37%
8	郝七七	0.71%	30.16%	-75.45%	-29.00%	-33.44%	-10.16%
9	刘二二	-35.04%	-49.87%	-65.63%	-22.84%	-53.37%	-39.19%
10	王四四	-54.51%	-75.53%	-78.13%	-38.53%	-85.28%	-59.86%
11	周三三	26.96%	41.53%	20.09%	45.89%	57.67%	39.00%
12	总计						
13							
14							

3.4.5 按月统计数据

数据源中的日期以“日”的形式显示，如果需要按“月”统计数据，可以将【日期】字段拖曳到【行】区域，然后以【组合】的形式显示月份数据，具体步骤如下。

步骤01 将值显示方式设置为【无计算】，在【数据透视表字段】任务窗格中将【日期】字段拖曳至【行】区域，将【销售人员】字段拖曳至【筛选】区域，如下图所示。

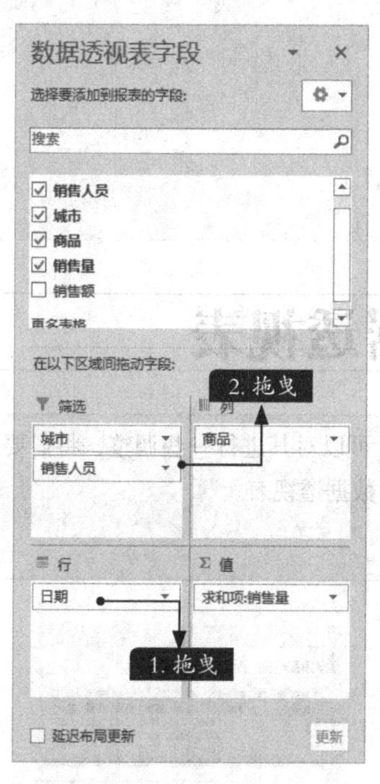

更改布局后的数据透视表如下图所示。

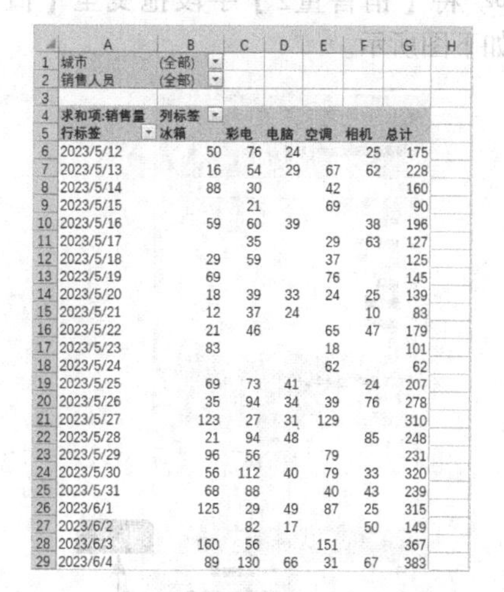

	A	B	C	D	E	F	G
1	城市	(全部)					
2	销售人员	(全部)					
3							
4	求和项:销售量	列标签					
5	行标签	冰箱	彩电	电脑	空调	相机	总计
6	2023/5/12	50	76	24		25	175
7	2023/5/13	16	54	29	67	62	228
8	2023/5/14	88	30		42		160
9	2023/5/15		21		69		90
10	2023/5/16	59	60	39		38	196
11	2023/5/17		35		29	63	127
12	2023/5/18	29	59		37		125
13	2023/5/19	69			76		145
14	2023/5/20	18	39	33	24	25	139
15	2023/5/21	12	37	24		10	83
16	2023/5/22	21	46		65	47	179
17	2023/5/23	83			18		101
18	2023/5/24				62		62
19	2023/5/25	69	73	41		24	207
20	2023/5/26	35	94	34	39	76	278
21	2023/5/27	123	27	31	129		310
22	2023/5/28	21	94	48		85	248
23	2023/5/29	96	56		79		231
24	2023/5/30	56	112	40	79	33	320
25	2023/5/31	68	88		40	43	239
26	2023/6/1	125	29	49	87	25	315
27	2023/6/2		82	17		50	149
28	2023/6/3	160	56		151		367
29	2023/6/4	89	130	66	31	67	383

步骤02 选择A列的任意单元格并单击鼠标右键，在弹出的快捷菜单中选择【组合】选项，如下图所示。

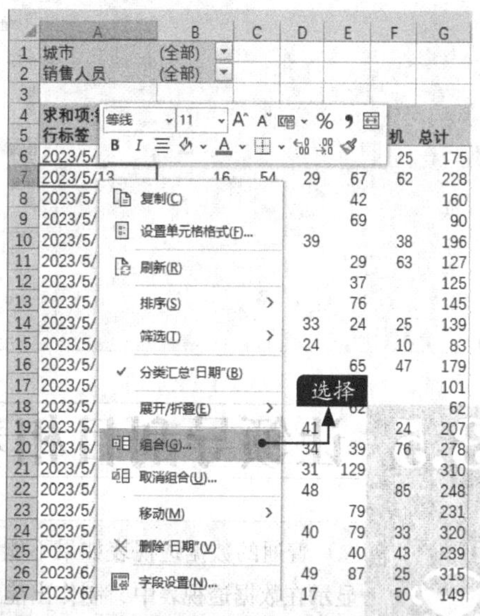

步骤03 弹出【组合】对话框，在【步长】列表框中选择【月】选项，单击【确定】按钮，如下图所示。

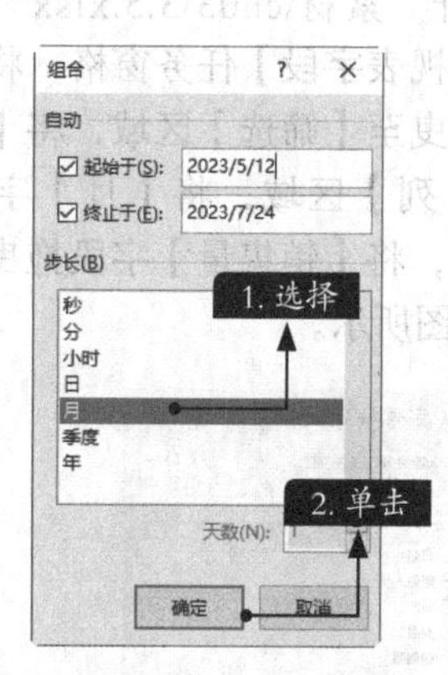

按月统计数据的数据透视表如下图所示。

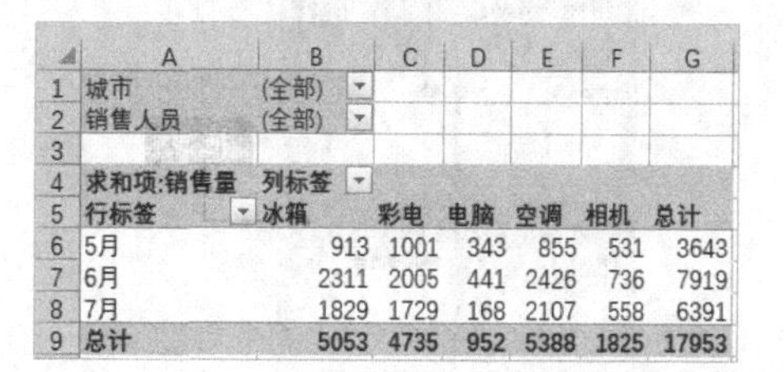

	A	B	C	D	E	F	G
1	城市	(全部)					
2	销售人员	(全部)					
3							
4	求和项:销售量	列标签					
5	行标签	冰箱	彩电	电脑	空调	相机	总计
6	5月	913	1001	343	855	531	3643
7	6月	2311	2005	441	2426	736	7919
8	7月	1829	1729	168	2107	558	6391
9	总计	5053	4735	952	5388	1825	17953

小提示

此外，还可以根据需要按周统计数据，即在【步长】列表框中选择【日】选项，在【天数】框中输入“7”，即可显示按周统计数据的数据透视表，如下图所示。

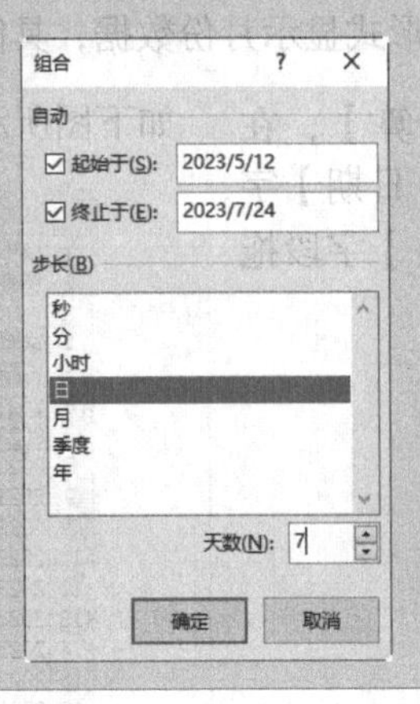

3.5 让领导刮目相看的数据透视表

普通的数据透视表如果不能满足查看的需要，可以对其进行一些调整，将需要的数据显示在数据透视表中，制作出能让领导刮目相看的数据透视表。

步骤 01 打开“素材\ch03\3.5.xlsx”文件，打开【数据透视表字段】任务窗格，将【销售人员】字段拖曳至【筛选】区域，将【商品】字段拖曳至【列】区域，将【月】字段拖曳至【行】区域，将【销售量】字段拖曳至【值】区域，如下图所示。

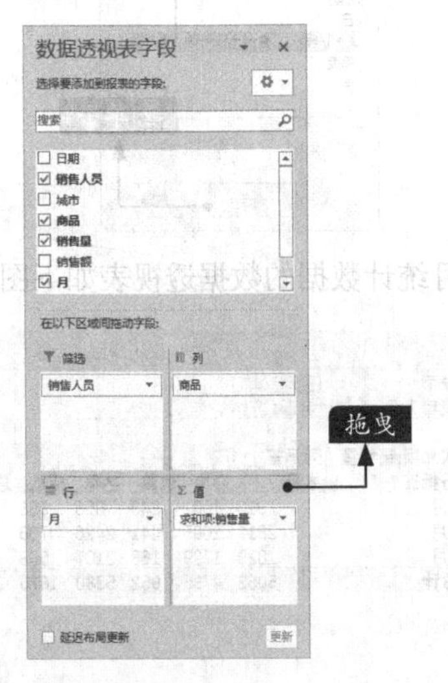

制作出的数据透视表如右上图所示。

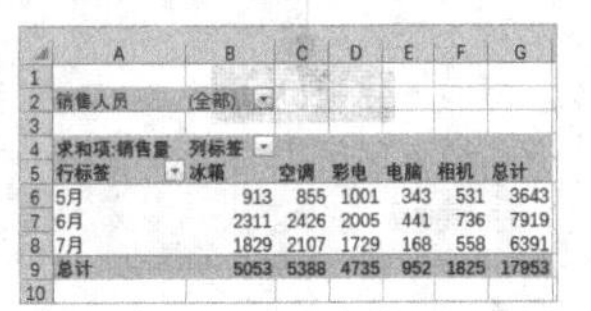

	A	B	C	D	E	F	G
1							
2	销售人员	(全部)					
3							
4	求和项:销售量	列标签					
5	行标签	冰箱	空调	彩电	电脑	相机	总计
6	5月	913	855	1001	343	531	3643
7	6月	2311	2426	2005	441	736	7919
8	7月	1829	2107	1729	168	558	6391
9	总计	5053	5388	4735	952	1825	17953
10							

步骤 02 将【销售量2】字段拖曳至【值】区域，如下图所示。

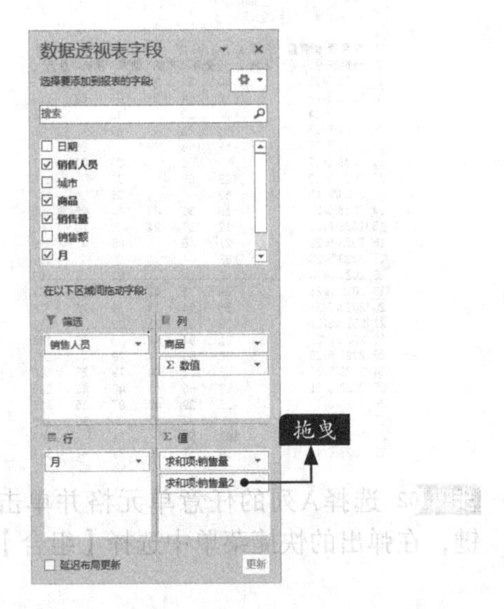

可以在数据透视表中看到原“求和项：销售量”名称未变，并在其右侧新增列“求和项：销售量2”，如下图所示。

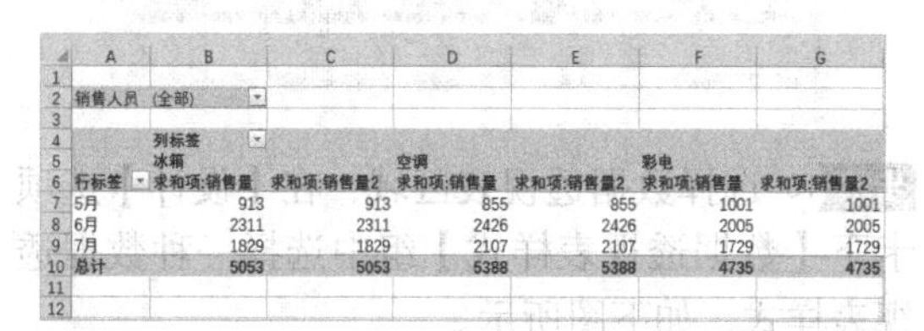

步骤03 将“求和项：销售量”更改为“单月数据”，将“求和项：销售量2”改为“按月累计”，如下图所示。

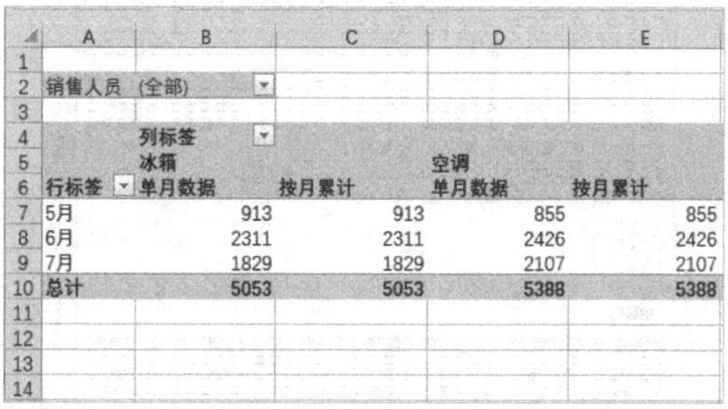

	A	B	C	D	E
1					
2	销售人员	(全部)			
3					
4		列标签			
5		冰箱		空调	
6	行标签	单月数据	按月累计	单月数据	按月累计
7	5月	913	913	855	855
8	6月	2311	2311	2426	2426
9	7月	1829	1829	2107	2107
10	总计	5053	5053	5388	5388
11					
12					
13					
14					

步骤04 选择“按月累计”列的任意单元格并单击鼠标右键，在弹出的快捷菜单中选择【值显示方式】→【按某一字段汇总】选项，如下图所示。

步骤05 弹出【值显示方式（按月累计）】对话框，设置【基本字段】为【月】，单击【确定】按钮，如下图所示。

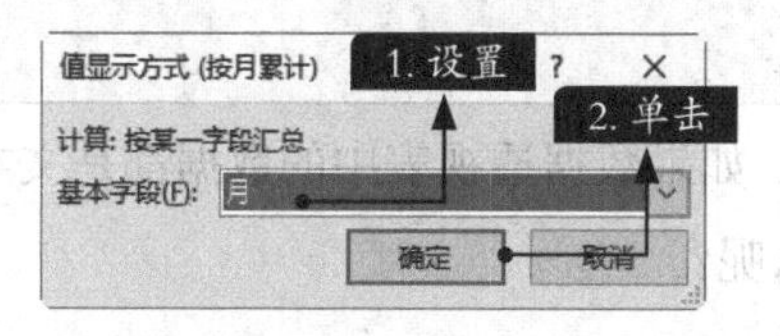

将“按月累计”列更改为统计月数据累加之和的效果如下图所示。

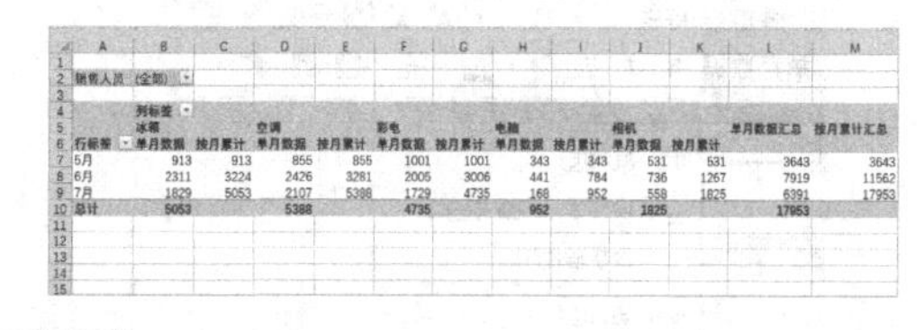

步骤06 选择B5:K5单元格区域，按【Ctrl+1】组合键，如下图所示。

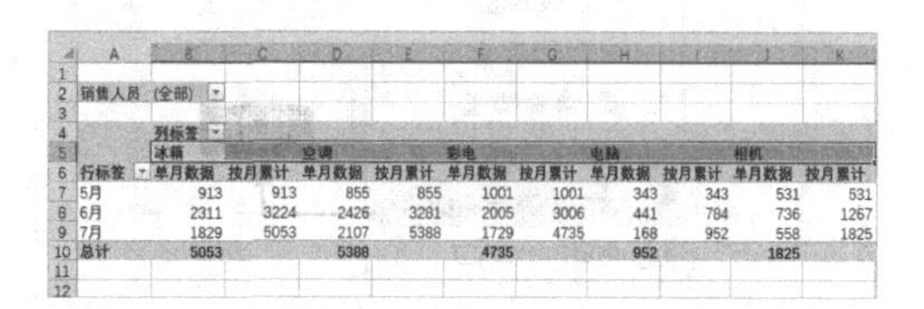

步骤07 弹出【设置单元格格式】对话框，在【对齐】选项卡下设置【水平对齐】方式为【跨列居中】，单击【确定】按钮，如下图所示。

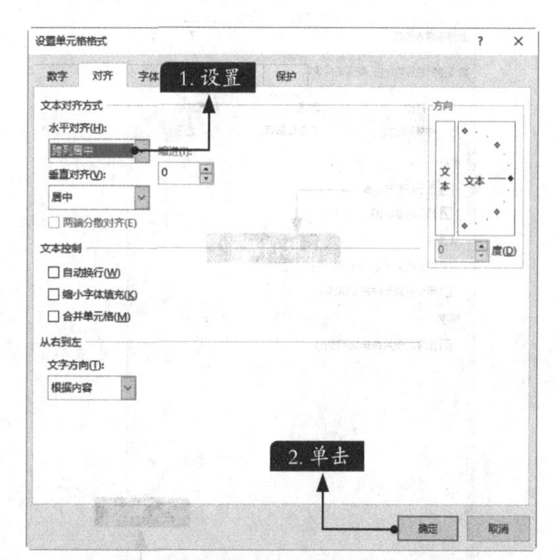

这样就可以将数据透视表中的行标签居中显示，如下图所示。

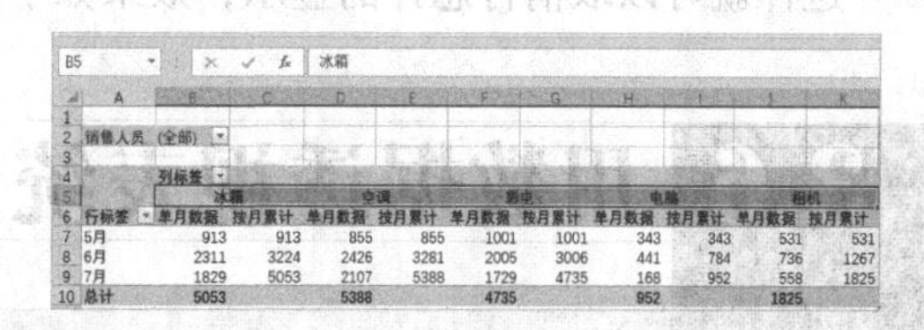

步骤08 如果不需要行总计，可以在行汇总区域中的任意单元格上单击鼠标右键，在弹出的快捷菜单中选择【数据透视表选项】选项，如下页首图所示。

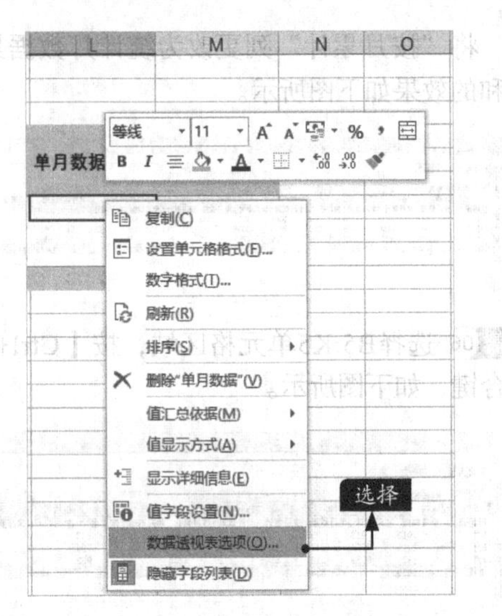

步骤09 弹出【数据透视表选项】对话框，在【汇总和筛选】选项卡下取消选中【显示行总计】复选框，单击【确定】按钮，如下图所示。

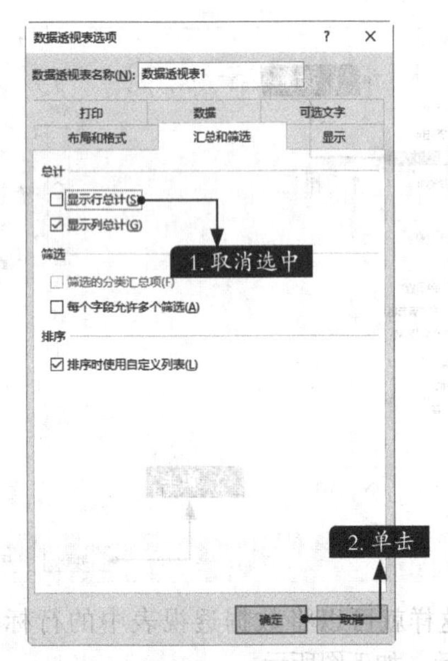

这样就可以取消行总计的显示，效果如下图所示。

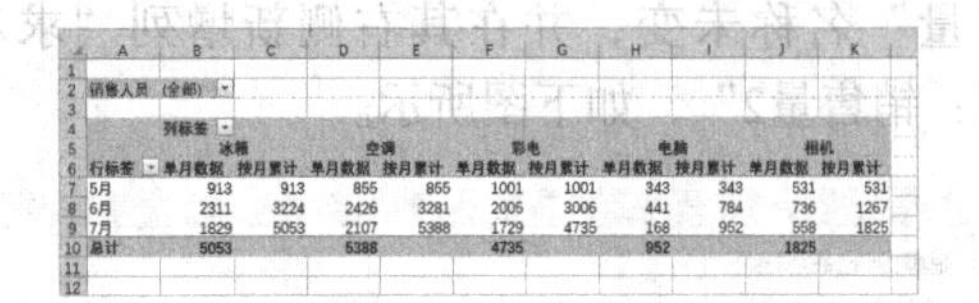

行标签	冰箱 单月数据	冰箱 按月累计	空调 单月数据	空调 按月累计	彩电 单月数据	彩电 按月累计	电脑 单月数据	电脑 按月累计	相机 单月数据	相机 按月累计
5月	913	913	855	855	1001	1001	343	343	531	531
6月	2311	3224	2426	3281	2005	3006	441	784	736	1267
7月	1829	5053	2107	5388	1729	4735	168	952	558	1825
总计	5053		5388		4735		952		1825	

步骤10 选择数据透视表区域，在【设计】选项卡下【数据透视表样式】组中选择一种数据透视表样式，如下图所示。

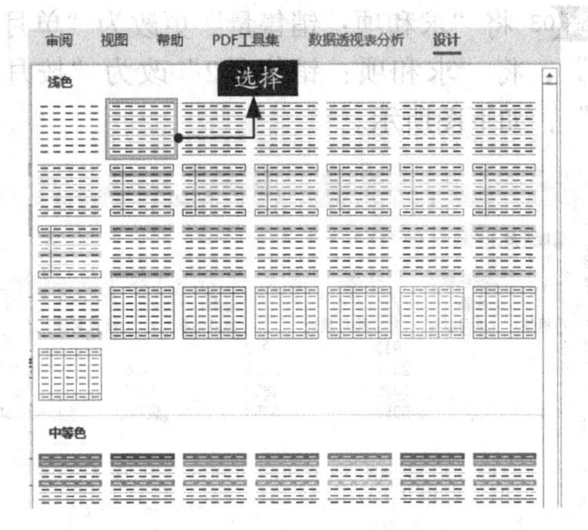

套用数据透视表样式后的效果如下图所示。

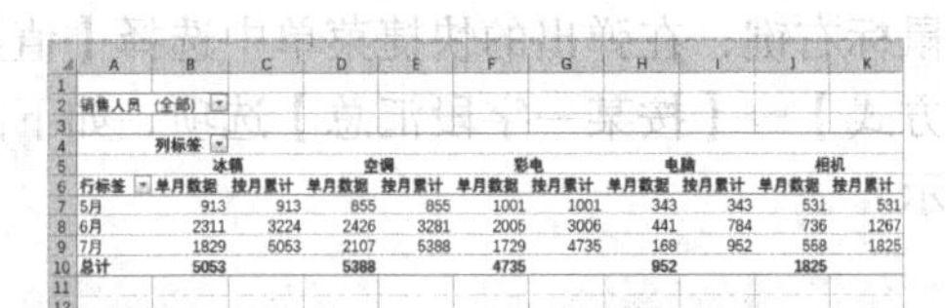

行标签	冰箱 单月数据	冰箱 按月累计	空调 单月数据	空调 按月累计	彩电 单月数据	彩电 按月累计	电脑 单月数据	电脑 按月累计	相机 单月数据	相机 按月累计
5月	913	913	855	855	1001	1001	343	343	531	531
6月	2311	3224	2426	3281	2005	3006	441	784	736	1267
7月	1829	5053	2107	5388	1729	4735	168	952	558	1825
总计	5053		5388		4735		952		1825	

步骤11 取消显示网格线，并适当调整行高，就完成了专业数据透视表的制作，最终效果如下图所示。

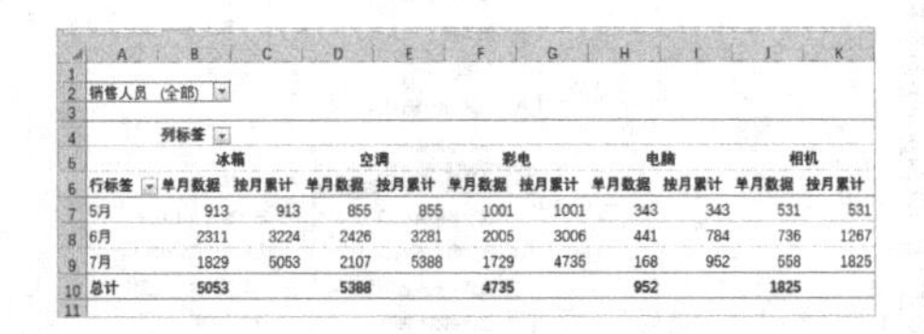

行标签	冰箱 单月数据	冰箱 按月累计	空调 单月数据	空调 按月累计	彩电 单月数据	彩电 按月累计	电脑 单月数据	电脑 按月累计	相机 单月数据	相机 按月累计
5月	913	913	855	855	1001	1001	343	343	531	531
6月	2311	3224	2426	3281	2005	3006	441	784	736	1267
7月	1829	5053	2107	5388	1729	4735	168	952	558	1825
总计	5053		5388		4735		952		1825	

3.6 用数据透视表统计文本型数据

数据源表格中一般包含大量重复数据，文本型数据（如销售人员、城市、商品）和数值型数据（如销售量、销售额）等都有大量的重复。

在这种情况下就非常适合使用数据透视表进行统计。如果数据透视表中的数据都是文本型数据，没有统计求和的空间，那数据透视表能用来统计什么呢？

3.6.1 分析文本型数据的统计信息

下面先插入一个只包含文本型数据的数据透视表，来看一下这种数据统计表统计的是什么。

步骤01 打开“素材\ch03\3.6.1.xlsx”文件，选择数据区域中的任意单元格，如下图所示。

姓名	性别	所属部门	职务	职称	文化程度	出生日期
孙顺	男	销售部	项目经理	工程师	硕士	1986/2/2
李辉	男	销售部	项目经理	工程师	硕士	1979/4/23
刘邦	男	总经理办公室	总经理	高级工程师	博士	1983/12/12
孟欣然	女	人力资源部	职员	工程师	本科	1988/5/15
王玉成	男	财务部	副主任	高级经济师	本科	1978/8/12
何欣	女	技术部	项目经理	工程师	本科	1980/11/16
刘柳	女	国际贸易部	项目经理	经济师	硕士	1989/4/30
李萌	女	财务部	主任	经济师	本科	1977/5/24
毛利民	男	人力资源部	副主任	工程师	本科	1982/9/16
李然	男	技术部	项目经理	工程师	本科	1985/6/28

步骤02 单击【插入】选项卡下【表格】组中的【数据透视表】按钮，打开【创建数据透视表】对话框。在【选择放置数据透视表的位置】区域中选中【现有工作表】单选按钮，单击【位置】文本框后的按钮，如下图所示。

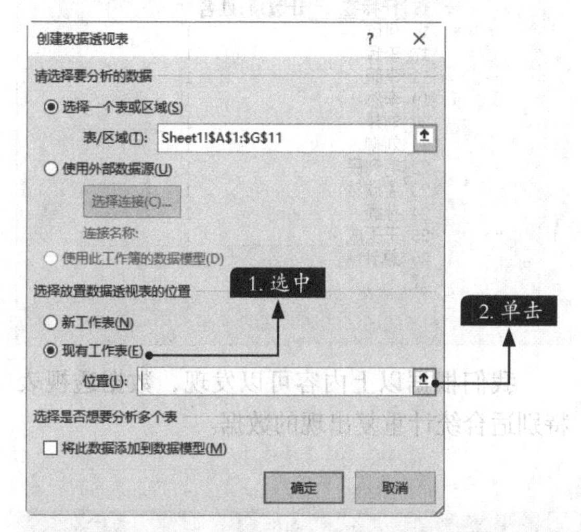

步骤03 选择数据透视表放置的位置，这里选择A15单元格，单击【展开】按钮，如下图所示。

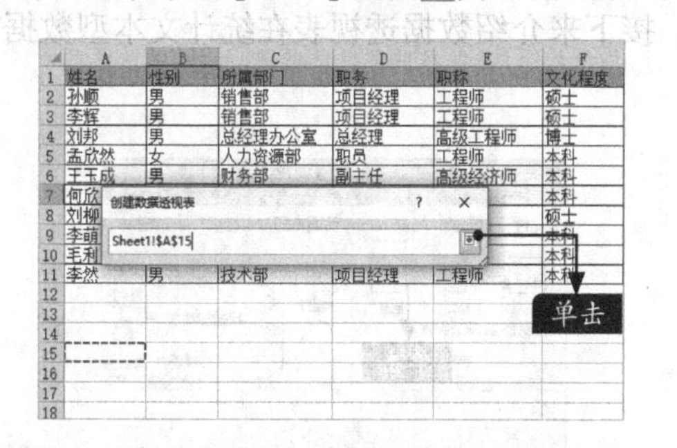

步骤04 返回【创建数据透视表】对话框，单击【确定】按钮，如下图所示。

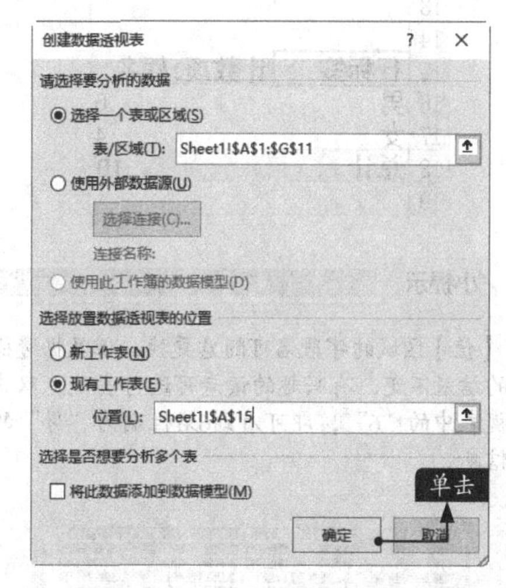

此时创建了一个空白的数据透视表，并显示【数据透视表字段】任务窗格，如下图所示。

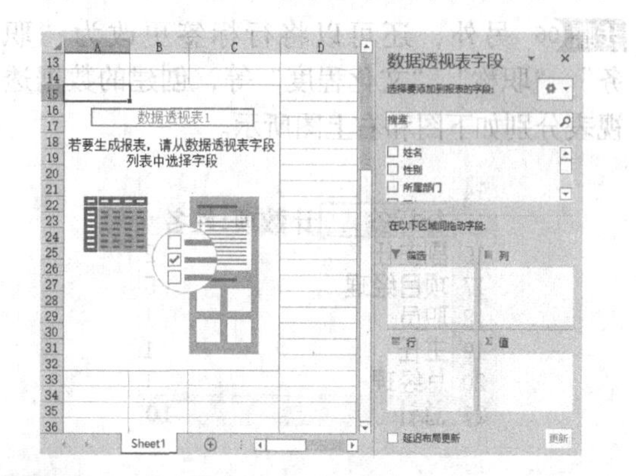

步骤05 将【性别】字段拖曳至【行】区域，将【姓名】字段拖曳至【值】区域，如下图所示。

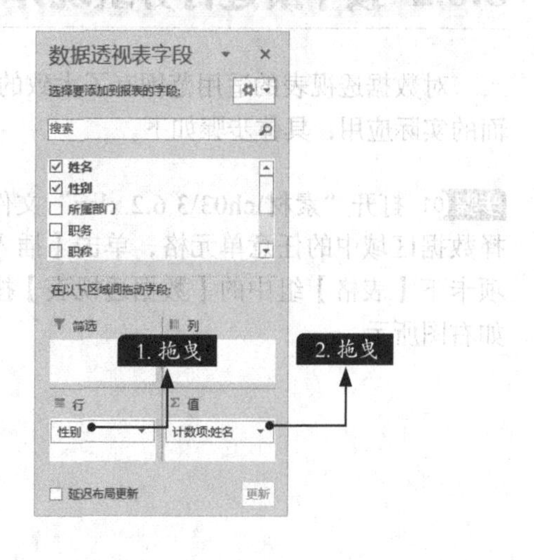

创建的数据透视表如下图所示，统计性别为“男”的人数是6，性别为“女”的人数是4，如下图所示。

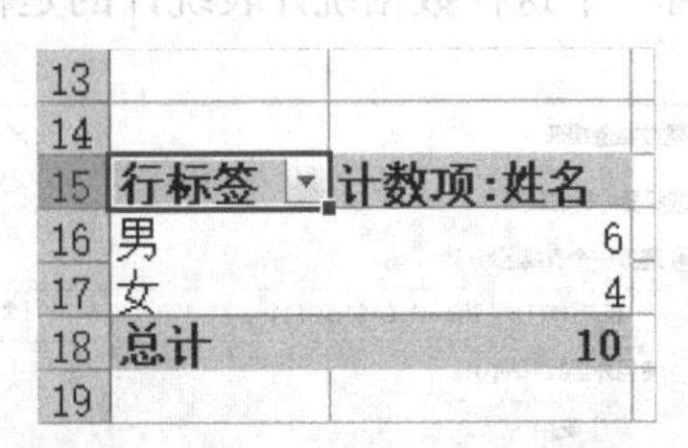

13		
14		
15	行标签	计数项:姓名
16	男	6
17	女	4
18	总计	10
19		

小提示

【值】区域的字段名可随意更换，但数据透视表统计的结果不变，有兴趣的读者可进行尝试。双击数据透视表中的“6”，即可看到6名性别为“男”的员工的信息。

	A	B	C	D	E	F	G
1	姓名	性别	所属部门	职务	职称	文化程度	出生日期
2	孙顺	男	销售部	项目经理	工程师	硕士	1986/2/2
3	李辉	男	销售部	项目经理	工程师	硕士	1979/4/23
4	刘邦	男	总经理办公	总经理	高级工程	博士	1983/12/12
5	李然	男	技术部	项目经理	工程师	本科	1985/6/28
6	王玉成	男	财务部	副主任	高级经济	本科	1978/8/12
7	毛利民	男	人力资源部	副主任	工程师	本科	1982/9/16
8							

步骤06 另外，还可以将行标签更改为“职务”“职称”“文化程度”等，创建的数据透视表分别如下图和右上图所示。

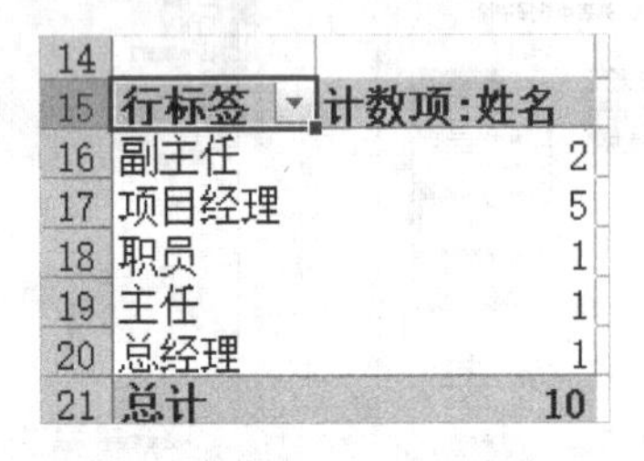

14		
15	行标签	计数项:姓名
16	副主任	2
17	项目经理	5
18	职员	1
19	主任	1
20	总经理	1
21	总计	10

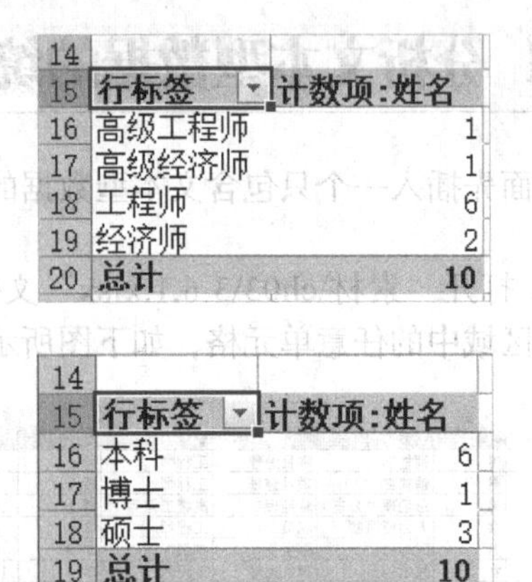

14		
15	行标签	计数项:姓名
16	高级工程师	1
17	高级经济师	1
18	工程师	6
19	经济师	2
20	总计	10

14		
15	行标签	计数项:姓名
16	本科	6
17	博士	1
18	硕士	3
19	总计	10
20		

小提示

在【数据透视表字段】任务窗格中，如果将【行】区域的字段更改为【姓名】，统计结果如下图所示。计数都为“1”，这样的数据透视表就没有意义。

14		
15	行标签	计数项:姓名
16	何欣	1
17	李辉	1
18	李萌	1
19	李然	1
20	刘邦	1
21	刘柳	1
22	毛利民	1
23	孟欣然	1
24	孙顺	1
25	王玉成	1
26	总计	10
27		

我们根据以上内容可以发现，数据透视表特别适合统计重复出现的数据。

3.6.2 按年龄进行分组统计

对数据透视表的适用范围有了大致的了解之后，接下来介绍数据透视表在统计文本型数据方面的实际应用，具体步骤如下。

步骤01 打开“素材\ch03\3.6.2.xlsx”文件，选择数据区域中的任意单元格，单击【插入】选项卡下【表格】组中的【数据透视表】按钮，如右图所示。

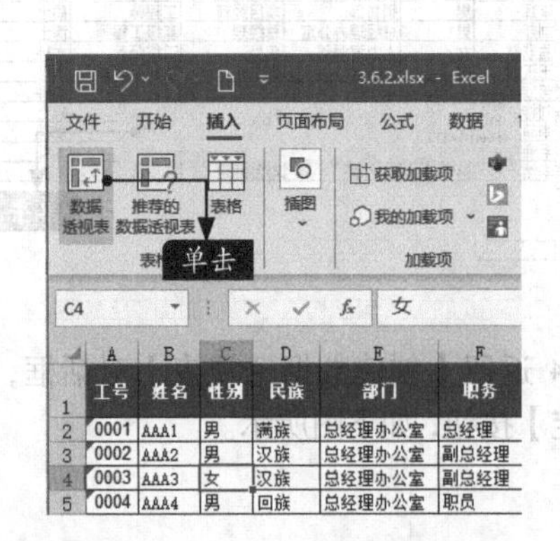

	A	B	C	D	E	F
1	工号	姓名	性别	民族	部门	职务
2	0001	AAA1	男	满族	总经理办公室	总经理
3	0002	AAA2	男	汉族	总经理办公室	副总经理
4	0003	AAA3	女	汉族	总经理办公室	副总经理
5	0004	AAA4	男	回族	总经理办公室	职员

步骤 02 弹出【创建数据透视表】对话框，保持默认设置，单击【确定】按钮，如下图所示。

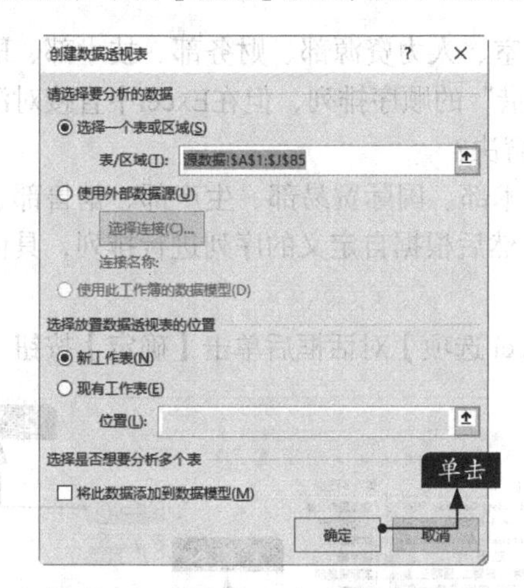

这样就可以创建空白的数据透视表，并显示【数据透视表字段】任务窗格，如下图所示。

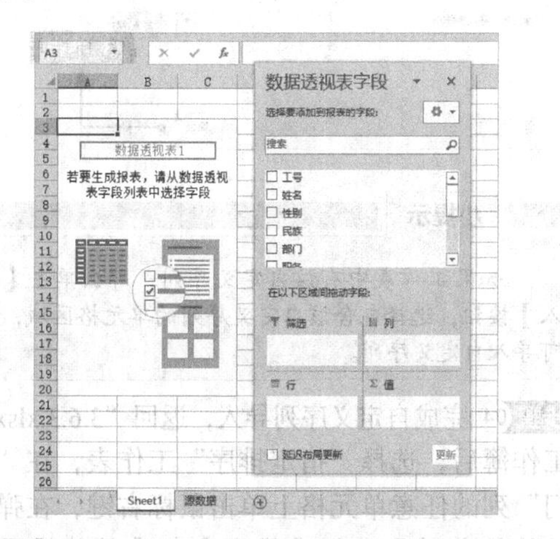

步骤 03 将【年龄】字段拖曳至【列】区域，将【部门】字段拖曳至【行】区域，将【姓名】字段拖曳至【值】区域，如下图所示。

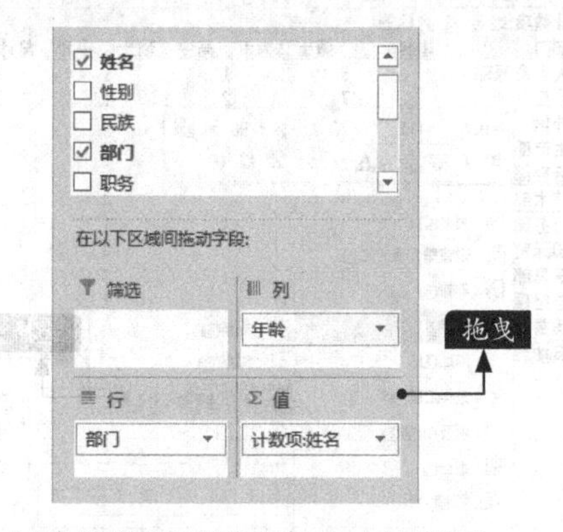

创建的数据透视表如右上图所示。

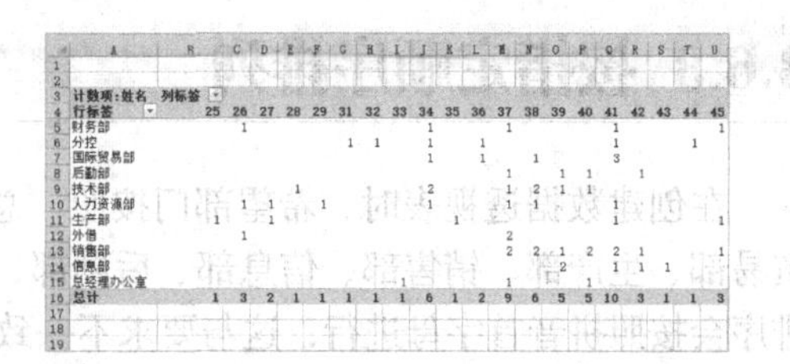

计数项:姓名	列标签																			
行标签	25	26	27	28	29	31	32	33	34	35	36	37	38	39	40	41	42	43	44	45
财务部		1							1			1				1				1
分控						1	1		1		1					1			1	
国际贸易部									1		1		1			3				
后勤部												1		1	1		1			
技术部				1					2			1	2	1	1					
人力资源部		1	1		1				1			1	1			1				
生产部	1		1							1						1				1
外借		1										2								
销售部												2	2	1	2	2	1			1
信息部														2		1	1	1		
总经理办公室								1				1			1					
总计	1	3	2	1	1	1	1	1	6	1	2	9	6	5	5	10	3	1	1	3

步骤 04 接下来对列标签中的数据进行分组，选择列标签中的任意一个数据并单击鼠标右键，在弹出的快捷菜单中选择【组合】选项，如下图所示。

步骤 05 弹出【组合】对话框，根据需要设置【起始于】【终止于】【步长】等的值，这里设置【起始于】为“25”，【终止于】为“65”，【步长】为“5”，单击【确定】按钮，如下图所示。

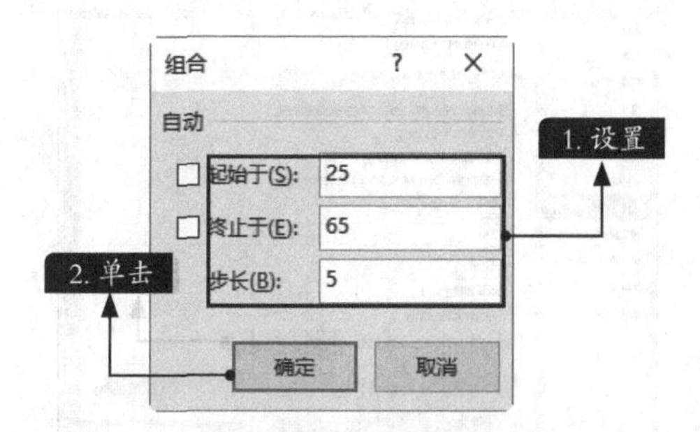

创建的数据透视表如下图所示。

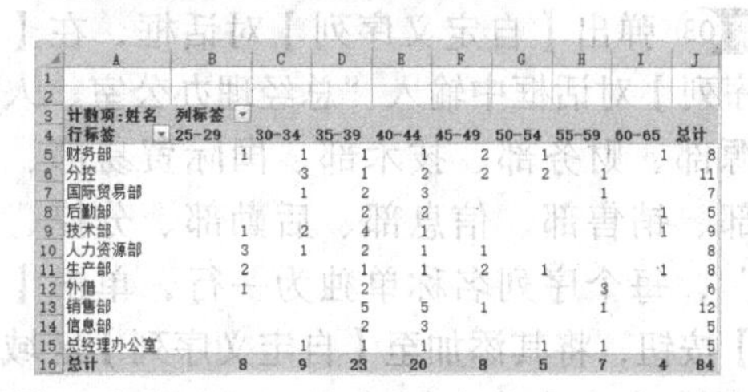

计数项:姓名	列标签								
行标签	25-29	30-34	35-39	40-44	45-49	50-54	55-59	60-65	总计
财务部	1	1	1	1	2	1		1	8
分控		3	1	2	2	2	1		11
国际贸易部		1	2	3			1		7
后勤部			2	2				1	5
技术部	1	2	4	1				1	9
人力资源部	3	1	2	1	1				8
生产部	2		1	1	2	1		1	8
外借	1		2				3		6
销售部			5	5	1		1		12
信息部			2	3					5
总经理办公室		1	1	1		1	1		5
总计	8	9	23	20	8	5	7	4	84

3.6.3 按指定顺序排列

在创建数据透视表时，希望部门按照“总经理办公室、人力资源部、财务部、技术部、国际贸易部、生产部、销售部、信息部、后勤部、分控、外借”的顺序排列，但在Excel中直接对汉字排序会按照拼音首字母进行，这与要求不一致，要怎么解决？

可以将“总经理办公室、人力资源部、财务部、技术部、国际贸易部、生产部、销售部、信息部、后勤部、分控、外借”作为排序依据导入Excel，然后根据自定义的序列进行排列，具体步骤如下。

步骤01 打开“素材\ch03\3.6.3.xlsx”文件，首先将自定义的序列导入Excel。选择【文件】选项卡中的【选项】选项，打开【Excel 选项】对话框，如下图所示。

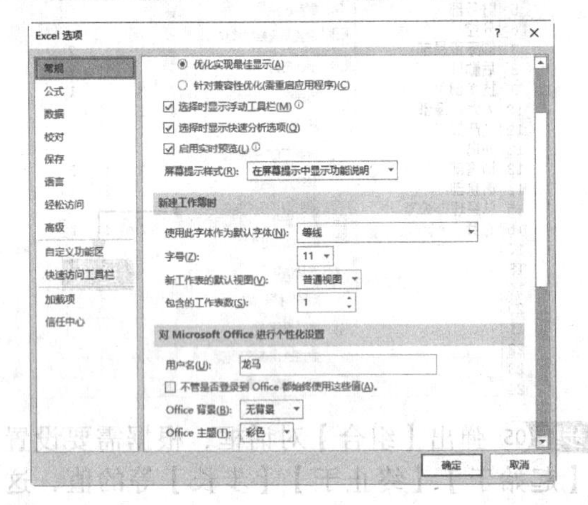

步骤02 单击【高级】→【常规】→【编辑自定义列表】按钮，如下图所示。

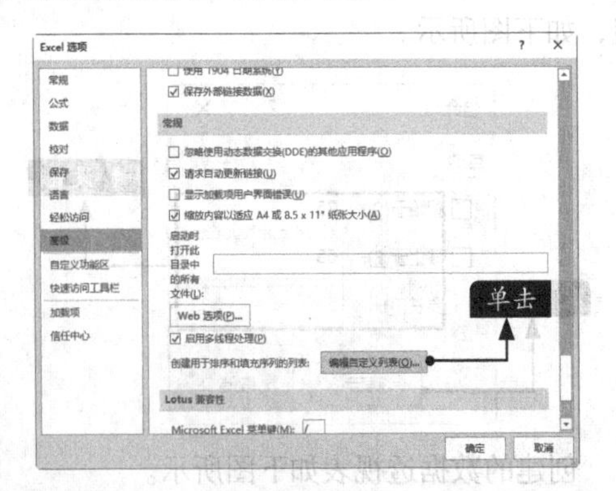

步骤03 弹出【自定义序列】对话框，在【输入序列】对话框中输入“总经理办公室、人力资源部、财务部、技术部、国际贸易部、生产部、销售部、信息部、后勤部、分控、外借”，每个序列名称单独为一行，单击【添加】按钮，将其添加至【自定义序列】区域，单击【确定】按钮，如右上图所示。返回【Excel 选项】对话框后单击【确定】按钮。

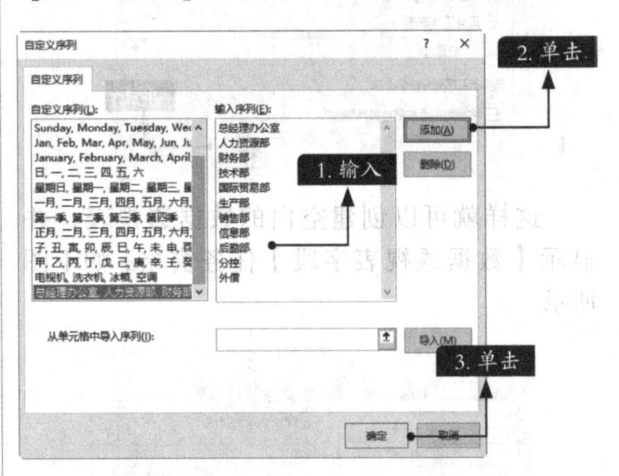

小提示

如果工作表中有该自定义序列，那么单击【导入】按钮，选择包含该自定义序列的单元格区域，即可导入自定义序列。

步骤04 完成自定义序列导入，返回“3.6.3.xlsx”工作簿后，选择“指定排序”工作表，在“部门”列的任意单元格上单击鼠标右键，在弹出的快捷菜单中选择【排序】→【其他排序选项】选项，如下图所示。

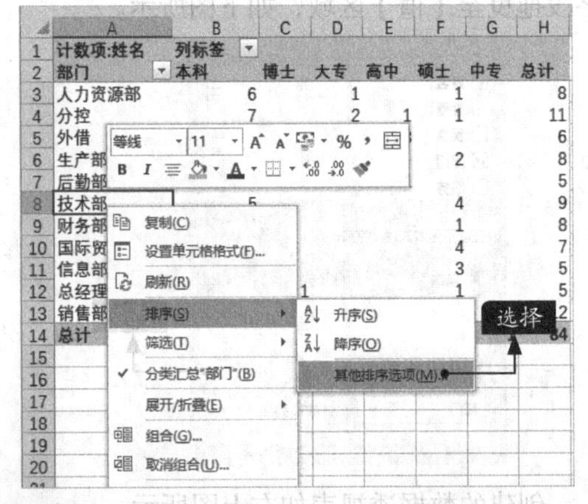

步骤05 弹出【排序（部门）】对话框，单击

【其他选项】按钮，如下图所示。

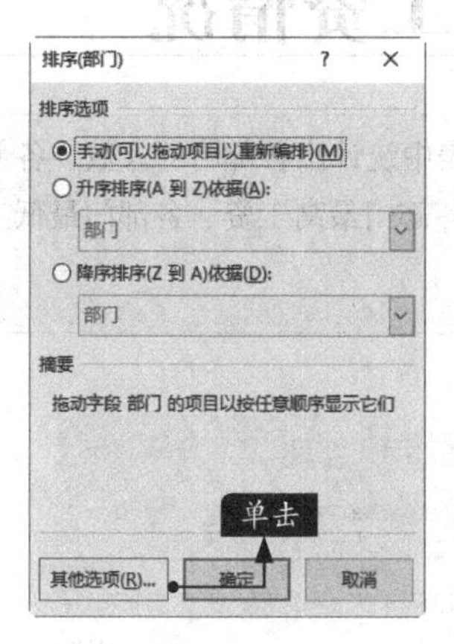

步骤06 弹出【其他排序选项（部门）】对话框，单击【主关键字排序次序】下拉按钮，在弹出的下拉列表中选择导入的自定义序列，单击【确定】按钮，如下图所示。

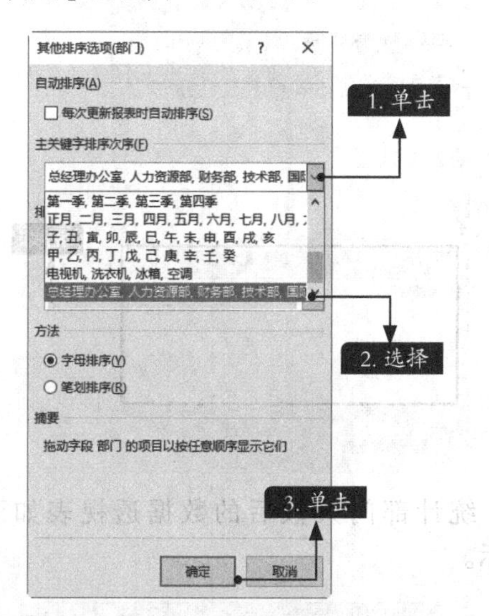

步骤07 返回【排序（部门）】对话框，单击【确定】按钮，如下图所示。

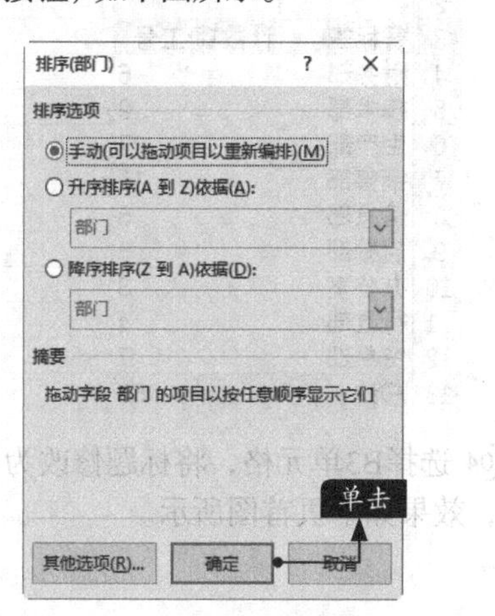

> **小提示**
>
> 此时会发现数据透视表仍然没有按照设置的排序方式排列，这是因为前面的操作仅仅是告诉Excel要按照这种方式排序，用户还需要进行相应操作。

步骤08 在“部门”列的任意单元格上单击鼠标右键，在弹出的快捷菜单中选择【排序】→【升序】选项，如下图所示。

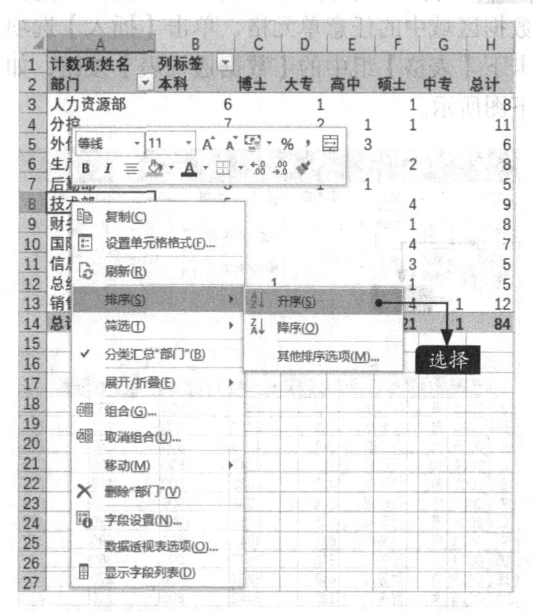

按指定顺序对数据透视表进行排列后的效果如下图所示。

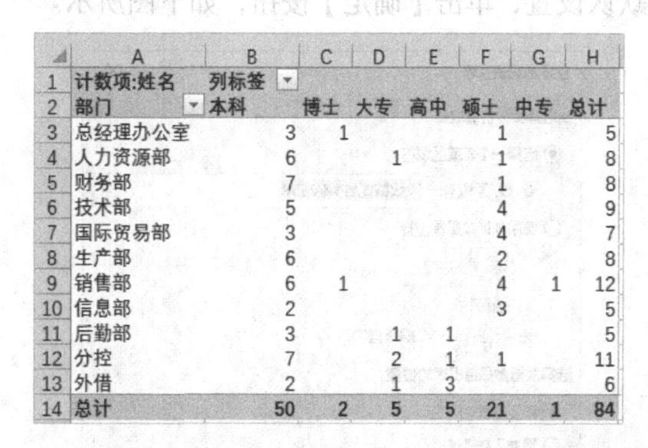

	A	B	C	D	E	F	G	H
1	计数项:姓名	列标签						
2	部门	本科	博士	大专	高中	硕士	中专	总计
3	总经理办公室	3	1			1		5
4	人力资源部	6		1		1		8
5	财务部	7				1		8
6	技术部	5				4		9
7	国际贸易部	3				4		7
8	生产部	6				2		8
9	销售部	6	1			4	1	12
10	信息部	2				3		5
11	后勤部	3		1	1			5
12	分控	7		2	1	1		11
13	外借	2		1	3			6
14	总计	50	2	5	5	21	1	84

> **小提示**
>
> 在步骤08中，选择单元格时不能选择整行，因为选择整行后无法正常排序。

3.7 统计分析公司各部门的工资情况

工资清单包含了所有员工的工资情况，想在该表中统计出各部门的人数、各部门发放的工资总额、各部门工资占公司总工资的百分比、各部门最高工资、各部门最低工资以及各部门平均工资等情况，可以使用数据透视表。

步骤 01 打开“素材\ch03\3.7.xlsx”文件，选择数据区域中的任意单元格，单击【插入】选项卡下【表格】组中的【数据透视表】按钮，如下图所示。

	A	B	C	D	E	F	G	H
1	工号	性别	所属部门	级别	基本工资	岗位工资	工龄工资	住房补贴
2	0001	男	办公室	1级	1581	1000	360	543
3	0004	男	办公室	5级	3037	800	210	543
4	0005	女	办公室	3级	4376	800	150	234
5	0006	女	行政部	1级	6247	800	300	345
6	0007	男	行政部	4级	4823	600	420	255
7	0008	男	行政部	1级	3021	1000	330	664
8	0009	男	行政部	1级	6859	1000	330	478
9	0013	男	财务部	6级	4842	600	390	577
10	0014	女	财务部	5级	7947	1000	360	543
11	0015	男	财务部	6级	6287	800	270	655
12	0016	女	财务部	1级	6442	800	210	435

步骤 02 弹出【创建数据透视表】对话框，保持默认设置，单击【确定】按钮，如下图所示。

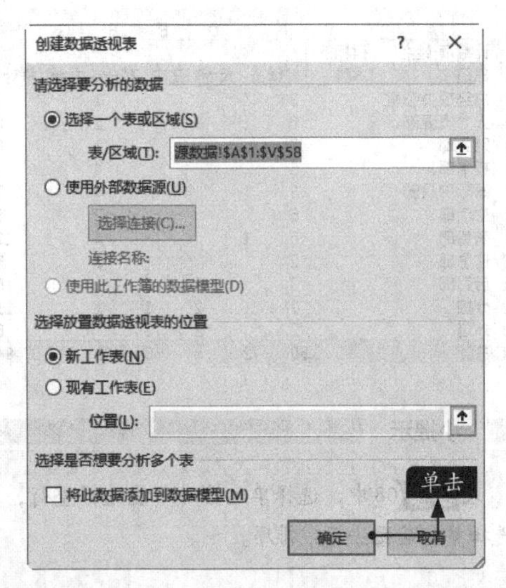

步骤 03 在【数据透视表字段】任务窗格中将【所属部门】字段拖曳至【行】区域，将【工号】字段拖曳至【值】区域，如右上图所示。

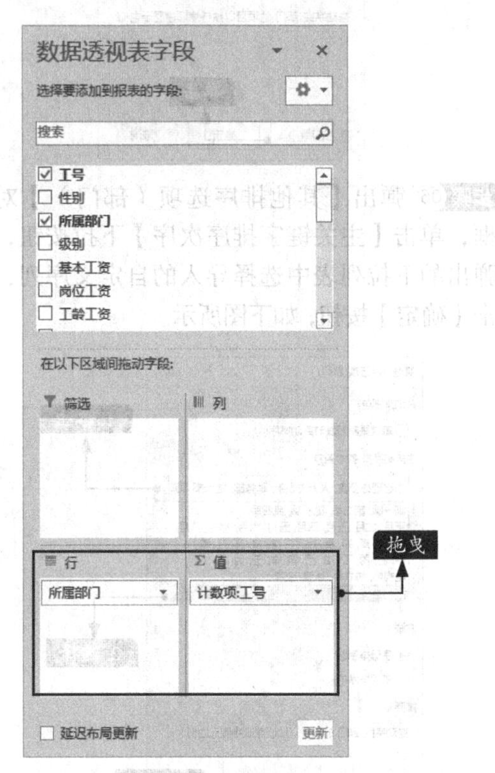

统计部门人数后的数据透视表如下图所示。

	A	B	C
1			
2			
3	行标签	计数项:工号	
4	财务部	6	
5	技术部	9	
6	生产部	7	
7	销售部	11	
8	信息部	5	
9	后勤部	5	
10	办公室	3	
11	行政部	4	
12	贸易部	7	
13	总计	57	

步骤 04 选择B3单元格，将标题修改为“部门人数”，效果如下页首图所示。

	A	B	C	D
1				
2				
3	行标签	部门人数		
4	财务部	6		
5	技术部	9		
6	生产部	7		
7	销售部	11		
8	信息部	5		
9	后勤部	5		
10	办公室	3		
11	行政部	4		
12	贸易部	7		
13	总计	57		

步骤05 在【数据透视表字段】任务窗格中将【实发合计】字段拖曳至【值】区域，如下图所示。

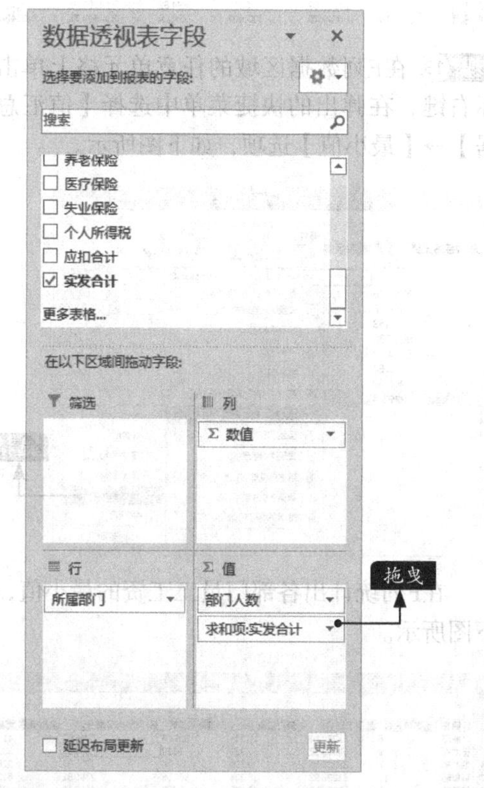

步骤06 选中C3单元格，将标题名称改为“部门工资总额”，效果如下图所示。

	A	B	C	D
1				
2				
3	行标签	部门人数	部门工资总额	
4	财务部	6	41282.14	
5	技术部	9	53268.52	
6	生产部	7	32626.11	
7	销售部	11	61226.82	
8	信息部	5	30583.6	
9	后勤部	5	29464.81	
10	办公室	3	14209.02	
11	行政部	4	26857.68	
12	贸易部	7	45131.05	
13	总计	57	334649.75	

步骤07 在【数据透视表字段】任务窗格中再次将【实发合计】字段拖曳至【值】区域。

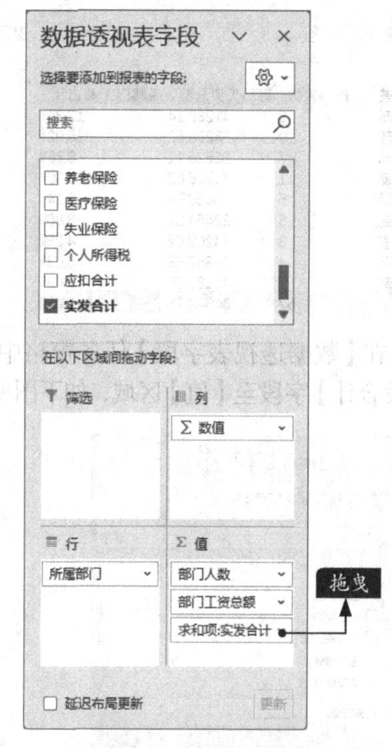

步骤08 将D3单元格的标题名称修改为“各部门工资占比”，效果如下图所示。

	A	B	C	D	E
1					
2					
3	行标签	部门人数	部门工资总额	各部门工资占比	
4	财务部	6	41282.14	41282.14	
5	技术部	9	53268.52	53268.52	
6	生产部	7	32626.11	32626.11	
7	销售部	11	61226.82	61226.82	
8	信息部	5	30583.6	30583.6	
9	后勤部	5	29464.81	29464.81	
10	办公室	3	14209.02	14209.02	
11	行政部	4	26857.68	26857.68	
12	贸易部	7	45131.05	45131.05	
13	总计	57	334649.75	334649.75	

步骤09 在D列数据区域中的任意单元格上单击鼠标右键，在弹出的快捷菜单中选择【值显示方式】→【列汇总的百分比】选项，如下图所示。

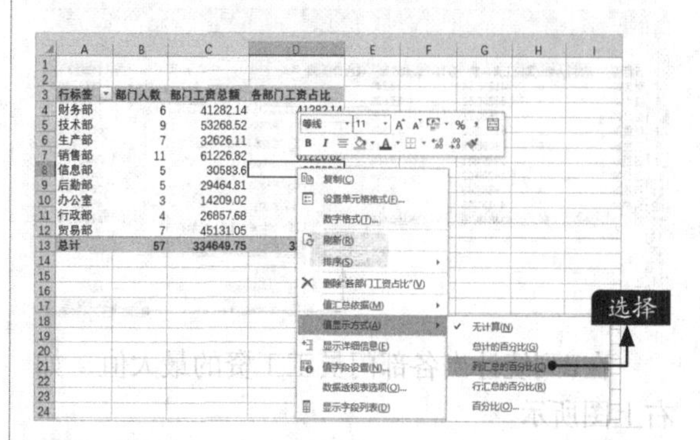

可以看到数据透视表显示了各部门工资的占比情况，如下图所示。

	A	B	C	D	E
1					
2					
3	行标签	部门人数	部门工资总额	各部门工资占比	
4	财务部	6	41282.14	12.34%	
5	技术部	9	53268.52	15.92%	
6	生产部	7	32626.11	9.75%	
7	销售部	11	61226.82	18.30%	
8	信息部	5	30583.6	9.14%	
9	后勤部	5	29464.81	8.80%	
10	办公室	3	14209.02	4.25%	
11	行政部	4	26857.68	8.03%	
12	贸易部	7	45131.05	13.49%	
13	总计	57	334649.75	100.00%	

步骤 10 在【数据透视表字段】任务窗格中拖曳3次【实发合计】字段至【值】区域，如下图所示。

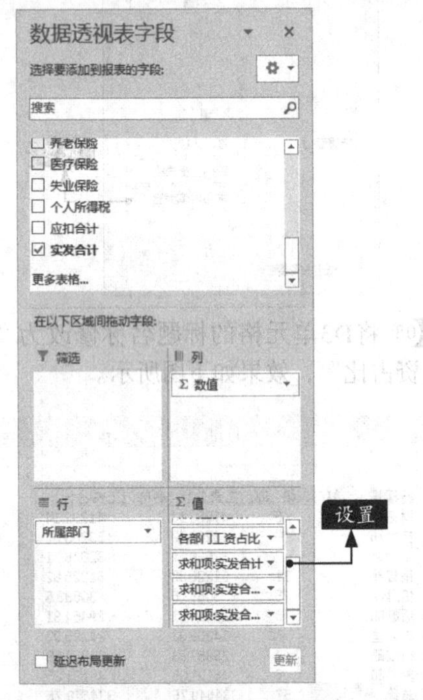

步骤 11 在E列数据区域的任意单元格上单击鼠标右键，在弹出的快捷菜单中选择【值汇总依据】→【最大值】选项，如下图所示。

	A	B	C	D	E	F	G
1							
2							
3	行标签	部门人数	部门工资总额	各部门工资占比	最大值项:实		合计3
4	财务部	6	41282.14	12.34%			1282.14
5	技术部	9	53268.52	15.92%			53268.52
6	生产部	7	32626.11	9.75%			32626.11
7	销售部	11	61226.82	18.30%			61226.82
8	信息部	5	30583.6	9.14%			30583.6
9	后勤部	5	29464.81	8.80%			29464.81
10	办公室	3	14209.02	4.25%			14209.02
11	行政部	4	26857.68	8.03%			26857.68
12	贸易部	7	45131.05	13.49%			45131.05
13	总计	57	334649.75	100.00%			334649.75

等线 11
复制(C)
设置单元格格式(F)...
数字格式(T)...
刷新(R)
排序(S)
删除"最大值项:实发合计"(V)
值汇总依据(M)
值显示方式(A)
显示详细信息(E)
值字段设置(N)...
求和(S)
计数(C)
平均值(A)
最大值(M)
选择

在E列统计出各部门员工工资的最大值，如右上图所示。

	A	B	C	D	E	F	G
1							
2							
3	行标签	部门人数	部门工资总额	各部门工资占比	最大值项:实发合计	求和项:实发合计2	求和项:实发合计3
4	财务部	6	41282.14	12.34%	9291.4	41282.14	41282.14
5	技术部	9	53268.52	15.92%	9129	53268.52	53268.52
6	生产部	7	32626.11	9.75%	6281.76	32626.11	32626.11
7	销售部	11	61226.82	18.30%	8662.6	61226.82	61226.82
8	信息部	5	30583.6	9.14%	8453	30583.6	30583.6
9	后勤部	5	29464.81	8.80%	9107.96	29464.81	29464.81
10	办公室	3	14209.02	4.25%	5494.82	14209.02	14209.02
11	行政部	4	26857.68	8.03%	8305.64	26857.68	26857.68
12	贸易部	7	45131.05	13.49%	7960.52	45131.05	45131.05
13	总计	57	334649.75	100.00%	9291.4	334649.75	334649.75

步骤 12 在E3单元格中修改标题名称为“部门最高工资”，效果如下图所示。

	A	B	C	D	E	F	G
1							
2							
3	行标签	部门人数	部门工资总额	各部门工资占比	部门最高工资	求和项:实发合计2	求和项:实发合计3
4	财务部	6	41282.14	12.34%	9291.4	41282.14	41282.14
5	技术部	9	53268.52	15.92%	9129	53268.52	53268.52
6	后勤部	5	29464.81	8.80%	9107.96	29464.81	29464.81
7	销售部	11	61226.82	18.30%	8662.6	61226.82	61226.82
8	信息部	5	30583.6	9.14%	8453	30583.6	30583.6
9	行政部	4	26857.68	8.03%	8305.64	26857.68	26857.68
10	贸易部	7	45131.05	13.49%	7960.52	45131.05	45131.05
11	生产部	7	32626.11	9.75%	6281.76	32626.11	32626.11
12	办公室	3	14209.02	4.25%	5494.82	14209.02	14209.02
13	总计	57	334649.75	100.00%	9291.4	334649.75	334649.75

步骤 13 在F列数据区域的任意单元格上单击鼠标右键，在弹出的快捷菜单中选择【值汇总依据】→【最小值】选项，如下图所示。

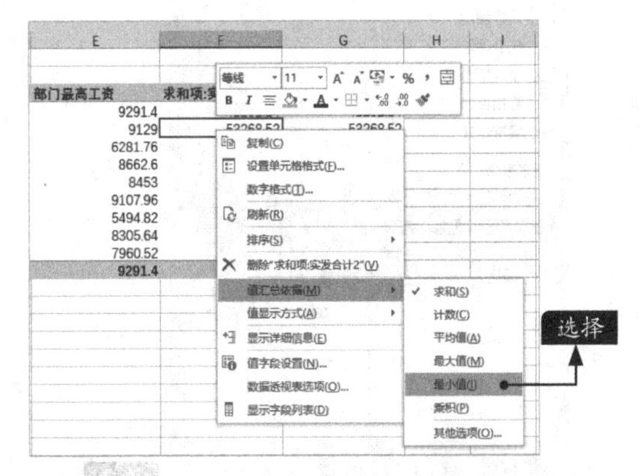

在F列统计出各部门员工工资的最小值，如下图所示。

	A	B	C	D	E	F	G
1							
2							
3	行标签	部门人数	部门工资总额	各部门工资占比	部门最高工资	最小值项:实发合计2	求和项:实发合计3
4	财务部	6	41282.14	12.34%	9291.4	5046.02	41282.14
5	技术部	9	53268.52	15.92%	9129	2838.33	53268.52
6	生产部	7	32626.11	9.75%	6281.76	3790.53	32626.11
7	销售部	11	61226.82	18.30%	8662.6	2790.81	61226.82
8	信息部	5	30583.6	9.14%	8453	4653.16	30583.6
9	后勤部	5	29464.81	8.80%	9107.96	3248.91	29464.81
10	办公室	3	14209.02	4.25%	5494.82	4031.12	14209.02
11	行政部	4	26857.68	8.03%	8305.64	5322.02	26857.68
12	贸易部	7	45131.05	13.49%	7960.52	3435.57	45131.05
13	总计	57	334649.75	100.00%	9291.4	2790.81	334649.75
14							

步骤 14 在F3单元格中修改标题名称为 “部门最低工资”，效果如下图所示。

	A	B	C	D	E	F	G
1							
2							
3	行标签	部门人数	部门工资总额	各部门工资占比	部门最高工资	部门最低工资	求和项:实发合计3
4	财务部	6	41282.14	12.34%	9291.4	5046.02	41282.14
5	技术部	9	53268.52	15.92%	9129	2838.33	53268.52
6	生产部	7	32626.11	9.75%	6281.76	3790.53	32626.11
7	销售部	11	61226.82	18.30%	8662.6	2790.81	61226.82
8	信息部	5	30583.6	9.14%	8453	4653.16	30583.6
9	后勤部	5	29464.81	8.80%	9107.96	3248.91	29464.81
10	办公室	3	14209.02	4.25%	5494.82	4031.12	14209.02
11	行政部	4	26857.68	8.03%	8305.64	5322.02	26857.68
12	贸易部	7	45131.05	13.49%	7960.52	3435.57	45131.05
13	总计	57	334649.75	100.00%	9291.4	2790.81	334649.75
14							

步骤15 在G列数据区域的任意单元格上单击鼠标右键，在弹出的快捷菜单中选择【值汇总依据】→【平均值】命令，如下图所示。

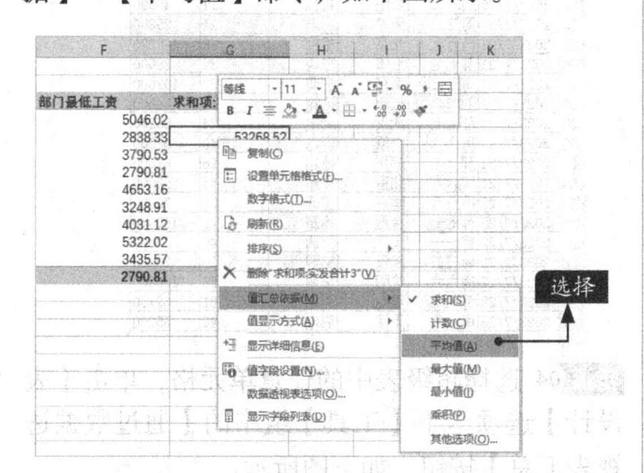

在G列统计出各部门员工工资的平均值，如右上图所示。

行标签	部门人数	部门工资总额	各部门工资占比	部门最高工资	部门最低工资	平均值项:实发合计3
财务部	6	41282.14	12.34%	9291.4	5046.02	6880.356667
技术部	9	53268.52	15.92%	9129	2838.33	5918.724444
生产部	7	32626.11	9.75%	6281.76	3790.53	4660.872857
销售部	11	61226.82	18.30%	8662.6	2790.81	5566.074545
信息部	5	30583.6	9.14%	8453	4653.16	6116.72
后勤部	5	29464.81	8.80%	9107.96	3248.91	5892.962
办公室	3	14209.02	4.25%	5494.82	4031.12	4736.34
行政部	4	26857.68	8.03%	8305.64	5322.02	6714.42
贸易部	7	45131.05	13.49%	7960.52	3435.57	6447.292857
总计	57	334649.75	100.00%	9291.4	2790.81	5871.048246

步骤16 在G3单元格中修改标题名称为“部门平均工资”，并设置G列数据的小数位数为“2”，最终效果如下图所示。至此，统计分析公司各部门工资情况的操作就完成了。

行标签	部门人数	部门工资总额	各部门工资占比	部门最高工资	部门最低工资	部门平均工资
财务部	6	41282.14	12.34%	9291.4	5046.02	6880.36
技术部	9	53268.52	15.92%	9129	2838.33	5918.72
生产部	7	32626.11	9.75%	6281.76	3790.53	4660.87
销售部	11	61226.82	18.30%	8662.6	2790.81	5566.07
信息部	5	30583.6	9.14%	8453	4653.16	6116.72
后勤部	5	29464.81	8.80%	9107.96	3248.91	5892.96
办公室	3	14209.02	4.25%	5494.82	4031.12	4736.34
行政部	4	26857.68	8.03%	8305.64	5322.02	6714.42
贸易部	7	45131.05	13.49%	7960.52	3435.57	6447.29
总计	57	334649.75	100.00%	9291.4	2790.81	5871.05

3.8 创建动态透视表

动态透视表是一种交互式的表格，可以根据用户选择的不同数据源和字段进行动态更新和筛选。通过创建动态透视表，可以轻松地探索和分析大量数据，从而更好地理解数据的分布和关系。

打开“素材\ch03\3.8.xlsx”素材文件，在“Sheet1”工作表中可以看到已创建的数据透视表，如下图所示。

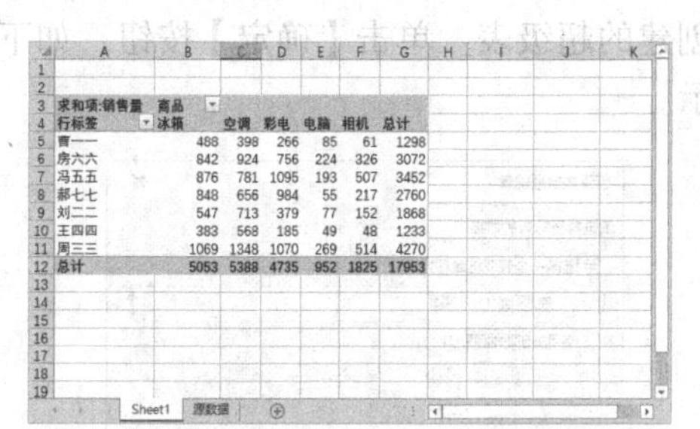

求和项:销售量	商品					
行标签	冰箱	空调	彩电	电脑	相机	总计
曹一一	488	398	266	85	61	1298
房六六	842	924	756	224	326	3072
冯五五	876	781	1095	193	507	3452
郝七七	848	656	984	55	217	2760
刘二二	547	713	379	77	152	1868
王四四	383	568	185	49	48	1233
周三三	1069	1348	1070	269	514	4270
总计	5053	5388	4735	952	1825	17953

此时，在“源数据”工作表中增加一行新的数据，如下图所示。

	A	B	C	D	E	F
600	2023/7/21	郝七七	郑州	冰箱	26	67600
601	2023/7/21	房六六	北京	冰箱	45	58000
602	2023/7/22	冯五五	南京	空调	37	78000
603	2023/7/22	郝七七	合肥	冰箱	75	150000
604	2023/7/22	曹一一	天津	空调	46	87600
605	2023/7/22	周三三	武汉	空调	30	70000
606	2023/7/22	房六六	沈阳	空调	58	106400
607	2023/7/23	郝七七	贵阳	彩电	61	62100
608	2023/7/23	房六六	天津	彩电	48	55200
609	2023/7/24	金老师	上海	冰箱	21	54600
610						

返回“Sheet1”工作表刷新数据透视表，数据透视表不会发生变化，此时需要单击【数据透视表分析】选项卡下【数据】组中的【更改数据源】按钮，选择【更改数据源】选项，在【更改数据透视表数据源】对话框中重新选择数据源，单击【确定】按钮，如下图所示。

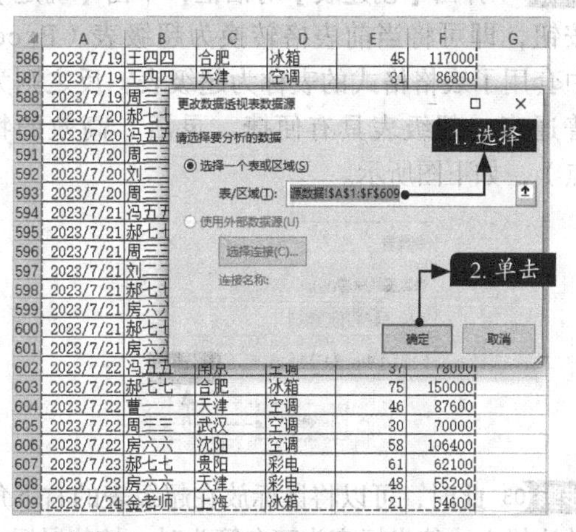

再次刷新就能实现数据透视表的更新，刷

新后的效果如下图所示。

求和项:销售量	列标签					
行标签	冰箱	彩电	电脑	空调	相机	总计
曹一一	488	266	85	398	61	1298
房六六	842	756	224	924	326	3072
冯五五	876	1095	193	781	507	3452
郝七七	848	984	55	656	217	2760
刘二二	547	379	77	713	152	1868
王四四	383	185	49	568	48	1233
周三三	1069	1070	269	1348	514	4270
金老师	21					21
总计	5074	4735	952	5388	1825	17974

这样的操作实际上是效率比较低的，那么怎样才能自动选择数据源，创建动态透视表呢？下面就来介绍具体的操作方法。

步骤 01 删除“3.8.xlsx”素材文件中新增的一行数据，在“源数据”工作表中选择数据区域中的任意单元格，单击【插入】选项卡下【表格】组中的【表格】按钮，如下图所示。

	日期	销售人员	城市	商品	销售量	销售额
2	2023/5/12	曹一一	武汉	彩电	22	29900
3	2023/5/12	刘二二	沈阳	冰箱	23	70200
4	2023/5/12	周三三	太原	电脑	24	344000
5	2023/5/12	周三三	贵阳	相机	25	154980
6	2023/5/12	曹一一	武汉	彩电	26	78200
7	2023/5/12	王四四	杭州	冰箱	27	62400
8	2023/5/12	周三三	天津	彩电	28	73600
9	2023/5/13	冯五五	郑州	电脑	29	111800
10	2023/5/13	周三三	沈阳	相机	30	125460
11	2023/5/13	周三三	太原	彩电	31	46000
12	2023/5/13	周三三	郑州	相机	32	158670
13	2023/5/13	房六六	上海	空调	33	126000
14	2023/5/13	王四四	南京	空调	34	95200

步骤 02 弹出【创建表】对话框，单击【确定】按钮，即可将当前表格转换为超级表（Excel中套用了表格格式的表称为超级表，反之则为普通表。超级表具有便捷、灵活、高效的特点），如下图所示。

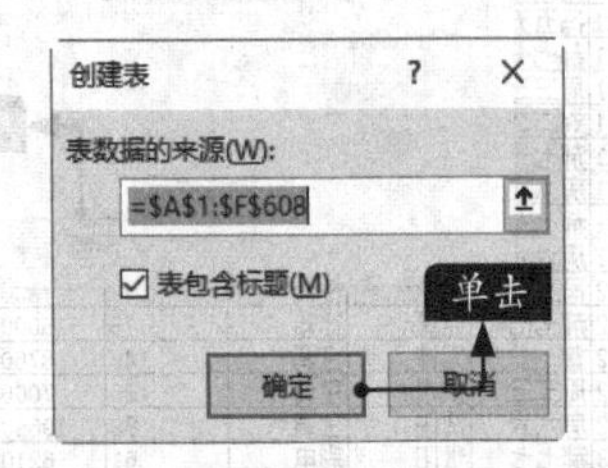

步骤 03 此时，可以将鼠标放在超级表的右下角的边缘上，待光标变为双向箭头时，按住鼠标左键并拖动以调整表格区域，如下图所示。

	A	B	C	D	E	F
592	2023/7/20	周三三	昆明	电脑	46	395600
593	2023/7/20	刘二二	贵阳	相机	11	40590
594	2023/7/20	周三三	天津	彩电	11	25300
595	2023/7/21	冯五五	北京	相机	38	140220
596	2023/7/21	郝七七	上海	空调	32	89600
597	2023/7/21	周三三	南京	空调	37	103600
598	2023/7/21	刘二二	杭州	冰箱	21	54600
599	2023/7/21	郝七七	武汉	彩电	24	55200
600	2023/7/21	房六六	太原	彩电	40	92000
601	2023/7/21	郝七七	郑州	冰箱	26	67600
602	2023/7/21	房六六	北京	冰箱	45	58000
603	2023/7/22	冯五五	南京	空调	37	78000
604	2023/7/22	郝七七	合肥	冰箱	75	150000
605	2023/7/22	曹一一	天津	空调	46	87600
606	2023/7/22	周三三	武汉	空调	30	70000
607	2023/7/22	房六六	沈阳	空调	58	106400
608	2023/7/23	郝七七	贵阳	彩电	61	62100
609	2023/7/23	房六六	天津	彩电	48	55200

步骤 04 选择超级表中的任意单元格，单击【表设计】选项卡下【工具】组中的【通过数据透视表汇总】按钮，如下图所示。

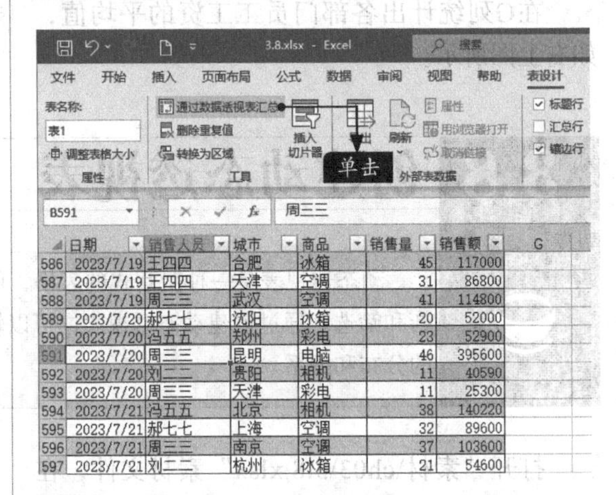

	日期	销售人员	城市	商品	销售量	销售额
586	2023/7/19	王四四	合肥	冰箱	45	117000
587	2023/7/19	王四四	天津	空调	31	86800
588	2023/7/19	周三三	武汉	空调	41	114800
589	2023/7/20	郝七七	沈阳	冰箱	20	52000
590	2023/7/20	冯五五	郑州	彩电	23	52900
591	2023/7/20	周三三	昆明	电脑	46	395600
592	2023/7/20	刘二二	贵阳	相机	11	40590
593	2023/7/20	周三三	天津	彩电	11	25300
594	2023/7/21	冯五五	北京	相机	38	140220
595	2023/7/21	郝七七	上海	空调	32	89600
596	2023/7/21	周三三	南京	空调	37	103600
597	2023/7/21	刘二二	杭州	冰箱	21	54600

步骤 05 弹出【创建数据透视表】对话框，此时可以看到【表/区域】中显示为“表1”，即当前创建的超级表。单击【确定】按钮，如下图所示。

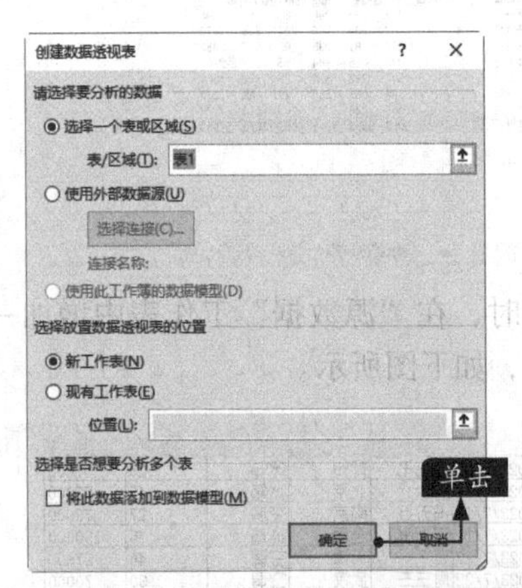

步骤 06 在【数据透视表字段】任务窗格中将【商品】字段拖曳至【列】区域，将【销售人员】字段拖曳至【行】区域，将【销售量】字

段拖曳至【值】区域，如下图所示。

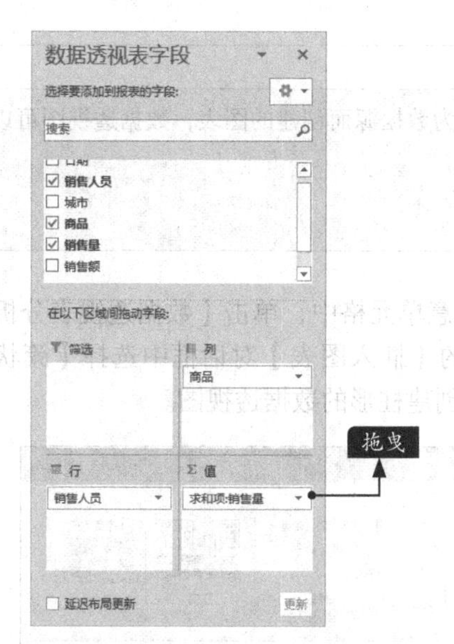

完成数据透视表的创建，如下图所示。

	A	B	C	D	E	F	G
1							
2							
3	求和项:销售量	列标签					
4	行标签	冰箱	空调	彩电	电脑	相机	总计
5	曹一一	488	398	266	85	61	1298
6	房六六	842	924	756	224	326	3072
7	冯五五	876	781	1095	193	507	3452
8	郝七七	848	656	984	55	217	2760
9	刘二二	547	713	379	77	152	1868
10	王四四	383	568	185	49	48	1233
11	周三三	1069	1348	1070	269	514	4270
12	总计	5053	5388	4735	952	1825	17953

步骤 07 选择“源数据”工作表，在第609行和第610行输入数据，如下图所示，可以看到新输入的数据自动被“表1”的格式覆盖。

	日期	销售人员	城市	商品	销售量	销售额	G
594	2019/7/21	冯五五	北京	相机	38	140220	
595	2019/7/21	郝七七	上海	空调	32	89600	
596	2019/7/21	周三三	南京	空调	37	103600	
597	2019/7/21	刘二二	杭州	冰箱	21	54600	
598	2019/7/21	郝七七	武汉	彩电	24	55200	
599	2019/7/21	房六六	太原	彩电	40	92000	
600	2019/7/21	郝七七	郑州	冰箱	26	67600	
601	2019/7/21	房六六	北京	冰箱	45	58000	
602	2019/7/22	冯五五	南京	空调	37	78000	
603	2019/7/22	郝七七	合肥	冰箱	75	150000	
604	2019/7/22	曹一一	天津	空调	46	87600	
605	2019/7/22	周三三	武汉	空调	30	70000	
606	2019/7/22	房六六	沈阳	空调	58	106400	
607	2019/7/23	郝七七	贵阳	彩电	61	62100	
608	2019/7/23	房六六	天津	彩电	48	55200	
609	2019/7/24	金老师	上海	冰箱	21	54600	
610	2019/7/24	王老师	郑州	空调	39	109200	
611							

小提示

在超级表中输入数据时，选择数据区域的最后一个单元格，再按【Tab】键，即可自动选择下一行的第1个单元格。

步骤 08 选择“Sheet2”工作表，在创建的数据透视表中单击鼠标右键，在弹出的快捷菜单中选择【刷新】选项，如下图所示。

小提示

此外，在【数据透视表分析】选项卡中单击【刷新】按钮，在弹出的下拉菜单中有【刷新】和【全部刷新】选项，选择【刷新】选项只会刷新单元格所在的数据透视表，而选择【全部刷新】选项则会刷新工作簿内所有的数据透视表。

可以看到新增的数据被纳入了数据透视表的统计结果，如下图所示。至此，创建动态透视表的操作就完成了。

	A	B	C	D	E	F	G
1							
2							
3	求和项:销售量	列标签					
4	行标签	冰箱	空调	彩电	电脑	相机	总计
5	曹一一	488	398	266	85	61	1298
6	房六六	842	924	756	224	326	3072
7	冯五五	876	781	1095	193	507	3452
8	郝七七	848	656	984	55	217	2760
9	刘二二	547	713	379	77	152	1868
10	王四四	383	568	185	49	48	1233
11	周三三	1069	1348	1070	269	514	4270
12	金老师	21					21
13	王老师		39				39
14	总计	5074	5427	4735	952	1825	18013

小提示

拖曳超级表右下角的箭头，可以改变“源数据”工作表的范围，也可以增加新列，最后只需要刷新数据透视表即可更新数据。

3.9 创建数据透视图

数据透视图是以数据透视表中显示的数据为数据源而创建的图表，数据透视图可以根据透视表中数据的变化自动更新。

创建数据透视图时，先将光标置于数据透视表的任意单元格中，单击【数据透视表分析】选项卡下【工具】组中的【数据透视图】按钮，在弹出的【插入图表】对话框中选择【簇状柱形图】选项，如下图所示。然后单击【确定】按钮，即可创建柱形的数据透视图。

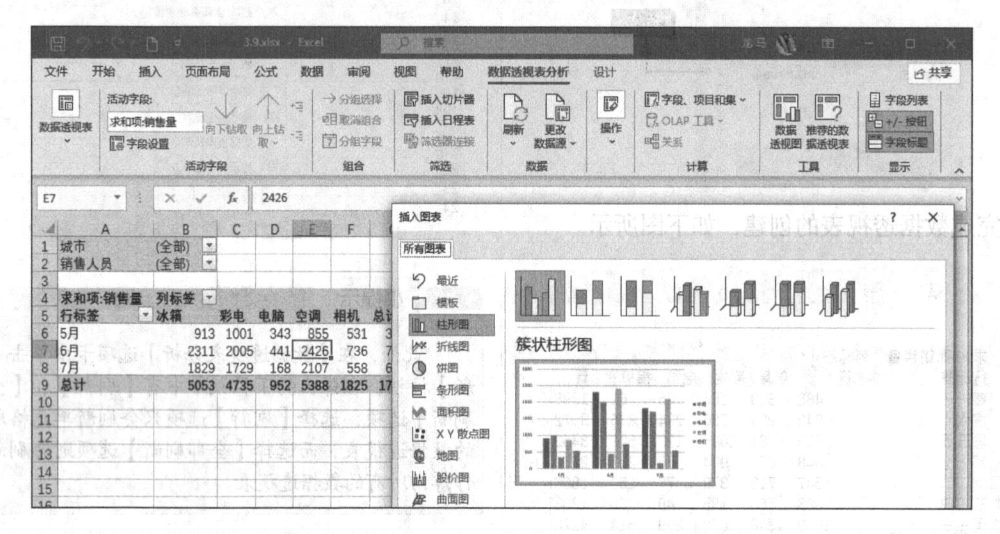

用户若希望将数据透视图单独存放在一张工作表中，可以将光标置于数据透视表的任意单元格中，然后按【F11】键，即可创建一张仅包含数据透视图的工作表。生成的数据透视图如下图所示。

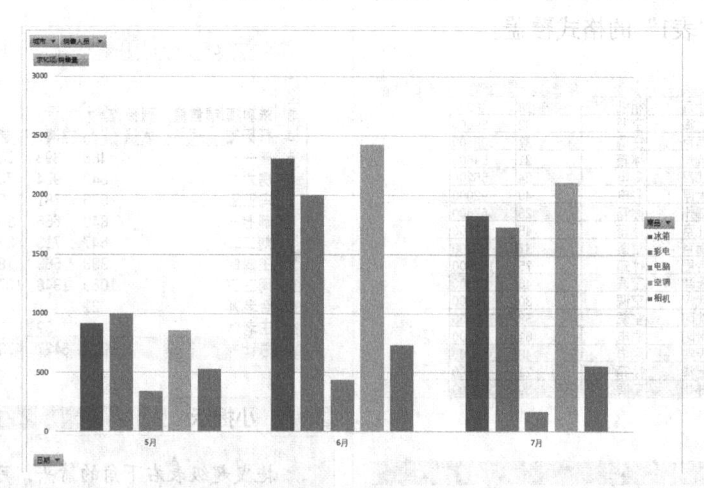

当选择数据透视图时，功能区中将出现【数据透视图分析】【设计】【格式】3个选项卡，其中【设计】和【格式】选项卡中的按钮与选择标准图表时是完全一样的，用户可按标准图表的操作方式操作数据透视图。数据透视表和数据透视图是双向连接的，如果其中一个发生结构或筛选功能上的变化，另一个也将发生同样的变化。

高手私房菜

技巧1：创建与删除切片器

使用切片器能够直观地筛选标准图表、数据透视表、数据透视图和多维数据集中的数据。使用切片器筛选数据首先需要创建切片器。创建切片器的具体操作步骤如下。

步骤01 打开 “素材\ch03\技巧.xlsx”文件，选择数据区域中的任意一个单元格，单击【插入】选项卡下【筛选器】组中的【切片器】按钮，如下图所示。

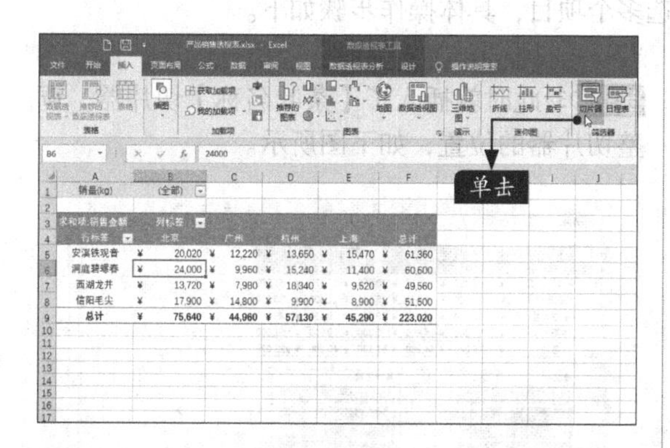

步骤02 弹出【插入切片器】对话框，选中【地区】复选框，单击【确定】按钮，如下图所示。

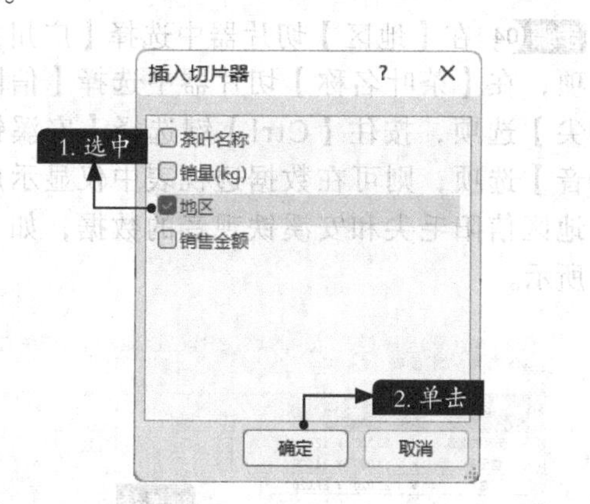

步骤03 此时就插入了【地区】切片器，如右上图所示，将鼠标指针放置在切片器上，按住鼠标左键并拖曳，可改变切片器的位置。

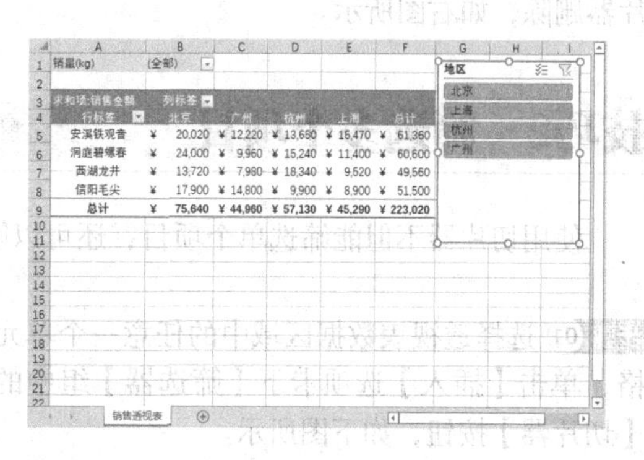

步骤04 在【地区】切片器中选择【广州】选项，则在数据透视表中仅显示广州地区各类茶叶的数据，如下图所示。

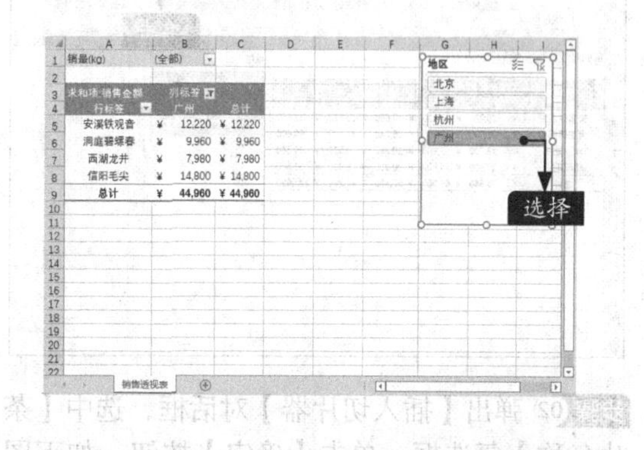

> **小提示**
>
> 单击【地区】切片器右上角的【清除筛选器】按钮或按【Alt+C】组合键，将清除已筛选的地区，并在数据透视表中显示所有地区的数据。

在Excel中，有以下两种方法可以删除不需要的切片器。

1. 按【Delete】键删除

选择要删除的切片器，按【Delete】键，即可将切片器删除。

小提示

使用切片器筛选数据后，按【Delete】键删除切片器，数据透视表中将仅显示筛选后的数据。

2. 选择【删除】命令删除

选择要删除的切片器（如【地区】切片器）并单击鼠标右键，在弹出的快捷菜单中选择【删除“地区”】选项，即可将【地区】切片器删除，如右图所示。

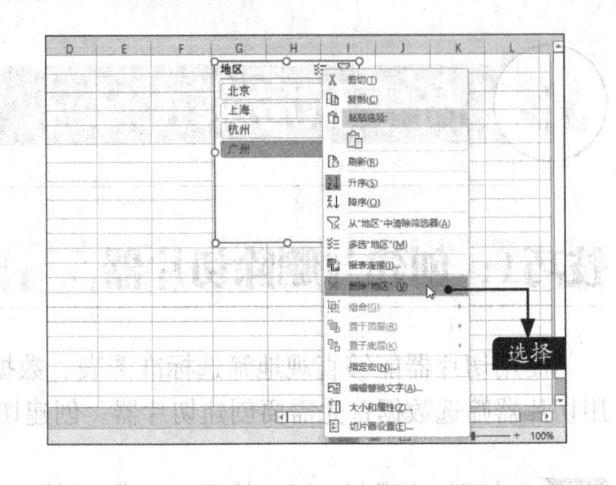

技巧2：筛选多个项目

使用切片器不但能筛选单个项目，还可以筛选多个项目，具体操作步骤如下。

步骤01 选择透视表数据区域中的任意一个单元格，单击【插入】选项卡下【筛选器】组中的【切片器】按钮，如下图所示。

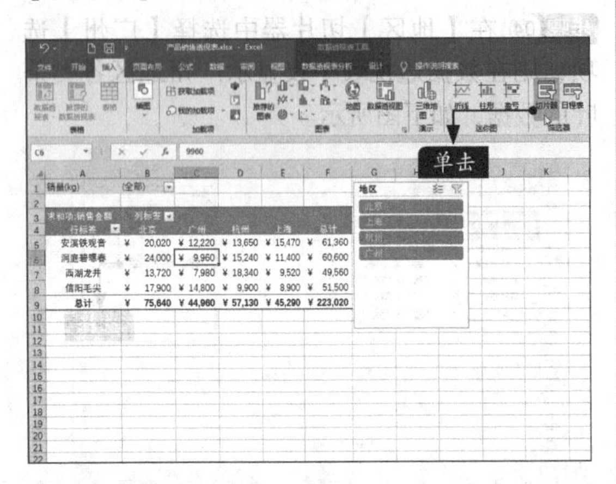

步骤02 弹出【插入切片器】对话框，选中【茶叶名称】复选框，单击【确定】按钮，如下图所示。

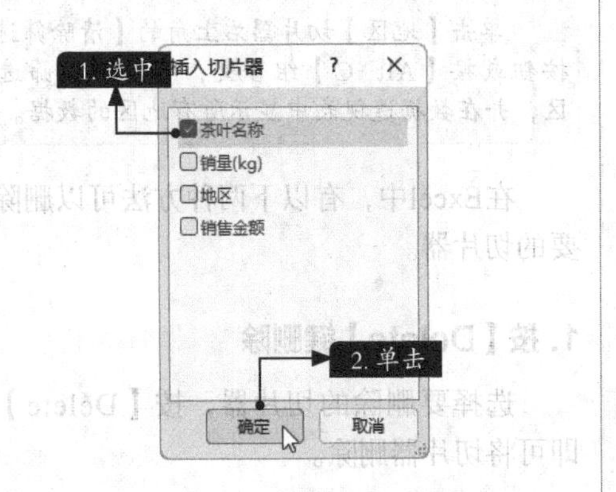

步骤03 此时就插入了【茶叶名称】切片器，调整切片器的位置，如下图所示。

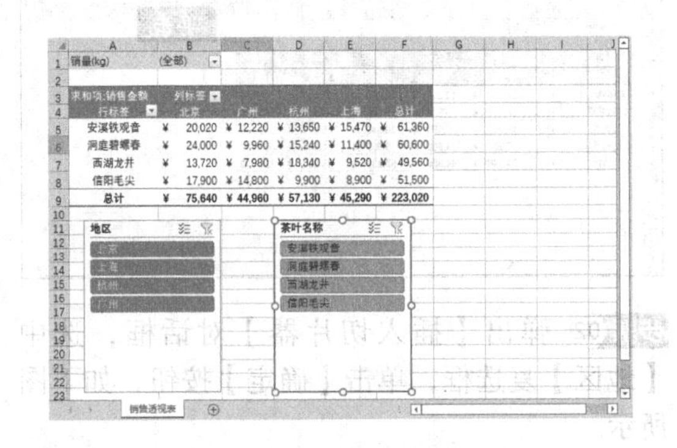

步骤04 在【地区】切片器中选择【广州】选项，在【茶叶名称】切片器中选择【信阳毛尖】选项，按住【Ctrl】键选择【安溪铁观音】选项，则可在数据透视表中仅显示广州地区信阳毛尖和安溪铁观音的数据，如下图所示。

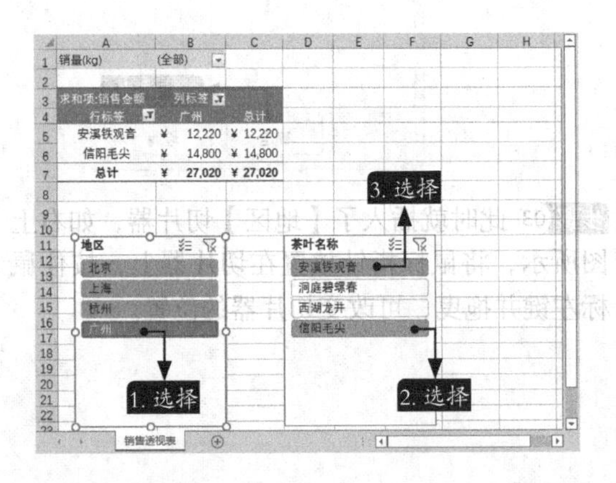

第4章

千算万算不如公式算

学习目标

公式是电子表格中的计算工具，可帮助用户快速准确地分析和处理数据。通过简单的语法规则，用户可以运用公式进行各种计算，如计算总和、平均数、最大值、最小值等。掌握公式，可以更有效地管理和分析数据，提高工作效率。

学习效果

C2　=B2/$B$2

	A	B	C	D
1	项目	金额	占收入百分比	
2	收入	98,700	100.00%	=B2/$B$2
3	费用			
4	成本	45,800	46.40%	=B4/$B$2
5	管理费用	15,000	15.20%	=B5/$B$2
6	销售费用	5,600	5.67%	=B6/$B$2
7	其他费用	400	0.41%	=B7/$B$2
8	费用总计	66,800	67.68%	=B8/$B$2
9	净利润	31,900	32.32%	=B9/$B$2
10				

相对引用　混合引用

E4　=B4/B$4

	A	B	C	D	E	F	G
1							
2					各项目占收入百分比：		
3	项目	一月	二月	三月	一月	二月	三月
4	收入	98,700	25000	35000	100.00%	100.00%	100.00%
5	费用						
6	成本	45,800	10000	18000	46.40%	40.00%	51.43%
7	管理费用	15,000	8000	5000	15.20%	32.00%	14.29%
8	销售费用	5,600	4500	2500	5.67%	18.00%	7.14%
9	其他费用	400	300	600	0.41%	1.20%	1.71%
10	费用总计	66,800	22,800	26,100	67.68%	91.20%	74.57%
11	净利润	31,900	2,200	8,900	32.32%	8.80%	25.43%

4.1 什么是公式和函数

在Excel中，计算有两种方式：一是运用公式，二是运用函数。但在实际工作中，为了便于交流，用户经常混用公式与函数这两个名词。

如在纸上计算1+1等于多少，写法是1+1=2，但在Excel中，公式中的等号（=）是放在前面的，如=1+1、=2*2、=(4+2)*3/2。为了输入方便，在Excel中乘号用星号（*）代替，除号用正斜线号（/）代替。可以这样说，在单元格中凡是由等号开头，并且返回计算结果的都是公式。

下图中的A2:A7单元格区域中有一系列数字，现需要计算它们的和、积、平均值、最大值、最小值。对于和、积、平均值，可以采用数学中的四则运算的公式计算得出结果，但对于最大值、最小值，则无法用四则运算的公式求出结果，并且对于大量的数据，若采用四则运算的公式进行计算，将非常烦琐和低效。

	A	B	C	D	E	F	G	H	I
1				公式	结果		函数	结果	
2	10		和	=A2+A3+A4+A5+A6+A7	52		=SUM(A2:A7)	52	
3	4		积	=A2*A3*A4*A5*A6*A7	122,880		=PRODUCT(A2:A7)	122,880	
4	16		平均值	=(A2+A3+A4+A5+A6+A7)/6	8.7		=AVERAGEA(A2:A7)	8.7	
5	8		最大值	?			=MAX(A2:A7)	16	
6	2		最小值	?			=MIN(A2:A7)	2	
7	12								
8									

为了方便高效地计算，Excel内置了函数。函数是Excel内置的计算功能模块，用户直接调用它们就可以进行各种各样的计算，而不需要手动地一个一个用四则运算的公式去计算。如计算上图中A2:A7单元格区域中的和、积、平均值、最大值、最小值，可分别使用SUM、PRODUCT、AVERAGEA、MAX、MIN函数。用户输入简短的函数名和相应参数，就可以立即计算出相应的结果。采用函数进行计算方便、高效，这种方法适用于解决各种场景下的各种复杂计算问题。

Excel中公式与函数的区别如下图所示。

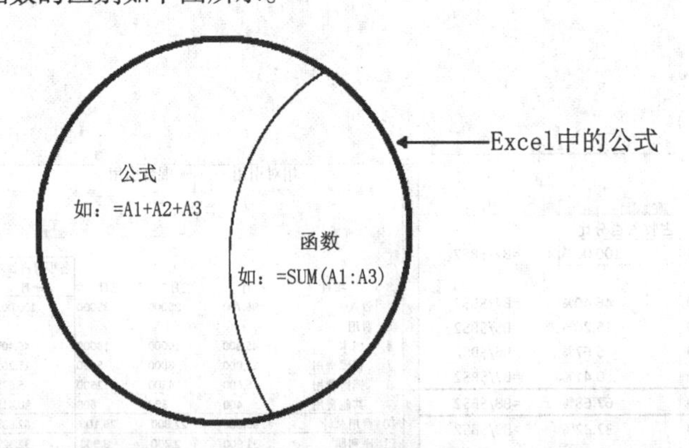

小提示

函数是公式的一种特殊形式，两者的组成元素、相关的属性都是一样的，并且在日常交流中，使用公式或使用函数的说法均正确。

1. 公式的组成元素

Excel中所有的公式的结构都相同，下页首图展示了公式的主要组成元素。

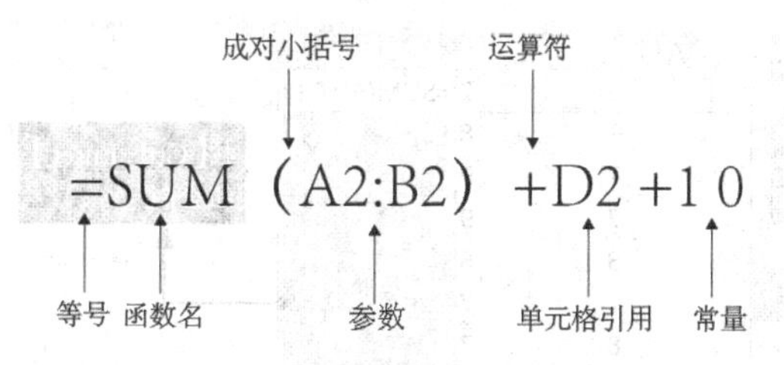

● 等号：作为公式的标志及前导符。

● 函数名：Excel内置的可供用户调用的计算模块的名称。

● 参数：使用函数计算的内容和对象。

● 成对小括号：包围参数的符号，同时也是一种运算符，它用于改变公式中运算的优先顺序。

● 运算符：运算的符号，如+、–、*、/、<、>、<=、>=、<>等。

● 单元格引用：代表单元格或单元格区域、命名区域的名称，利用单元格引用可间接调用存储在单元格中的数据。

● 常量：与单元格引用相对，指在公式中直接输入的数字常量或文本常量。

在Excel中，允许在公式中的运算符和操作数（指函数、单元格引用、常量等）之间留有空格，使用空格分隔公式的各个组成部分可增强公式的可读性。此外，公式如果较长，用户可以在指定处按【Alt+Enter】组合键强制让公式换行显示。

2. 公式的输入

在单元格中输入公式的步骤如下。

步骤01 选择要输入公式的单元格。

步骤02 输入一个等号（=），告诉Excel此单元格的内容是公式。

步骤03 输入公式的操作数及相关运算符。

步骤04 按【Enter】键结束对公式的编辑，若单元格中输入的是数组公式，需要按【Ctrl+Shift+Enter】组合键结束对数组公式的编辑，此时在单元格中会立即显示公式的计算结果。

3. 公式的修改、取消或撤销和删除

用户若需要对单元格中的公式进行修改，有以下3种方法。

（1）选中公式所在的单元格，按【F2】键进入编辑模式并修改公式。

（2）双击公式所在单元格，光标将会插入到单元格中，此时可对单元格中的公式进行修改。

（3）选中公式所在的单元格，将光标插入编辑栏内进行修改，如下图所示。

将光标插入编辑栏内

SUM | × ✓ fx | =SUM(A1:B1)

	A	B	C	D
1	1	2	=SUM(A1:B1)	

用户在输入、修改公式时，若想取消输入、修改，可直接按【Esc】键。若按【Enter】键确定输入内容后，则只能执行撤销命令或按【Ctrl+Z】组合键进行撤销。若要删除单元格中的公式，可选中该单元格，按【Delete】键即可。

4. 公式的复制

当多个单元格中的结构、计算规则相同时，用户在其中一个单元格中输入公式后，可通过复制公式的方式将该公式应用到其他单元格中，而不必在每个单元格中重复输入公式。复制公式可以极大提高公式的编写效率。复制公式有以下5种方法。

（1）将鼠标指针置于公式所在单元格的右下角，当鼠标指针变为黑色十字填充柄时，按住鼠标左键并向下拖曳至其他填充单元格区域，如下图所示。

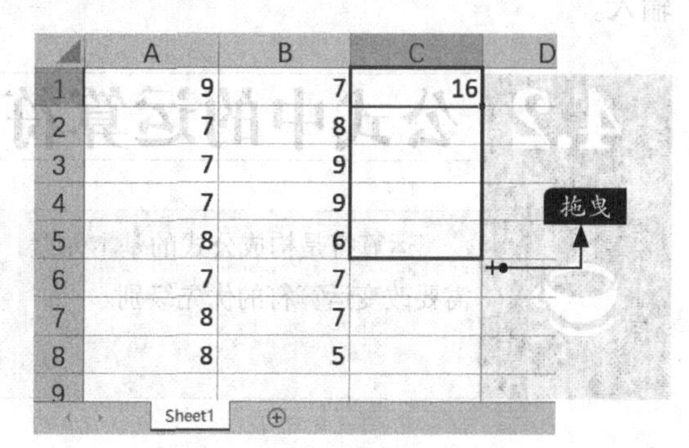

（2）双击单元格右下角的黑色十字填充柄，如下页首图所示，Excel会自动向下复制公式，但仅能对向下的列方向复制公式，并且只对相邻连续区域有效。如果该列下方有空行，

那么公式的复制会在空行处中断。

	A	B	C
1	9	7	16
2	7	8	
3	7	9	
4	7	9	
5	8	6	
6	7	7	
7	8	7	
8	8	5	

双击

（3）选中公式所在单元格及其下方需填充公式的单元格，单击【开始】选项卡下【编辑】组中的【填充】按钮，选择【向下】选项或按【Ctrl+D】组合键向下复制填充公式，如下图所示。

	A	B	C
1	9	7	16
2	7	8	
3	7	9	
4	7	9	
5	8	6	
6	7	7	
7	8	7	
8	8	5	

填充

（4）按【Ctrl+Enter】组合键可向多个相邻或不相邻的单元格中同时输入公式。在右上图中选中C1:C8单元格区域，在活动单元格（C1单元格）中输入公式，然后在编辑状态下，按【Ctrl+Enter】组合键批量完成公式输入。

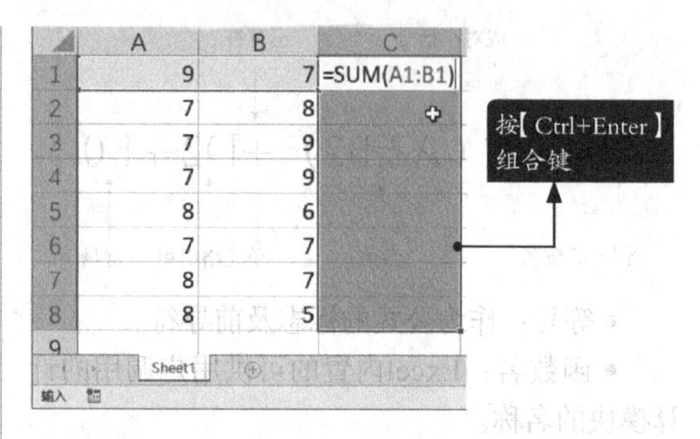

若C1单元格中已有公式，可在选中C1:C8单元格区域后，按【F2】键使C1单元格（公式所在单元格）进入编辑状态或将光标插入编辑栏中，然后按【Ctrl+Enter】组合键在选中区域一次性填充公式。

（5）可先复制公式所在单元格，然后再选择需要填充公式的单元格区域，再单击【开始】选项卡下的【粘贴】按钮，选择【公式】选项，如下图所示。此方式只会复制公式，而不会复制单元格格式。

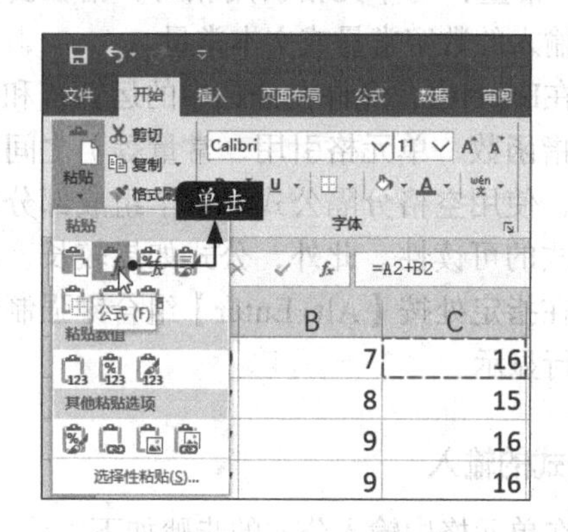

4.2 公式中的运算符

运算符是构成公式的基本元素，每个运算符代表一种特定的运算。在Excel中可以根据需要改变运算符的优先级别。

4.2.1 认识运算符

Excel包含4种类型的运算符：算术运算符、比较运算符、文本运算符和引用运算符。

1. 算术运算符

算术运算符主要用于加、减、乘、除等，下表所示为Excel中的常用算术运算符。

算术运算符	名称	实例
+	加号	=8+5
–	减号或负号	=–10+3
*	乘号	=6*3
/	除号	=80/5
^	幂运算符号	=9^2
%	百分号	=100*5%

在Excel中，“^”表示幂运算符号。例如，公式“=9^2”的结果为81（即9 × 9=81），而公式“=9^（1/2）”的结果为3，即对9开平方根。

2. 比较运算符

比较运算符主要用于比较数值的大小，同时也可以比较字符串。比较的结果是逻辑值，逻辑值的结果只有2个：TRUE和FALSE。TRUE表示真、成立，FALSE表示假、不成立。在Excel的逻辑判断中常用非0的值（如1、2、–2、0.5都是非0的值）表示TRUE，用0表示FALSE。下表所示为Excel中的比较运算符。

比较运算符	名称	实例
=	等号	=A1=A2，判断 A1 与 A2 单元格内容是否相等
>	大于号	=A1>5，判断 A1 单元格内容是否大于 5
<	小于号	=A1<5，判断 A1 单元格内容是否小于 5
>=	大于等于号	=A1>=5，判断 A1 单元格内容是否大于等于 5
<=	小于等于号	=A1<=5，判断 A1 单元格内容是否小于等于 5
<>	不等于号	=A1<>5，判断 A1 单元格内容是否不等于 5

3. 文本运算符

文本运算符“&”能将多个单元格中的内容或常量进行连接。在下图中，C1单元格中用“&”连接了A1与B1单元格中的内容，如果用“&”连接文本常量，必须对文本常量添加英文状态下的双引号。

	A	B	C	D
1	湖南	长沙	湖南长沙	
2				

C1 =A1&B1

小横线为文本常量，需要添加英文状态下的双引号

C1 =A1&"-"&B1

	A	B	C	D
1	湖南	长沙	湖南-长沙	
2				

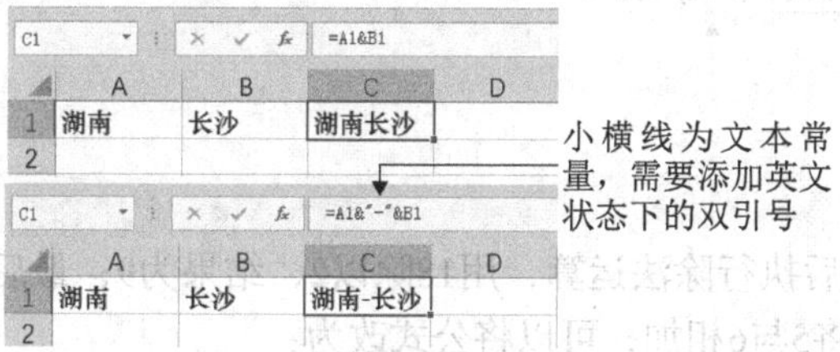

4. 引用运算符

引用运算符专门用来对单元格区域进行引用。下图所示为Excel中的引用运算符。

引用运算符	名称	实例
:	相邻区域运算符	=SUM(A1:C3)
,	联合运算符	=SUM(A1,C3,D5)
（空格）	交叉运算符	=SUM(A1:C3 B3:D5)

在下图中，“=SUM(A1:C3)”中的引用运算符为冒号（:），代表相邻区域运算符，即A1到C3的连续区域，该区域有9个相邻的连续单元格，求和结果为45。

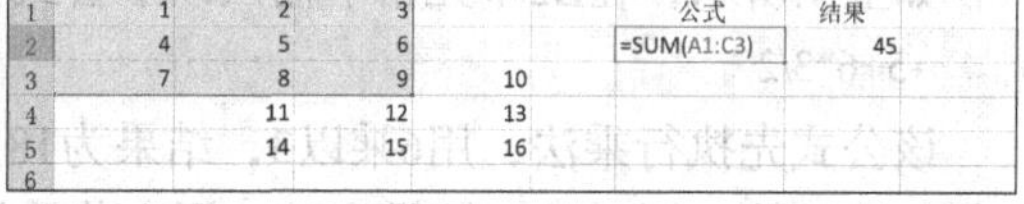

	A	B	C	D	E	F	G	H
1	1	2	3			公式	结果	
2	4	5	6			=SUM(A1:C3)	45	
3	7	8	9	10				
4		11	12	13				
5		14	15	16				

在下页首图中，“=SUM(A1,C3,D5)”中的引用运算符为逗号（，），代表联合运算符，即联合A1、C3和D5这3个单元格，这3个单元格的求和结果为26。

	A	B	C	D	E	F	G	H
1	1	2	3			公式	结果	
2	4	5	6			45	45	
3	7	8	9	10		=SUM(A1,C3,D5)	26	
4		11	12	13				
5		14	15	16				
6								

在右图中，“=SUM(A1:C3 B3:D5)”中的引用运算符为空格。空格代表交叉运算符，即A1:C3与B3:D5的相交单元格区域（B3:C3单元格区域），该区域有2个单元格，求和结果为17。

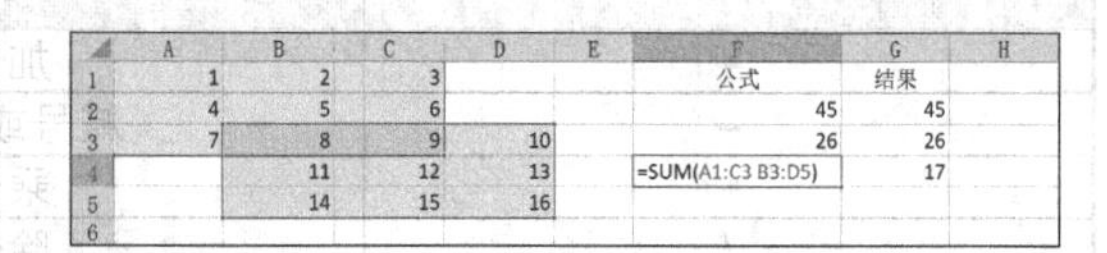

	A	B	C	D	E	F	G	H
1	1	2	3			公式	结果	
2	4	5	6			45	45	
3	7	8	9	10		26	26	
4		11	12	13		=SUM(A1:C3 B3:D5)	17	
5		14	15	16				
6								

4.2.2 运算符的优先顺序

默认情况下，Excel按照从左到右的顺序对公式进行运算。当公式中含有多个运算符时，Excel将根据各个运算符的优先级进行运算；对于同一级的运算符，按从左到右的顺序运算。Excel中的运算符优先顺序与数学中的相同。Excel中的运算符优先顺序如下表所示。

优先级	符号	说明
第 1 级（最先计算）	（）	成对小括号
第 2 级	，:（空格）	引用运算符
第 3 级	–	算术运算符：负号
第 4 级	%	算术运算符：百分号
第 5 级	^	算术运算符：幂运算符号
第 6 级	* 和 /	算术运算符：乘号和除号
第 7 级	+ 和 –	算术运算符：加号和减号
第 8 级	&	文本运算符
第 9 级	=、>、<、>=、<=、<>	比较运算符

4.2.3 通过嵌套括号来改变运算符优先顺序

在Excel公式中，用户可使用成对小括号改变公式中默认的运算符优先顺序，如下图所示。

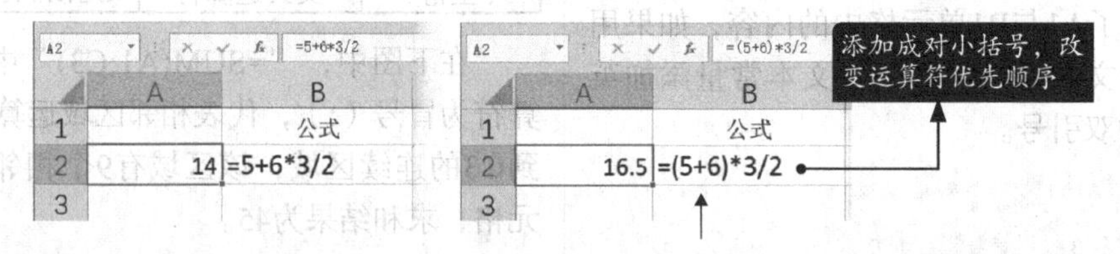

如上图所示，在B2单元格中输入以下公式：

```
=5+6*3/2
```

该公式先执行乘法，用6乘以3，结果为18；然后执行除法运算，用18除以2，结果为9；最后执行加法运算，用5加9，结果为14。用户若希望先将5与6相加，可以将公式改为：

```
=(5+6)*3/2
```

此时先执行加法运算，用5加6，结果为11，然后乘以3再除以2，结果为16.5。

使用成对小括号改变运算符优先顺序时，成对小括号可以嵌套使用；当有多组成对小括号时，最内层的成对小括号将优先运算。

4.3 单元格引用

在Excel中用字母表示列，用数字表示行，每个单元格地址则由字母加数字来表示，如“B5”表示B列第5行的单元格。在公式中使用单元格地址，从而间接调用存储在单元格中数据的方法称为单元格引用。

如下图所示，在C1单元格中输入以下公式：

=A1+B1

按【Enter】键，结果等于7，其中的A1和B1就是单元格地址。使用单元格引用的优点是当用户修改A1或B1单元格中的值时，C1单元格中会立即更新公式的计算结果。

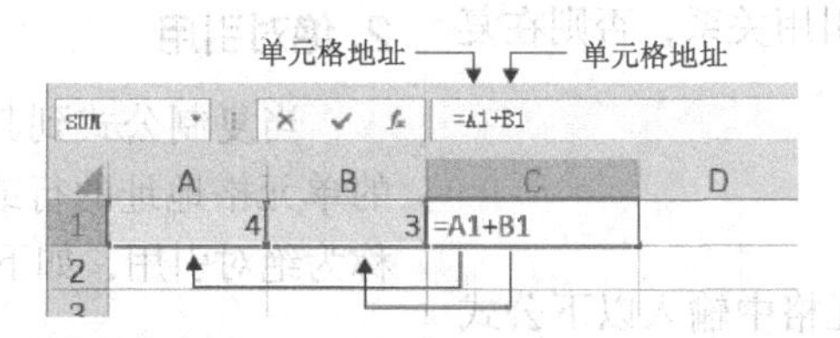

4.3.1 单元格地址的输入方式

在公式或函数的书写中，用户往往需要输入单元格地址。在公式或函数中输入单元格地址有两种方式。

（1）手动输入。选中某个单元格，先输入一个等号“=”，再输入公式结构。当正确输入单元格地址时，公式所在单元格会被用带颜色的方框标识，如下图所示。

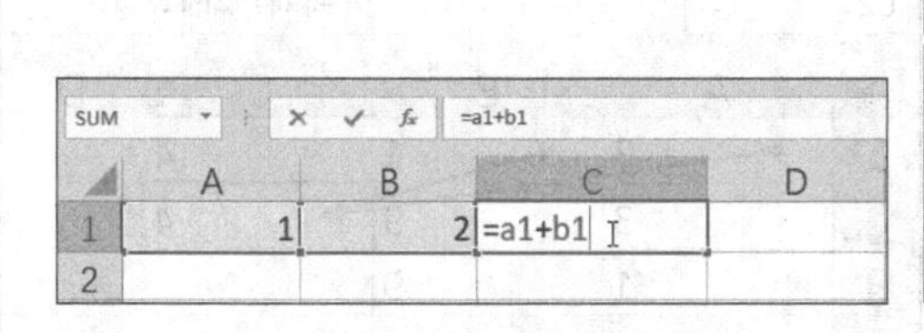

> **小提示**
>
> 在手动输入单元格地址时可以不区分大小写，因为在确定输入公式后，Excel会自动将单元格地址全部转换成大写。

（2）单击单元格或选择单元格区域，如下图所示。

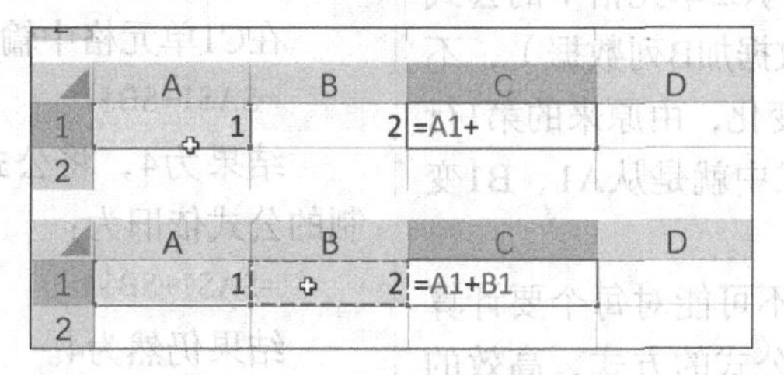

4.3.2 单元格引用的类型

如下页首图所示，在A1单元格中输入以下公式：

=B1

则B1是A1的引用单元格，A1是B1的从属单元格。在Excel中从属单元格与引用单元格之间的关系有3种，分别是相对引用关系、绝对引用关系、混合引用关系。

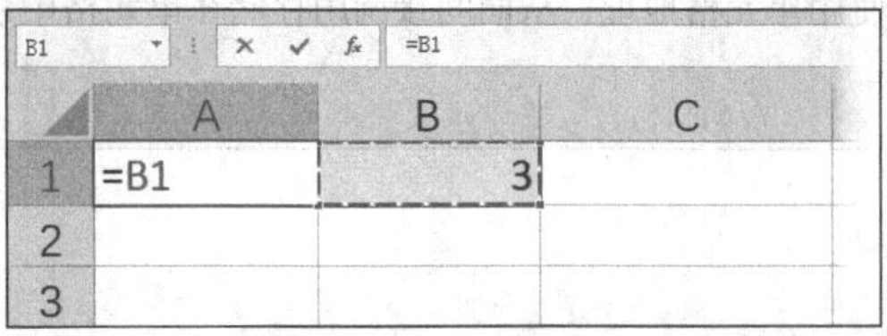

B1 | =B1

	A	B	C
1	=B1	3	
2			
3			

不同的引用关系将影响复制公式后的结果。用户若复制含单元格地址的公式到其他单元格，一定要考虑上述3种引用关系，否则在复制公式时极易产生错误。

1. 相对引用

如下图所示，在C1单元格中输入以下公式来计算同一行中A、B两列的和：

=A1+B1

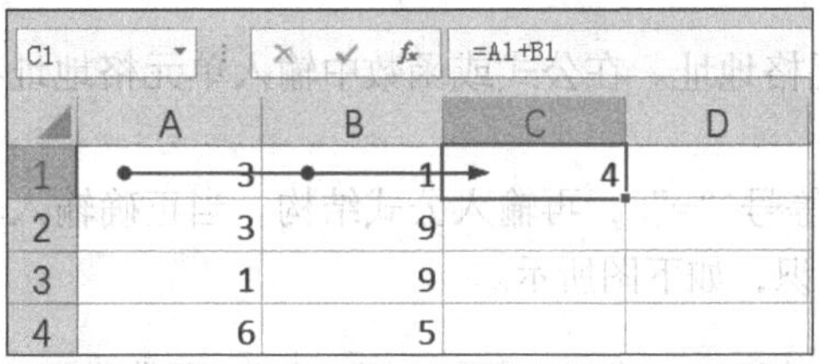

C1 | =A1+B1

	A	B	C	D
1	3	1	4	
2	3	9		
3	1	9		
4	6	5		

C1单元格的计算结果为4，但要计算的不只是第一行的数据，下面还有3行数据需要进行相同结构的计算。可以继续在C2单元格中输入以下公式：

=A2+B2

观察后可以发现，C1与C2单元格中的公式结构是相同的（都是A列数据加B列数据），不同之处仅仅在于行发生了变化，由原来的第1行变成了第2行，反映到公式中就是从A1、B1变成A2、B2。

在实际工作中，用户不可能对每个要计算的单元格都采用手动输入公式的方式，高效的方式是复制公式。复制公式的意思就是将第一个单元格中的公式结构应用到其他的单元格中，但是其他单元格中公式所包含的单元格地址肯定跟第一个单元格中公式所包含的单元格地址是不相同的，所以Excel为了保证在复制出的公式能正确地进行运算，就必须引用一种机制。这种机制就是在复制公式的过程中，引用的单元格地址能动态地发生变化。如下图所示，在C1单元格中输入公式“=A1+B1”后，在向下复制公式的过程中，公式结构保持不变，但引用的单元格地址却发生了变化。

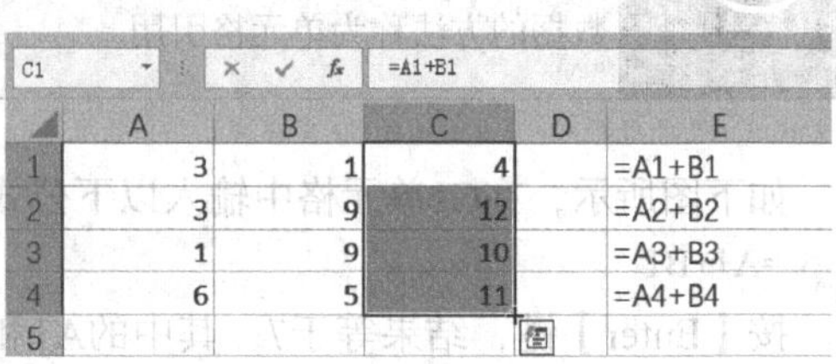

C1 | =A1+B1

	A	B	C	D	E
1	3	1	4		=A1+B1
2	3	9	12		=A2+B2
3	1	9	10		=A3+B3
4	6	5	11		=A4+B4
5					

2. 绝对引用

当复制公式到其他单元格时，公式中引用的单元格地址的行或列不发生改变，此种方式称为绝对引用，如下图所示。

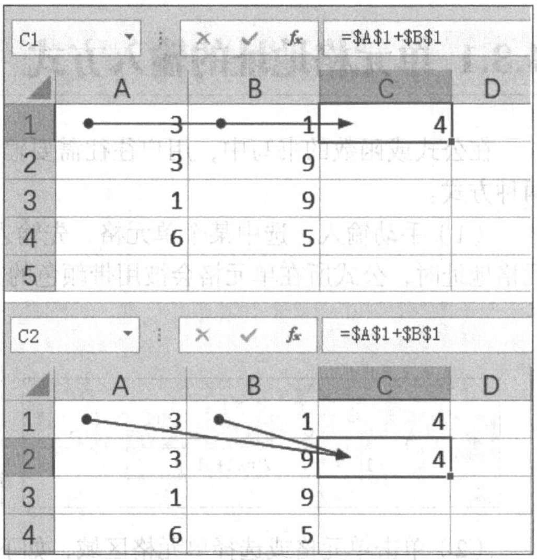

C1 | =$A$1+$B$1

	A	B	C	D
1	3	1	4	
2	3	9		
3	1	9		
4	6	5		
5				

C2 | =$A$1+$B$1

	A	B	C	D
1	3	1	4	
2	3	9	4	
3	1	9		
4	6	5		

在C1单元格中输入以下公式：

=$A$1+$B$1

结果为4，将公式复制到C2单元格，则复制的公式依旧为：

=$A$1+$B$1

结果仍然为4。

3. 混合引用

在复制公式时，引用的单元格地址中的行或列有一个会发生变化，而另一个不会发生变化，此种方式称为混合引用，如下页首图所示。

$2:用于固定“长”所在的第2行　　$B:用于固定“宽”所在的B列

C3　=C$2*$B3

	A	B	C	D	E	F	G
1				长			
2			1	2	3	4	
3		5	5				
4	宽	6					
5		7					
6		8					
7							

F6　=F$2*$B6

	A	B	C	D	E	F	G
1				长			
2			1	2	3	4	
3		5	5	10	15	20	
4	宽	6	6	12	18	24	
5		7	7	14	21	28	
6		8	8	16	24	32	
7							

要计算不同长宽的面积，可在C3单元格中输入以下公式：

```
=C$2*$B3
```

C$2表示固定“长”所在的第2行，即向下复制拖动公式时能始终引用第2行，相对引用C列，即向右拖动复制公式能动态引用D列、E列和F列。$B3表示固定“宽”所在的B列，即向右复制拖动公式时能始终引用B列，相对引用是第3行，即向下拖动复制公式时能动态引用第4行、第5行、第6行。

下表列出了在不同引用类型下复制公式时单元格地址的变化。

引用类型	行（数字）	列（字母）	说明
B3	相对	相对	行列均未锁定，上下左右复制公式时行列的引用都会发生改变
$B$3	绝对（锁定）	绝对（锁定）	把 B 列和第 3 行都锁定，上下左右复制公式时行列的引用都不会发生改变
$B3	相对	绝对（锁定）	把 B 列锁定了，左右复制公式时列的引用不会发生改变，而行的引用会发生改变
B$3	绝对（锁定）	相对	把第 3 行锁定了，上下复制公式时行的引用不会发生改变，而列的引用会发生变化

在进行绝对引用与混合引用时，用户手动输入“$”较为烦琐，可按【F4】键在4种引用类型间循环切换，如下表所示。

引用类型	按【F4】键的次数
A1	不按，初始输入
$A$1	1 次
A$1	2 次
$A1	3 次
A1	4 次（返回原始的相对引用状态）

4.3.3 引用自动更新

在公式中引用单元格或单元格区域时，如果在工作表中插入新列、删除被引用单元格周边的单元格，那公式中的引用会自动更改，如下图所示。

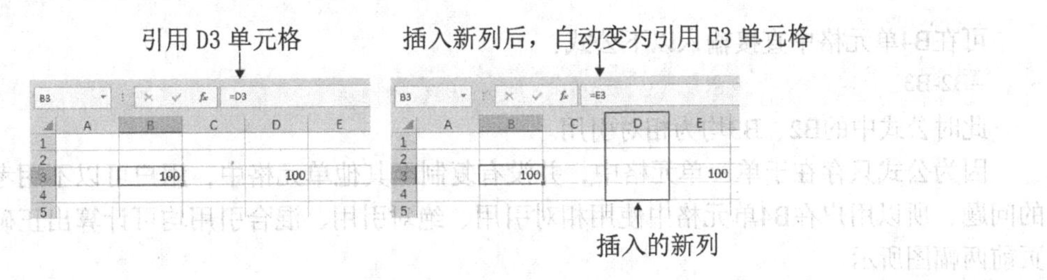

如果在被引用区域的内部插入新行，公式中的引用区域会自动扩展，但如果在原来被引用区域的外部插入新行，则公式中的引用区域不会自动扩展，如下图所示。

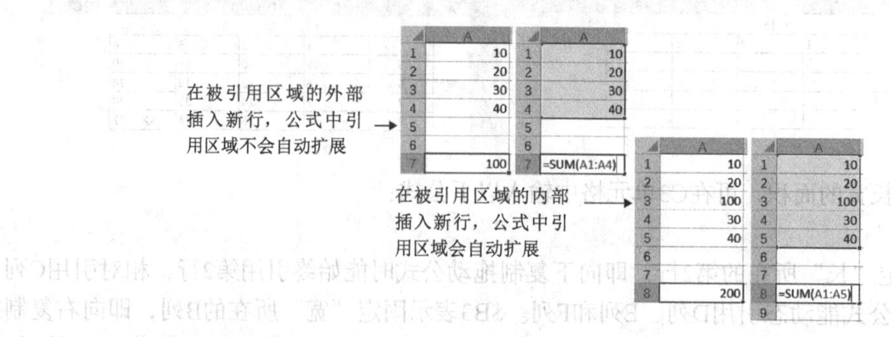

如果删除了被引用的单元格区域，或是删除了被引用的工作表，公式所在单元格会显示“#REF!”，如下图所示。

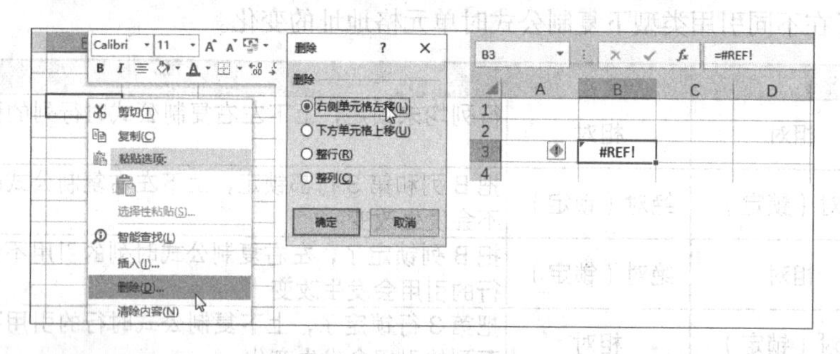

4.3.4 选择正确的引用类型

当复制公式时，正确地使用引用类型是公式计算正确的关键。引用类型虽只有3种，但在不同的情形下灵活、正确地使用引用类型是众多Excel学习者的难点。下面列举一些案例，帮助读者熟练使用引用类型，读者可打开“素材\ch04\4.3.4.xlsx”素材文件操作。

1. 使用相对引用

例1 下图所示的表用于计算收入减去费用后的利润。

相对引用

B4 =B2-B3

	A	B	C	D
1	月份	一月		
2	收入	300		
3	费用	200		
4	利润	100	=B2-B3	
5				

可在B4单元格中直接输入以下公式：

```
=B2-B3
```

此时公式中的B2、B3均为相对引用。

因为公式只存在于单一单元格中，并没有复制至其他单元格中，用户可以不用考虑引用类型的问题，所以用户在B4单元格中使用相对引用、绝对引用、混合引用均可计算出正确结果，如下页前两幅图所示。

绝对引用

名称框：B4　编辑栏：=$B$2-$B$3

	A	B	C	D
1	月份	一月		
2	收入	300		
3	费用	200		
4	利润	100	=$B$2-$B$3	
5				
6				

混合引用

名称框：B4　编辑栏：=B$2-B$3

	A	B	C	D
1	月份	一月		
2	收入	300		
3	费用	200		
4	利润	100	=B$2-B$3	
5				
6				

例2 下图所示的表用于计算多个月收入减去费用后的利润。

相对引用

名称框：B4　编辑栏：=B2-B3

	A	B	C	D	E
1	月份	一月	二月	三月	
2	收入	300	500	600	
3	费用	200	350	400	
4	利润	100	150	200	
5					

在B4单元格中输入以下公式：

=B2-B3

然后复制公式至C4:D4单元格区域，即可以计算二月和三月的利润，此时公式中的B2、B3均为相对引用。

此例中因要复制公式至其他单元格，故用户需要考虑公式中单元格地址的引用类型。因B4单元格中的公式要向右复制，即要动态引用右边二月、三月的数据，所以要对列进行相对引用。

此外，因为只向右复制公式，并不向下复制公式，所以行号不会变化，故不用考虑行号的引用类型，即在代表行号的数字“2”或“3”前面加或不加“$”符号均可计算出正确结果。

2. 使用绝对引用

例1 右上图所示的表用于计算税额（税额=销售额*税收比率）。

绝对引用

名称框：B4　编辑栏：=A4*$B$1

	A	B	C	D
1	税收比率	10%		
2				
3	销售额	税额		
4	1,000	100		
5	2,000	200		
6	3,000	300		
7	2,000	200		
8	5,000	500		
9	6,000	600		
10				

在B4单元格中输入以下公式：

=A4*$B$1

然后复制公式至B5:B9单元格区域，即可计算各销售额所对应的税额。因为每个销售额都乘以固定税收比率，所以公式中B1单元格的地址要固定，需采用“$B$1”的写法。在向下复制公式的时候，需动态引用下方各行的销售额，所以A4为相对引用。

又因B4单元格中的公式只向下复制，并不向左右复制，即公式始终在B列，故公式“=A4*$B$1”中的$B$1可写成B$1，而A4也可写成$A4，如下图所示。

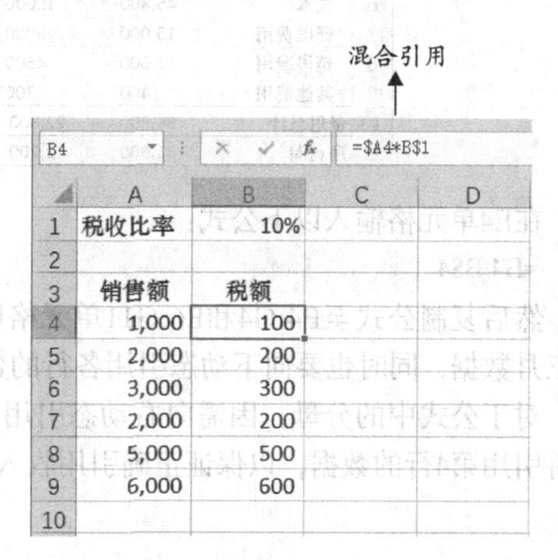

例2 在下图所示的表中需计算B列中各项金额占收入（B2单元格）的百分比。

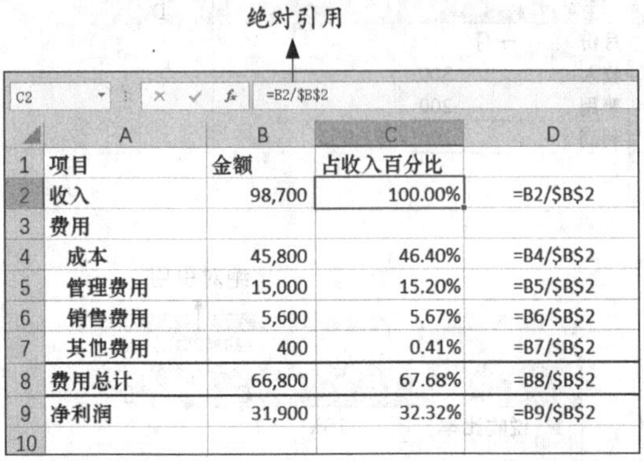

绝对引用

C2 =B2/$B$2

	A	B	C	D
1	项目	金额	占收入百分比	
2	收入	98,700	100.00%	=B2/$B$2
3	费用			
4	成本	45,800	46.40%	=B4/$B$2
5	管理费用	15,000	15.20%	=B5/$B$2
6	销售费用	5,600	5.67%	=B6/$B$2
7	其他费用	400	0.41%	=B7/$B$2
8	费用总计	66,800	67.68%	=B8/$B$2
9	净利润	31,900	32.32%	=B9/$B$2
10				

在C2单元格中输入以下公式：

=B2/$B$2

然后复制公式至C4:C9单元格区域，即可计算各项金额占收入的百分比，因为要始终引用B2单元格中的收入，所以公式中的分母需写成$B$2。

3. 使用混合引用

例 下图所示的ROWS函数用于计算单元格区域的行数。

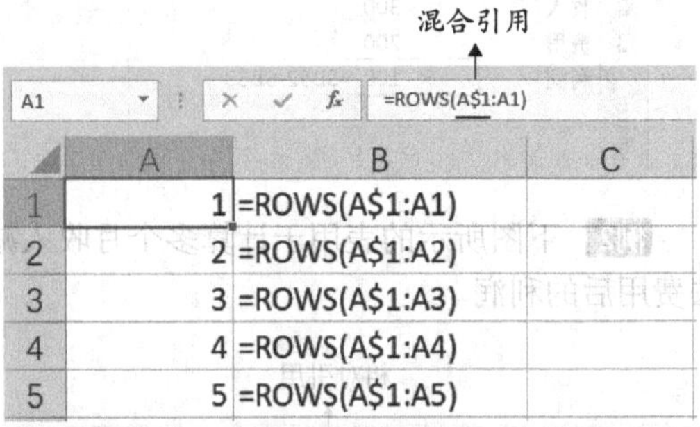

混合引用

A1 =ROWS(A$1:A1)

	A	B	C
1	1	=ROWS(A$1:A1)	
2	2	=ROWS(A$1:A2)	
3	3	=ROWS(A$1:A3)	
4	4	=ROWS(A$1:A4)	
5	5	=ROWS(A$1:A5)	

在A1单元格中输入以下公式：

=ROWS(A$1:A1)

然后复制公式至A2:A8单元格区域，即可以生成有序序列，此公式中的区域运算符的前一部分采用“A$1”的写法，其目的是始终固定第1行，而后一部分采用相对引用的写法可在向下复制公式时扩展行数，从而形成序列。

4. 使用相对引用与混合引用

例 下图所示的表左侧为一月至三月各项目的金额，右侧用于计算各月各项目金额占对应月份收入的百分比。

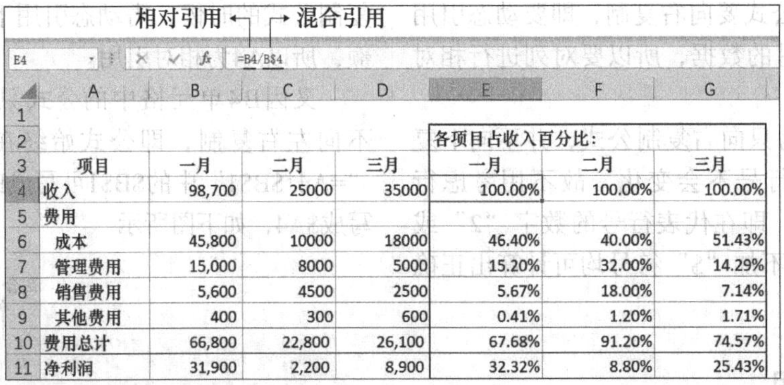

相对引用 混合引用

E4 =B4/B$4

	A	B	C	D	E	F	G
1							
2					各项目占收入百分比：		
3	项目	一月	二月	三月	一月	二月	三月
4	收入	98,700	25000	35000	100.00%	100.00%	100.00%
5	费用						
6	成本	45,800	10000	18000	46.40%	40.00%	51.43%
7	管理费用	15,000	8000	5000	15.20%	32.00%	14.29%
8	销售费用	5,600	4500	2500	5.67%	18.00%	7.14%
9	其他费用	400	300	600	0.41%	1.20%	1.71%
10	费用总计	66,800	22,800	26,100	67.68%	91.20%	74.57%
11	净利润	31,900	2,200	8,900	32.32%	8.80%	25.43%

在E4单元格输入以下公式：

=B4/B$4

然后复制公式至E4:G4和E6:G11单元格区域，对于公式中的分子，因为需向右动态引用二月和三月数据，同时也要向下动态引用各行的数据，所以需进行相对引用。

对于公式中的分母，因需向右动态引用二月和三月的数据，所以列为相对引用，又因要始终保持引用第4行的数据，以保证正确引用收入，所以行为绝对引用。

高手私房菜

技巧1：Excel下方快速显示统计数据

在职场中经常要对部分数据进行求和、计算平均值、计数、计算最小值和最大值等操作，例如需要计算特定产品的售价总和，需要统计特定人员的平均年龄，等等。Excel为了帮助我们快速地解决常见的数据统计问题，提供了一种非常简便的功能：选中数据区域后，Excel下方会显示统计数据。具体的步骤如下。

步骤01 打开“素材\ch04\技巧1.xlsx”素材文件，选中B6:B9单元格区域，在Excel下方会直接显示选中的B6:B9单元格区域的平均值为“16,700”，计数结果为“4”，求和结果为“66,800”。

	A	B	C	D	E	F
2						
3	项目	一月	二月	三月		
4	收入	98,700	25000	35000		
5	费用					
6	成本	45,800	10000	18000		
7	管理费用	15,000	8000	5000		
8	销售费用	5,600	4500	2500		
9	其他费用	400	300	600		
10	费用总计	66,800	22,800	26,100		
11	净利润	31,900	2,200	8,900		
12						

Sheet1

步骤02 如果要显示最小值和最大值，可以在显示统计数据处单击鼠标右键，在弹出的快捷菜单中选择【最小值】【最大值】选项。

	A	B
3	项目	一月
4	收入	98,700
5	费用	
6	成本	45,800
7	管理费用	15,000
8	销售费用	5,600
9	其他费用	400
10	费用总计	66,800
11	净利润	31,900
12		

> **小提示**
>
> 在弹出的快捷菜单中，选择某个选项后，会在前方显示“√”，如果要取消某项的显示，只需要再次选择该选项。

步骤03 再次选中B6:B9单元格区域，在Excel下方会直接显示选中的B6:B9单元格区域的最小值为“400”，最大值为“45,800”。

	A	B	C	D	E	F
2						
3	项目	一月	二月	三月		
4	收入	98,700	25000	35000		
5	费用					
6	成本	45,800	10000	18000		
7	管理费用	15,000	8000	5000		
8	销售费用	5,600	4500	2500		
9	其他费用	400	300	600		
10	费用总计	66,800	22,800	26,100		
11	净利润	31,900	2,200	8,900		
12						

Sheet1

平均值: 16,700 计数: 4 最小值: 400 最大值: 45,800 求和: 66,800

> **小提示**
>
> 当所选区域中的数据不是数字时，Excel就仅会显示计数效果，而不会显示平均值、最大值、最小值以及总和。

技巧2：引用其他工作表中的单元格或单元格区域

若要引用同一工作簿中其他工作表的单元格或单元格区域，在公式编辑状态下，单击相应的工作表标签，选择相应的单元格或单元格区域，按【Enter】键即可。

同一工作簿内跨工作表引用的格式为“工作表名!引用区域”。例如，以下公式表示对Sheet1工作表中的A2单元格的引用。

=Sheet1!A2

步骤01 打开“素材\ch04\技巧2.xlsx”素材文件，在“汇总表”工作表的B1单元格中输入“=”。

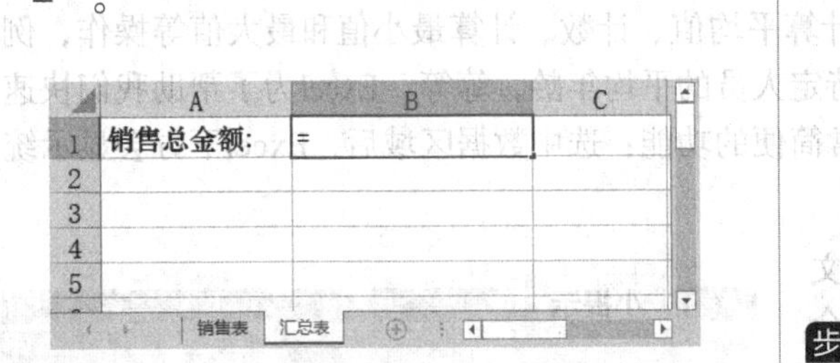

步骤02 选择“销售表”工作表，选择D2单元格，即可看到编辑栏中会显示“=销售表!D2”。

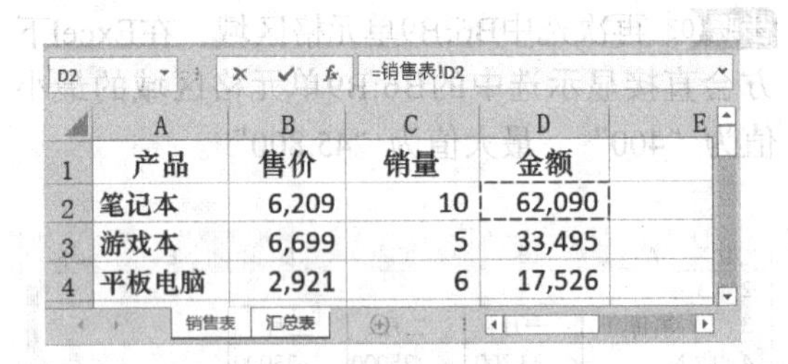

步骤03 在编辑栏中输入“+”，选择D3单元格，再输入“+”，选择D4单元格。

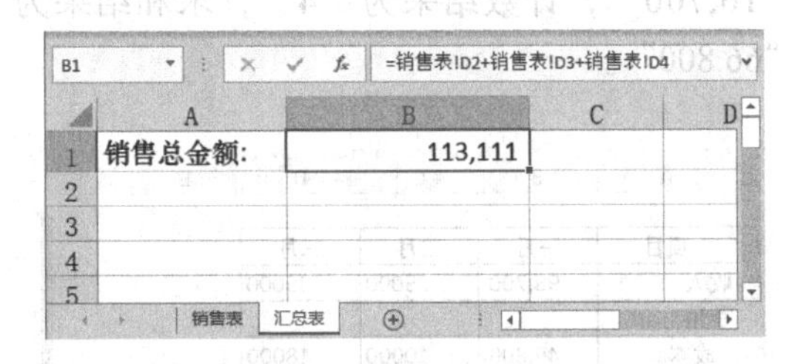

步骤04 按【Enter】键，即可看到引用其他工作表中单元格后的计算结果。

技巧3：引用其他工作簿中的单元格或单元格区域

Excel允许在公式中引用外部工作簿中的单元格或单元格区域。在当前工作簿中引用外部工作簿的数据时，则当前工作簿为链接工作簿，外部工作簿为源工作簿。

跨工作簿引用的格式如下。

[工作簿名称]工作表名!引用区域

下图所示为在A1单元格中引用其他工作簿中的数据。当前工作簿中的A1单元格引用了名为“技巧2.xlsx”工作簿中“汇总表”工作表下B1单元格内的数据，公式如下。

=[技巧2.xlsx]汇总表!$B$1

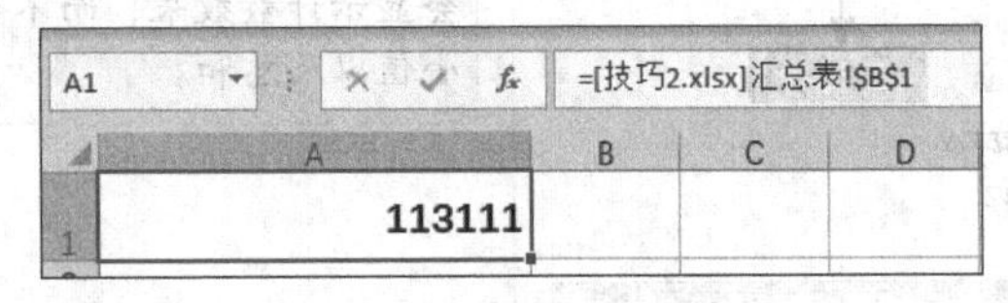

如果关闭了被引用的工作簿，则Excel会在公式中自动添加被引用工作簿的保存路径。

第5章

小函数，大魔法

学习目标

函数可以满足用户需求，帮助用户解决遇到的问题。使用函数是一个需要不断优化、改进公式的过程，这个过程可以加深我们对函数的理解。

学习效果

H3 =SUMIFS($D:$D,$B:$B,$G3,$C:C,H2)

邮费单号	尺寸大小	地区代码	邮费
5-530-304	5	5	37.79
8-050-985	1	1	15.29
4-001-407	4	2	20.29
5-858-096	4	2	20.29
5-022-696	2	2	14.69
7-632-277	4	5	34.89
5-426-935	5	3	26.29
6-805-775	3	1	14.19
2-774-229	4	3	24.29
6-330-319	2	3	17.59
2-721-618	1	1	37.79
8-044-206	5	1	18.29
3-201-276	1	8	37.79
3-691-986	5	7	54.29
4-456-853	2	4	21.09
5-488-018	1	6	26.29
8-374-803	1	3	15.29

尺寸大小 \ 地区代码	1	2	3	4	5	6	7	8
1	53.08	-	15.29	-	-	26.29	-	37.79
2	-	14.69	17.59	21.09	-	-	-	-
3	14.19	-	-	-	-	-	-	-
4	-	40.58	24.29	-	34.89	-	-	-
5	18.29	-	26.29	-	37.79	-	54.29	-

B5 =PMT(B1/12,B2*12,B3)

A	B
贷款年利率：	8.000%
贷款期限（年）：	30
贷款金额：	2,400,000.00
月还款额：	-17,610.35

5.1 快而有效的函数学习方法

学习函数必须有良好的方法，这样才能提高学习的效率。下面介绍4种快而有效的函数学习方法。

5.1.1 Excel函数输入方法

对于初学者而言，输入函数时可以打开【函数参数】对话框，如下图所示，在各参数文本框中输入参数时可以直接输入，也可以将光标定位至参数框后，在表格中拖曳鼠标指针选择参数。

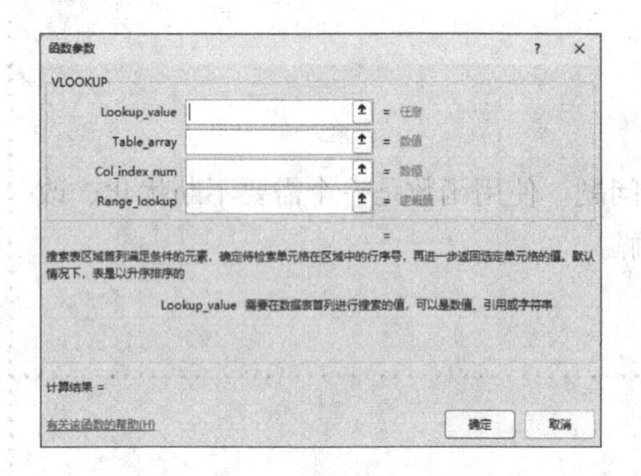

对于有一定基础的用户，可以直接在编辑栏中输入“=”，再输入函数名称，当下方出现相关函数选项后，直接选择该选项即可完成函数输入，还可以根据下方的提示输入参数，如下图所示。

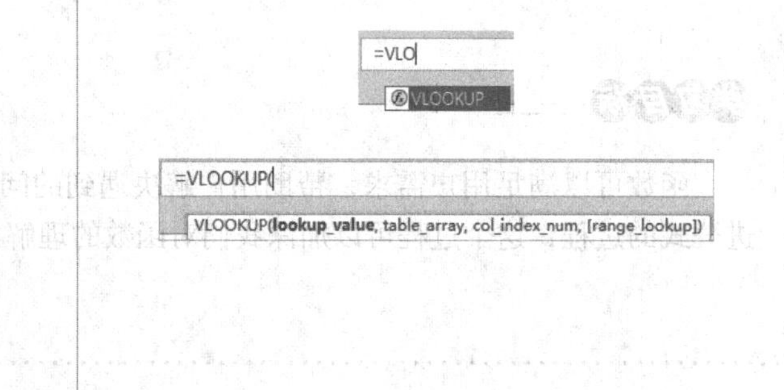

5.1.2 善于借助帮助功能

学习函数的过程中，我们遇到不会的函数时，可以借助Excel的帮助功能。按【F1】键打开【帮助】窗口，在搜索框中搜索要查看的函数，单击搜索到的链接即可查看有关该函数的帮助信息，如下图所示。

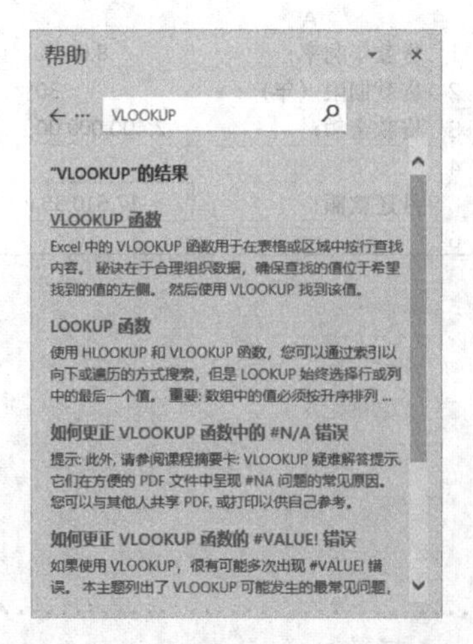

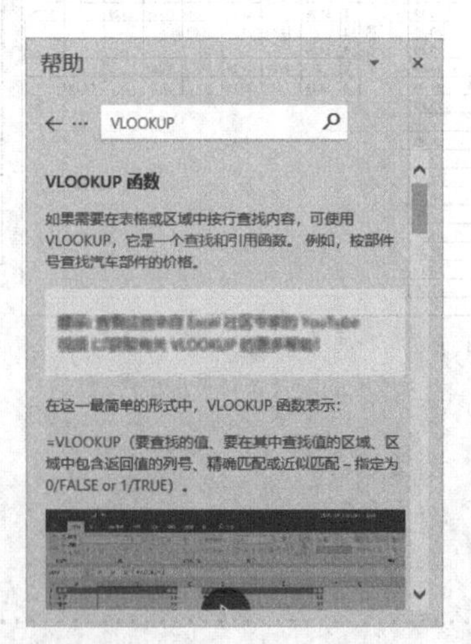

5.1.3 不用背诵，也能“玩转”函数

Excel提供的插入函数功能，可用于实现400多个函数的管理。插入函数功能提供了一种不需要背诵就可以了解函数作用、函数名称、参数个数、各参数作用及参数顺序的一种可视化的方式。而你要做的，就是认识一下你需要使用的函数。

打开【插入函数】对话框后，选择要查看的函数，即可在下方看到函数的参数以及作用介绍，如右图所示。

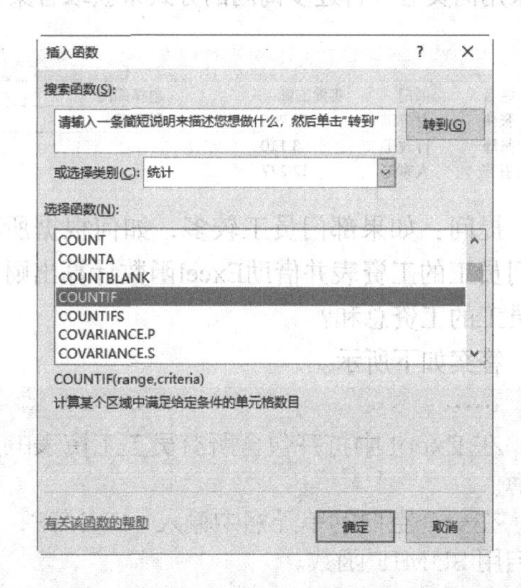

5.1.4 借助AI，轻松学会函数

AI辅助学习已经成为一种趋势。通过AI，我们可以快速掌握函数的基本概念、语法规则、应用场景等方面的知识，提高学习效率和准确性。本节以文心一言为例展开介绍。

1. 已知函数，问用法

如果想了解某个函数的用法，打开文心一言后，直接输入某个函数的名称，如输入“COUNTIF函数”，文心一言就会显示该函数的语法及使用示例。

显示结果如下所示。

> COUNTIF 函数是 Excel 中的一个非常有用的函数，用于对满足特定条件的单元格进行计数。其语法如下。
>
> COUNTIF(range, criteria)
>
> 其中，range 是你要进行计数的范围，可以是一个单元格、一个单元格区域或者是一个数组；criteria 是你要求满足的条件，可以是数字、文本或者逻辑表达式。
>
> 下面是一些 COUNTIF 函数的使用示例：
>
> (1) 对一个单元格区域中的特定值计数
>
> ……

2. 根据目的，问应该用什么函数

如果知道要计算某个数值，如计算折旧率，可以向文心一言提出问题，以明确该用什么函数。

如在文心一言中提问：在Excel中计算折旧率该用什么函数？可以举例说明吗？

显示结果如下所示。

> 在Excel中计算折旧率，可以使用SLN（直线折旧法）函数。
>
> SLN 函数用于计算固定资产的每期折旧率，语法为 SLN(cost, salvage, life)。
>
> 其中，cost 为资产原值；
>
> salvage 为资产在折旧期末的价值；
>
> life为折旧期限（也称作资产的使用寿命）。
>
> 例如，计算第一年某项固定资产的折旧率，可以输入公式 =SLN(B2,B3,B4)/12，其中 B2 为资产原值单元格，B3 为资产在折旧期末的价值单元格，B4 为资产的使用寿命单元格，12 为月份数。

如果想知道是否还有其他计算折旧率的函数，可继续提问：是否还有其他函数可以计算折旧率？

显示结果如下所示。

> 除了 SLN 函数外，在 Excel 中还可以使用 DDB（双倍余额递减法）和 SYD（年限总和折旧法）函数来计算折旧率。
>
> ……（这里省略函数的用法）

3.根据数据，询问该使用什么函数

如果需要计算出“财务部”所有员工的工

资总和，如下图所示，但不知道用什么函数，可以采用向文心一言逐步询问的方式来获取答案。

	A	B	C	D	E	F
1	姓名	部门	实发工资		选择部门	
2	张伟	财务部	12,796		财务部	
3	张静	行政部	8,110			
4	王芳	人事部	12,277			

提问：如果部门员工较多，如何根据所有部门员工的工资表并借助Excel函数计算出财务部员工的工资总和？

答案如下所示。

……

在 Excel 中打开包含所有员工工资表的工作簿。

在一个空白的单元格中输入 =SUMIF，以启用 SUMIF 函数。

……

可以看到文心一言给的答案已经很接近我们的需求了，为了获取更准确的答案，可以直接将表格内容呈现在问题中。

提问：

姓名　　　部门　　实发工资

张伟　　　财务部　12,796

……（省略部分表格内容）

表格内容如上所示，能否给出具体函数？

答案如下所示。

根据你提供的表格，如果你想根据部门来分类并计算每个部门的总实发工资，可以使用 SUMIF 函数。

计算财务部的总实发工资：

=SUMIF(B2:B9,"财务部",C2:C9)

这个函数的意思是，在 B2:B9 范围内查找"财务部"，然后对 C2:C9 范围内对应的实发工资进行求和。

……

以上就是根据部门来分类并计算每个部门的总实发工资的具体函数。

复制函数，运算结果如下图所示。

F2 =SUMIF(B2:B9,"财务部",C2:C9)

	A	B	C	D	E	F
1	姓名	部门	实发工资		选择部门	
2	张伟	财务部	12,796		财务部	33,232
3	张静	行政部	8,110			
4	王芳	人事部	12,277			
5	李伟	财务部	9,045			
6	刘强	行政部	9,037			
7	李秀英	人事部	5,358			
8	李娜	行政部	7,016			
9	王磊	财务部	11,391			

如果条件多，如下图所示，假设工资月份是6月、7月、8月，且员工的工资级别大于10，则每月发放高温补助500元，否则高温补助为0元，现在需要借助函数计算本月高温补助的金额。

	A	B	C	D
1	工资月份	6月		
2	岗位	工资类别	工资级别	高温补助
3	校长	留学支持类	8	
4	课程顾问	培训业务类	12	
5	课程顾问	培训业务类	15	
6	课程顾问	培训业务类	9	
7	英语教师	培训教学类	15	
8	教学主管	培训教学类	8	

提问：如下表所示，如果工资月份是6月、7月、8月，员工的工资级别大于10，则每月发放高温补助500元，否则高温补助为0元，在D列如何借助函数计算本月高温补助金额？

（此处复制并将表格粘贴至对话框中）

答案如下所示。

在 Excel 中，可以使用 IF 函数和 AND 函数来进行条件判断和计算。以下是一种可能的操作方法。

在 D3 单元格（也就是第一个员工的工资补助单元格）中输入以下公式：

=IF(AND(A2="6 月",C2>10),500,IF(AND(A2="7 月",C2>10),500,IF(AND(A2="8 月",C2>10),500,0)))

该公式的含义是：

如果 A2 单元格的月份是 6 月，且 C2 单元格的工资级别大于 10，则返回 500，表示该员工在 6 月份有高温补助 500 元。

可以发现公式基本满足需求，但还有细节需要修改，如工资月份是在B2单元格，且该单元格的位置不可变，工资级别位于C3单元格，修改公式为“=IF(AND($B$1="6月",C3>10),500,IF(AND($B$1="7月",C3>10),500,IF(AND($B$1="8月",C3>10),500,"0")))”，验证效果如下图所示。

	A	B	C	D
1	工资月份	6月		
2	岗位	工资类别	工资级别	高温补助
3	校长	留学支持类	8	0
4	课程顾问	培训业务类	12	500
5	课程顾问	培训业务类	15	500
6	课程顾问	培训业务类	9	0
7	英语教师	培训教学类	15	500
8	教学主管	培训教学类	8	0

5.2 认识函数

了解Excel函数的基础和原理非常重要。函数就像一个程序，输入参数后它们会按照特定的规则进行计算并返回结果。如果你不了解函数的基础和原理，就很难正确地使用它们。所以，想要成为Excel高手，理解和掌握函数的基础和原理是必不可少的。

5.2.1 函数的概念及类型

函数是指Excel内部预置的用来执行特定计算或分析等操作的功能模块，它是公式的一种特殊形式。使用函数能简化公式的书写，完成使用简单公式无法完成的各项复杂计算和分析操作。

Excel提供了大量内置函数，按功能可分为十几类，如下表所示。

函数类别	函数功能
数学和三角函数	进行数学计算，包括常规计算和三角函数方面的计算
日期和时间函数	对公式中的日期和时间进行计算与格式设置
逻辑函数	设置判断条件，以使公式更加智能化
文本函数	对公式和单元格中的文本进行提取、查找、替换或格式化处理
查找和引用函数	查找或返回工作表中的匹配数据或特定信息
信息函数	判定单元格或公式中的数据类型，或返回某些特定信息
统计函数	统计和分析工作表中的数据
财务函数	分析与计算财务数据
工程函数	分析与处理工程数据
数据库函数	分类、查找与计算数据表中的数据
多维数据集函数	分析多维数据集合中的数据
Web 函数	从互联网、服务器中提取数据
加载宏和自动化函数	扩展 Excel 的函数功能
兼容性函数	这些函数已被新增函数代替，提供它们便于使用早期版本

此外，按函数的计算结果的性质，可将函数分为数值函数、文本函数、逻辑函数，如下表所示。

函数类别	说明
数值函数	对文本或数值单元格进行计算，返回的结果为数字
文本函数	对文本或数值单元格进行文本性质的计算，返回的结果是文本类型的数据，如 =LEFT(456,1) 返回结果为 4，这里的 4 为文本型数字而不是数值型数字，因为 LEFT 是文本函数，而不是数值函数
逻辑函数	对参数进行逻辑判断的函数，其结果只能为 TRUE 和 FALSE。如 ISNUMBER 函数，它用于判断参数是否为数值，其判断的结果要么是 TRUE，要么是 FALSE

对于Excel中所有的函数，用户很难全部掌握。绝大部分用户只需要熟悉几十个常用函数，再进行灵活的嵌套便可满足大部分情况下的工作需要。所有类型的函数的使用原理都是一样的，掌握函数使用原理后，再自学其他函数是相当轻松的。本章后续小节会介绍函数嵌套和在实际工作中常用的函数。

5.2.2 函数的组成元素

函数的组成元素同公式的组成元素基本相同，函数学习中最重要的部分就是参数。函数参数可以是常数、数组、单元格地址或函数。当使用函数作为某个函数的参数时，称为函数嵌套。下图中的第2个IF函数就是第1个IF函数的嵌套函数。

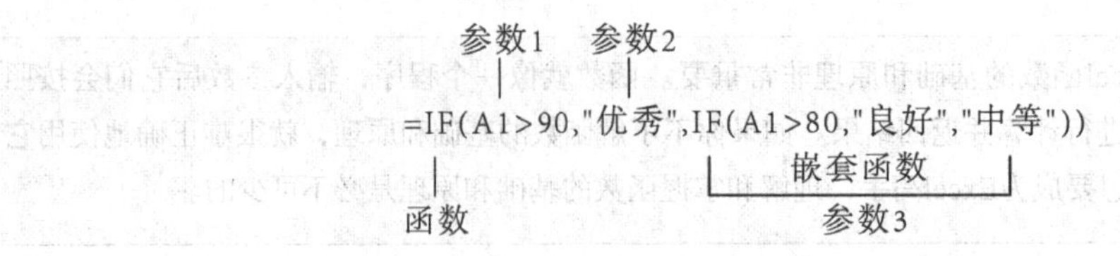

5.2.3 认识函数参数

函数参数是指函数运算时参与运算的部分，其常用形式有单元格引用、常数、函数，如下表所示。

形式		示例
单元格引用	单元格	=SUM(E2,E5)
	单元格区域	=SUM(E2:E7)
常数	数值	=SUM(1000,2000,3000)
	字符串	=LEN(" 公司 ")
	逻辑表达式	=AND(E2>=300000,E3>=300000)
函数	函数	=INT(SUM(E2:E7))

小提示

在Excel中，参数中的字符串必须要用英文半角状态下的双引号包围，否则字符串会被视为名称。如果该字符串并不是实际意义上的名称，则公式的结果会返回错误值。参数中的数值型数字不用加英文半角状态下双引号，如果用户想输入文本型数字，则同字符串的处理方法一样，需要加英文半角状态下双引号。

1. 必需参数与可选参数

在Excel中，有些函数有一个或多个参数，而有些函数没有参数，如NOW函数没有参数，仅由函数名和一对括号组成。

函数的参数分为必需参数和可选参数。例如，SUM函数支持输入255个参数，第1个参数为必需参数，不能省略，而第2~255个参数为可选参数，可以省略，如下图所示。在函数语法中，可选参数用中括号“[]”括起来，当函数中有多个可选参数时，可从右至左依次省略。

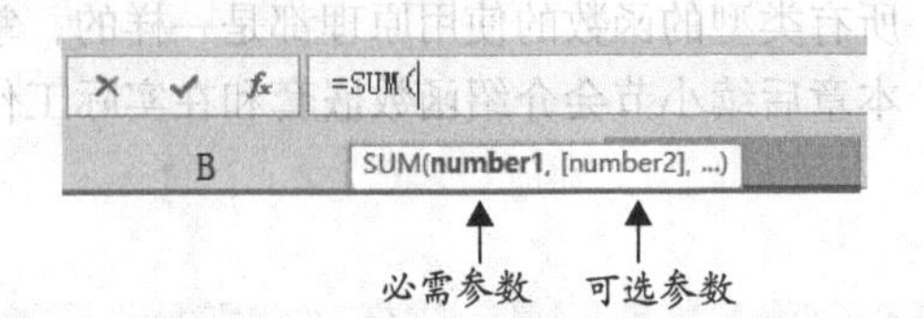

2. 参数的省略与简写

在公式中有些参数可以省略其参数值，即不输入参数值，而只在前一参数后输入逗号，以此方式保留参数的位置，这种方式称为参数的简写或省略参数的值，一般用于省略逻辑值TRUE或FALSE、0值或空文本。例如，以下两个公式等效：

```
=OFFSET(A1,,,5,1)
=OFFSET(A1,0,0,5,1)
```

在公式中还可省略参数，即将参数和参数前面的逗号（如果有）一同省略，此方式仅适用于可选参数。例如，以下两个公式等效：

```
=LEFT(A1)
=LEFT(A1,1)
```

小提示

在公式中逗号是分隔不同参数的符号。如果保留逗号，就表明在公式中存在该参数；如果省略逗号，就表示公式中不存在该参数。

3. 函数嵌套

Excel中的单个函数只能完成一种特定的计算，但工作中的计算场景千变万化，有时甚至非常复杂，在这种情况下单个函数可能不适用，所以要使用嵌套函数。函数中的某个参数是函数时，称为函数嵌套，如以下函数：

=IF(A2>90," 优秀 ",IF(A2>80," 良 "," 中等 "))

其中，第二个完整的IF函数（IF(A2>80,"良","中等")）作为第一个IF函数的第三个参数。

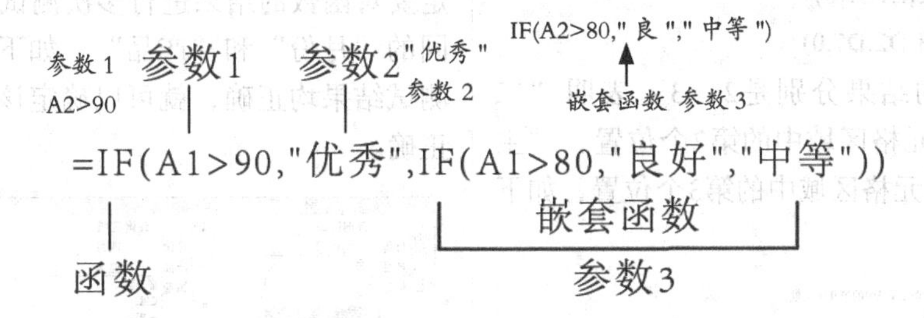

4. 使用嵌套函数的思路

函数之间的嵌套方法十分丰富和灵活，并且嵌套函数看着就很复杂，常令初学者感到困惑。为了帮助读者更好地学习嵌套函数，下面介绍使用学习嵌套函数的思路。

（1）熟悉单个函数的语法、功能。因为嵌套函数是用一个函数作为另一个函数的参数，所以熟悉单个函数的语法、功能是学习嵌套函数的基础。如果用户对单个函数的语法、功能都不了解，那嵌套函数的学习就无从谈起。

（2）将大问题拆分成一个个小问题，逐一解决。在实际工作中，用户常常会遇到一些复杂、综合的问题。此时解决复杂、综合的问题较好的方式就是先分析问题，然后将大问题拆分成一个个小问题，逐一解决。

打开“素材\ch05\5.2.3.xlsx”素材文件，要求在表格左侧查询区域中选择月份与产品后自动显示销量，如自动显示二月份主板的销量为48，如右上图所示。

	A	B	C	D	E	F	G	H	I	J
1	查询区域			产品	一月	二月	三月	四月	五月	六月
2	月份	二月		显示器	86	89	46	61	66	34
3	产品	主板		CPU	45	63	47	88	23	30
4	销量			主板	58	48	80	58	97	47
5				显卡	78	48	74	22	45	30
6				硬盘	25	70	71	90	34	54
7				内存	71	77	50	93	33	68

如何使用嵌套函数来解决此类问题呢？下面介绍分析问题与拆解问题的具体过程。

步骤01 月份所在列与产品所在行的相交处就是要查询的数据。要返回行列交叉值可以使用INDEX函数。INDEX函数的语法如下：

=INDEX(查询区域 , 行数 , 列数)

在B4单元格中输入INDEX函数，并使用任意值进行测试，函数如下：

=INDEX(E2:J7,3,4)

其中INDEX函数的第一个参数为E2:J7单元格区域（销售数据区域），第2个参数是3，第3个参数是4，返回的结果是58，如下图所示。

B4 =INDEX(E2:J7,3,4)

	A	B	C	D	E	F	G	H	I	J
1	查询区域			产品	一月	二月	三月	四月	五月	六月
2	月份	二月		显示器	86	89	46	61	66	34
3	产品	主板		CPU	45	63	47	88	23	30
4	销量	58		主板	58	48	80	58	97	47
5				显卡	78	48	74	22	45	30
6				硬盘	25	70	71	90	34	54
7				内存	71	77	50	93	33	68

步骤02 使用INDEX函数虽然可以查询到某区域的行列交叉值，但是INDEX函数的行数和列数是笔者任意指定的，如何将查询区域的“月份”和“产品”的名称准确地转成INDEX函数的行数和列数呢？使用MATCH函数可以查询某值在某个区域中的位置。MATCH函数的语法如下：

=MATCH(查找的值,查询区域,精确或模糊查找)

在C2和C3单元格中分别输入MATCH函数查找“月份”与“产品”在销售数据区域中所对应的位置。函数分别如下：

=MATCH(B2,E1:J1,0)

=MATCH(B3,D2:D7,0)

上述函数的结果分别是2、3，表明“二月”在E1:J1单元格区域中的第2个位置，“主板”在D2:D7单元格区域中的第3个位置，如下图所示。

查询“二月”在E1:J1单元格区域中的第几个位置

C2 =MATCH(B2,E1:J1,0)

	A	B	C	D	E	F	G	H	I	J
1	查询区域			产品	一月	二月	三月	四月	五月	六月
2	月份	二月	2	显示器	86	89	46	61	66	34
3	产品	主板	3	CPU	45	63	47	88	23	30
4	销量	58		主板	58	48	80	58	97	47
5				显卡	78	48	74	22	45	30
6				硬盘	25	70	71	90	34	54
7				内存	71	77	50	93	33	68
8										

查询“主板”在D2:D7单元格区域中的第几个位置

步骤03 经前两步的分析，我们可以知道查询区域中“月份”和“主板”所对应的行数和列数，并且使用INDEX函数可以返回某区域的行列交叉值。现在就可以将生成“产品”行数的MATCH函数和生成“月份”列数的MATCH函数，作为INDEX函数的第2个和第3个参数，如右上两幅图所示。最终的嵌套函数的结构如下：

=INDEX(E2:J7,MATCH(B3,D2:D7,0),MATCH(B2,E1:J1,0))

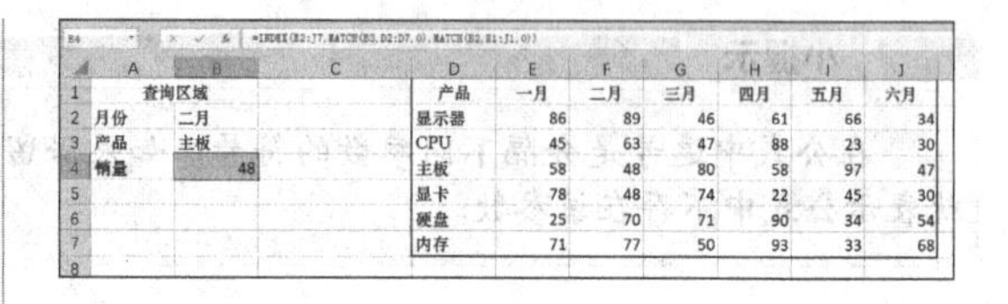

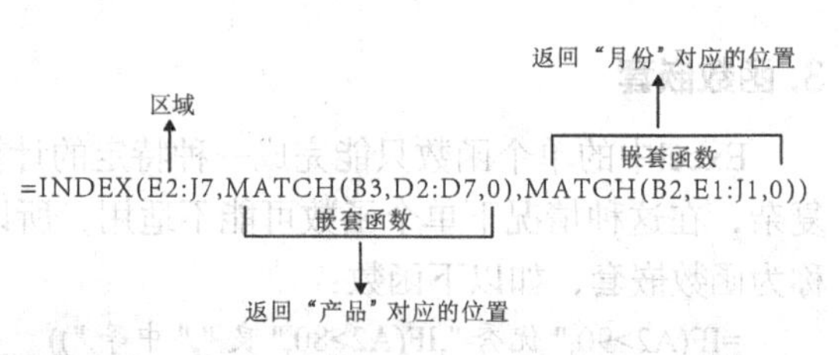

步骤04 测试函数。完成嵌套函数的书写后，一定要对函数的结果进行多次测试。分别选择不同的“月份”和“产品”，如下图所示，如果测试结果均正确，就可以确定该嵌套函数书写正确。

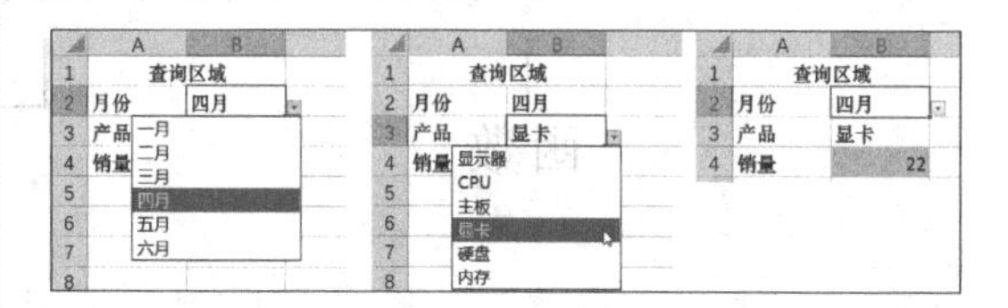

通过上述分析过程，我们可以大概知道书写嵌套函数的过程其实就是拆解问题的过程，把复杂的问题层层拆分或用单个函数可以解决的简单问题。最终将解决所有简单问题的函数嵌套在一起，最终就能解决复杂的问题。下图展示了使用嵌套函数解决复杂的问题的思路。

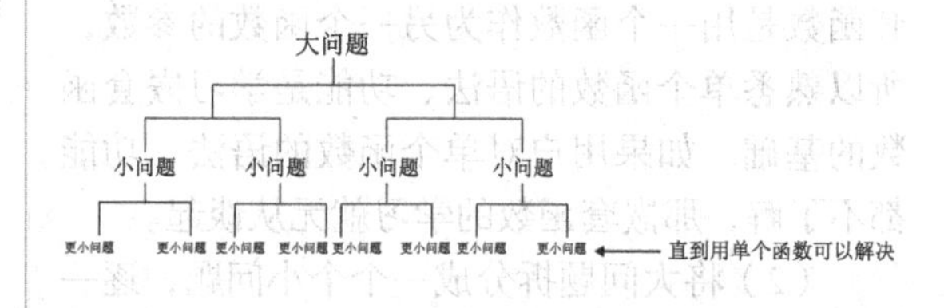

5.2.4 函数的输入

在单元格中输入函数有两种方式：一是在编辑栏的左侧单击【插入函数】按钮插入函数，二是手动输入函数。

1. 单击【插入函数】按钮插入函数

打开“素材\ch05\5.2.4.xlsx”素材文件，用户可单击编辑栏左侧的【插入函数】按钮，如下页首图所示。

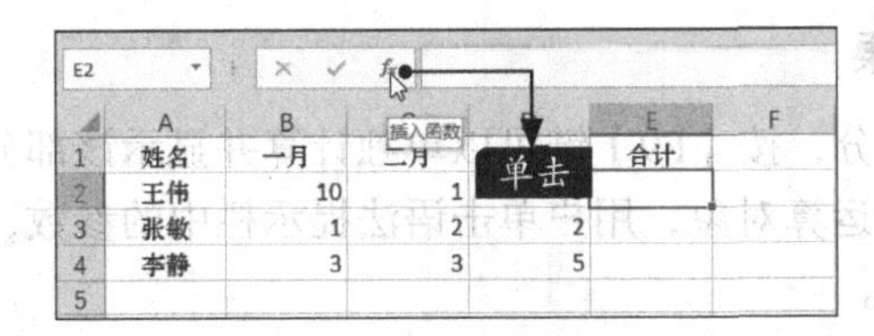

打开【插入函数】对话框，用户可以单击【或选择类别】右侧的下拉按钮，在打开的下拉列表框中选择函数类别，也可以在【选择函数】列表框中选择所需函数，选中后双击或单击【确定】按钮即可切换到【函数参数】对话框，在此输入函数参数，单击【确定】按钮，即可完成函数输入，如下图所示。

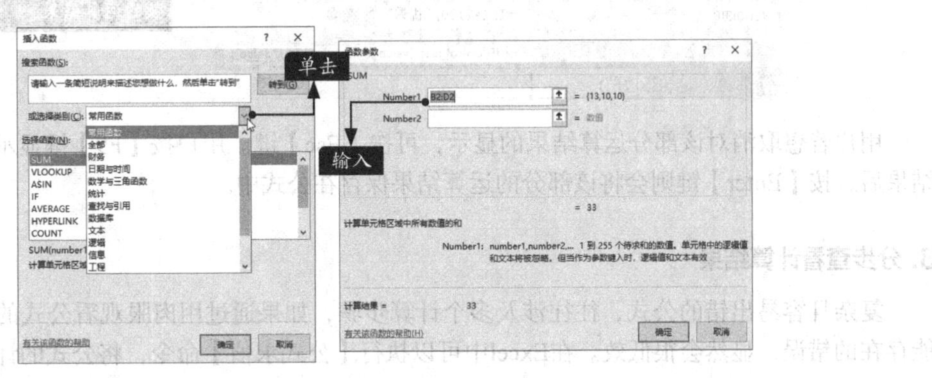

2. 手动输入函数

用户若熟悉函数的拼写，可以在单元格中直接手动输入函数，Excel会根据用户输入的内容呈现相匹配的函数列表，用户可通过上下方向键或移动鼠标指针选择需要的函数，如下图所示，按【Tab】键或双击完成函数名的输入，然后补充函数参数并输入相对应的括号。

	A	B	C	D	E
1	姓名	一月	二月	三月	合计
2	王伟	10	1	9	=sum
3	张敏	1	2	2	
4	李静	3	3	5	

SUM
SUMIF
SUMIFS
SUMPRODUCT
SUMSQ
SUMX2MY2
SUMX2PY2
SUMXMY2
DSUM
单击

5.2.5 函数的调试

用户在输入函数之前或之后，可以通过状态栏、按【F9】键、执行【公式求值】命令等来事先检查数据类型的正确性、函数参数书写的正确性及函数的计算过程。

1. 利用状态栏验证公式结果

当用户使用公式对单元格区域进行统计时，可以浏览状态栏的相关计算信息以校对公式结果的正确性，如右图所示。

	A	B	C	D
1	姓名	一月	二月	三月
2	王伟	10	1	9
3	张敏	1	2	2
4	李静	3	3	5

Sheet1 Sheet2
平均值: 5.333333333 计数: 3 求和: 16

2. 按【F9】键查看运算结果

用户选择公式的某一部分，按【F9】键可以单独计算并显示该部分的运算结果。选择的公式的部分必须包含一个完整的运算对象，用户单击语法提示栏中的参数，可以快速地选取该参数对应的公式部分，如下图所示。

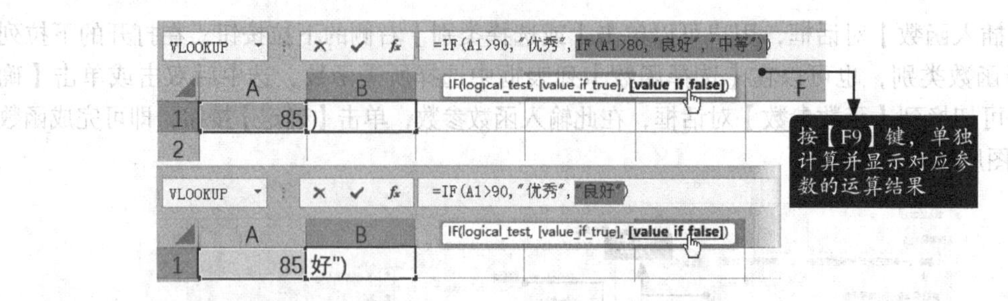

用户若想取消对该部分运算结果的显示，可按【Esc】键。用户按【F9】键显示该部分的运算结果后，按【Enter】键则会将该部分的运算结果保存在公式中。

3. 分步查看计算结果

复杂且容易出错的公式，往往涉及多个计算步骤，如果通过用肉眼观看公式的结构来查找可能存在的错误，显然会很低效。在Excel中可以执行【公式求值】命令，将公式的计算步骤一一展示在窗口中，这样用户可以很容易找出计算错误的原因。

选中公式所在单元格，单击鼠标右键，选择【公式】→【公式求值】选项，在弹出的【公式求值】对话框中单击【求值】按钮即可查看公式的计算步骤及结果。在【求值】列表框中，带有下划线的内容表示当前准备计算的公式，如下图所示，单击一次【求值】按钮，将进行一步计算操作。

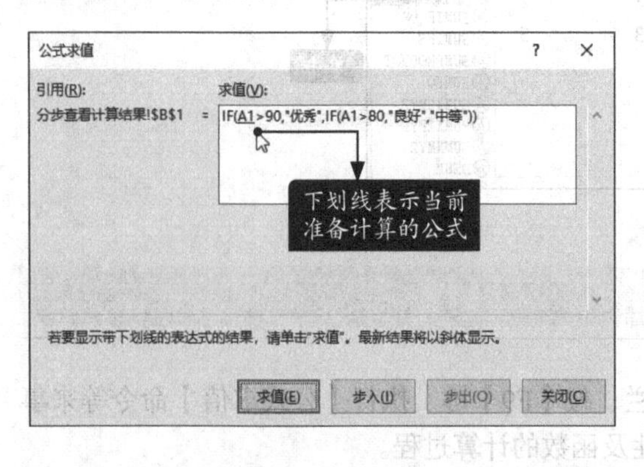

在【公式求值】对话框中还有两个按钮，即【步入】和【步出】，如下图所示。当公式中包含从属单元格时，【步入】按钮将变为可用状态，单击该按钮，将显示当前单元格的第一个从属单元格。如果该从属单元格还有从属单元格，那么还可以再次单击【步入】按钮来显示间接从属单元格。单击【步出】按钮将隐藏从属单元格的显示。

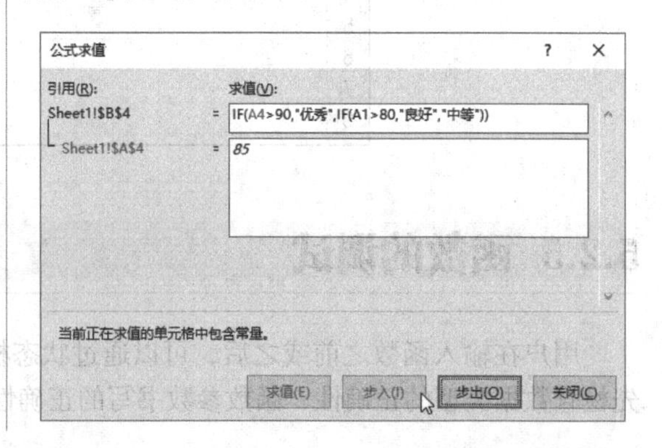

5.2.6 函数错误检查

在实际工作中，用户在使用函数时不可避免会发生各种错误，了解函数中的各种错误及纠错方式，可以让用户更加轻松应对发生的错误。

1. 常见错误值类型及含义

使用公式进行计算时，可能会因为某种原因而无法得到正确结果，从而在单元格中返回错误值。常见的错误值类型及其含义如下表所示。

错误值类型	含义
###	列宽不够显示全数字，或者使用了负的日期时间
#VALUE!	使用的参数类型不正确
#DIV/0!	除 0 错误
#NAME?	错误的函数名称，公式中使用了未定义的范围或单元格的名称
#N/A	查找函数找不到匹配的值
#REF!	公式中使用了无效的单元格引用
#NUM!	公式中使用了无效数字或无效参数
#NULL!	在进行单元格计算时，涉及的两个单元格范围实际上并不相交，但却被错误地看作是交叉的，导致计算结果错误

2. 错误值处理

（1）###（列宽不够显示全数字，或者使用了负的日期时间）

当列宽不够显示全数字时，在单元格中就会显示###，如下图所示。用户只要增加列宽至完整显示数字即可。若工作表中存在多列都显示###时，用户可选中整个工作表，双击列间隙，批量调整列宽为最佳列宽。

	A	B
1	姓名	销售额
2	张伟	###
3	王伟	###
4	王秀英	###
5	张敏	###
6	李娜	###

（2）#VALUE!（使用的参数类型不正确）

右上图中C2单元格中的公式为“=A2*B2”，但A2单元格中的内容为“10台”，为文本型数据，在Excel中文本型数据是不能与数值型数据一起运算的，所以A2单元格中的参数类型不正确，C2单元格中就会显示#VALUE!。

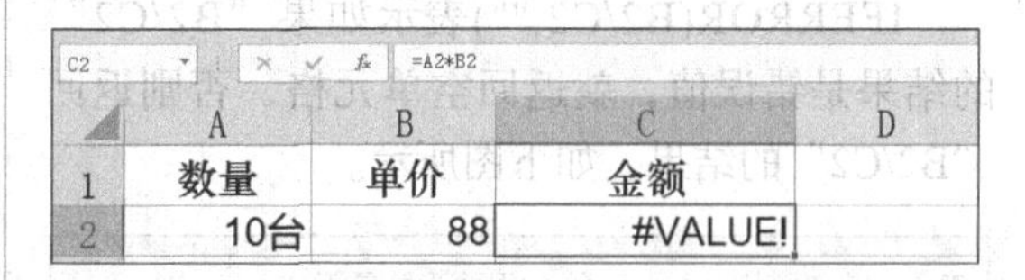

如需要正确计算，可将“台”字删掉。此外，用户若想保留单位的显示，又想正确地计算，可以将“台”删除后，再利用自定义数字格式来计算，如下图所示。

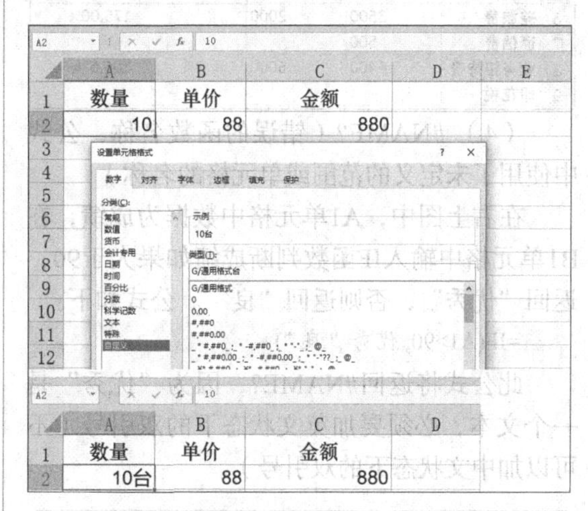

自定义数字格式只是改变了A2单元格的显示状态，并没有改变单元格中内容的属性，故可以正确地计算。

（3）#DIV/0!（除0错误）

在下图中，需要计算相关项目的完成率（实际/预算），但部分项目的预算为0或为空单元格，如车辆费用的预算为0，就会导致除0错误（分母是数值0或空单元格）。

D5 =B5/C5

	A	B	C	D
1	项目	实际	预算	完成率
2	办公费	6000	7000	85.71%
3	租赁费		4000	0.00%
4	物业费	5000	10000	50.00%
5	车辆费用	1000	0	#DIV/0!
6	差旅费	3500	2000	175.00%
7	通信费	500		#DIV/0!
8	业务招待费	6400	6000	106.67%
9	印花税			#DIV/0!

要解决上述问题，可利用IFERROR函数屏蔽错误值，公式如下：

=IFERROR(B2/C2,"")

IFERROR(B2/C2,"")表示如果“B2/C2”的结果是错误值，就返回空单元格，否则返回“B2/C2”的结果，如下图所示。

D5 =IFERROR(B5/C5,"")

	A	B	C	D
1	项目	实际	预算	完成率
2	办公费	6000	7000	85.71%
3	租赁费		4000	0.00%
4	物业费	5000	10000	50.00%
5	车辆费用	1000	0	
6	差旅费	3500	2000	175.00%
7	通信费	500		
8	业务招待费	6400	6000	106.67%
9	印花税			

（4）#NAME?（错误的函数名称，公式中使用了未定义的范围或单元格的名称）

在右上图中，A1单元格中数据为成绩，在B1单元格中输入IF函数判断成绩如果大于90，返回“优秀”，否则返回“良”。公式如下：

=IF(A1>90, 优秀 ," 良 ")

此公式将返回#NAME?，因为“优秀”是一个文本，必须要加英文状态下的双引号（不可以加中文状态下的双引号）。

B1 =IF(A1>90,优秀,"良")

	A	B	C
1	92	#NAME?	

如果要纠正此错误，只需要对“优秀”添加英文状态下的双引号即可，公式如下：

=IF(A1>90," 优秀 "," 良 ")

（5）#N/A（查找函数找不到匹配的值）

#N/A是在使用查找函数时经常会出现的错误，在下图所示的E2单元格中，需要根据D2单元格中的姓名查找相应的成绩，笔者在此使用VLOOKUP函数，但是返回#N/A，原因是A列的查找区域中并没有姓名为“张燕”的人。

E2 =VLOOKUP(D2,A2:B6,2,0)

	A	B	C	D	E	F
1	姓名	成绩		姓名	成绩	
2	张伟	60		张燕	#N/A	
3	王伟	90				
4	王秀英	85				
5	张敏	76				
6	李娜	56				

若要屏蔽错误值的显示，公式可改写如下：

=IFERROR(VLOOKUP(D2,A1:B8,2,0)," 无该学生 ")

=IFERROR(VLOOKUP(D2,A1:B8,2,0),"")

（6）#REF!（公式中使用了无效的单元格引用）

在下图中，B列中的税费等于A列中收入乘以D2单元格的税率，如果用户删除D2单元格（并不是指清空D2单元格内容），则会在B列返回#REF!。因为B列公式中引用的单元格已经被删除了。

	A	B	C	D
1	收入	税费		税率
2	1000	30		3%
3	2000	60		
4	2500	75		
5	4000	120		

	A	B	C	D
1	收入	税费		税率
2	1000	#REF!		
3	2000	#REF!		
4	2500	#REF!		
5	4000	#REF!		

如要正确计算，用户可以在D2单元格中重新输入税率，但此时公式并不会自动引用D2单元格的内容，所以用户必须将公式中的“#REF!”替换成“$D$2”，若更换单元格较多，可以执行【替换】命令将“#REF!”批量替换成“$D$2”，如下页首图所示。这样操作后，公式将返回正确的计算结果。

	A	B	C	D	E
1	收入	税费		税率	
2	1000	#REF!		3%	
3	2000	#REF!			
4	2500	#REF!			
5	4000	#REF!			

（7）#NUM!（公式中使用了无效数字或无效参数）

在下图中，需要计算数值16的平方根，可以使用SQRT函数，在B2单元格中输入如下公式：

=SQRT(A2)

但往下拖动复制公式到B3单元格则返回#NUM!。

B3 =SQRT(A3)

	A	B	C
1	数值	平方根数	
2	16	4	
3	-16	#NUM!	
4			
5			

因为A3单元格中的数值为-16，在数学中求平方根的数不能是负数，所以-16是一个无效的数字。用户如想屏蔽数值的负号，可利用ABS函数将负数转成正数后，再求平方根，如下图所示。

B3 =SQRT(ABS(A3))

	A	B	C
1	数值	平方根数	
2	16	4	
3	-16	4	

（8）#NULL!（计算两个实际并不相交范围的交叉单元格时会出现此错误）

下图公式“=SUM(A1:A3 B1:C3)”中的两个区域A1:A3和B1:C3不相交，因此会导致返回#NULL!错误。用户可以通过修改参数来纠正这个错误，确保要求和的单元格区域是相交的。

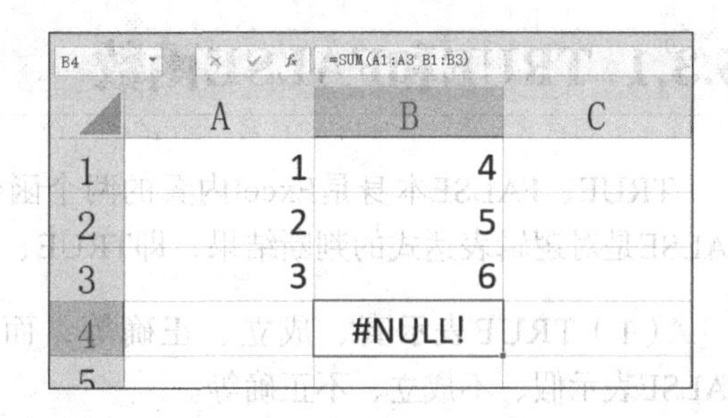

5.2.7 显示公式本身

若用户输入公式并结束编辑后，并没有显示计算结果而只显示公式本身，有以下两种原因。

（1）如果用户输入完公式并结束编辑后，只显示公式本身而没有显示计算的结果，可能是因为用户在【公式】选项卡下的【公式审核】组中选择了【显示公式】命令，再次单击该命令进行切换即可，如下图所示。

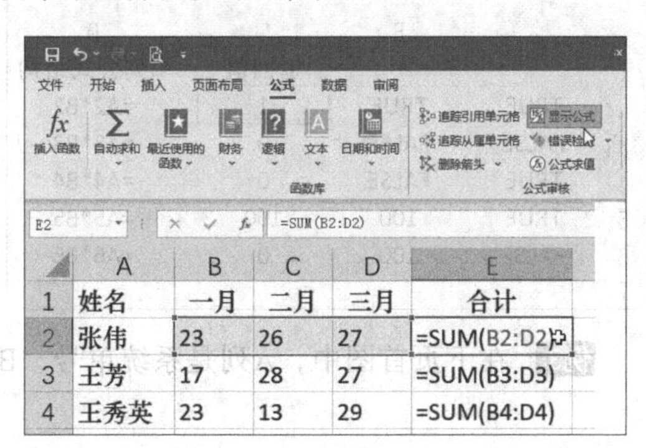

（2）若用户设置单元格格式为【文本】，在该单元格中输入公式时，将显示公式的结构，用户可将单元格格式设置为【常规】后再输入公式。

小提示

单击【显示公式】按钮后，公式单元格和被引用单元格的列宽会显著扩大，再次单击【显示公式】按钮将恢复原始列宽。

5.3 逻辑函数

逻辑函数主要用于在公式中进行条件的测试与判断，常与其他函数嵌套使用。

逻辑函数主要用于判断逻辑表达式（如5>3）是真还是假（或是成立还是不成立、正确还是不正确），逻辑函数的判断结果有且只有两种，即TRUE和FALSE，可表示为真和假、成立和不成立、正确和不正确等相对的意思。逻辑值TRUE在数学上可以用1或其他非0数字表示，而FALSE可以用0来表示。

一般使用比较运算符（>、>=、<、<=、<>）计算出的结果都是逻辑值，如“5>3”的结果是TRUE，“3<1”的结果是FALSE。

5.3.1 TRUE和FALSE函数

TRUE、FALSE本身是Excel内置的两个函数，但是两者作为函数很少被单独使用。TRUE、FALSE是对逻辑表达式的判断结果，即TRUE、FALSE是两个逻辑值，两者具有如下属性。

（1）TRUE表示真、成立、正确等，而FALSE表示假、不成立、不正确等。

（2）为了便于书写，函数参数中的TRUE可用1或其他非0的值表示，FALSE可用0表示。

（3）TRUE和FALSE具有运算功能，当TRUE和FALSE自身与自身运算（即逻辑值与逻辑值运算）、逻辑值与数值进行运算时，TRUE=1，FALSE=0。

下面列举一些在实际工作中运用逻辑值的场景。

例1 右上图的C列中，输入如下公式：

=A2=B2

此公式用来判断A2是否等于B2，结果只有“等于”或“不等于”，即逻辑值只能为TRUE或FALSE。C2单元格返回TRUE，是因为A2与B2单元格中的数值均为100；C3单元格返回FALSE，是因为A3单元格为100，B3单元格为99，两者不相等。

C2 =A2=B2

	A	B	C	D
1			返回值	C列公式
2	100	100	TRUE	=A2=B2
3	100	99	FALSE	=A3=B3
4	100	100	FALSE	=A4=B4
5				

例2 在下图中，在C2单元格中输入公式=A2*B2，向下复制公式，因逻辑值参与运算时TRUE=1，FALSE=0，所以TRUE*TRUE=1，TRUE*FALSE=0，FALSE*FALSE=0，TRUE*100=100，FALSE*100=0。

C2 =A2*B2

	A	B	C	D
1			返回值	C列公式结构
2	TRUE	TRUE	1	=A2*B2
3	FALSE	FALSE	0	=A3*B3
4	TRUE	FALSE	0	=A4*B4
5	TRUE	100	100	=A5*B5
6	FALSE	100	0	=A6*B6
7				

例3 在下页首图中，A列是系统单号，B

列是录入单号，在C2单元格中可以输入公式：

=A2=B2

向下复制公式，可以判断系统单号与录入单号是否相同。

C2 =A2=B2

	A	B	C
1	系统单号	录入单号	是否相同
2	SXD100012	SXD100012	TRUE
3	SXA100013	SXA100013	TRUE
4	SXB100014	SQB100014	FALSE
5	SXM100015	SXM100015	TRUE
6	SQB100016	SPB100016	FALSE
7	SYC100017	SYC100017	TRUE
8	SXD100013	SXD100013	TRUE
9	SMA100014	SMA100014	TRUE
10	SKB100015	SKB100015	TRUE
11			

对于此例，如何获得相同单号的个数呢？可将C2单元格中的公式修改成以下公式：

=(A2=B2)*1

该公式首先计算A2是否等于B2，返回的结果为TRUE和FALSE，然后再与数值1相乘，此举就可以将逻辑值转成数值。然后在C11单元格中使用SUM函数进行求和，如下图所示。

C2 =(A2=B2)*1

	A	B	C
1	系统单号	录入单号	是否相同
2	SXD100012	SXD100012	1
3	SXA100013	SXA100013	1
4	SXB100014	SQB100014	0
5	SXM100015	SXM100015	1
6	SQB100016	SPB100016	0
7	SYC100017	SYC100017	1
8	SXD100013	SXD100013	1
9	SMA100014	SMA100014	1
10	SKB100015	SKB100015	1
11			7
12			

小提示

在Excel应用中，经常要将逻辑值转换成数值，从而进行计算。所以“1”和“0”的身份具有两重性：既能表示逻辑值，也能表示数值。

5.3.2 AND函数

AND函数用于判断多个条件是否同时成立。如果所有条件都成立，返回TRUE。只要有一个条件不成立，则返回FALSE。

语法如下。

AND(logical1,[logical2],···,[logical255])

参数说明如下。

logical1,logical2,···,logical255：表示1~255个要测试的条件。

注意事项如下。

（1）参数可以是逻辑值TRUE和FALSE，或者是结果为逻辑值的逻辑表达式（如5>3），形式可以是数组或单元格引用，对于数字来说，非0的数字等价于TRUE，0等价于FALSE。

（2）如果AND函数的参数是非逻辑值（如文本），AND函数将会返回错误值#VALUE!。

在右图中，在D2单元格中输入公式：

=AND(B2>90,C2>90)

此公式用来判断B2与C2单元格中的成绩是否同时大于90，若同时满足条件则返回TRUE，若只有其中一个满足条件或都不满足条件则返回FALSE。

D2 =AND(B2>90, C2>90)

	A	B	C	D
1	姓名	语文	数学	是否优秀（And函数）
2	张伟	91	95	TRUE
3	李娜	94	70	FALSE
4	张敏	96	99	TRUE
5				

在数学上判断某个值是否在某个区间内，可用不等式表示，如判断某科成绩X大于等于60且小于90分时，其数学表达式为：

$60 \leq X<90$ 或 $90>X \geq 60$

但在Excel中，不能直接用数学表达式来书写公式，假定A1单元格成绩为80，在Excel中表示其所处区间的正确写法为：

AND(A1>=60,A1<90)

此时返回结果为TRUE，如下图所示。

B1 | =AND(A1>=60,A1<90)

	A	B	C
1	80	TRUE	

若使用以下公式将无法得出正确的结果。

```
=60<=A1<90
```

返回结果为FALSE，如右图所示。

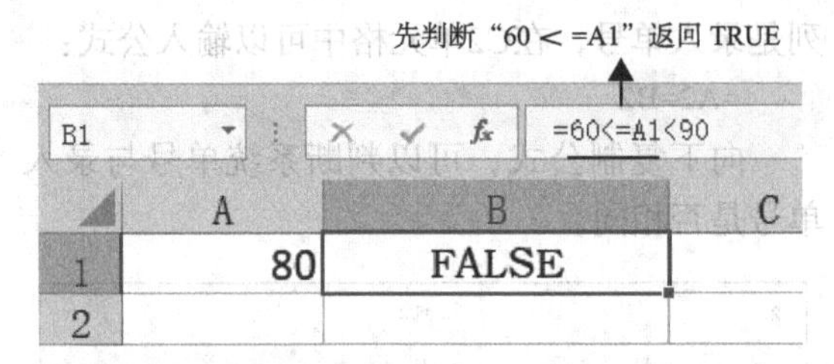

其原因在于根据运算符的优先顺序，“<=”与“<”属于相同层级的运算符，按照从左至右的顺序运算，Excel先判断“60<=A1”，返回TRUE，再判断“TRUE<90”，返回FALSE。

5.3.3 OR函数

OR函数用于判断多个条件中是否至少有一个条件成立。即在多个条件中，只要有一个条件成立，就返回TRUE，如果所有的条件都不成立，则返回FALSE。

语法如下。

```
OR(logical1,[logical2],···,[logical255])
```

参数说明如下。

logical1,logical2,···,logical255：表示1~255个要测试的条件。

注意事项如下。

（1）参数可以是逻辑值TRUE和FALSE，或者结果为逻辑值的逻辑表达式（如5>3）。

（2）如果OR函数的参数是非逻辑值（如文本），OR函数将会返回错误值#VALUE!。

例1 利用OR函数判断身份证号码长度是否正确。

在下图中，若要判断身份证号码长度是否正确，可以在C2单元格中输入以下公式：

```
=OR(LEN(B2)=15, LEN(B2)=18)
```

其中LEN函数用于判断字符串的长度，如LEN("Excel")返回5。

C2 | =OR(LEN(B2)=15, LEN(B2)=18)

	A	B	C
1	姓名	身份证号码	长度是否正确
2	张伟	162102197707045515	TRUE
3	张敏	472422198911087	TRUE
4	李阳	4629011982082204	FALSE
5	王青	661422198608270033	TRUE
6	刘利	3826341990218932X	FALSE
7			

例2 利用AND和OR函数判断员工是否达到退休状态。

假设男性满60周岁、女性满55周岁即可退休，在E3单元格中输入以下公式，即可判断员工是否达到退休状态：

```
=OR(AND(B2="男",C2>=60),AND(B2="女",C2>=55))
```

此公式中“AND(B2="男",C2>=60)”和“AND(B2="女",C2>=55)”是两个AND函数，分别用于判断男性和女性的退休状态。这两个函数同时又是OR函数的参数，因为一行只有一种性别的员工数据，只要满足两个条件中的任意一个，该员工便达到退休状态，如下图所示。

D2 | =OR(AND(B2="男",C2>=60),AND(B2="女",C2>=55))

	A	B	C	D	E
1	姓名	性别	年龄	是否达到退休状态	
2	张伟	男	61	TRUE	
3	王勇	男	49	FALSE	
4	李娜	女	58	TRUE	
5	刘杰	男	41	FALSE	
6	王秀英	女	32	FALSE	
7					
8					
9					
10					
11					

5.3.4 NOT函数

NOT函数用于逻辑值求反。如果逻辑值为FALSE，NOT函数将返回TRUE。如果逻辑值为TRUE，NOT函数将返回FALSE。

语法如下。

NOT(logical)

右图中A1单元格的值为5，B1单元格的值为3，5>3，但如果在C1单元格中输入公式“=NOT(A1>B1)”，则返回FALSE，因为先判断“A1>B1”，返回TRUE，但外层用NOT函数求反，则返回FALSE。

C1 =NOT(A1>B1)

	A	B	C	D
1	5	3	FALSE	
2				
3				
4				
5				
6				
7				

5.3.5 IF函数

IF函数用于根据条件判断结果返回结果。

语法如下。

IF(logical_test,[value_if_TRUE],[value_if_FALSE])

参数说明如下。

logical_test：要测试的值或表达式，结果为TRUE或FALSE。

value_if_TRUE：当参数logical_test的结果为TRUE时返回的值。

value_if_FALSE：当参数logical_test的结果为FALSE时返回的值。

注意事项如下。

（1）如果第一个参数logical_test是一个数值，那么非0数值等价于TRUE，0等价于FALSE。

（2）如果第三个参数value_if_FALSE不写，将返回逻辑值FALSE。如IF(A1>5,"大于5")，当A1>5为FALSE时，将返回FALSE。

下图展示了IF函数的计算原理。

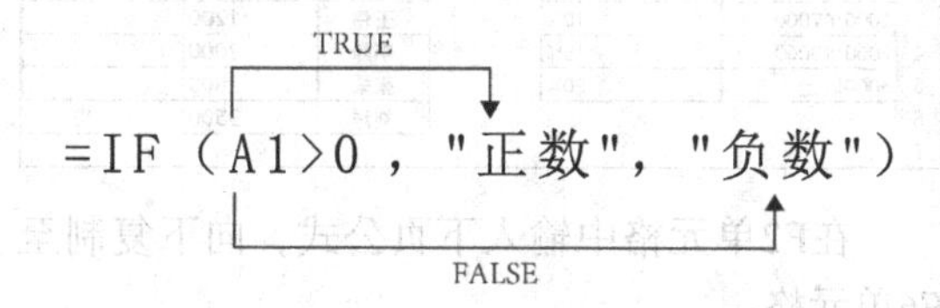

例1 在下图中，在C2单元格中输入以下公式：

=IF(B2>90," 优秀 "," 良 ")

若成绩大于90，第一个参数的值为TRUE，则返回第二个参数，结果为“优秀”。若成绩不大于90，第一个参数的值为FALSE，则返回第三个参数，结果为“良”。

C2 =IF(B2>90,"优秀","良")

	A	B	C	D
1	姓名	成绩	评价	
2	张伟	92	优秀	
3	王芳	51	良	
4	张杰	66	良	
5	刘静	99	优秀	
6				

例2 利用IF函数结合AND函数计算员工奖金发放标准。

下页首图所示为企业销售员奖金发放表。奖金发放标准为工作年限大于10，并且员工级别为A类。在E2单元格中输入以下公式并复制到E8单元格，即可判断各销售员是否符合奖金发放标准：

=IF(AND(B2>10,C2="A 类 ")," 是 "," 否 ")

此公式中首先利用AND函数，分别对B2单元格中的工作年限及C2单元格中的员工级别进行判断，若同时满足工作年限大于10和员工级别为A类两个条件，则返回逻辑值TRUE，进而返回第二个参数的值“是”，否则返回逻辑值FALSE，进而返回第三个参数的值“否”。

E2　=IF(AND(B2>10,C2="A类"),"是","否")

	A	B	C	D	E
1	销售员	工作年限	员工级别	客户评价（星级）	是否奖励
2	张伟	11	A类	4	是
3	王伟	11	C类	4	否
4	李娜	8	A类	5	否
5	王秀英	15	C类	2	否
6	李静	13	B类	5	否
7	张丽	13	A类	2	是
8	王强	11	A类	2	是
9					

继续以上图为例，现规定工作年限大于10并且员工级别为A类，或是客户评价（星级）为5的销售员，才符合奖金的发放标准。

在E2单元格中输入以下公式，复制到E8单元格，即可判断各销售员是否符合奖金发放标准。

=IF(OR(AND(B2>10,C2="A 类"),D2=5)," 是 "," 否 ")

公式中的“OR(AND(B2>10,C2="A类"),D2=5)”，用于构造工作年限大于10并且员工级别为A类，或是客户评价（星级）为5的条件。如果OR函数的参数中有一个条件得到满足或两个条件都得到满足，则返回逻辑值TRUE，即返回IF函数的第二个参数“是”。如果OR函数的参数中两个条件都未得到满足，则返回逻辑值FALSE，即返回IF函数的第二个参数“否”，如下图所示。

E2　=IF(OR(AND(B2>10,C2="A类"),D2=5),"是","否")

	A	B	C	D	E
1	销售员	工作年限	员工级别	客户评价（星级）	是否奖励
2	张伟	11	A类	4	是
3	王伟	11	C类	4	否
4	李娜	8	A类	5	是
5	王秀英	15	C类	2	否
6	李静	13	B类	5	是
7	张丽	13	A类	2	是
8	王强	11	A类	2	是
9					

上述IF函数示例中，可以使用乘法运算替代AND函数，使用加法运算替代OR函数。公式可改写为：

=IF((B2>10)*(C2="A 类")," 是 "," 否 ")

=IF(B2>10)*(C2="A 类")+(D2=5)," 是 "," 否 ")

使用乘法运算替代AND函数时，只要有任意一个判断条件的结果为FALSE（FALSE相当于0），则所有参数的返回结果必定为0。使用加法运算替代OR函数时，只要有任意一个判断条件的结果为TRUE（TRUE相当于1），则所有参数的返回结果必定大于0。

例3　使用IF函数屏蔽错误值进行判断计算。

在下图中，B列是预算金额，C列是实际支出，D列为需要计算的实际支出占预算金额的比例，即完成率，但因为部分项目的预算金额为空单元格，所以部分计算结果显示为#DIV/0!。

D2　=C2/B2

	A	B	C	D
1	项目	预算金额	实际支出	完成率
2	办公费		480	#DIV/0!
3	租赁费	200000	180000	90%
4	物业费	15000	18200	121%
5	车辆费用	1000	800	80%
6	差旅费	6000	5200	87%
7	印花税		5000	#DIV/0!
8	通信费	3000	3560	119%

为了屏蔽除0错误，可以将原函数改写为：

=IF(B2="","",C2/B2)

该IF函数先对B2单元格进行是否为空单元格的判断，如果检测出空单元格，就返回空单元格；如果有数据，就返回正常的计算结果，如下图所示。

D2　=IF(B2="","",C2/B2)

	A	B	C	D	E
1	项目	预算金额	实际支出	完成率	
2	办公费		480		
3	租赁费	200000	180000	90%	
4	物业费	15000	18200	121%	
5	车辆费用	1000	800	80%	
6	差旅费	6000	5200	87%	
7	印花税		5000		
8	通信费	3000	3560	119%	

例4　利用IF函数执行多重逻辑判断。

下图是某企业的销售提成比例表，销售额小于1000的，提成比例为0%；销售额为1000～2000的，提成比例为10%；销售额为2000～3000的，提成比例为15%；销售额大于3000的，提成比例为20%。

	A	B	C	D	E	F
1	销售额	提成比例		姓名	销售额	提成比例
2	1000以下	0		张伟	2500	
3	1000至2000	10%		王伟	1200	
4	2000至3000	15%		李静	2000	
5	3000以上	20%		张敏	800	
6				刘洋	3500	
7						

在F2单元格中输入下页公式，向下复制至F6单元格：

=IF(E2<1000,0,IF(E2<=2000,10%,IF(E2<=3000,15%,20%)))

如果E2单元格中的值小于1000，则返回第二个参数的值“0”，否则返回第三个参数；第三个参数是IF函数，这个IF函数是第一个IF函数的嵌套函数，用于判断E2单元格中的值是否小于等于2000，如果条件成立则返回第二个参数的值“10%”，否则返回第三个参数。第三个参数为第二个IF函数的嵌套函数，用于判断E2单元格中的值是否小于等于3000，如果条件成立则返回第二个参数的值“15%”，否则返回第三个参数的值20%。

上述公式是从小到大进行判断的，我们也可以反过来，从大到小进行判断，如下图所示。公式可改写如下。

=IF(E2>3000,20%,IF(E2>2000,15%,IF(E2>1000,10%,0)))

F2 =IF(E2>3000,20%,IF(E2>2000,15%,IF(E2>1000,10%,0)))

销售额	提成比例
1000以下	0
1000至2000	10%
2000至3000	15%
3000以上	20%

姓名	销售额	提成比例
张伟	2500	15%
王伟	1200	10%
李静	2000	10%
张敏	800	0%
刘洋	3500	20%

5.4 统计函数

Excel的统计函数是一组实用的工具，用于从数据中提取有用的信息。通过这些函数，用户可以轻松地计算数据的平均值、最大值、最小值等，还可以了解数据的分布情况。这些函数不仅可以帮助用户更好地理解数据，还可以帮助用户做出更好的决策

5.4.1 SUM函数

SUM函数是Excel中使用较为频繁的求和函数。

语法如下。

SUM(number1,[number2],…,[number255])

参数说明如下。

number1,number2,…,number255：表示要求和的1~255个数字。第一个参数是必需参数，其他参数是可选参数。

注意事项如下。

（1）如果在SUM函数中直接输入参数的值，那么该参数可以为数值型数据、文本型数据、逻辑值，输入其他类型的参数将返回错误值#VALUE！。

（2）如果使用单元格引用或数组作为SUM函数的参数，那么参数必须为数值型数据，其他类型的参数（如空单元格、文本型数据、逻辑值、文本）都将被忽略。

例1 在右图中，在E2单元格中输入以下公式，并复制到E5单元格，可汇总左侧一月至三月各产品的销售数量。

=SUM(B2:D2)

E2 =SUM(B2:D2)

产品	一月	二月	三月	合计
鼠标	24	20	25	69
摄像头	11	28	12	51
键盘	24	20	30	74
插座	19	22	10	51
总计				

因SUM函数应用十分频繁，在【开始】选项卡或【公式】选项卡下已内置【自动求和】按钮，单击该按钮，即可以自动输入SUM函数并侦测求和区域。用户按【Enter】键即可求和。执行【自动求和】命令的快捷键为【Alt+=】，如下页首图所示。

fx 插入函数 | 自动求和 | 最近使用的函数 | 财务 | 逻辑 | 文本 | 日期和时间 | 查找与引用 | 数学和三角函数
函数库

AND | =SUM(B2:B5)

	A	B	C	D	E
1	产品	一月	二月	三月	合计
2	鼠标	24	20	25	69
3	摄像头	11	28	12	51
4	键盘	24	20	30	74
5	插座	19	22	10	51
6	总计	=SUM(B2:B5)			
7		SUM(number1, [number2], ...)			

按【Alt+=】组合键

例2 使用SUM函数计算不连续的单元格数据。

下图是某企业不同项目组的销量表，在A9与A10单元格中分别输入以下公式，可计算所有项目组的总销量。

=SUM(B6,E6,H6)

=SUM(B2:B5,E2:E5,H2:H5)

	A	B	C	D	E	F	G	H
1	A组	销量		B组	销量		C组	销量
2	张伟	28		王秀英	23		王超	12
3	王伟	18		张敏	10		刘杰	15
4	王芳	16		李强	25		王杰	24
5	李伟	18		王艳	20		张军	12
6	合计	80			78			63
7								
8	各组总计							
9	221	=SUM(B6,E6,H6)						
10	221	=SUM(B2:B5,E2:E5,H2:H5)						

5.4.2 SUMIF函数

SUMIF函数用于对符合条件的单元格求和（单条件求和）。

语法如下。

SUMIF(range,criteria,[sum_range])

参数说明如下。

range：进行条件判断的单元格区域。

criteria：进行判断的条件，其形式可以为数字、文本、逻辑表达式、单元格引用，也可以为通配符。例如，条件可以表示为15、"财务部"、">32"、B5。

sum_range：要求和的实际单元格区域。如果省略该参数，则会对第一个参数range中指定的单元格区域求和。

注意事项如下。

（1）参数criteria中的任何文本或逻辑表达式都必须使用英文状态下的双引号("")包围。

（2）如果参数criteria为数字，则无须使用英文状态下的双引号。

参数criteria中可以使用通配符，问号（?）代表任意单个字符，星号（*）代表任意数量的字符。

例1 在右上图中，在F2单元格中输入以下公式，可汇总财务部所有员工的工资。

=SUMIF(B2:B9,"财务部",C2:C9)

=SUMIF(B2:B9,E2,C2:C9)

F2 | =SUMIF(B2:B9,"财务部",C2:C9)

	A	B	C	D	E	F	G
1	姓名	部门	实发工资		选择部门		
2	张伟	财务部	12,796		财务部	33,232	
3	张静	行政部	8,110				
4	王芳	人事部	12,277				
5	李伟	财务部	9,045				
6	刘强	行政部	9,037				
7	李秀英	人事部	5,358				
8	李娜	行政部	7,016				
9	王磊	财务部	11,391				
10							

F2 | =SUMIF(B2:B9,E2,C2:C9)

	A	B	C	D	E	F	G
1	姓名	部门	实发工资		选择部门		
2	张伟	财务部	12,796		财务部	33,232	
3	张静	行政部	8,110				

例2 在下图中，在E2单元格中输入以下公式，可汇总大于等于8000元的工资总和。

=SUMIF(C:C,">=8000")

=SUMIF(C2:C9,">=8000")

该SUMIF函数的第三个参数被省略，则对第一个参数指定的单元格区域求和。

E2 | =SUMIF(C:C,">=8000")

	A	B	C	D	E
1	姓名	部门	实发工资		汇总8000元及以上的工资总和
2	张伟	财务部	12,796		62,656
3	张静	行政部	8,110		
4	王芳	人事部	12,277		
5	李伟	财务部	9,045		
6	刘强	行政部	9,037		
7	李秀英	人事部	5,358		
8	李娜	行政部	7,016		
9	王磊	财务部	11,391		
10					

E2 | =SUMIF(C2:C9,">=8000")

	A	B	C	D	E
1	姓名	部门	实发工资		汇总8000元及以上的工资总和
2	张伟	财务部	12,796		62,656
3	张静	行政部	8,110		

例3 计算入库数与出库数。

下图展示的是某企业的出入库明细表，在E3、F3单元格中输入以下公式，可分别汇总入库与出库的数量。

=SUMIF($B:$B,E2,$C:$C)
=SUMIF($B:$B,F2,$C:$C)

E3 =SUMIF($B:$B,E2,$C:$C)

	A	B	C	D	E	F
1	一月出入库明细				总量	
2	日期	项目	数量		入库	出库
3	1月1日	入库	250		2,366	1,825
4	1月1日	出库	300			
5	1月2日	入库	420			
6	1月2日	出库	311			
7	1月3日	入库	124			
8	1月3日	出库	250			
9	1月4日	入库	300			
10	1月4日	出库	420			
11	1月5日	入库	311			
12	1月5日	出库	420			
13	1月6日	入库	311			
14	1月6日	出库	124			
15	1月7日	入库	650			
16						

小提示

当用户对列进行选取时，如果该列包含合并单元格，Excel会自动选取合并单元格所跨越的所有列。用户如果要单独选取B列，只能采取手动输入“B:B”的方式。

例4 利用通配符与SUMIF函数统计多个车间工资数。

右上图展示的是某单位工资表，在E2单元格中输入以下公式，可汇总车间人员工资总额。

=SUMIF(A2:A9,"? 车间 ",C2:C9)

该函数的第二个参数中使用了问号（?），这代表凡是“车间”前面有一个字符的项都符合条件。

E2 =SUMIF(A2:A9,"?车间",C2:C9)

	A	B	C	D	E	F
1	部门	姓名	工资		车间工资之和	
2	财务部	刘洋	10,448		27,440	
3	采购部	王勇	7,571			
4	一车间	张杰	7,526			
5	二车间	王强	8,383			
6	三车间	李姗	6,550			
7	销售部	张艳	10,116			
8	二车间	王超	4,981			
9	销售部	李勇	11,327			
10						
11						

例5 利用SUMIF函数进行分类汇总。

下图展示的是某地区销售数据表，其中A列的城市已经排序，现需要在D列每个城市的最后一行汇总各城市的销售额。

在D2单元格中输入以下公式，向下复制到D8单元格。

=IF(A2=A3,"",SUMIF(A:A,A2,C:C))

公式中使用A2=A3判断当前行与下一行的城市名是否一致，如果一致则返回空文本，否则使用SUMIF函数对城市销售额进行条件求和。

D4 =IF(A4=A5,"",SUMIF(A:A,A4,C:C))

	A	B	C	D	E
1	城市	姓名	销售额	城市合计	公式结构
2	北京	王静	700		=IF(A2=A3,"",SUMIF(A:A,A2,C:C))
3	北京	李娜	700		=IF(A3=A4,"",SUMIF(A:A,A3,C:C))
4	北京	张丽	400	1800	=IF(A4=A5,"",SUMIF(A:A,A4,C:C))
5	上海	李杰	400		=IF(A5=A6,"",SUMIF(A:A,A5,C:C))
6	上海	张敏	500	900	=IF(A6=A7,"",SUMIF(A:A,A6,C:C))
7	成都	王磊	500		=IF(A7=A8,"",SUMIF(A:A,A7,C:C))
8	成都	王芳	800	1300	=IF(A8=A9,"",SUMIF(A:A,A8,C:C))
9					
10					
11					

5.4.3 SUMIFS函数

SUMIFS函数用于对同时符合多个条件的单元格求和（多条件求和）。

语法如下。

SUMIFS(sum_range,criteria_range1, criteria1,[criteria_range2,criteria2],⋯)

参数说明如下。

sum_range：要求和的单元格区域。

criteria_range1：第一个条件判断区域。

criteria1：要设置的第一个条件，其形式可以为数字、文本、逻辑表达式、单元格引用。例如，条件可以表示为15、"财务部"、">32"、B5。

criteria_range2，criteria2：分别为第二个条件判断区域及要设置的第二个条件。

注意事项如下。

（1）参数criteria中可以使用通配符。

（2）sum_range所指定的求和区域与criteria_range1等所指定的条件判断区域的大小、形状必须一致，否则公式会出错。

例1 在下图中，在F3单元格中输入以下公式，可汇总工作年限大于等于10且员工级别为A类的销售额。

单条件求和：
=SUMIF(B:B, F3, D:D)或
=SUMIF(B:B, ">=10", D:D)

=SUMIFS(D:D,B:B,F4,C:C,G4)

销售员	工作年限	员工级别	销售额		条件1	条件2	
张伟	10	A类	11,829		工作年限	员工级别	
王伟	11	C类	4,827		>=10		51,647.00
王芳	7	B类	8,052		>=10	A类	32,104.00
李伟	5	A类	3,790				
王秀英	13	A类	2,915				
李秀英	13	A类	6,266				
李娜	11	A类	11,094				
张秀英	7	A类	8,667				
刘伟	11	C类	3,812				
张敏	12	B类	2,425				
李静	11	C类	8,479				
张丽	9	B类	1,367				

多条件求和：
=SUMIFS（D:D,B:B,F4,C:C,G4）或
=SUMIFS（D:D,B:B,">=10",C:C,"A类"）

对于SUMIFS函数的参数sum_range来说，需要同时满足所有条件的单元格才能进行求和。上述案例中需要汇总工作年限大于等于10且员工级别为A类的销售额，条件有两个。

① 工作年限大于等于10。

② 员工级别为A类。

在F2、G2、H2单元格中分别输入以下公式并分别向下复制：

F2 单元格：=B2>=10

G2 单元格：="A 类"

H2 单元格：=F2*G2

对于F列，如果工作年限大于等于10，返回TRUE，否则返回FALSE；对于G列，如果员工级别为A类，返回TRUE，否则返回FALSE；对于H列，如果工作年限大于等于10和员工级别为A类两个条件同时被满足，返回1，否则返回0。同时满足条件的销售额可用灰色底纹标识，这些单元格才是被SUMIFS函数求和的单元格，如下图所示。

	A	B	C	D	E	F	G	H
1	销售员	工作年限	员工级别	销售额		年限	员工级别	是否满足
2	张伟	10	A类	11,829		TRUE	TRUE	1
3	王伟	11	C类	4,827		TRUE	FALSE	0
4	王芳	7	B类	8,052		FALSE	FALSE	0
5	李伟	5	A类	3,790		FALSE	TRUE	0
6	王秀英	13	A类	2,915		TRUE	TRUE	1
7	李秀英	13	A类	6,266		TRUE	TRUE	1
8	李娜	11	A类	11,094		TRUE	TRUE	1
9	张秀英	7	A类	8,667		FALSE	TRUE	0
10	刘伟	11	C类	3,812		TRUE	FALSE	0
11	张敏	12	B类	2,425		TRUE	FALSE	0
12	李静	11	C类	8,479		TRUE	FALSE	0
13	张丽	9	B类	1,367		FALSE	FALSE	0
14								

例2 利用SUMIFS函数计算各地区邮费标准。

下图左侧的列表是某快递公司的一系列邮费递单号信息，现需要在右侧表格中汇总不同尺寸、不同地区下的总邮费。

在H3单元格中输入以下公式，向右复制到O3单元格，再向下复制到O7单元格，即可汇总不同尺寸大小及不同地区的总邮费。

=SUMIFS($D:$D,$B:$B,$G3,$C:C,H2)

H3 =SUMIFS($D:$D, $B:$B, $G3, $C:$C, H$2)

	A	B	C	D
1	邮费单号	尺寸大小	地区代码	邮费
2	5-530-304	5	5	37.79
3	8-050-985	1	1	15.29
4	4-001-407	4	2	20.29
5	5-858-096	4	2	20.29
6	5-022-696	2	2	14.69
7	7-632-277	4	5	34.89
8	5-426-935	5	3	26.29
9	6-805-775	3	1	14.19
10	2-774-229	4	3	24.29
11	6-330-319	2	3	17.59
12	2-721-618	1	1	37.79
13	8-044-206	5	1	18.29
14	3-201-276	1	8	37.79
15	3-691-986	5	7	54.29
16	4-456-853	2	4	21.09
17	5-488-018	1	6	26.29
18	8-374-803	1	3	15.29
19				

尺寸大小 \ 地区代码	1	2	3	4	5	6	7	8
1	53.08	-	15.29	-	-	26.29	-	37.79
2	-	14.69	17.59	21.09	-	-	-	-
3	14.19	-	-	-	-	-	-	-
4	-	40.58	24.29	-	34.89	-	-	-
5	18.29	-	26.29	-	37.79	-	54.29	-

5.4.4 COUNT函数

COUNT函数用于计算参数中包含数字的个数。

语法如下。

```
COUNT(valuel,value2,…,value255)
```

参数说明如下。

valuel，value2,…,value255：表示要计算数字个数的1～255个参数，可以是直接输入的数字、单元格引用或数组。

注意事项如下。

（1）如果在COUNT函数中直接输入参数的值，那么参数类型为数值型数据、日期、文本型数据或逻辑值等的都将被计算在内，其他类型的参数将被忽略。

（2）如果使用单元格引用或数组作为COUNT函数的参数，那么只有数值型数据被计算在内，其他类型的数据将被忽略。

例1 在下图中，B1:B6单元格区域包含6种数据类型：B1为错误值，B2为数值型数据，B3为文本型数据，B4为文本，B5为逻辑值，B6为空单元格。在B7单元格中输入以下公式，则只会计算该单元格区域中的数值型数据的个数。

```
=COUNT(B1:B6)
```

B7 =COUNT(B1:B6)

	A	B
1	错误值	#DIV/0!
2	数字型数据	50
3	文本型数据	50
4	文本	Excel
5	逻辑值	TRUE
6	空单元格	
7	统计数字的个数	1

用户若想对文本型数据与逻辑值进行计算，有两种方式可以采用，如右上图所示。

① 在D列中分别将B列的内容乘以1，因为文本型数据或逻辑值和数值型数据相运算后，会转换成数值型数据。

② 在B7单元格中输入以下数组公式，并按【Ctrl+Shift+Enter】组合键结束数组公式的编辑。

```
=COUNT(B1:B6*1)
```

该数组公式的计算原理同样是将B1:B6单元格区域中的内容分别乘以1，转换成数值型数据后，再统计个数。

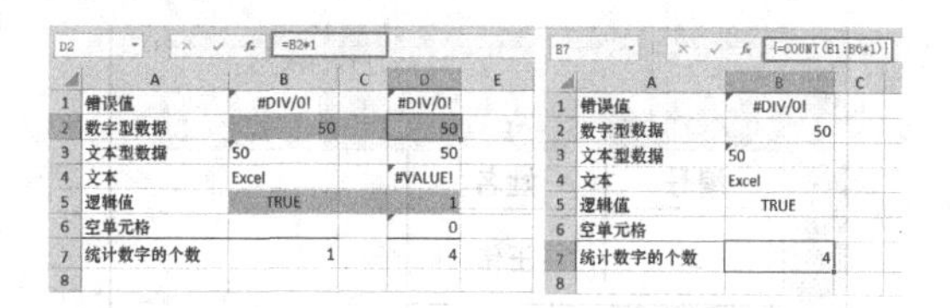
D2 =B2*1

	A	B	C	D
1	错误值	#DIV/0!		#DIV/0!
2	数字型数据	50		50
3	文本型数据	50		50
4	文本	Excel		#VALUE!
5	逻辑值	TRUE		1
6	空单元格			0
7	统计数字的个数	1		4
8				

B7 {=COUNT(B1:B6*1)}

	A	B
1	错误值	#DIV/0!
2	数字型数据	50
3	文本型数据	50
4	文本	Excel
5	逻辑值	TRUE
6	空单元格	
7	统计数字的个数	4
8		

例2 下图展示的是某企业加班登记表，在E2单元格中输入以下公式可以计算加班人数。

```
=COUNT(C2:C11)&"人"
```

E2 =COUNT(C2:C11)&"人"

	A	B	C	D	E
1	姓名	加班原因	加班时间		加班人数
2	张伟		未加班		6人
3	王伟	工作需要	1.5		
4	王芳	工作需要	1.5		
5	李伟	工作需要	2.5		
6	王秀英				
7	李秀英		未加班		
8	李娜	工作需要	1.5		
9	王丽	工作需要	2.5		
10	李强		未加班		
11	张静	工作需要	2		
12					

5.4.5 COUNTA函数

COUNTA函数用于计算指定区域中不为空的单元格个数。

语法如下。

```
COUNTA(value1,[value2],…,[value255])
```

参数说明如下。

value1,value2,…,value255：表示要计算非空值单元格个数的1～255个参数，可以是直接输入的数字、单元格引用或数组。

注意事项如下。

如果使用单元格引用或数组作为COUNTA函数的参数，那么COUNTA函数将统计除空单元格以外的其他所有值，包括错误值和空文本。

例1 在右图中，COUNTA函数计算了包含任何类型的信息的单元格，包括错误值和空文本等。

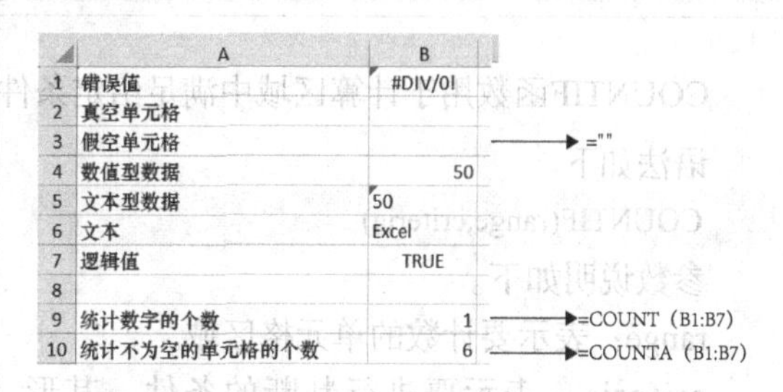

	A	B
1	错误值	#DIV/0!
2	真空单元格	
3	假空单元格	
4	数值型数据	50
5	文本型数据	50
6	文本	Excel
7	逻辑值	TRUE
8		
9	统计数字的个数	1
10	统计不为空的单元格的个数	6

例2 利用COUNTA函数在合并单元格中插入序列。

在下页首图展示的表格中，A列有很多合并单元格，若在合并单元格中直接拖动数字生成有序数字编号，将会出现警告框，禁止用户以普通拖动的方式生成有序数字编号。此时，用户可先选中要生成有序数字编号的区域，如选中A2:A13单元格区域，然后按【F2】键，在A2单元格中插入光标，或将光标插入编辑栏中，输入以下公式，然后按【Ctrl+Enter】组合键，即可在合并单元格中生成有序数字编号。

=COUNTA($A$1:A1)

A2　=COUNTA($A$1:A1)

	A	B
1	编号	姓名
2–3	1	王伟
4	2	王芳
5–7	3	张敏
8–12	4	李杰
13	5	王磊

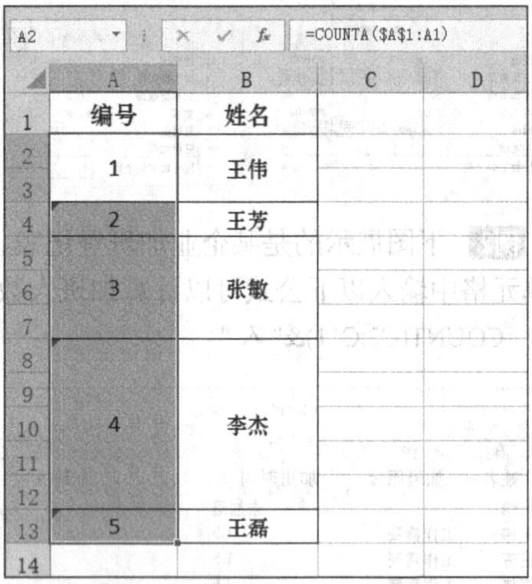

在右上图中，如果表格中没有标题，即从A1单元格开始设置编号，那用户需先在A1单元格中手动输入数值1，构建起始计数项，然后再选中其他区域，输入以下公式，最后按【Ctrl+Enter】组合键结束公式的编辑。

=COUNTA($A$1:A2)+1

A3　=COUNTA($A$1:A2)+1

	A	B
1–2	1	王伟
3	2	王芳
4–6	3	张敏
7–11	4	李杰
12	5	王磊

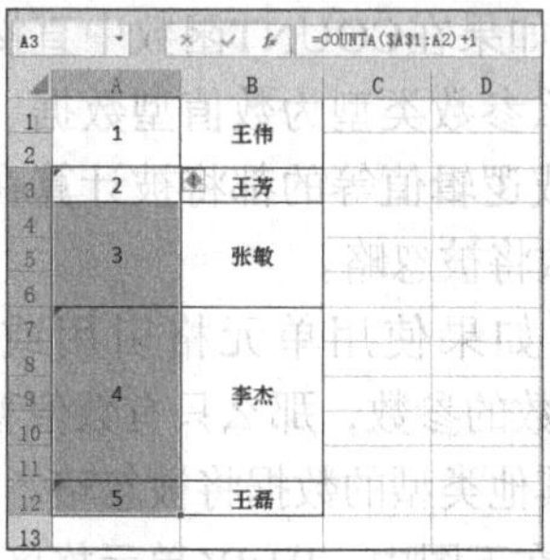

例3 在数据区域中，编号需要保持连续性，但如果在数据区域中增减行数，编号则因不具有连续性而需要重新编辑，为了避免此情况发生，可利用COUNTA函数智能生成编号。

在下图展示的表格中，A列为员工编号，在A2单元格中输入以下公式，复制公式到数据区域的底端，即可以根据右边的数据智能地生成连续序号。

=IF(B2="","",COUNTA($B$2:B2))

该公式使用IF函数先判断B2单元格是否为空，如果为空则显示空单元格，若不为空就用COUNTA($B$2:B2)统计非空单元格的个数。

A2　=IF(B2="","",COUNTA($B$2:B2))

	A	B
1	员工编号	姓名
2	1	张伟
3	2	王伟
4	3	王芳
5	4	李杰
6	5	张勇
7		
8	6	王艳
9	7	李娟
10		
11	8	刘明
12		
13	9	王杰

5.4.6 COUNTIF函数

COUNTIF函数用于计算区域中满足给定条件的单元格个数。

语法如下。

COUNTIF(range,criteria)

参数说明如下。

range：表示要计数的单元格区域。

criteria：表示要进行判断的条件，其形式可以为数字、文本或逻辑表达式，如15、"15"、">15"、"财务部"或">"&A1。

注意事项如下。

（1）当参数criteria中包含比较运算符时，运算符必须用英文状态下的双引号围住，否则公式会出错。

（2）可以在参数criteria中使用通配符——问号（?）和星号（*）。

（3）参数range必须为单元格引用，而不能是数组。

例1 下页首图展示的是学生成绩表，在E2单元格中输入以下公式，可统计成绩大于80

分的学生人数。

=COUNTIF(B:B,">80")

E2 | =COUNTIF(B:B,">80")

	A	B	C	D	E
1	姓名	成绩			
2	张伟	85		统计大于80分的学生个数	5
3	王伟	90			
4	王芳	60			
5	李伟	85			
6	王秀英	84			
7	王丽	98			
8	李强	77			
9	张静	69			
10	王磊	59			

例2 利用COUNTIF函数计算两列中相同数据的个数。

右图中的A、B两列都是姓名，在D2单元格中输入右上方所示的公式，并按【Ctrl+Shift+Enter】组合键，可统计两列中相同姓名的个数。

=SUM(COUNTIF(A2:A8,B2:B8))

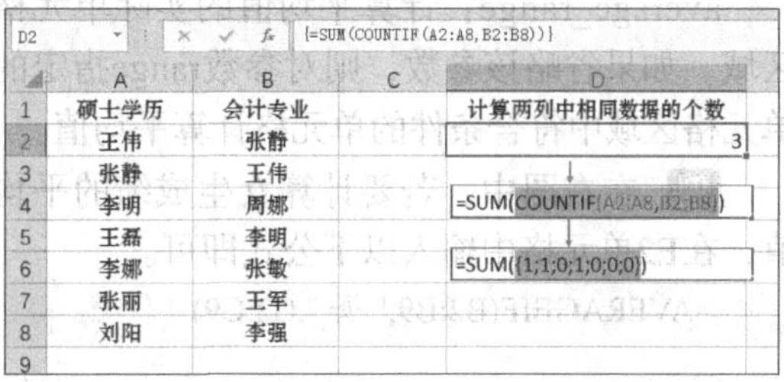

D2 | {=SUM(COUNTIF(A2:A8,B2:B8))}

	A	B	C	D
1	硕士学历	会计专业		计算两列中相同数据的个数
2	王伟	张静		3
3	张静	王伟		
4	李明	周娜		=SUM(COUNTIF(A2:A8,B2:B8))
5	王磊	李明		
6	李娜	张敏		=SUM({1;1;0;1;0;0;0})
7	张丽	王军		
8	刘阳	李强		
9				

在该公式中，先分别将B2:B8单元格区域中的每个姓名在A2:A8单元格区域中进行查找，存在相同姓名的返回1，查找不到的返回0，然后用SUM函数对返回的值进行求和，最终计算出两列中姓名相同的人的数量。

5.4.7 AVERAGE函数

AVERAGE函数用于计算参数的平均值。

语法如下。

AVERAGE(number1,number2,…,number255)

参数说明如下。

number1,number2,…,number255：表示要计算平均值的1~255个数字，可以是直接输入的数字、单元格引用或数组。

注意事项如下。

（1）如果在AVERAGE函数中直接输入参数的值，那么参数必须为数值型数据，即数字、文本格式的数字或逻辑值。如果是文本，则返回错误值#VALUE!。

（2）如果使用单元格引用或数组作为AVERAGE函数的参数，那么参数必须为数值型数据，其他类型的参数都将被忽略。

例 在下图中，若要计算学生成绩的平均值，在D2单元格中输入以下公式即可。

=AVERAGE(B2:B9)

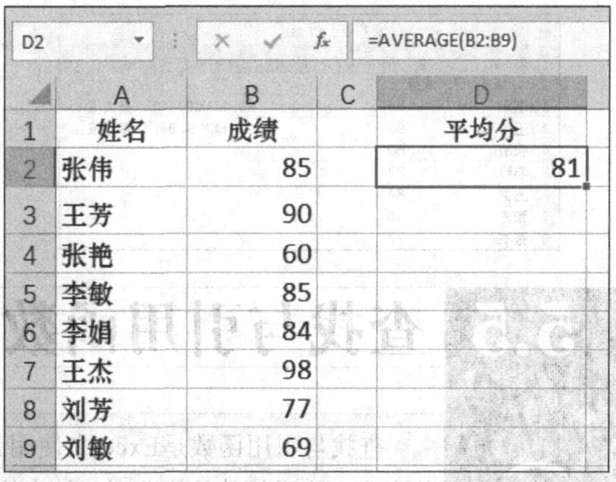

D2 | =AVERAGE(B2:B9)

	A	B	C	D
1	姓名	成绩		平均分
2	张伟	85		81
3	王芳	90		
4	张艳	60		
5	李敏	85		
6	李娟	84		
7	王杰	98		
8	刘芳	77		
9	刘敏	69		

5.4.8 AVERAGEIF函数

AVERAGEIF函数用于返回某个区域内满足给定条件的所有单元格的平均值。

语法如下。

AVERAGEIF(range,criteria,[average_range])

参数说明如下。

range：要进行条件判断的区域。

criteria：要进行判断的条件。

average_range：计算平均值的实际单元格区域。如果省略该参数，则对参数range指定的单元格区域中符合条件的单元格计算平均值。

例 在右图中，若要计算女生成绩的平均值，在E2单元格中输入以下公式即可。

```
=AVERAGEIF(B2:B9,"女",C2:C9)
```

E2 =AVERAGEIF(B2:B9,"女",C2:C9)

	A	B	C	D	E	F
1	姓名	性别	成绩			
2	张伟	男	85		77.5	
3	王芳	女	90			
4	张艳	女	60			
5	李敏	女	85			
6	李娟	女	84			
7	王杰	男	98			
8	刘芳	女	77			
9	刘敏	女	69			
10						

5.4.9 MAX、MIN函数

MAX、MIN函数分别用于返回一组值中的最大值与最小值。

语法如下。

```
MAX(numberl,[number2],…)
MIN(numberl,[number2],…)
```

参数说明如下。

number1,number2,…：表示要从中返回最大值或最小值的数字。如果参数中不包括数字，MAX函数、MIN函数将返回0。

例1 在下图中，在D2与D3单元格中分别输入MAX函数与MIN函数可求出成绩的最大值与最小值。

D2 =MAX(B2:B8)

	A	B	C	D	E	F
1	姓名	成绩				
2	李军	85		98	=MAX(B2:B8)	最大值
3	王伟	90		60	=MIN(B2:B8)	最小值
4	张敏	60				
5	李静	82				
6	王强	84				
7	张涛	98				
8	张杰	77				

例2 下图展示的是某企业销售提成表，公司规定提成比例为销售业绩的2%，但提成金额最高不超过15000。在C2单元格中输入以下公式，复制到C12单元格，即可求出各销售员的提成金额。

```
=MIN(B2*2%,15000)
```

C2 =MIN(B2*2%,15000)

	A	B	C	D	E	F
1	姓名	销售业绩	提成		提成比例	最高限度
2	张杰	867,700	15,000		2%	15,000
3	李姗	204,500	4,090			
4	张艳	372,979	7,460			
5	张明	579,000	11,580			
6	王涛	993,300	15,000			
7	李明	584,000	11,680			
8	李艳	760,000	15,000			
9	王超	250,000	5,000			
10	李勇	909,000	15,000			
11	刘芳	438,000	8,760			
12	刘杰	847,000	15,000			
13						

5.5 查找与引用函数

查找与引用函数是Excel中使用频率很高的函数之一，可以在数据区域查找所需数据的内容、位置等相关信息。此外查找与引用函数能结合其他函数使用，从而发挥巨大的计算、分析作用。

5.5.1 ROW函数

ROW函数用于返回单元格的行号。

语法如下。

```
ROW([reference])
```

参数说明如下。

reference：表示单元格或单元格区域。省略该参数时将返回当前单元格所在行的行号。

例1 在下图中，A列为手动添加的数值序列，当在数据区域新增或删减数据行时，手动添加的数值序列需要频繁地更新。用户可以在C2单元格中使用以下公式构建动态序列号。

=ROW()-1

因ROW函数是在C2单元格中输入的，如直接输入公式“=ROW()”，会返回2，为了让序号从1开始，所以必须要减去1。当数据区域新增或删减数据行时，动态序列号会自动更新出正确的序列，而不需要用户手动调整。

C2 =ROW()-1

	A	B	C	D
1	序号	姓名	动态序列	
2	1	王伟	1	
3	2	张芳	2	
4	3	李娜	3	
5	4	刘洁	4	
6	5	李强	5	
7				

例2 在下图中，A列为金额，在B2单元格中使用下列公式可以对金额进行从小到大的排序。

=SMALL($A$2:$A$7,ROW(1:1))

SMALL函数的第二个参数是ROW(1:1)，该函数在B2单元格中返回值为1，所以在B2单元格中将返回最小的值，因为相对引用关系，在B3单元格中SMALL函数的第二个参数变为ROW(2:2)，它返回的值为2，所以在B3单元格中返回第二小的值。其余单元格以此类推。

B2 =SMALL($A$2:$A$7,ROW(1:1))

	A	B	C
1	金额	从小到大	函数结构
2	10	10	=SMALL($A$2:$A$7,ROW(1:1))
3	25	25	=SMALL($A$2:$A$7,ROW(2:2))
4	60	45	=SMALL($A$2:$A$7,ROW(3:3))
5	58	58	=SMALL($A$2:$A$7,ROW(4:4))
6	78	60	=SMALL($A$2:$A$7,ROW(5:5))
7	45	78	=SMALL($A$2:$A$7,ROW(6:6))
8			

5.5.2 VLOOKUP函数

VLOOKUP函数是使用频率非常高的查询函数，用于在单元格区域或者数组的第1列中查找值，然后返回查找值所对应其他列的值。

语法如下。

VLOOKUP(lookup_value,table_array,col_Index_num,[range_lookup])

参数说明如下。

lookup_value：查找的值。

table_array：要在其中查找的单元格区域。该单元格区域中的首列必须包含查询值，否则公式将返回错误值#N/A。

col_Index_num：指定返回查询区域中第几列的值（注意是查询区域中的第几列，而不是指工作表中的列数）。

range_lookup：查找方式。如果为0或FALSE，表示精确查找，如果为TRUE或省略，表示模糊查找。

注意事项如下。

（1）如果查询区域中包含多个符合条件的查询值，VLOOKUP函数只会返回第一个查找到的值。

（2）采用模糊查找时，要求查询区域的第1列按升序排列，如果没有找到准确的匹配值，则该函数会返回小于查询值的最大值。若查询值小于第1列的最小值，则返回错误值#N/A。采用精确查找时，查询区域无须按升序排列。

（3）当查找文本及参数range_lookup设置为FALSE时，可以在查找值中使用通配符，如问号（?）或星号（*）。问号用于匹配任意单个字符，星号用于匹配多个字符。例如，要查找结尾包含“有限公司”4个字的所有内容，可以写成“*有限公司”。如果需要查找问号或星号本身，需要在问号和星号之前输了一个波浪符号（~）。

下页首图展示了VLOOKUP函数的查找原理。

	A	B	C	D	E
1			区域第1列	区域第2列	区域第3列
2			A	1	7
3			B	2	8
4	查找值		C	3	9
5	C		D	4	10
6			E	5	11
7			F	6	12
8					

=VLOOKUP(A5, C1:E7, 3, 0)返回值为9

查询区域（C1:E7）

提示：VLOOKUP函数只能在查询区域的第1列中查找，返回同区域中其他列的值。

例1 用VLOOKUP函数进行精确查找。

下图展示的是学生的成绩表，在F2单元格中输入以下公式，即可查询相应学生的成绩。

=VLOOKUP(F1,A1:C8,3,FALSE)

F2 =VLOOKUP(F1, A1:C8, 3, FALSE)

	A	B	C	D	E	F	G
1	姓名	性别	成绩		姓名	张明	
2	王芳艳	女	85		成绩	60	
3	李桂英	男	90				
4	张明	男	60				
5	王小杰	男	85				
6	王秀英	女	84				
7	张小青	女	98				
8	李小洁	女	77				

上例中VLOOKUP函数的第4个参数为FALSE，表示精确查找。FALSE可用0代替，以下公式与上述公式等效。

=VLOOKUP(F1,A1:C8,3,0)

例2 用VLOOKUP函数进行模糊查找（查找某一区间值）。

下图展示的是某企业销售员的提成计算表，F3:G9区域为提成比例表，现需要在C列中计算各销售员的提成比例，然后在D列计算其最终提成金额。

该问题分析思路、操作方法步骤如下。

步骤01 F3:G9单元格区域的提成比例分配表必须转换成I3:J9单元格区域的形式。其原因是F3:G9单元格区域不便于VLOOKUP函数对销售额区域的判断。此外转换后的销售额区域必须按升序排列。

步骤02 本例中需要查询某个值所对应的数据，可以采用VLOOKUP函数，但因为查询的某个值在某个区域内，所以要使用模糊查找。在C2单元格中输入以下公式，可计算出各销售员对应的提成比例。

=VLOOKUP(B2,$I$4:$J$9,2,TRUE)

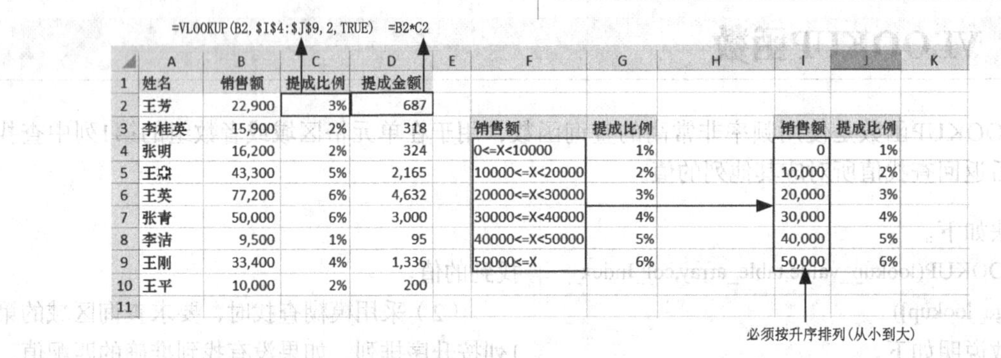

	A	B	C	D
1	姓名	销售额	提成比例	提成金额
2	王芳	22,900	3%	687
3	李桂英	15,900	2%	318
4	张明	16,200	2%	324
5	王尛	43,300	5%	2,165
6	王英	77,200	6%	4,632
7	张青	50,000	6%	3,000
8	李洁	9,500	1%	95
9	王刚	33,400	4%	1,336
10	王平	10,000	2%	200

	F	G
3	销售额	提成比例
4	0<=X<10000	1%
5	10000<=X<20000	2%
6	20000<=X<30000	3%
7	30000<=X<40000	4%
8	40000<=X<50000	5%
9	50000<=X	6%

	I	J
3	销售额	提成比例
4	0	1%
5	10,000	2%
6	20,000	3%
7	30,000	4%
8	40,000	5%
9	50,000	6%

5.5.3 LOOKUP函数

LOOKUP函数用于在某一行或某一列中查找指定的值，然后返回另一行或另一列中相同位置的值。

LOOKUP函数具有向量和数组两种形成的语法。向量形式语法如下。

LOOKUP(lookup_value,lookup_vector,[result_vector])

参数说明如下。

lookup_value：要查找的值。

lookup_vector：查找的区域或数组。该区域或数组必须按升序排列，否则可能会返回错误结果。

result_vector：返回查找结果的区域或数组。该区域大小必须与lookup_vector保持一致。

注意事项如下。

（1）如果在查询区域中找不到查询值，则该函数会与查询区域中小于查询值的最大值进行匹配，如果查询值小于查询区域中的最小值，则返回错误值#N/A。此外，如果查询区域中有多个符合条件的记录，该函数仅返回最后一个符合条件的记录。

（2）该函数支持忽略空值、逻辑值和错误值来进行数据查询。

下图展示了LOOKUP函数在向量形式下的查找原理。

	A	B	C	D	E	F
1			A		7	
2	查找值		B		8	
3	C		C		9	
4			D		10	
5			E		11	
6			F		12	
7						

查询区域(必须按升序排列)　返回结果区域

=LOOKUP(A3,C1:C6,E1:E6) 返回结果为9

例1 用LOOKUP函数查找某个具体的值。

在下图中，A列是姓名，B列是员工编号（已按升序排列），若在右侧需要根据员工编号查询相应员工的姓名，可在E2单元格中输入以下公式。

```
=LOOKUP(D2,B2:B8,A2:A8)
```

E2 =LOOKUP(D2,B2:B8,A2:A8)

	A	B	C	D	E
1	姓名	员工编号		员工编号	姓名
2	张伟	1-0799		6-1568	李丽
3	李敏	1-2072			
4	王艳	2-9161			
5	刘芳	4-8885			
6	李丽	6-1568			
7	王军	6-2696			
8	张静	7-0034			
9					

查询区域必须按升序排列

例2 用LOOKUP函数查找某个区域的值。

下图展示的是某企业销售员的提成计算表，E2:F6单元格区域为提成率表，在C2单元格中输入以下公式，并向下复制，即可计算相应销售额的提成率。

```
=LOOKUP(B2,$E$2:$E$6,$F$2:$F$6)
```

	A	B	C	D	E	F
1	姓名	销售额	提成率		提成率	
2	王芳艳	2400	3%		0	0
3	李桂英	500	1%		500	1%
4	张明	1600	3%		1500	3%
5	王小杰	1800	3%		2500	5%
6	王秀英	3500	6%		3500	6%
7	张小青	2600	5%			
8						
9						
10						

查询区域必须按升序排列

LOOKUP函数的另一种形式为数组形式，在数组形式下，LOOKUP函数用于在某个区域中的第一行或第一列查找，然后返回该区域中最后一行或最后一列相同位置的值。数组形式语法如下。

```
LOOKUP(lookup_value,array)
```

参数说明如下。

lookup_value：要查找的值。

array：要查找数据的区域或数组。

下图展示的是LOOKUP函数数组形式的查找原理。

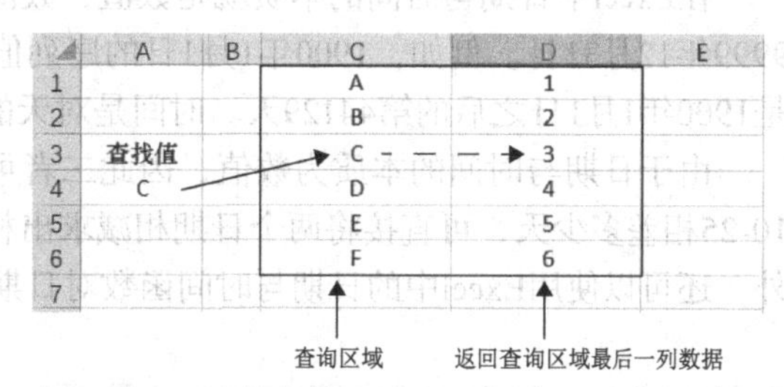

	A	B	C	D	E
1			A	1	
2			B	2	
3	查找值		C	3	
4	C		D	4	
5			E	5	
6			F	6	
7					

查询区域　返回查询区域最后一列数据

=LOOKUP(A4,C1:D6)返回结果为3

注意事项如下。

（1）查询区域的第一行或第一列必须按升序排列，否则可能会返回错误结果。

（2）当查询区域中的列数大于行数时，将在第一行内查找参数lookup_value；如果列数小于或等于行数，则在第一列内查找参数lookup_value。

例3 在下图中，在G2单元格中输入以下公式，可查找F2单元格中姓名所对应的员工编号。

```
=LOOKUP(F2,A2:C8)
```

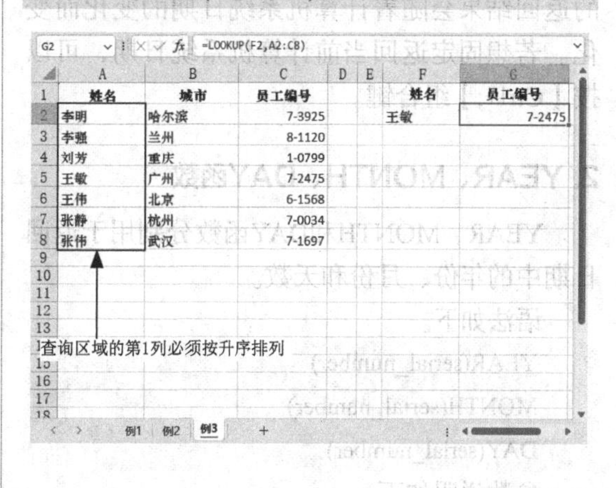

G2 =LOOKUP(F2,A2:C8)

	A	B	C	D	E	F	G
1	姓名	城市	员工编号			姓名	员工编号
2	李明	哈尔滨	7-3925			王敏	7-2475
3	李甄	兰州	8-1120				
4	刘芳	重庆	1-0799				
5	王敏	广州	7-2475				
6	王伟	北京	6-1568				
7	张静	杭州	7-0034				
8	张伟	武汉	7-1697				

查询区域的第1列必须按升序排列

5.6 日期与时间函数

日期与时间是Excel中一种特殊的数据类型，因其本质为数值，初学者常对其感到困惑。本节重点介绍日期与时间的本质及常规计算方法，以及利用日期与时间函数对日期和时间进行相关处理的方法。

5.6.1 日期与时间的本质

在Excel中日期与时间的本质就是数值，数值范围为1~2958465，对应日期为1900年1月1日到9999年12月31日。例如，1900年1月1日的序列值为1，2020年10月25日的序列值为44129。因为它是1900年1月1日之后的第44129天。时间是对天的再次分割，如1/24天代表1小时。

由于日期与时间的本质为数值，因此二者可进行数值运算。例如，要计算2019-10-1与2020-10-25相差多少天，可直接将两个日期相减求出相差天数。除了使用加减法对日期与时间进行计算外，还可以使用Excel中的日期与时间函数对日期与时间进行更多形式的计算。

5.6.2 常用日期函数

日期是一种常见的、非常重要的数据类型。在实际工作中，经常要对日期进行处理，其中对日期的分别提取和组合较为常见。常用日期函数有以下几种。

1. TODAY函数

TODAY函数用于返回当前计算机系统日期。

语法如下。

```
TODAY()
```

在单元格中输入公式“=TODAY( )”，即可得到当前计算机系统的日期，TODAY函数的返回结果会随着计算机系统日期的变化而变化。若想固定返回当前计算机系统日期，可以按【Ctrl+;】组合键。

2. YEAR、MONTH、DAY函数

YEAR、MONTH和DAY函数分别用于返回日期中的年份、月份和天数。

语法如下。

```
YEAR(serial_number)
MONTH(serial_number)
DAY(serial_number)
```

参数说明如下。

serial_number:日期值。

例1 在下图中，分别在B2、C2和D2单元格中输入YEAR、MONTH和DAY函数，即可提取A2单元格中的年份、月份和天数。

D2 =DAY(A2)

	A	B	C	D
1	日期	YEAR 函数	MONTH 函数	DAY 函数
2	2023-05-06	2023	5	6
3	2023-09-27	2023	9	27
4				

例2 下图展示的是员工借款统计表，B列为借款日期，C列为借款约定天数，假如今天的日期为2023年12月20日。在D3单元格中输入以下公式，复制到D8单元格，即可判断员工借款是否逾期。

```
=IF(B3+C3<TODAY()," 逾期 "," 未逾期 ")
```

D3 =IF(B3+C3<TODAY(),"逾期","未逾期")

	A	B	C	D
1	员工借款统计表			
2	姓名	借款日期	借款约定天数	是否逾期
3	刘洁	2023-12-18	30	未逾期
4	王伟	2022-11-05	60	逾期
5	张敏	2022-12-31	190	逾期
6	王艳	2022-01-18	30	逾期
7	刘敏	2023-06-24	40	逾期
8	张丽	2023-12-01	60	未逾期
9				

3. DATE函数

DATE函数用于返回指定的日期。

语法如下。

```
DATE(year,month,day)
```

参数说明如下。

year：年的数字，值必须为1900～9999。

month：月的数字，正常值为1～12，但该参数有自动更正功能，若等于0，如DATE(2023,0,1)，则返回2012年12月1日；若是负数，如DATE(2023,–1,1)，则返回2022年11月1日；若为13，如DATE(2022,13,1)，则返回2023年1月1日。

day：日的数字，正常值为1～31，该参数有自动更正功能。

在下图中，在D2单元格中输入以下公式，即可以将A2单元格代表的年、B2单元格代表的月、C2单元格代表的日组成一个完整日期值。

```
=DATE(A2,B2,C2)
```

D2 =DATE(A2,B2,C2)

	A	B	C	D
1	年份	月份	日	日期
2	2021	5	6	2021-05-06
3	2022	9	17	2022-09-17
4	2023	10	25	2023-10-25

5.6.3 常用时间函数

因为时间的进制相对于日期来说更加复杂，所以用户几乎很难用手工方式去计算时间，然而利用Excel的时间函数计算时间是非常方便、高效和准确的，用户只需要正确地输入时间、选择正确的时间函数，就可以对时间进行各种计算。常用的时间函数有以下几种。

1. NOW函数

NOW函数用于返回当前时间。

语法如下。

```
NOW( )
```

在单元格中输入公式“=NOW( )”，即可得到当前计算机系统的时间，NOW函数返回的结果会随着计算机系统时间的变化而变化。若想固定返回当前计算机系统的时间，可以按【Ctrl+Shift+;】组合键。

2. HOUR、MINUTE、SECOND函数

HOUR、MINUTE、SECOND函数分别用于返回时间中的小时、分钟和秒钟。

语法如下。

```
HOUR(serial_number)
MINUTE(serial_number)
SECOND(serial_number)
```

参数说明如下。

serial_number：时间值。

在下图中，分别在B2、C2和D2单元格中输入HOUR、MINUTE和SECOND函数，可提取A2单元格中的小时、分钟和秒钟。

D2 =SECOND(A2)

	A	B	C	D
1	时间	HOUR函数	MINUTE 函数	SECOND 函数
2	17:52:10	17	52	10
3	16:12:02	16	12	2
4	6:45:00	6	45	0

3. TIME函数

TIME函数用于返回指定时间。

语法如下。

```
TIME(Hour,Minute,Second)
```

参数说明如下。

Hour：小时的数字，正常值为0～23，如超过24，取与24之间的差值。

Minute:分钟的数字，正常值为0～59，如超过60，取与60之间的差值。

Second：秒钟的数字，正常值为0～59，如超过60，取与60之间的差值。

在下图中，在D2单元格中输入以下公式，即可以将A2单元格代表的小时、B2单元格代表的分钟、C2单元格代表的秒钟组成一个完整的时间值。

```
=TIME(A2,B2,C2)
```

D2 =TIME(A2, B2, C2)

	A	B	C	D	E
1	小时	分钟	秒钟	时间	
2	17	52	10	17:52:10	
3	16	12	2	16:12:02	
4	6	45	0	6:45:00	

5.6.4 工作日函数

工作日为周一到周五，此外工作日不包括法定节假日。在实际工作中，人事部或相关部门经常需要对工作日进行统计。工作日函数有以下两种。

1. WORKDAY函数

WORKDAY函数用于计算指定日期之前或之后数个工作日的日期。

语法如下。

```
WORKDAY (start_date,days,[holidays])
```

参数说明如下。

start_date:开始日期。

days：表示参数start_date之前或之后不含周末及节假日的天数。参数days为正值将生成未来日期，为负值将生成过去日期。

holidays：从工作日中排除的一个或多个节假日。

在下图中，某机构办证完成时间规定为10个工作日，遇周末和法定节假日顺延。某人提交资料日期如A4单元格所示，在B4单元格中输入以下公式，可计算下证日期。

```
=WORKDAY(A4,10,D2:D6)
```

B4 =WORKDAY(A4,10,D2:D6)

	A	B	C	D
1	办证完成时间（工作日）	10个工作日		法定节假日
2				2023-04-29
3	提交资料日期:	下证日期:		2023-04-30
4	2023-04-25	2023-05-12		2023-05-01
5				2023-05-02
6				2023-05-03

2. NETWORKDAYS函数

NETWORKDAYS函数用于计算两个日期之间完整的工作日天数。

语法如下。

```
NETWORKDAYS(start_date,end_date,[holidays])
```

参数说明如下。

start_date：开始日期。

end_date：结束日期。

holidays：从工作日中排除的一个或多个节假日。

在下图中，在B4单元格中输入以下公式，可计算工作日数，D2:D4单元格区域中列出了法定节假日。

```
=NETWORKDAYS(B2,B3,D2:D4)
```

B4 =NETWORKDAYS(B2,B3,D2:D4)

	A	B	C	D
1				假期
2	项目开始日期:	2023-04-01		2023-04-04
3	项目结束日期:	2023-04-30		2023-04-05
4	工作日数:	17		2023-04-06
5				
6				

5.7 财务函数

财务金融知识在人们的日常生活中起着越来越重要的作用，每个人、每个家庭都与经济生活密切相关。Excel提供了丰富的财务函数，用户使用财务函数可将复杂的财务金融计算变得很简单。

5.7.1 计算贷款、投资的现值和终值

在下页首图中，某人向银行存款10000元，存款年利率为3%，存款期为3年，3年后此人可向银行提取多少钱（单利计息）？

在B5单元格中输入以下公式，即可计算3年后的本利和。

=10000*(1+0.03*3)

B5　=10000*(1+0.03*3)

	A	B	C
1	存款金额（本金）：	10,000	
2	存款年利率：	3.00%	
3	存款期(年)：	3	
4			
5	未来值：	10,900	
6			

在右图中，假如银行存款利率为3%，某人为了3年后取得10000元，现需要向银行存款多少钱（单利计息）？

在B5单元格中输入以下公式，即可解决上述问题。

=10000/(1+0.03*3)

B5　=10000/(1+0.03*3)

	A	B
1	未来值：	10,000
2	存款年利率：	3.00%
3	存款期(年)：	3
4		
5	现值：	9,174
6		
7		

5.7.2 FV函数

FV函数用于计算在固定利率及等额分期付款方式下，返回某项投资的未来值。

语法如下。

FV(rate,nper,pmt,[pv],[type])

参数说明如下。

rate：利率。

nper：期数。

pmt：各期所支付或收取的金额。

pv：现值。

type：付款类型。数字0或1用以指定各期的付款时间是在期初还是期末，0或省略该参数表示付款时间为每期期末，1表示每期期初。

例1　在下图中，假如银行存款利率为5%，某人在2020年1月1日向该银行存款100000元，存款期为3年，假设该银行为复利计息，那3年后（2023年1月1日）该用户可取出多少钱？

在B7单元格中输入以下公式，即可解决上述问题。

=FV(B1,B2,0,B4,B5)

B7　=FV(B1, B2, 0, B4, B5)

	A	B	C
1	年利率：	5%	
2	期数(年)：	3	
3	每年存款额：	0	
4	初始存入金额：	-100,000	
5	存款类型(期初)：	1	
6			
7	未来值：	¥115,762.50	
8			
9			

因该用户只在期初存入银行100000元，即后续每年的存款额为0元，此情形为单笔收支，所以FV函数的第三个参数的值设置为0。此外是期初付款，所以付款类型为1。

例2　在下表中，某人从2019年1月1日起开始向某银行存入现金，以2019年1月1日为期初，此时还未存款，存款都于每年年底实际存入，存款金额每次为1000元（共4笔），现需要计算此人在2023年12月31日能从银行取出多少钱？（假如该银行采用复利计息，年利率为8%）

存款时间	存款金额
2019 年 1 月 1 日	0
2019 年 12 月 31 日	1000
2020 年 12 月 31 日	1000
2021 年 12 月 31 日	1000
2022 年 12 月 31 日	1000
2023 年 12 月 31 日	

下页首图为上表的Excel转化形式，其中B3单元格中的值表示每年存款额，B4单元格中的值为初始存款，即存款期限以2019年1月1日为期初，但这一天并没有存款，所以期初的初始存款为0元，B5单元格中的0值表示存款类型为期末，即2023年12月31日结束存款，这一天是存款周期的末尾，用0表示期末。

在B7单元格中输入以下公式，可计算上述条件下的未来值。

```
=FV(B1,B2,B3,B4,B5)
```

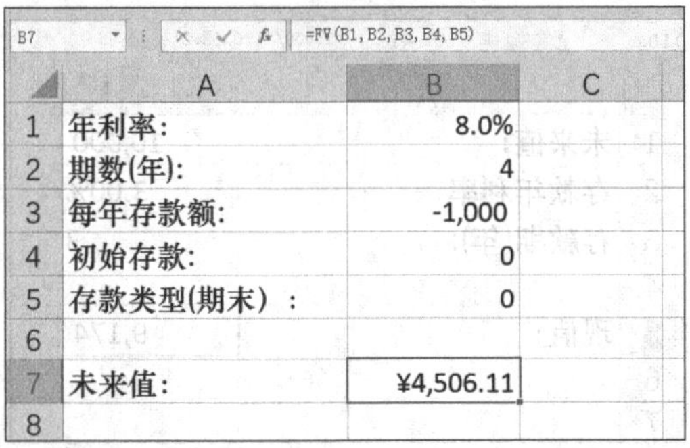

B7 =FV(B1, B2, B3, B4, B5)

	A	B	C
1	年利率:	8.0%	
2	期数(年):	4	
3	每年存款额:	-1,000	
4	初始存款:	0	
5	存款类型(期末)：	0	
6			
7	未来值:	¥4,506.11	
8			

例3 延续上例部分数据，如下表所示，若该用户在2019年1月1日进行了初始存款。并且在后续4年内的每年年底存入1000元，现需要计算在2023年12月31日能从银行取出多少钱？

存款时间	存款金额
2019 年 1 月 1 日	1000
2019 年 12 月 31 日	1000
2020 年 12 月 31 日	1000
2021 年 12 月 31 日	1000
2022 年 12 月 31 日	1000
2023 年 12 月 31 日	

下图为上表的Excel转化形式，需要注意的是，因为在此例中用户在2019年1月1日这天存入银行1000元，所以在B4单元格中的初始存款为-1000元。期数仍为4期，每年存款额为1000元，存款类型仍为期末。

在B7单元格中输入以下公式，可计算上述条件下的未来值。

```
=FV(B1,B2,B3,B4,B5)
```

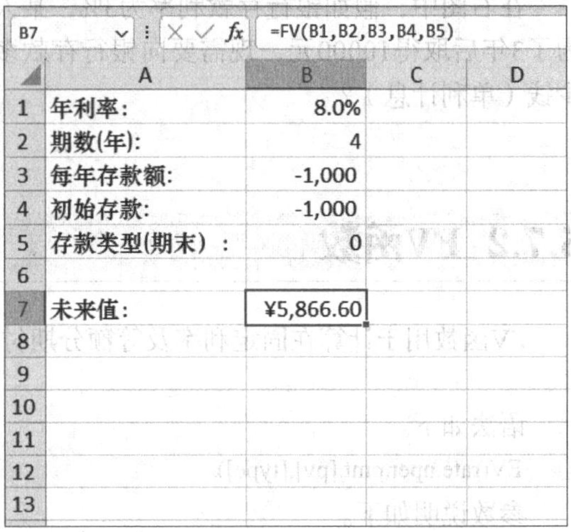

B7 =FV(B1,B2,B3,B4,B5)

	A	B	C	D
1	年利率:	8.0%		
2	期数(年):	4		
3	每年存款额:	-1,000		
4	初始存款:	-1,000		
5	存款类型(期末)：	0		
6				
7	未来值:	¥5,866.60		
8				
9				
10				
11				
12				
13				

5.7.3 PV函数

PV函数用于计算某项投资的现值。

语法如下。

```
PV(rate, nper, pmt, [fv], [type])
```

参数说明如下。

rate：利率。

nper：期数。

pmt：各期所支付或收取的金额。

fv：未来值。

type：付款类型。数字0或1用以指定各期的付款时间是在期初还是期末，0或省略该参数表示付款时间为每期期末，1表示每期期初。

例1 在右图中，假如银行存款利率为5%，某人4年后拥有资金100000元，那此人现在应向银行存入资金多少元？（假设银行为复利计息）

在B7单元格中输入以下公式，可解决上述问题。

```
=PV(B1,B2,B3,B4,B5)
```

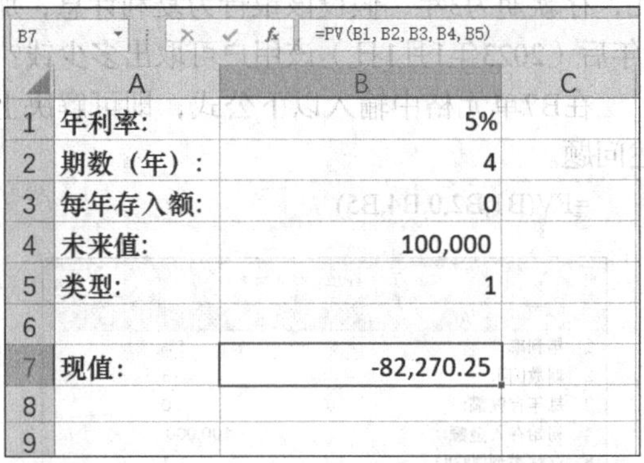

B7 =PV(B1, B2, B3, B4, B5)

	A	B	C
1	年利率:	5%	
2	期数（年）：	4	
3	每年存入额:	0	
4	未来值:	100,000	
5	类型:	1	
6			
7	现值:	-82,270.25	
8			
9			

例2 在下页首图中，某人向银行购买某理财产品，该理财产品的年利率为5%，用户需

每年末支出10000元，共4期，那么该系列支出（年金）的现值为多少？

在B7单元格中输入以下公式，可解决上述问题。

```
=PV(B1,B2,B3,B4,B5)
```

B7 =PV(B1,B2,B3,B4,B5)

	A	B	C
1	年利率:	5%	
2	期数（年）:	4	
3	每年付款额:	-10000	
4	未来值:	0	
5	类型:	0	
6			
7	现值:	35,459.51	
8			
9			

5.7.4 PMT函数

PMT函数用于计算在固定利率及等额分期付款方式下的每期还款额。

语法如下。

```
PMT(rate, nper, pv, [fv], [type])
```

参数说明如下。

rate：贷款利率。

nper：贷款的付款总期数。

pv：现值，即贷款本金。

fv：未来值，或在最后一次付款后希望得到的现金余额。如果省略该参数，则默认值为0。

type：付款类型。数字0或1用以指定各期的付款时间是在期初还是期末，0或省略该参数表示支付时间为每期期末，1表示每期期初。

如果要以10%的年利率按月支付一笔5年期的贷款，则 rate 应为10%/12，nper 应为 5*12。如果按年支付同一笔贷款，则rate使用10%，nper使用 5。

例 在右图中，某人向金融机构贷款2400000元，贷款期限为30年，年利率为8%，月还款额是多少？

在B5单元格中输入以下公式，可计算月还款额。

```
=PMT(B1/12,B2*12,B3)
```

计算结果为17610.35元，即该借款者在未来30年内每月需向金融机构固定还款17610.35元。

B5 =PMT(B1/12,B2*12,B3)

	A	B	C	D
1	贷款年利率:	8.000%		
2	贷款期限（年）:	30		
3	贷款金额:	2,400,000.00		
4				
5	月还款额:	-17,610.35		
6				

B1单元格中为年利率，转成月利率要除以12，B2单元格中贷款期限的单位为年，若要计算月还款额，贷款期限需要乘以12转成总月数。B5单元格中的结果为-17610.35，负数表示现金流出，用户若不想显示负号，可在公式后面乘以-1，即采用如下写法：

```
=PMT(B1/12,B2*12,B3)*-1
```

5.7.5 PPMT、IPMT函数

实际生活中，向金融机构偿还贷款的付款额由两部分组成：本金和利息。

PPMT函数用于计算固定利率下及等额分期付款方式下的每期还款额中的本金。IPMT函数用于计算固定利率下及等额分期付款方式下的每期还款额中的利息。这两个函数的语法如下。

```
PPMT (rate, per, nper, pv, [fv], [type])
```

```
IPMT (rate, per, nper, pv, [fv], [type])
```

参数说明如下。

rate：贷款利率。

per：支付的期数，1表示第一次支付。该参数的值必须在1至nper之间。

nper：贷款的付款总期数。

pv：现值，即贷款本金。

fv：未来值，或在最后一次付款后希望得到的现金余额。如果省略该参数，则默认值为0。

type：付款类型。数字0或1用以指定各期的付款时间是在期初还是期末，如果为0或省略该参数则表示支付时间为每期期末，如果为1则表示每期期初。

例 在右图中，某人向金融机构贷款2400000元，贷款期限为30年，年利率为8%，则第1期还款额中的本金和利息分别是多少？

在B6、B7单元格中输入以下公式，可分别计算第1期还款额中的本金和利息。

```
=PPMT(B1/12,B2,B3*12,B4)
=IPMT(B1/12,B2,B3*12,B4)
```

B6 =PPMT(B1/12, B2, B3*12, B4)

	A	B	C
1	贷款年利率:	8.000%	
2	支付的期数:	1	
3	贷款期限（年）:	30	
4	贷款金额:	2,400,000.00	
5			
6	第N期应付的本金:	-1,610.35	=PPMT(B1/12,B2,B3*12,B4)
7	第N期应付的利息:	-16,000.00	=IPMT(B1/12,B2,B3*12,B4)

不同期数的还款额中的本金和利息是不相同的，还款期数越多，相应的本金越多而利息越少，但本金和利息的总和始终为固定数。如第1期应付的本金为1610.35元，利息为16000元，两者之和为17610.35元，这与用PMT函数计算的月还款额是一样的。

5.7.6 CUMPRINC、CUMIPMT函数

CUMPRINC函数用于返回一笔贷款在给定的首期到末期期间累计偿还的本金数额。CUMIPMT函数用于返回一笔贷款在给定的首期到末期期间累计偿还的利息数额。这两个函数的语法如下。

```
CUMPRINC(rate, nper, pv, start_period, end_period, type)
CUMIPMT(rate, nper, pv, start_period, end_period,type)
```

参数说明如下。

rate：利率。

nper：总付款期数。

pv：现值。

start_period：计算中的第一个周期。付款期数从1开始计数。

end_period：计算中的最后一个周期。

type：付款类型。数字0或1用以指定各期的付款时间是在期初还是期末，0或省略该参数表示支付时间为每期期末，1表示每期期初。

例 在右上图中，某人向金融机构贷款2400000元，贷款期限为30年，年利率为8%，则第1期至第12期还款额中的累积本金和累积利息分别是多少？

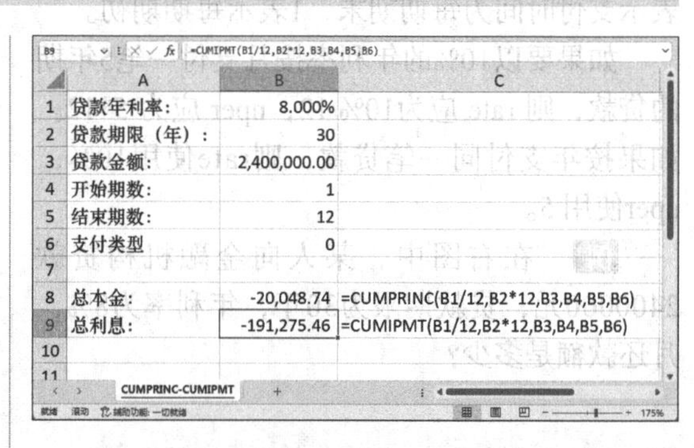

B9 =CUMIPMT(B1/12,B2*12,B3,B4,B5,B6)

	A	B	C
1	贷款年利率:	8.000%	
2	贷款期限（年）:	30	
3	贷款金额:	2,400,000.00	
4	开始期数:	1	
5	结束期数:	12	
6	支付类型	0	
7			
8	总本金:	-20,048.74	=CUMPRINC(B1/12,B2*12,B3,B4,B5,B6)
9	总利息:	-191,275.46	=CUMIPMT(B1/12,B2*12,B3,B4,B5,B6)
10			
11			

CUMPRINC-CUMIPMT

在B8、B9单元格中输入以下公式，可分别计算第1期至第12期还款额中的累积本金和累积利息。

```
=CUMPRINC(B1/12,B2*12,B3,B4,B5,B6)
=CUMIPMT(B1/12,B2*12,B3,B4,B5,B6)
```

5.7.7 SLN 函数

SLN函数用于返回某个期间内资产的直线折旧值。

语法如下。

SLN(cost, salvage, life)

参数说明如下。

cost：资产原值。

salvage：折旧期限末尾时的资产价值，即资产残值。

life：资产的折旧期限，即资产的使用寿命。

例 在右图中，资产原值为20000元，资产残值为2000元，折旧期限为5年，在B5单元格中输入以下公式，可按直线法计算每年的折旧值。

=SLN(B1,B2,B3)

B5 =SLN(B1,B2,B3)

	A	B	C	D
1	资产原值：	20,000		
2	资产残值：	2,000		
3	折旧期限（年）：	5		
4				
5	折旧值：	3,600		
6				
7				

5.7.8 DDB函数

DDB函数可通过双倍余额递减法或其他指定方法，返回指定期间内某项固定资产的折旧值。

语法如下。

DDB(cost, salvage, life, period, [factor])

参数说明如下。

cost：资产原值。

salvage：资产残值。

life：资产的折旧期限，即资产的使用寿命。

period：折旧的时期。参数period 必须使用与参数life 相同的单位。

factor：余额递减速率。如果省略参数factor，则假定其值为 2（双倍余额递减法）。

例 在下图中，在E2单元格中输入以下公式并向下填充，可使用双倍余额递减法计算资产在5年中每年的折旧值。

=DDB($B$2,$B$3,$B$4,D2)

E2 =DDB($B$2, $B$3, $B$4, D2)

	A	B	C	D	E	F
1				年份	折旧额	
2	资产原值：	250,000		1	100,000	
3	资产残值：	5,000		2	60,000	
4	折旧期限（年）：	5		3	36,000	
5				4	21,600	
6				5	12,960	
7						

5.7.9 SYD函数

SYD函数用于返回在指定期间内资产按年限总和折旧法计算的折旧值。

语法如下。

SYD(cost, salvage, life, per)

参数说明如下。

cost：资产原值。

salvage：资产残值。

life：资产的折旧期限,即资产的使用寿命。

per：计算折旧的某个期间，必须与参数life使用相同的单位。

例 在右图中，在B5单元格中输入以下公式，可按年限总和折旧法计算第1个期间的折旧值。

```
=SYD(B1,B2,B3,B4)
```

B5 =SYD(B1, B2, B3, B4)

	A	B	C	D
1	资产原值:	500,000		
2	资产残值:	50,000		
3	折旧期限（月）:	30		
4	折旧期间（月）	1		
5	折旧值:	29,032.26		
6				

高手私房菜

技巧：函数的循环引用

当一个单元格内的公式直接或间接地引用了这个公式本身所在的单元格时，称为循环引用。例如，在A5单元格中输入公式“=SUM(A1:A5)”，如下图所示。

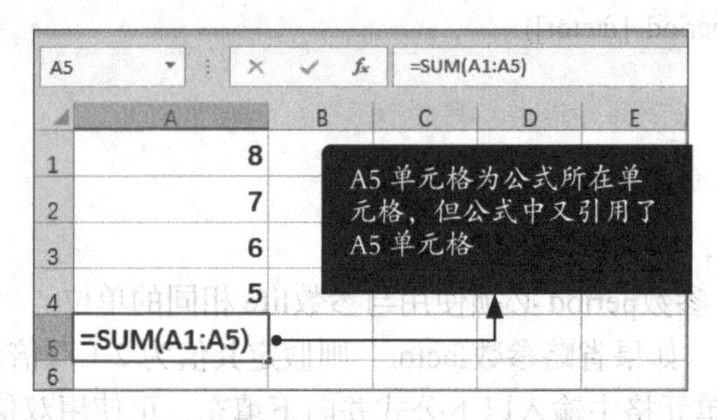

循环引用返回的结果将是错误的计算结果。当在单元格中输入循环引用的公式时，Excel将弹出警告框，如下图所示。

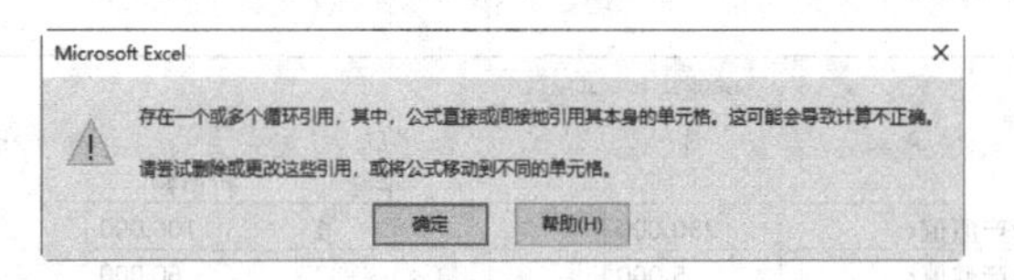

用户可单击【公式】选项卡下【公式审核】组中的【错误检查】按钮，选择【循环引用】选项，以显示循环引用所涉及的单元格。此外，在左下角的状态栏中也会有循环引用单元格的提示，如下图所示。

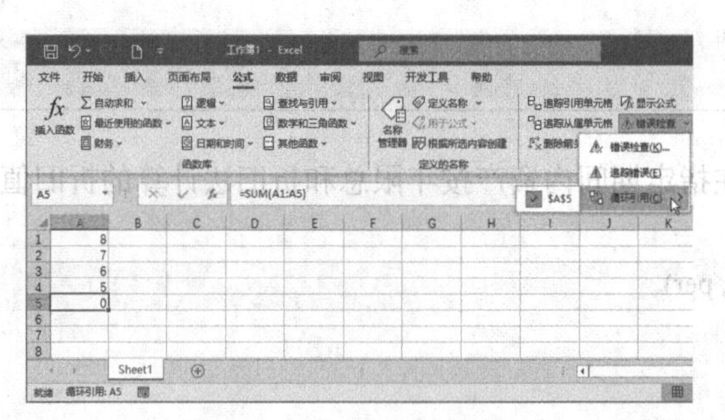

第6章

数据整理的秘密

学习目标

数据整理不仅仅是把杂乱的数据简单归纳和分类，更是一个有目标和计划的数据处理过程。经过数据整理，原始的数据能转换成一种更有条理、更容易理解和分析的格式，这样我们就能更好地理解这些数据，发现数据背后的规律和趋势，从而做出更有效的决策。

学习效果

科室	可控费用		不可控费用	
	预算	实际	预算	实际
1月	1,078,733.00	1,828,241.00	1,338,116.00	363,648.00
2月	1,420,852.00	1,652,100.00	571,367.00	250,853.00
3月	1,901,301.00	1,759,752.00	268,962.00	137,115.00
4月	1,736,270.00	1,607,182.00	1,352,343.00	2,173,296.00
5月	867,294.00	383,839.00	894,068.00	275,771.00
6月	603,419.00	611,979.00	883,248.00	1,875,935.00
管理部	7,607,869.00	7,843,093.00	5,308,104.00	5,076,618.00
1月	1,308,002.00	1,168,182.00	1,380,545.00	837,963.00
2月	396,226.00	1,362,862.00	835,854.00	723,345.00
3月	1,015,508.00	1,274,056.00	516,092.00	1,422,339.00
4月	1,154,650.00	1,753,002.00	967,793.00	1,891,980.00
5月	1,400,849.00	333,678.00	939,617.00	1,979,000.00
6月	1,701,828.00	1,451,453.00	1,647,034.00	1,934,013.00
总务科	6,977,063.00	7,343,233.00	6,286,935.00	8,788,640.00
1月	1,513,418.00	297,891.00	575,308.00	459,726.00
2月	1,556,703.00	535,068.00	573,087.00	1,614,790.00
3月	216,043.00	174,606.00	246,534.00	543,418.00
4月	300,992.00	748,230.00	1,242,260.00	1,245,428.00
5月	1,496,379.00	1,749,183.00	344,291.00	1,764,978.00
6月	1,274,840.00	1,451,356.00	1,084,300.00	680,480.00
采购科	6,358,375.00	4,956,334.00	4,065,780.00	6,308,820.00
1月	869,787.00	540,958.00	1,148,480.00	1,880,711.00
2月	639,373.00	1,435,376.00	936,754.00	951,409.00
3月	1,680,913.00	2,031,565.00	1,147,451.00	136,051.00
4月	1,470,845.00	956,746.00	718,083.00	1,889,664.00
5月	293,608.00	682,709.00	1,535,833.00	308,189.00
6月	1,774,258.00	1,132,844.00	1,814,769.00	558,307.00
管理科	6,728,784.00	6,780,198.00	7,301,370.00	5,724,331.00

日期	销售人员	城市	商品	销售量	销售额	销售额
2023/5/12	张三	武汉	彩电	13	29900	29900
2023/5/12	李四	沈阳	冰箱	27	70200	70200
2023/5/12	王五	太原	电脑	40	344000	344000
2023/5/12	王五	贵阳	相机	42	154980	154980
2023/5/12	张三	武汉	彩电	34	78200	78200
2023/5/12	马六	杭州	冰箱	24	62400	62400
2023/5/12	王五	天津	彩电	32	73600	73600
2023/5/13	李四	郑州	电脑	13	111800	111800
2023/5/13	马六	沈阳	相机	34	125460	125460
2023/5/13	王五	太原	彩电	20	46000	46000
2023/5/13	马六	郑州	相机	43	158670	158670
2023/5/13	马六	上海	空调	45	126000	126000
2023/5/13	李四	南京	空调	34	95200	95200
2023/5/13	张三	武汉	冰箱	16	41600	41600
2023/5/13	李四	杭州	彩电	23	52900	52900
2023/5/14	马六	上海	彩电	30	69000	69000

6.1 文本型数据与数值型数据的转化

Excel经常需要与其他软件系统交换数据，这就涉及数据格式的规范化问题。从其他软件系统将数据导入Excel中，需要将文本型数据转化为数值型数据，但从Excel将数据回传到其他软件系统中，就应遵循该软件系统对数据格式的要求，将数值型数据转化为文本型数据。

6.1.1 将文本型数据转换为数值型数据

在Excel中，文本型数据常左对齐显示，而数值型数据常右对齐显示。单元格左上角的绿色小三角表示该单元格内容为以文本格式存储的数据，可直接将其转换为数值型数据。具体步骤如下。

步骤 01 打开“素材\ch06\6.1.xlsx”文件，可以看到B2单元格左上角显示有绿色小箭头，如下图所示，这说明此数据是文本格式。

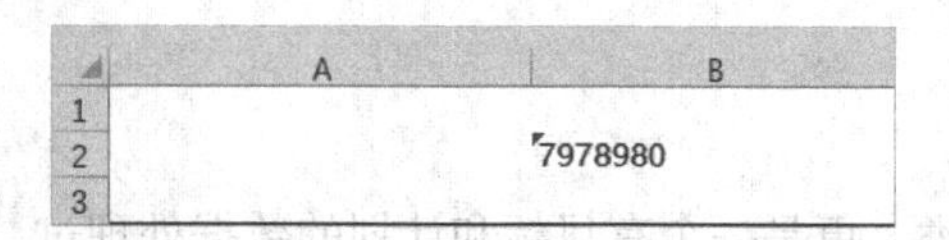

步骤 02 选择B2单元格，单击B2单元格左侧的下拉按钮，在弹出的下拉列表中选择【转换为数字】选项，如下图所示。

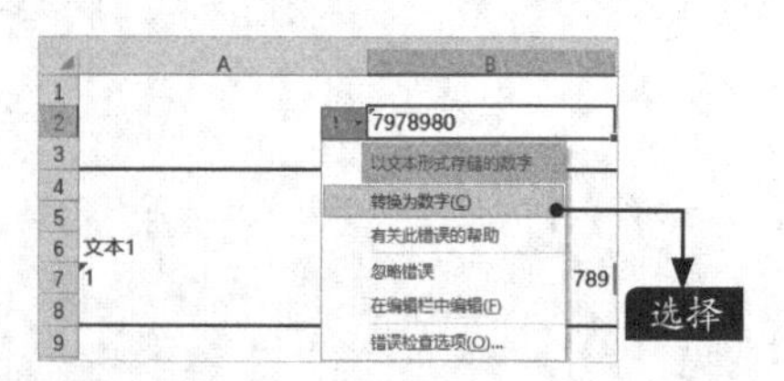

步骤 03 可以看到单元格左上角的绿色小箭头消失了，单元格中数据右对齐，表明已经将文本型数据转化为了数值型数据，如右上图所示。

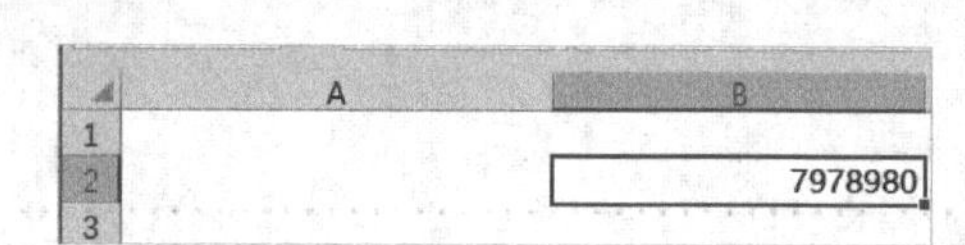

小提示

在英文输入状态下输入一个单引号，再输入数据，可直接生成以文本格式保存的数据。此外，也可以在选择单元格区域后，按【Ctrl+1】组合键，在【设置单元格格式】对话框中选择【文本】选项，如下图所示，单击【确定】按钮，将单元格区域设置为文本格式，再输入数据，这样数据就可以以文本格式存储了。

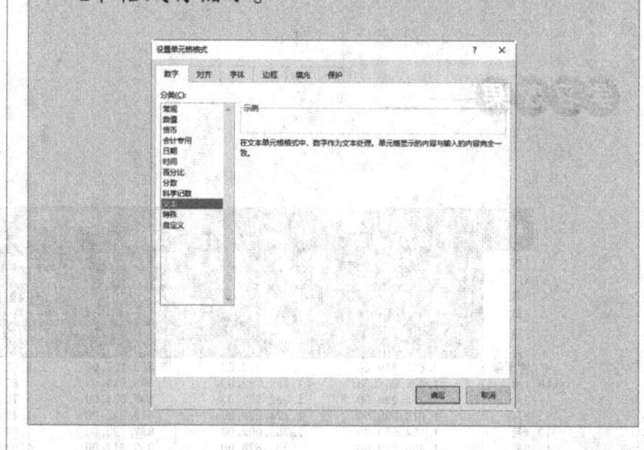

6.1.2 文本型数据与数值型数据的比较

文本型数据与数值型数据是两种不同类型的数据，在Excel中，规定文本型数据大于数值型数据。具体步骤如下。

步骤 01 在打开的“6.1.xlsx”文件中，可以看到A7单元格中的数据以文本格式存储，B7单元格中的数据以数值格式存储，如右图所示。

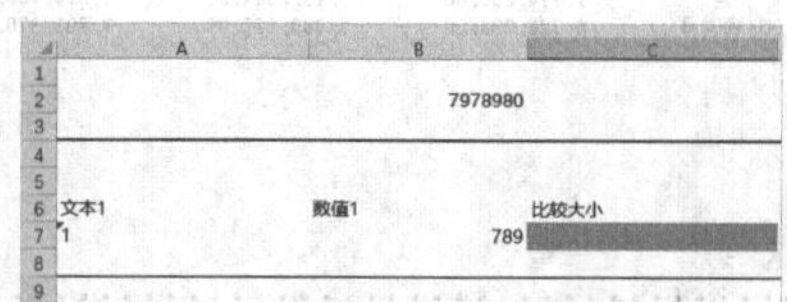

步骤02 选择C7单元格，然后输入公式"=A7>B7"，如下图所示。

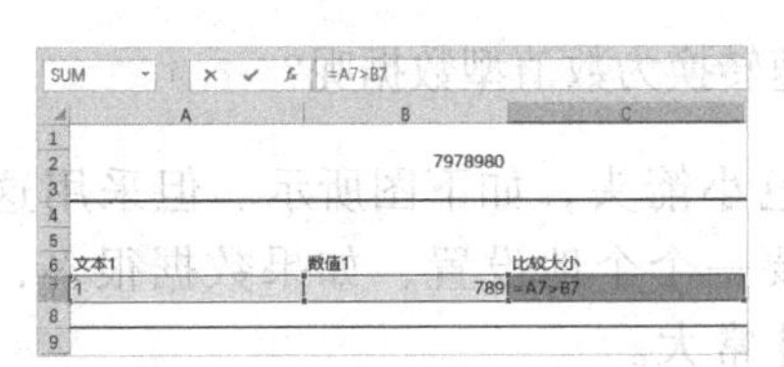

步骤03 按【Enter】键，可以看到C7单元格中显示"TRUE"，如下图所示，表明这个公式是成立的，但在数学中明显"1"是小于"789"的，这也就说明在Excel中文本型数据大于数值型数据。

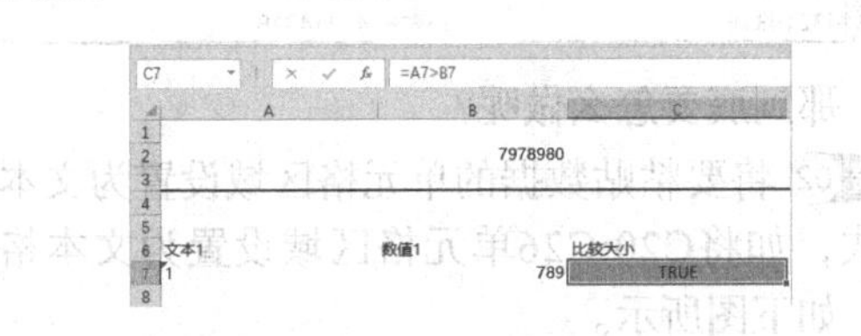

小提示

不论B7单元格中的数字是几，这个公式返回的结果都是"TRUE"。

步骤04 将A7单元格中的文本型数据转化为数值型数据，可以看到C7单元格中显示"FALSE"，如下图所示。

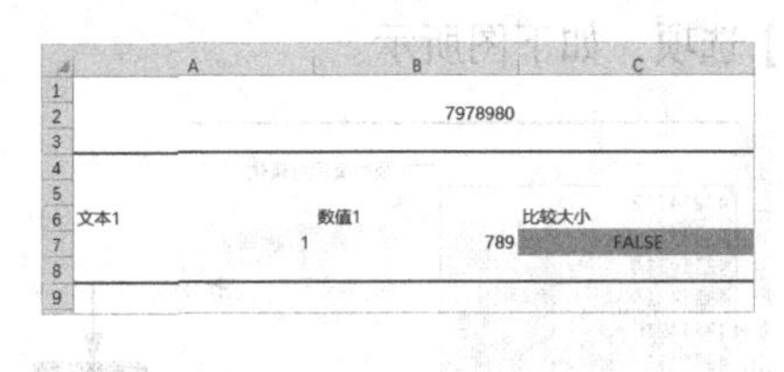

6.1.3 文本型数据的计算

以文本格式存储的数据利用"+""-""*""/"等运算符号进行运算后，可以直接转换为数值型数据，进而进行数学意义上的计算或比较大小。具体步骤如下。

步骤01 在打开的"6.1.xlsx"文件中，可以看到A12、A13单元格中的数据均以文本格式存储，选择B11单元格，输入"=A12+A13"，按【Enter】键，即可看到计算结果为"17"，如下图所示。

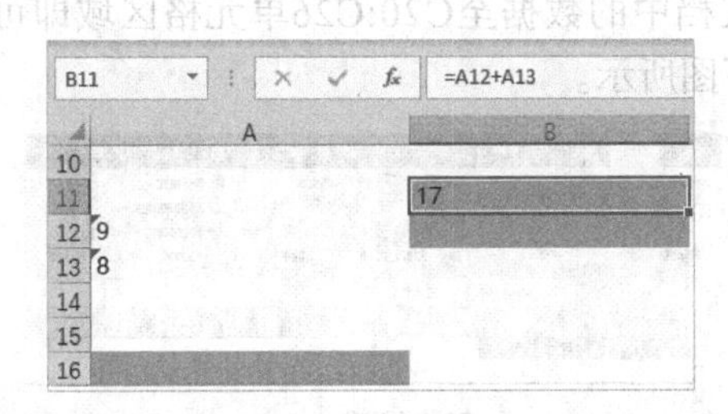

步骤02 选择B12单元格，输入"=A12-A13"，按【Enter】键，即可看到计算结果为"1"，如下图所示。

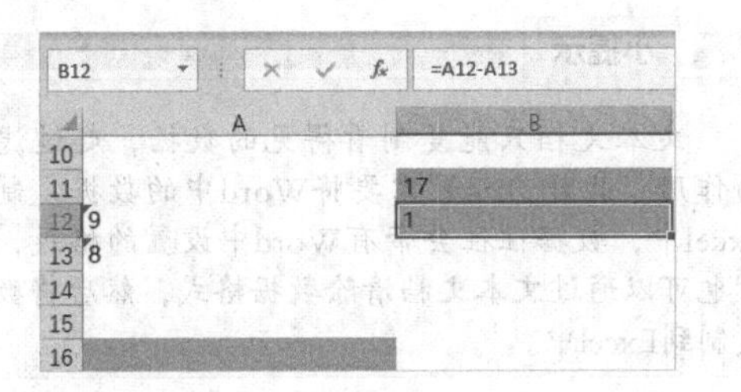

步骤03 选择A16单元格，在单元格中输入"=SUM(A12:A13)"，按【Enter】键，即可看到计算结果为"0"，如下图所示。

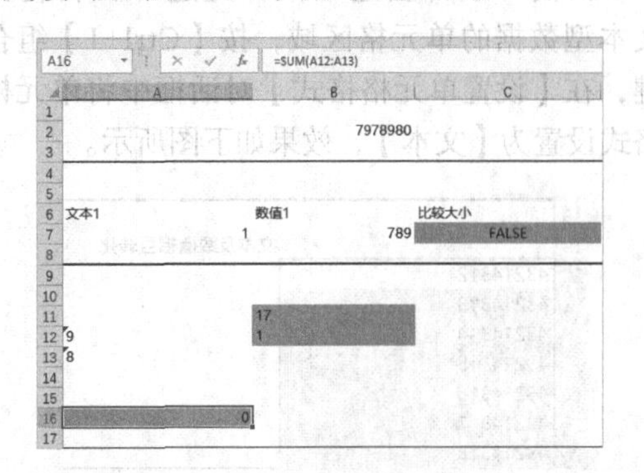

小提示

在A16单元格的SUM函数内，没有"+""-""*""/"等运算符号，故其不能把文本型数据转换为数值型数据，而文本型数据在求和统计中被视为0。

6.1.4 大量文本型数据与数值型数据的相互转化

如果有大量的数据都是文本型数据，要怎样将其快速转换为数值型数据呢？

步骤01 在打开的“6.1.xlsx”文件中，选择要转化为数值型数据的A20:A26单元格区域，单击该单元格区域右侧的下拉按钮，选择【转换为数字】选项，如下图所示。

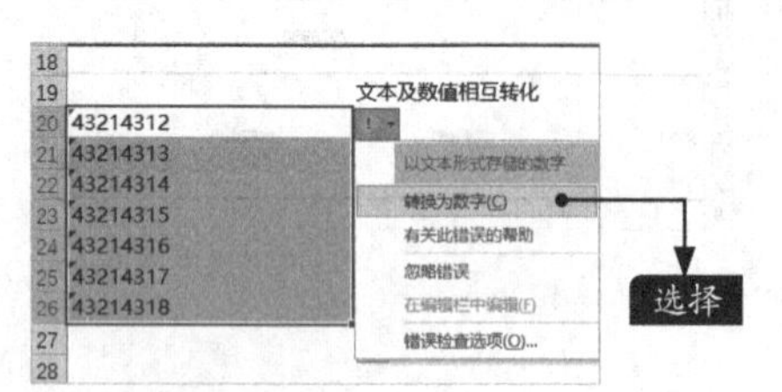

这样就可以将选择的文本型数据转换为数值型数据，如下图所示。

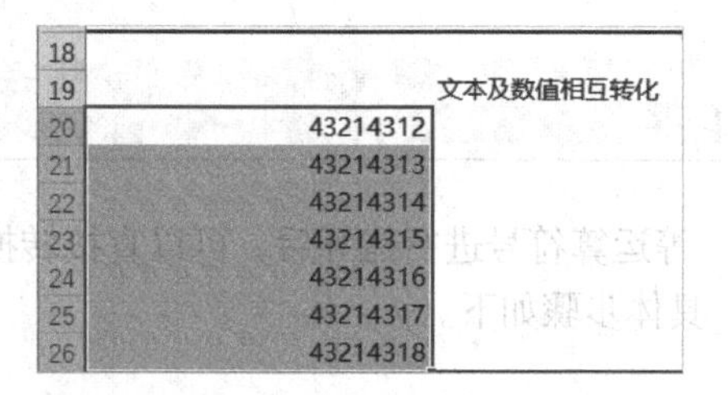

那如何将数值型数据转换为文本型数据呢？

我们一般都会这么做，先选择要转化为文本型数据的单元格区域，按【Ctrl+1】组合键，在【设置单元格格式】对话框中将单元格格式设置为【文本】，效果如下图所示。

从上图中可以看到，数据左对齐，好像是文本型数据，但文本型数据所在单元格的左上角应该有绿色小箭头。我们可这样理解，这时单元格是文本格式，但其中的数据内容仍然是数值格式，即数值型数据被放到了文本格式的单元格中，二者并没有保持一致。

这时可以双击单元格，进入编辑状态，按【Enter】键，可以看到单元格左上角会显示绿色小箭头，如下图所示。但采用这种方法需要一个个地设置，如果数据很多，工作量会非常大。

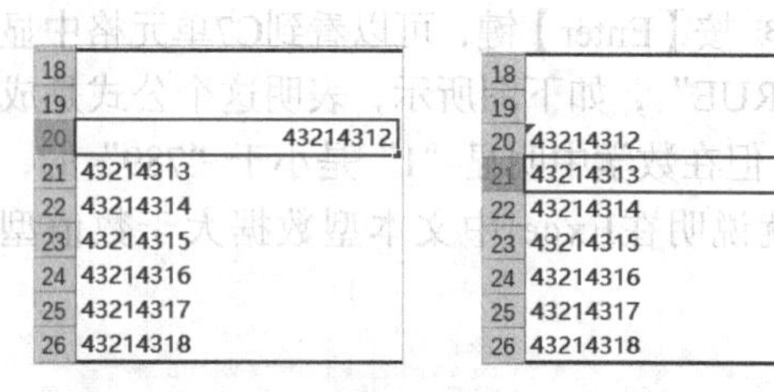

那到底要怎么做呢？

步骤02 将要粘贴数据的单元格区域设置为文本格式，如将C20:C26单元格区域设置为文本格式，如下图所示。

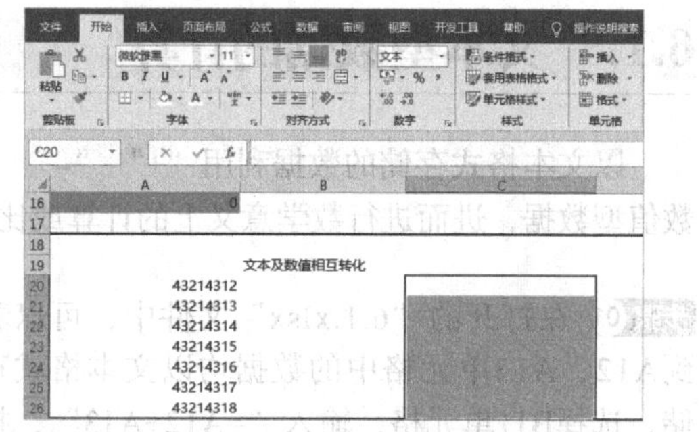

步骤03 新建一个文本文档，将需要转换为文本格式的数据粘贴至该文本文档中，再次复制文本文档中的数据至C20:C26单元格区域即可，如下图所示。

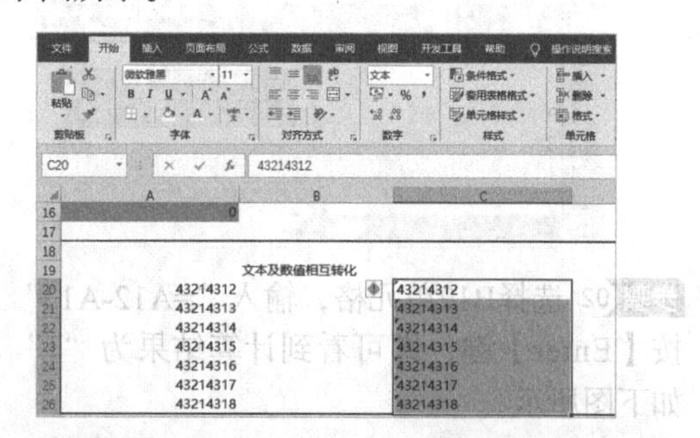

小提示

文本文档只能复制看得见的数据，起过滤器的作用。此外，如果需要将Word中的数据复制到Excel中，数据往往会带有Word中设置的格式，这时也可以通过文本文档清除数据格式，然后将数据复制到Excel中。

6.2 数据分列

Excel的分列功能可以将一个单元格中的数据拆分到不同列中，便于数据清洗和数据分析。例如，将多个信息提取出来分别处理，或者将日期和时间分开，进行更精准的数据分析。数据分列使得数据处理更方便、更轻松。

6.2.1 数据分列的两种方法

打开“素材\ch06\6.2.1.xlsx”文件，如左下图所示，可以看到所有的数据都显示在A列单元格中，因为这些数据都是从企业软件系统中导入Excel的。在工作中经常会遇到从企业软件系统导入Excel的数据，不同软件系统的数据格式是不一致的，这时就需要对这些数据进行整理，将其分隔至不同单元格中，方便计算。

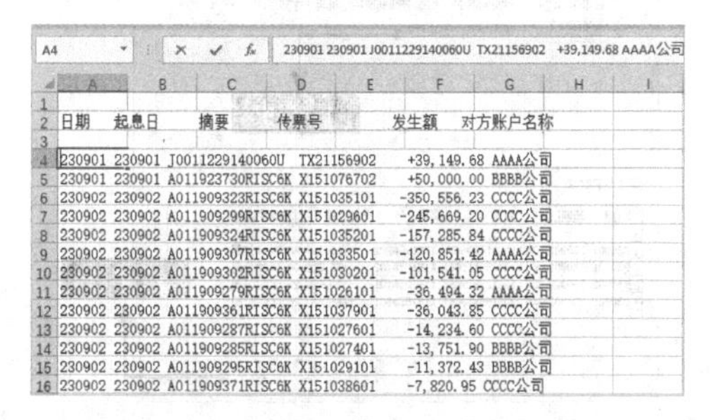

数据分列有两种方法，第1种数据分列的方法是观察原始数据是否有有规律的分隔符号，如果有，则将其作为分隔依据；如果没有，可以使用第2种方法，手动添加分列线进行分隔。

第1种方法的具体操作如下。

步骤01 在打开的“素材\ch06\6.2.1.xlsx”文件中，选择A列，单击【数据】选项卡下【数据工具】组中的【分列】按钮，如下图所示。

步骤02 打开【文本分列向导】对话框，选中【分隔符号】单选按钮，单击【下一步】按钮，如下图所示。

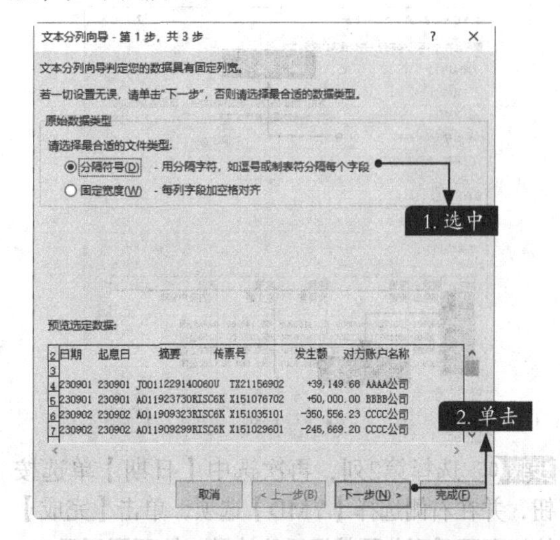

小提示

选中【分隔符号】单选按钮就是使用数据区域中的某个有规律的分隔符号作为分隔依据。

步骤03 在【分隔符号】区域选择分隔符号，这里选中【空格】复选框，即可在【数据预览】区域看到添加分割线后的效果，单击【下一步】按钮，如下页首图所示。

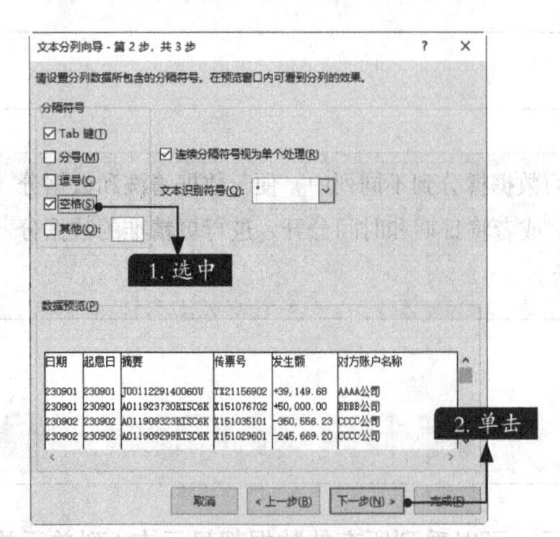

步骤04 在原始数据中可以看到日期和起息日的数据显示为“230901”的格式，这是企业软件系统的日期格式，并非Excel默认的日期格式，这时就需要把日期格式设置为Excel能识别的格式。选择第1列后，选中【日期】单选按钮，并在右侧选择【YMD】选项，如下图所示。

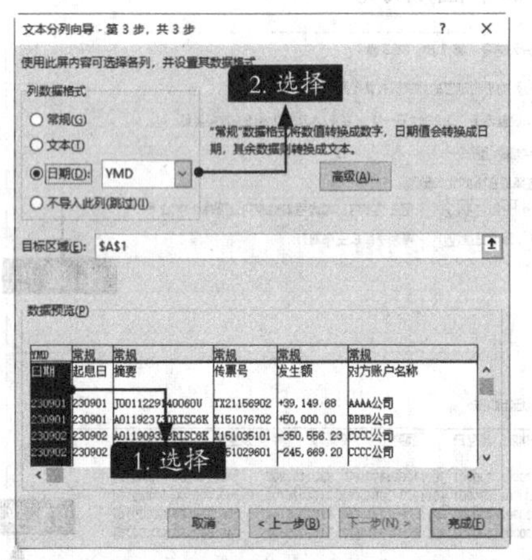

步骤05 选择第2列，再次选中【日期】单选按钮，并在右侧选择【YMD】选项，单击【完成】按钮即可看到分隔数据后的效果，如下图所示。

	A	B	C	D	E	F	G
1	日期	起息日	摘要	传票号	发生额	对方账户名称	
2							
3	2023/9/1	2023/9/1	J00112291	TX2115690	########	AAAA公司	
4	2023/9/1	2023/9/1	A01192373	X15107670	########	BBBB公司	
5	2023/9/2	2023/9/2	A01190932	X15103510	########	CCCC公司	
6	2023/9/2	2023/9/2	A01190929	X15102960	########	CCCC公司	
7	2023/9/2	2023/9/2	A01190932	X15103520	########	CCCC公司	
8	2023/9/2	2023/9/2	A01190930	X15103350	########	AAAA公司	
9	2023/9/2	2023/9/2	A01190930	X15103020	########	CCCC公司	
10	2023/9/2	2023/9/2	A01190927	X15102610	########	AAAA公司	
11	2023/9/2	2023/9/2	A01190936	X15103790	########	CCCC公司	
12	2023/9/2	2023/9/2	A01190928	X15102760	########	CCCC公司	
13	2023/9/2	2023/9/2	A01190928	X15102740	########	BBBB公司	
14	2023/9/2	2023/9/2	A01190929	X15102910	########	BBBB公司	
15	2023/9/2	2023/9/2	A01190937	X15103860	########	CCCC公司	

步骤06 选择数据区域内的所有列，适当调整标题，如右上图所示。

	A	B	C	D	E	F
1	日期	起息日	摘要	传票号	发生额	对方账户名称
2						
3	2023/9/1	2023/9/1	J0011229140060U	TX21156902	39, 149. 68	AAAA公司
4	2023/9/1	2023/9/1	A011923730RISC6K	X151076702	50, 000. 00	BBBB公司
5	2023/9/2	2023/9/2	A011909323RISC6K	X151035101	-350, 556. 23	CCCC公司
6	2023/9/2	2023/9/2	A011909299RISC6K	X151029601	-245, 669. 20	CCCC公司
7	2023/9/2	2023/9/2	A011909324RISC6K	X151035201	-157, 285. 84	CCCC公司
8	2023/9/2	2023/9/2	A011909307RISC6K	X151033501	-120, 851. 42	AAAA公司
9	2023/9/2	2023/9/2	A011909302RISC6K	X151030201	-101, 541. 05	CCCC公司
10	2023/9/2	2023/9/2	A011909279RISC6K	X151026101	-36, 494. 32	AAAA公司
11	2023/9/2	2023/9/2	A011909361RISC6K	X151037901	-36, 043. 85	CCCC公司
12	2023/9/2	2023/9/2	A011909287RISC6K	X151027601	-14, 234. 60	CCCC公司
13	2023/9/2	2023/9/2	A011909285RISC6K	X151027401	-13, 751. 90	BBBB公司
14	2023/9/2	2023/9/2	A011909295RISC6K	X151029101	-11, 372. 43	BBBB公司
15	2023/9/2	2023/9/2	A011909371RISC6K	X151038601	-7, 820. 95	CCCC公司
16						

第2种方法的具体操作如下。

步骤01 在打开的“素材\ch06\6.2.1.xlsx”文件中，选择A列，打开【文本分列向导】对话框，选中【固定宽度】单选按钮，单击【下一步】按钮，如下图所示。

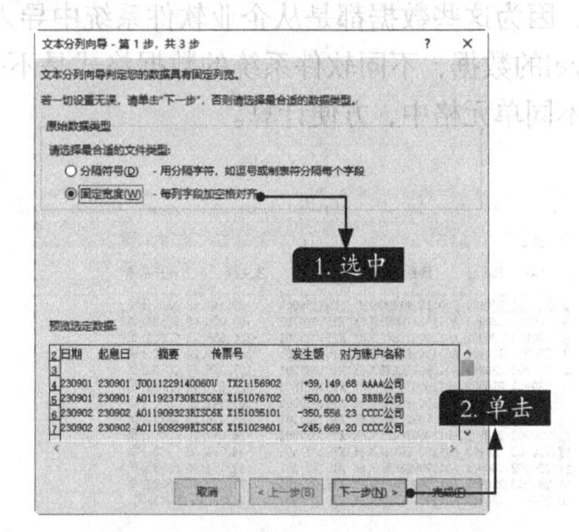

小提示

选中【固定宽度】单选按钮就是在没有明显分隔符号的情况下，人为指定一些分列线来分隔数据。

步骤02 在【数据预览】区域中需要添加分列线的位置单击，即可添加一条分列线，这里有可能会将标题错误分隔，只需要在分隔后修改标题即可，单击【下一步】按钮，如下图所示。

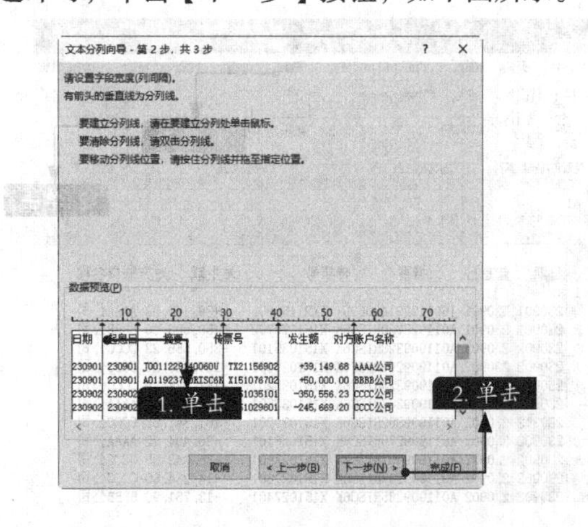

小提示

在分列线上双击即可清除多余的分列线。

步骤03 依次选择第1列和第2列，选中【日期】单选按钮，并在右侧选择【YMD】选项，单击【完成】按钮，如右图所示。之后调整列宽，显示所有数据，并根据需要调整标题即可。

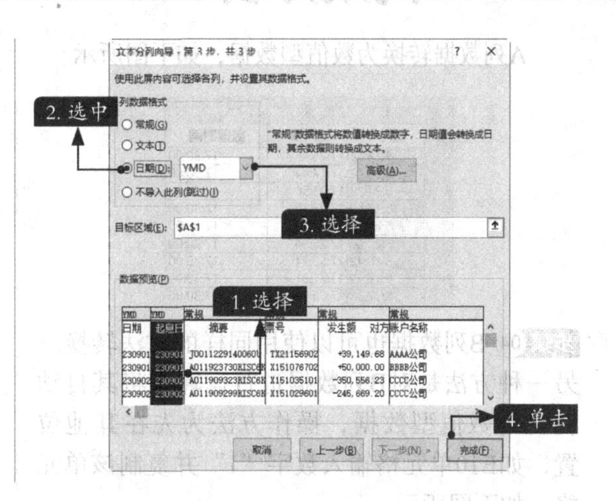

6.2.2 数据分列案例1：将文本型数据变为数值型数据

本案例处理的是从考勤机导入Excel中的数据，包括上班刷卡时间和下班刷卡时间。下左图中将B2单元格中的值与C2单元格中的值进行比较，可以看到在E2单元格中显示为“TRUE”，即B2的值大于C2，结果明显与事实不符，这是因为B列的数据是以文本格式呈现的，在Excel中，文本型数据是大于数值型数据的，这里需要将B列的数据更改为数值型数据，具体步骤如下。

E2　=B2>C2

	A	B	C	D	E
1	刷卡1	刷卡2	数值时间		B2与C2比大小是错误的结果
2	08:14:42	17:25:46	17:30:00		
3	08:16:42	17:17:44	17:30:00		
4	08:21:22	17:23:56	17:30:00		
5	08:17:50	17:27:18	17:30:00		
6	08:21:08	17:34:53	17:30:00		
7	08:22:06	17:26:54	17:30:00		
8	08:20:42	17:52:21	17:30:00		

步骤01 打开“素材\ch06\6.2.2.xlsx”文件，选择A列，单击【数据】选项卡下【数据工具】组中的【分列】按钮。打开【文本分列向导】对话框，选中【分隔符号】单选按钮，单击【下一步】按钮，如下图所示。

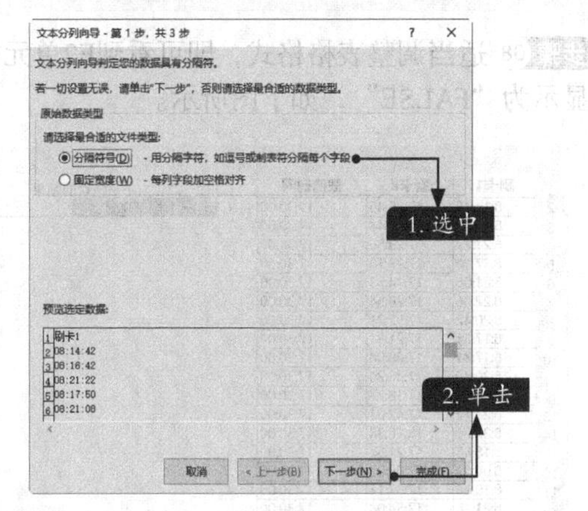

步骤02 单击【下一步】按钮，如右上图所示。

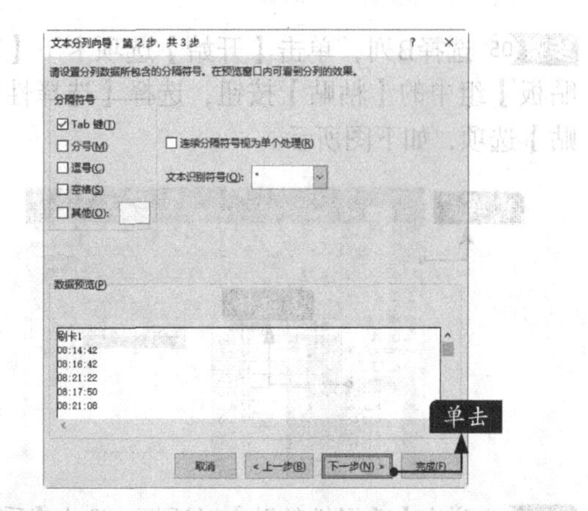

步骤03 选中【常规】单选按钮，单击【完成】按钮，如下图所示。

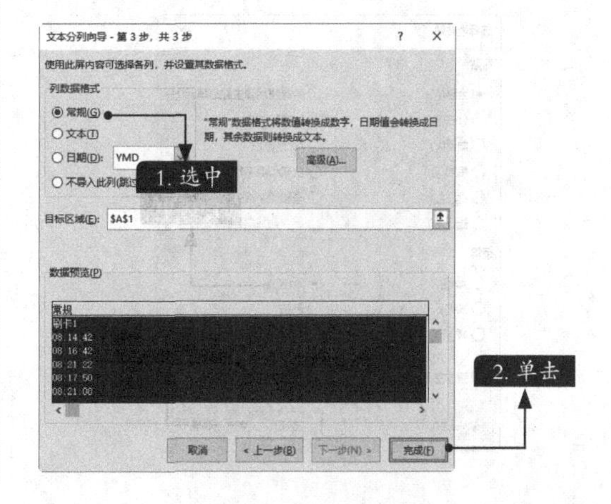

A列数据转换为数值型数据，如下图所示。

	A	B	C
1	刷卡1	刷卡2	数值时间
2	8:14:42	17:25:46	17:30:00
3	8:16:42	17:17:44	17:30:00
4	8:21:22	17:23:56	17:30:00
5	8:17:50	17:27:18	17:30:00
6	8:21:08	17:34:53	17:30:00
7	8:22:06	17:26:54	17:30:00
8	8:20:42	17:52:21	17:30:00
9	8:17:51	17:21:31	17:30:00
10	8:17:31	17:08:08	17:30:00

步骤04 B列数据也可以使用同样的方法转换。另一种方法是对B列数据进行运算，将其自动转化为数值型数据，操作方法为先在其他位置，如E10单元格输入数字“1”并复制该单元格，如下图所示。

	A	B	C	D	E	F
1	刷卡1	刷卡2	数值时间		B2与C2比大小是错误的结果	
2	8:14:42	17:25:46	17:30:00			
3	8:16:42	17:17:44	17:30:00			
4	8:21:22	17:23:56	17:30:00			
5	8:17:50	17:27:18	17:30:00			
6	8:21:08	17:34:53	17:30:00			
7	8:22:06	17:26:54	17:30:00			
8	8:20:42	17:52:21	17:30:00			
9	8:17:51	17:21:31	17:30:00			
10	8:17:31	17:08:08	17:30:00		1	
11	8:20:40	17:38:20	17:30:00			
12	8:07:02	17:18:27	17:30:00			
13	8:23:12	17:42:01	17:30:00			
14	8:22:26	18:19:38	17:30:00			
15	8:18:48	17:21:52	17:30:00			
16	8:06:17	17:09:02	17:30:00			
17	8:19:29	17:37:11	17:30:00			

步骤05 选择B列，单击【开始】选项卡下【剪贴板】组中的【粘贴】按钮，选择【选择性粘贴】选项，如下图所示。

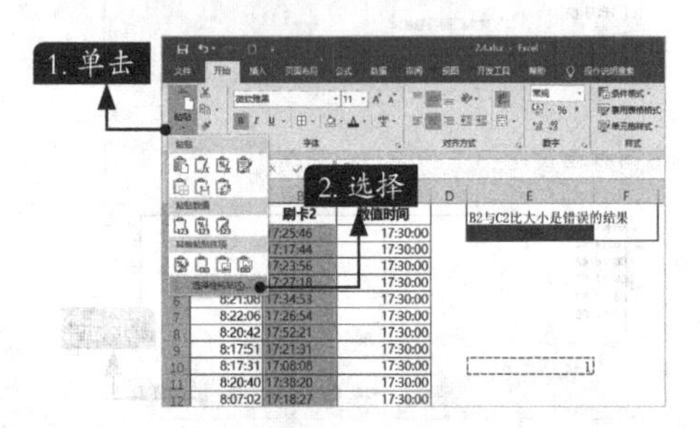

步骤06 弹出【选择性粘贴】对话框，选中【乘】单选按钮，单击【确定】按钮，如下图所示。

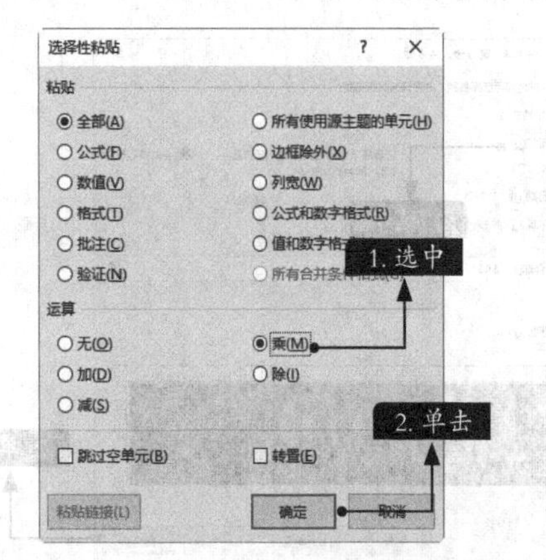

可以看到B列数据转换为数值型数据，如下图所示。

	A	B	C
1	刷卡1	刷卡2	数值时间
2	8:14:42	0.7262269	17:30:00
3	8:16:42	0.7206481	17:30:00
4	8:21:22	0.7249537	17:30:00
5	8:17:50	0.7272917	17:30:00
6	8:21:08	0.7325579	17:30:00
7	8:22:06	0.7270139	17:30:00
8	8:20:42	0.7446875	17:30:00
9	8:17:51	0.7232755	17:30:00
10	8:17:31	0.7139815	17:30:00
11	8:20:40	0.7349537	17:30:00
12	8:07:02	0.7211458	17:30:00
13	8:23:12	0.7375116	17:30:00
14	8:22:26	0.7636343	17:30:00
15	8:18:48	0.7235185	17:30:00
16	8:06:17	0.7146065	17:30:00
17	8:19:29	0.7341551	17:30:00

步骤07 按【Ctrl+1】组合键，打开【设置单元格格式】对话框，这里选择第1种时间格式，单击【确定】按钮，如下图所示。

步骤08 适当调整表格格式，即可看到E2单元格显示为“FALSE”，如下图所示。

	A	B	C	D	E	F
1	刷卡1	刷卡2	数值时间		B2与C2比大小是错误的结果	
2	8:14:42	17:25:46	17:30:00		FALSE	
3	8:16:42	17:17:44	17:30:00			
4	8:21:22	17:23:56	17:30:00			
5	8:17:50	17:27:18	17:30:00			
6	8:21:08	17:34:53	17:30:00			
7	8:22:06	17:26:54	17:30:00			
8	8:20:42	17:52:21	17:30:00			
9	8:17:51	17:21:31	17:30:00			
10	8:17:31	17:08:08	17:30:00		1	
11	8:20:40	17:38:20	17:30:00			
12	8:07:02	17:18:27	17:30:00			
13	8:23:12	17:42:01	17:30:00			
14	8:22:26	18:19:38	17:30:00			
15	8:18:48	17:21:52	17:30:00			
16	8:06:17	17:09:02	17:30:00			
17	8:19:29	17:37:11	17:30:00			
18	8:21:16	17:54:04	17:30:00			
19	8:21:26	17:22:20	17:30:00			
20	8:23:05	18:32:10	17:30:00			
21	8:21:19	18:12:36	17:30:00			

6.2.3 数据分列案例2：提取特定符号前的数据

本案例的要求是把每个单元格中“-”符号左侧的数据提取出来。具体步骤如下。

步骤01 打开“素材\ch06\6.2.3.xlsx”文件，选择A列，单击【数据】选项卡下【数据工具】组中的【分列】按钮，如下图所示。

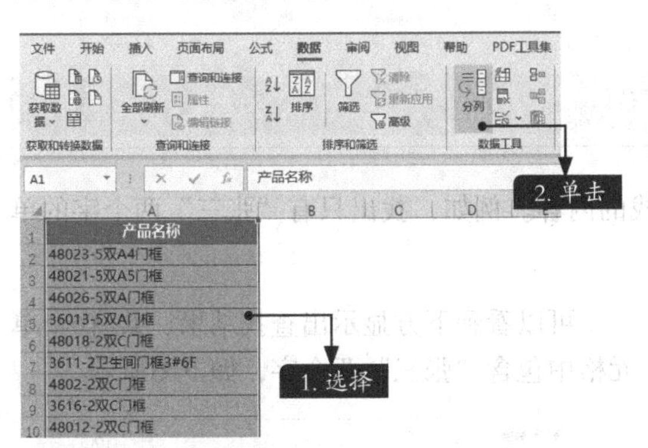

步骤02 打开【文本分列向导】对话框，选中【分隔符号】单选按钮，单击【下一步】按钮，如下图所示。

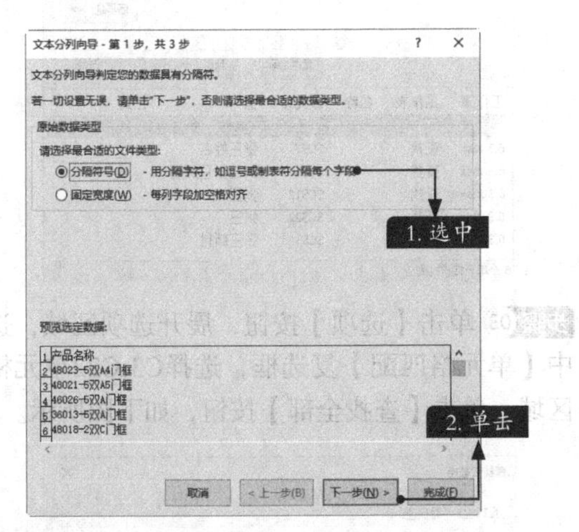

步骤03 选中【其他】复选框，在右侧文本框中输入“-”，在【数据预览】区域即可看到分列后的效果，单击【下一步】按钮，如右上图所示。

小提示

在解决实际问题时，应当选择正确的符号，尤其要注意那些不显眼的符号，同时也要正确区分中文符号、英文符号、特殊符号。为了达到这个目的，可以直接将这些符号复制并粘贴到【文本分列向导】对话框中。

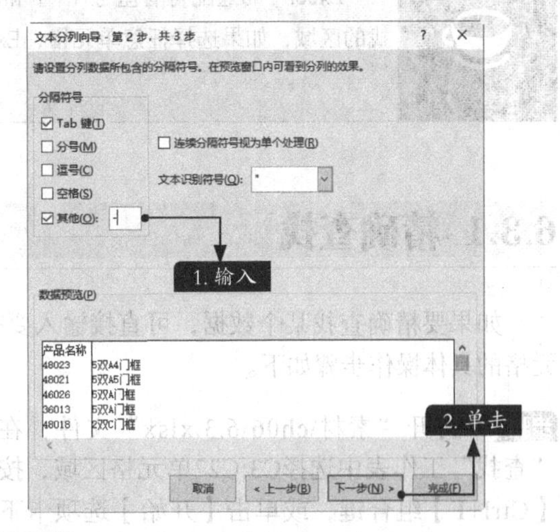

步骤04 单击【完成】按钮，如下图所示。

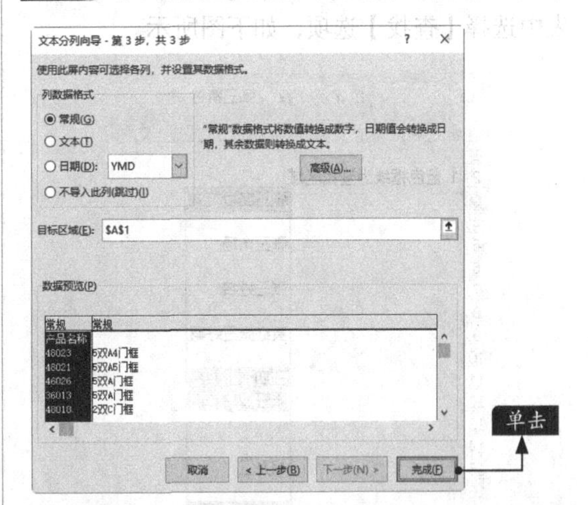

这样就可以将“-”左右两侧的数据分列显示，如下图所示。

	A	B	C
1	产品名称		
2	48023	5双A4门框	
3	48021	5双A5门框	
4	46026	5双A门框	
5	36013	5双A门框	
6	48018	2双C门框	
7	3611	2卫生间门框3#6F	
8	4802	2双C门框	
9	3616	2双C门框	
10	48012	2双C门框	
11	47026	5双A5门框	
12	48011	2双C门框	
13	3602	2双C门框	
14	4801	2双C门框	
15	3615	2双C门框	
16	48013	2双C门框	

6.3 查找，快速找到满足条件的单元格

Excel中的通配符有星号（*）和问号（?）两种，使用通配符查找时，可以先选择要查找的区域，如果选择任意单元格，Excel会默认在整张工作表中查找。

6.3.1 精确查找

如果要精确查找某个数据，可直接输入要查找的内容。例如，找出只有“张三”两个字的单元格的具体操作步骤如下。

步骤01 打开“素材\ch06\6.3.xlsx”文件，在“查找”工作表中选择C3:C22单元格区域，按【Ctrl+F】组合键，或单击【开始】选项卡下【编辑】组中【查找和选择】按钮，在下拉列表中选择【查找】选项，如下图所示。

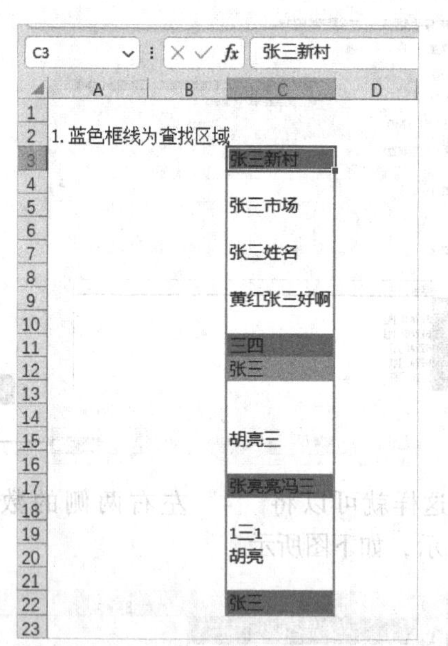

步骤02 打开【查找和替换】对话框，在【查找内容】文本框中输入“张三”，单击【查找全部】按钮，如下图所示。

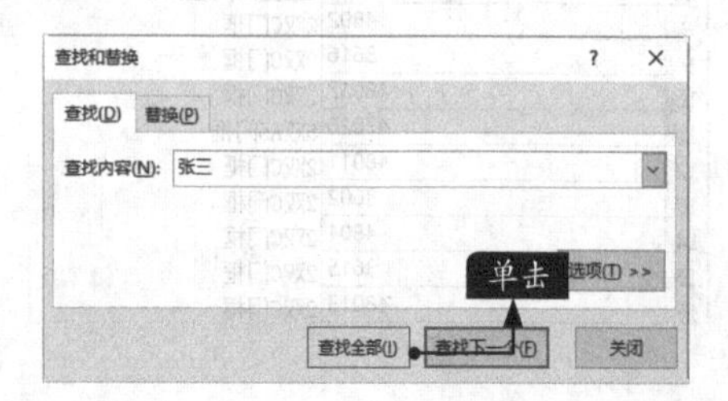

可以看到下方显示出查找结果，共有6个单元格中包含“张三”两个字，如下图所示。

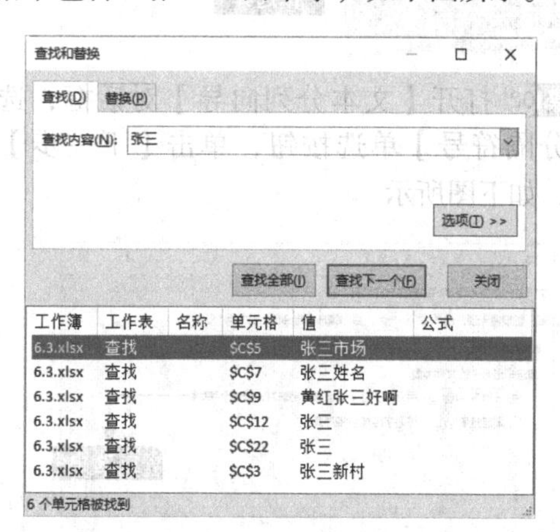

步骤03 单击【选项】按钮，展开选项区域，选中【单元格匹配】复选框，选择C3:C22单元格区域，单击【查找全部】按钮，如下图所示。

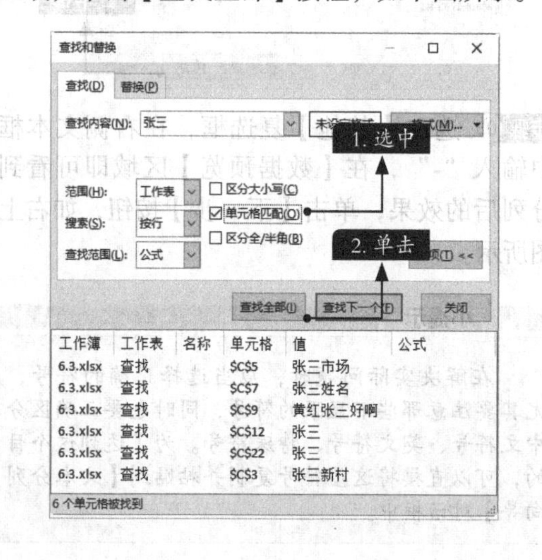

小提示

选项区域中的选项的含义如下。

【范围】：包含两个选项，默认选择【工作表】选项，当需要在工作簿中进行查找时，可选择【工作簿】选项。

【搜索】：包含【按行】和【按列】两个选项。

【查找范围】：包含【公式】【值】【批注】3个选项，其用法会在后续小节介绍。

【区分大小写】：查找英文时使用，选中该选项将区分大小写，否则不区分大小写。

【单元格匹配】：选中该选项，将在查询区域查找与查询内容完全匹配的单元格；不选中，则查找所有包含查询内容的单元格。

【区分全/半角】：选中该选项则区分全/半角，否则不区分。

步骤 04 可以看到查找到的结果中仅包含两个单元格，按住【Shift】键，选择下方的两个结果，如下图所示。

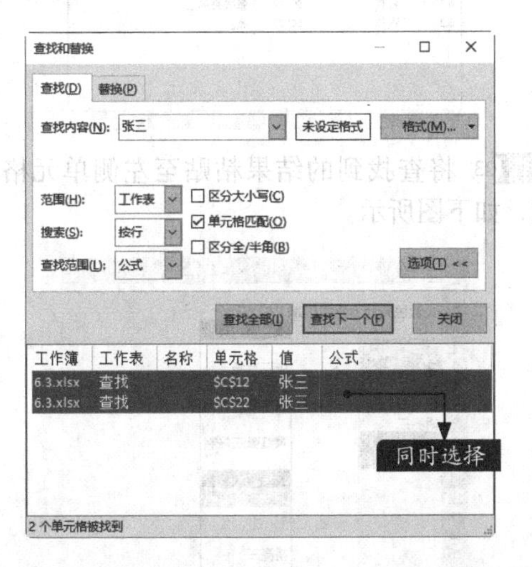

步骤 05 在数据区域中的“张三”单元格上单击鼠标右键，在弹出的快捷菜单中选择【复制】选项，如下图所示。

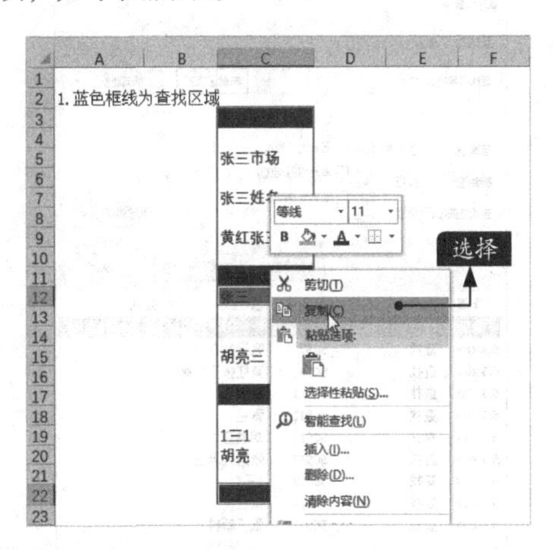

步骤 06 选择要粘贴到的位置，按【Ctrl+V】组合键，即可将查找到的目标单元格粘贴到指定位置，如下图所示。

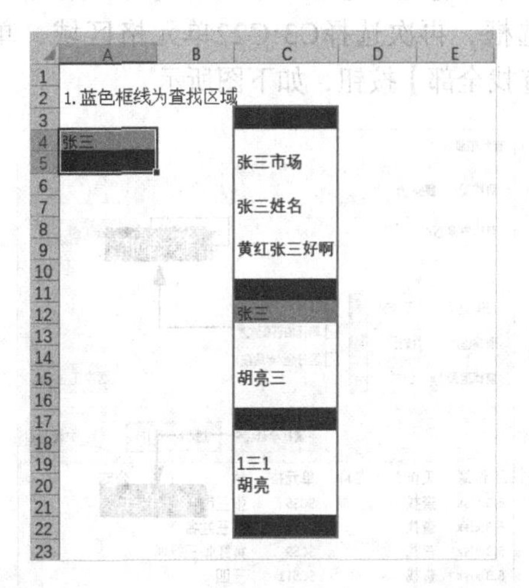

6.3.2 找出以某个字/词结尾的单元格

如果要找出所有以“三”结尾的单元格，而在“三”前面可能有多个字符，就需要使用通配符“*”，具体操作步骤如下。

步骤 01 选择C3:C22单元格区域，按【Ctrl+F】组合键，打开【查找和替换】对话框。在【查找内容】文本框中输入“*三”，单击【查找全部】按钮，如右图所示。

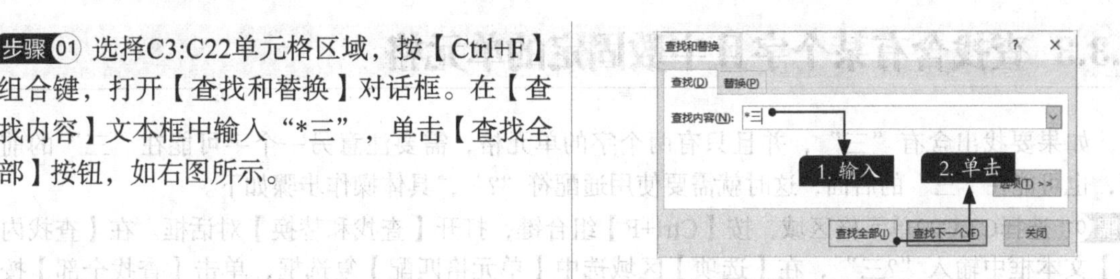

可以看到查找后仍然包含多个结果，这是

由于Excel把所有包含“*三”的单元格都找出来了，如下图所示。

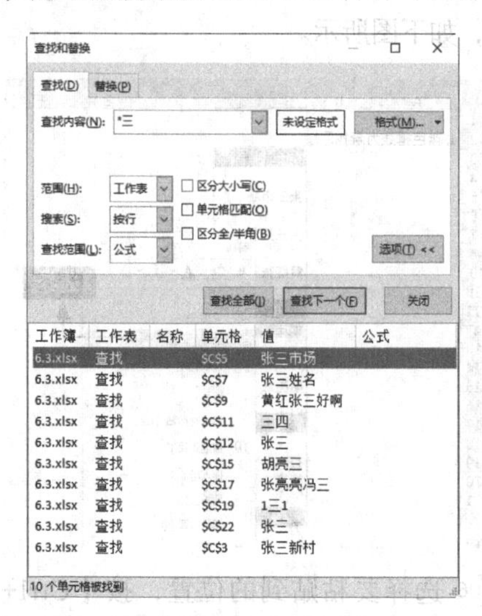

步骤 02 为了找出所有以“三”结尾的单元格，可以单击【选项】按钮，选中【单元格匹配】复选框，再次选择C3:C22单元格区域，单击【查找全部】按钮，如下图所示。

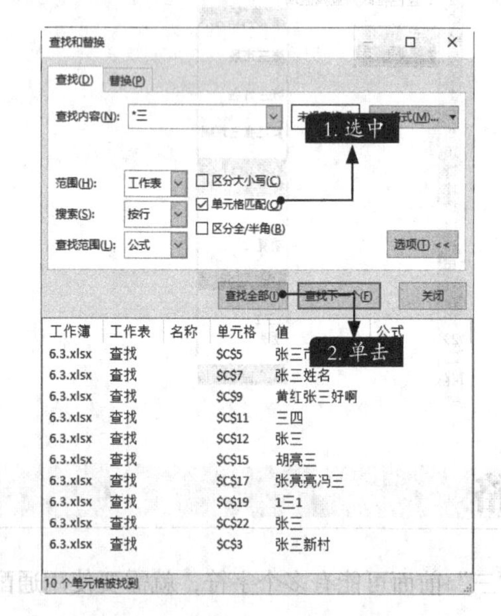

小提示

取消选中【单元格匹配】复选框时，查询区域中所有包含“*三”的单元格都被视为目标单元格。所以，在此种查询模式下，查找“*三”和查找“三”的结果是一样多的。为了实现只找出以“三”结尾的单元格的目标，就要选中【单元格匹配】复选框。

可以看到已经显示出所有以“三”结尾的单元格，如下图所示。

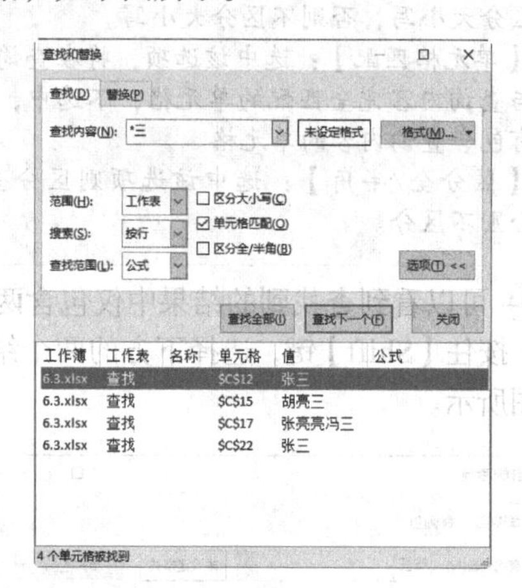

步骤 03 将查找到的结果粘贴至左侧单元格区域，如下图所示。

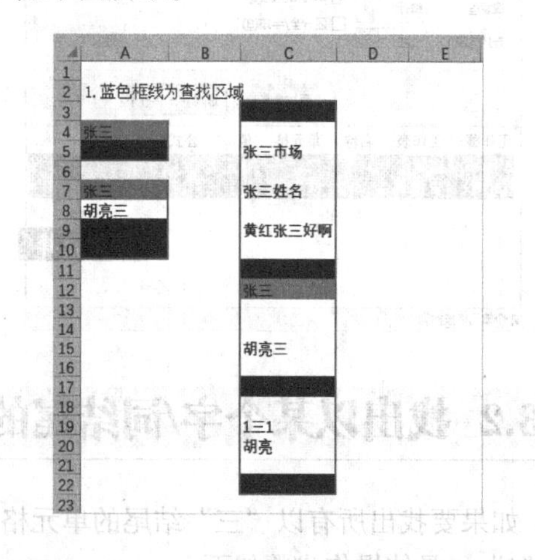

6.3.3 查找含有某个字且字数固定的单元格

如果要找出含有“三”，并且只有两个字的单元格，需要注意另一个字可能在“三”的前面，也可能在“三”的后面，这时就需要使用通配符“?”，具体操作步骤如下。

步骤 01 选择C3:C22单元格区域，按【Ctrl+F】组合键，打开【查找和替换】对话框。在【查找内容】文本框中输入“?三”，在【选项】区域选中【单元格匹配】复选框，单击【查找全部】按钮，如下页首图所示。

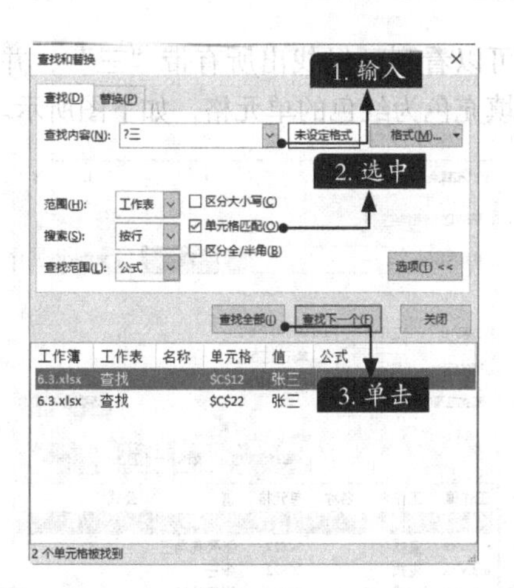

步骤 02 选择查找到的结果，将其复制并粘贴至左侧单元格区域，如下图所示。

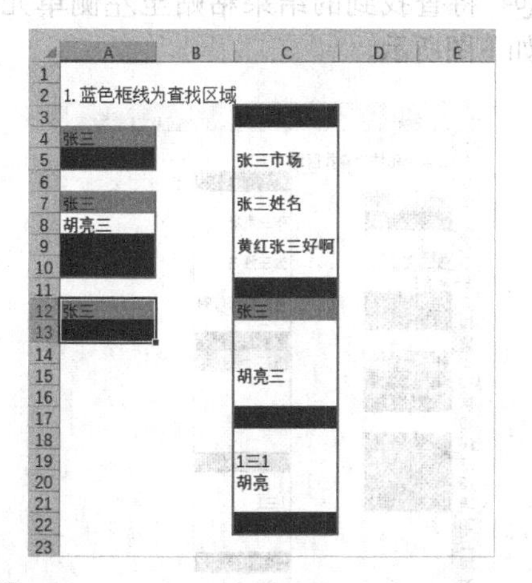

步骤 03 在【查找内容】文本框中输入“三?”，在【选项】区域中选中【单元格匹配】复选框，选择C3:C22单元格区域，单击【查找全部】按钮，如下图所示。

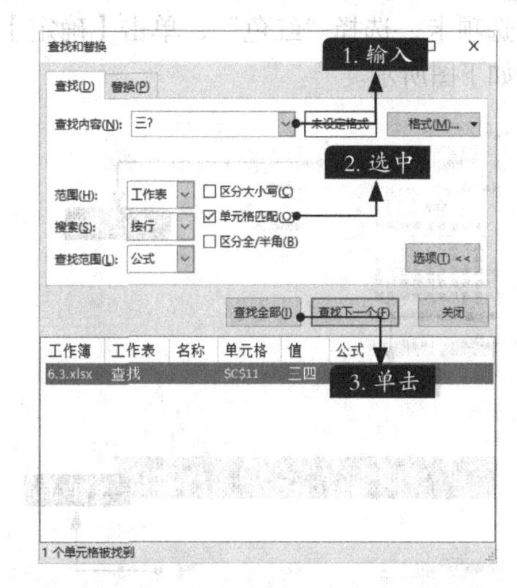

步骤 04 选择查找到的结果，将其复制并粘贴至左侧单元格区域，如下图所示。

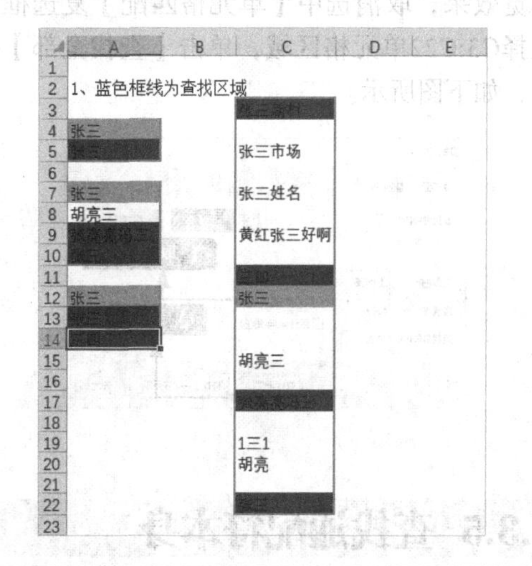

6.3.4 找出包含某个字且带有填充色的单元格

如果要找出所有带“三”的，并且单元格填充色为红色的单元格，只需要查找“三”并设置查找格式即可，具体操作步骤如下。

步骤 01 选择C3:C22单元格区域，按【Ctrl+F】组合键，打开【查找和替换】对话框。在【查找内容】文本框中输入“三”，单击【格式】按钮，如右图所示。

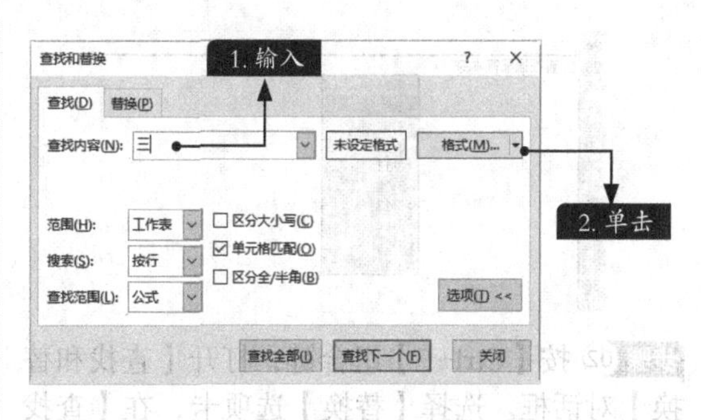

步骤02 弹出【查找格式】对话框，选择【填充】选项卡，选择“红色”，单击【确定】按钮，如下图所示。

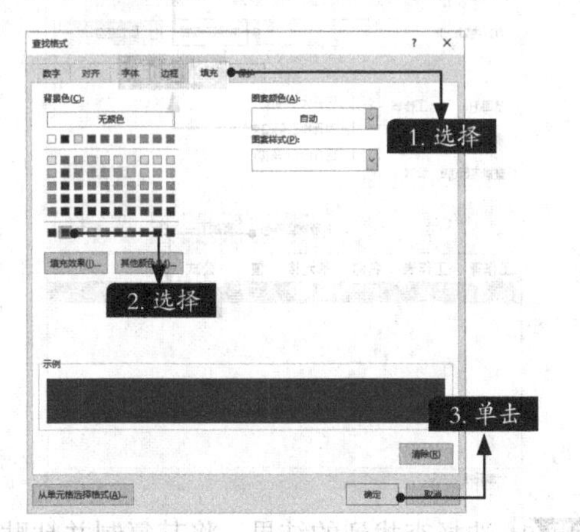

步骤03 返回【查找和替换】对话框即可看到预览效果，取消选中【单元格匹配】复选框，选择C3:C22单元格区域，单击【查找全部】按钮，如下图所示。

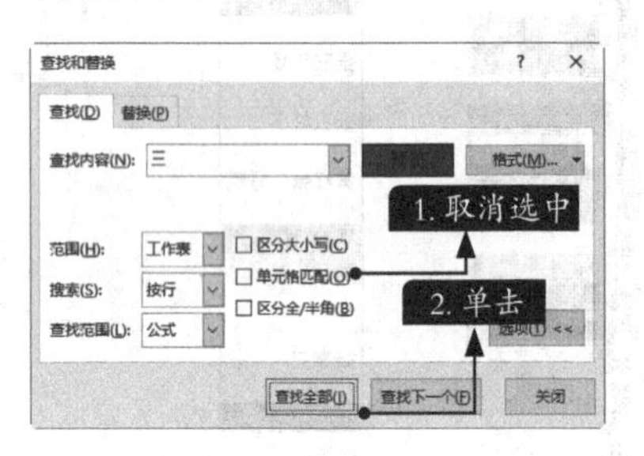

可以看到已经找出所有带“三”，并且单元格填充色为红色的单元格，如下图所示。

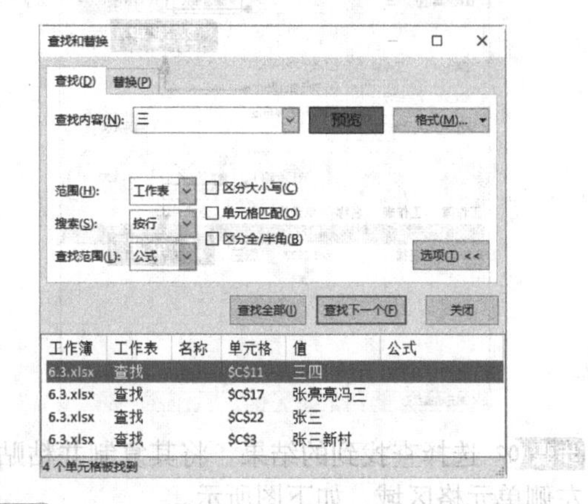

步骤04 将查找到的结果粘贴至左侧单元格区域，如下图所示。

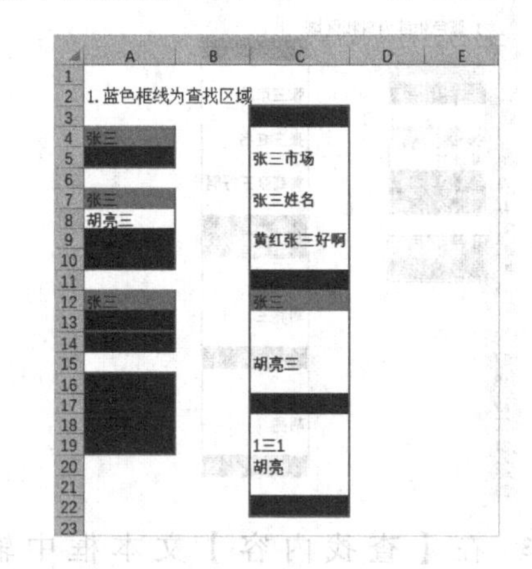

6.3.5 查找通配符本身

在有些单元格中会用“*”符号来表示两个数相乘，如果需要将“*”全部替换为“×”号，就需要查找通配符本身。

步骤01 选择C26:C35单元格区域，如下图所示。

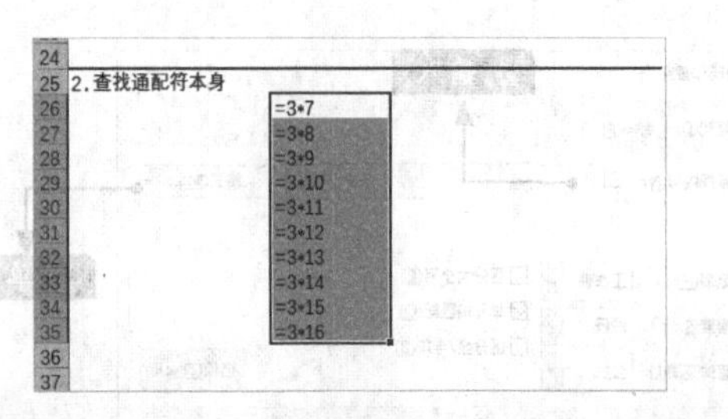

步骤02 按【Ctrl+F】组合键，打开【查找和替换】对话框。选择【替换】选项卡，在【查找内容】文本框中输入“~*”，如下图所示。

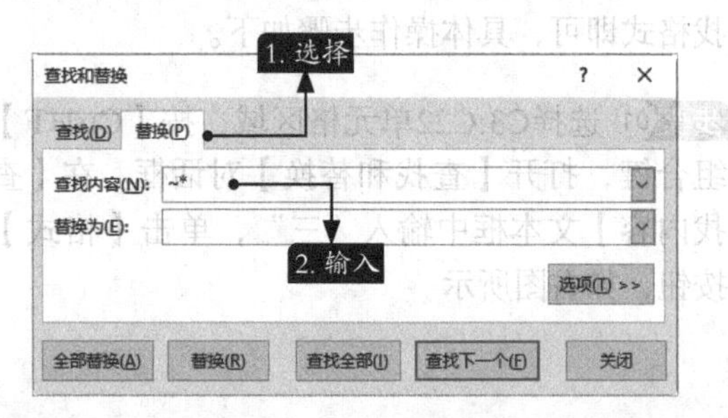

步骤03 在【替换为】文本框中输入“×”，单击【全部替换】按钮，如下页图所示。

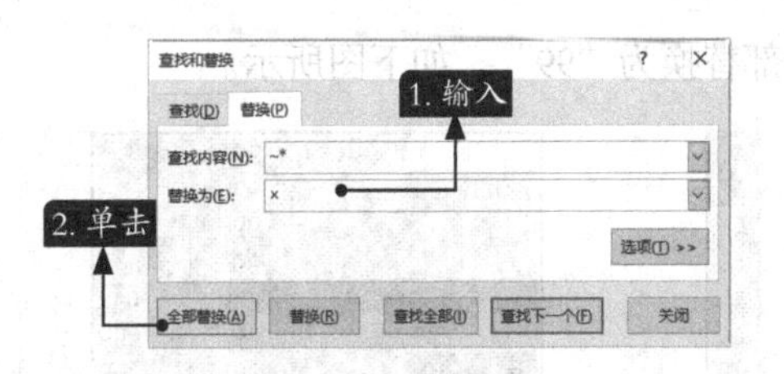

步骤 04 弹出提示框，提示替换完成，单击【确定】按钮，如下图所示。

可以看到将通配符“*”全部替换为“×”，如下图所示。

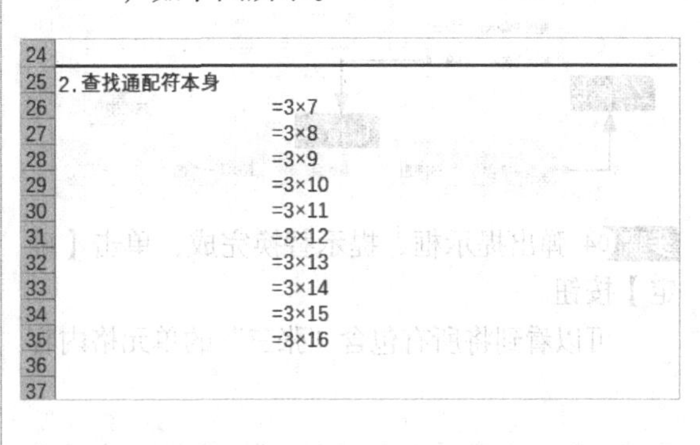

6.3.6 将包含特定文字的单元格内容替换为数字

如果需要将所有包含“张三”的单元格内容全部替换为“99”，如左下图所示，该怎么操作呢?

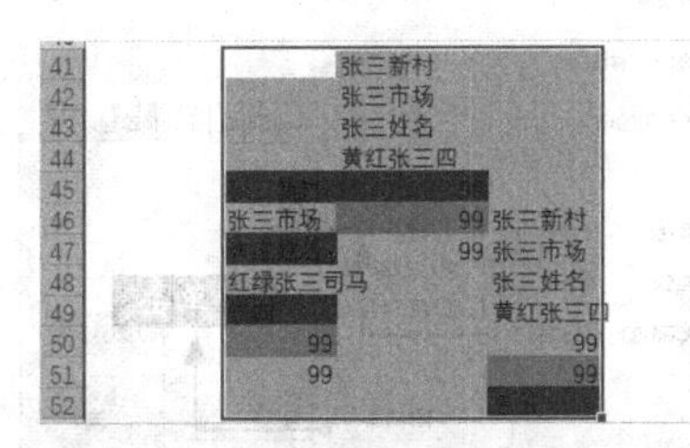

此时，如果直接在【查找内容】文本框中输入“张三”，在【替换为】文本框中输入“99”，单击【全部替换】按钮，会发现仅将“张三”替换为“99”，而并非将单元格内容全部替换为“99”，如下图所示。

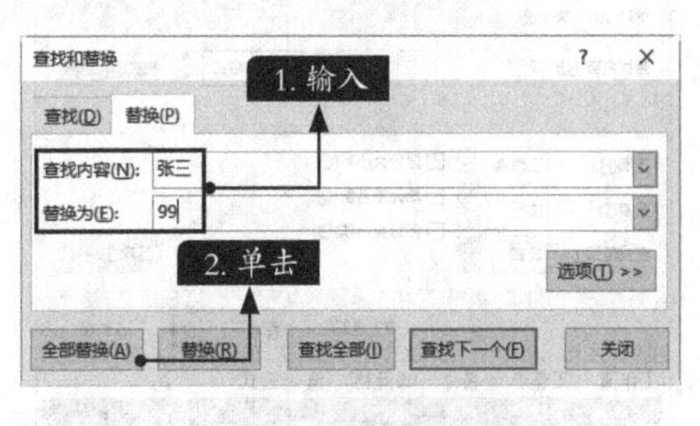

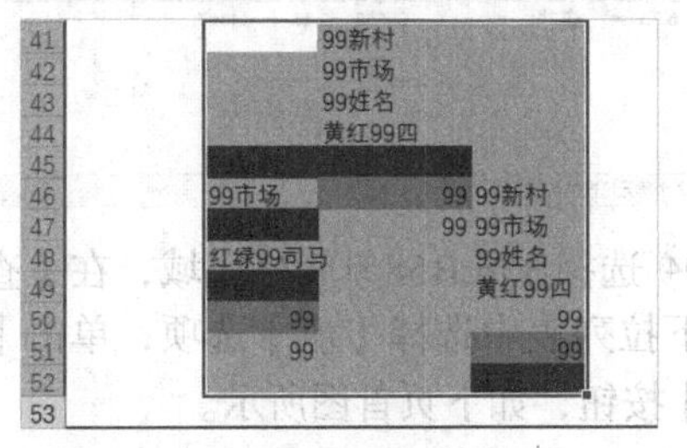

这时，可以使用通配符“*”解决问题，具体步骤如下。

步骤 01 选择B41:D52单元格区域，如下图所示。

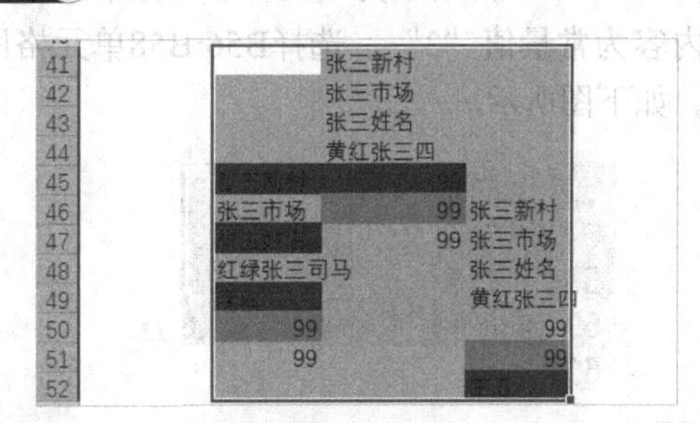

步骤 02 按【Ctrl+F】组合键，打开【查找和替换】对话框。选择【替换】选项卡，在【查找内容】文本框中输入“*张三*”，如下图所示。

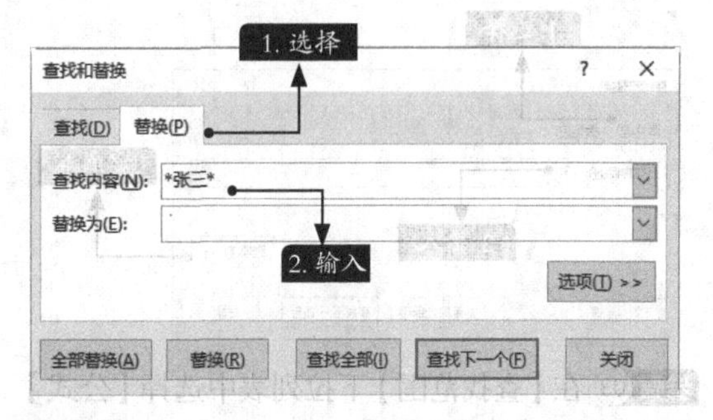

步骤 03 在【替换为】文本框中输入“99”，单击【全部替换】按钮，如下页首图所示。

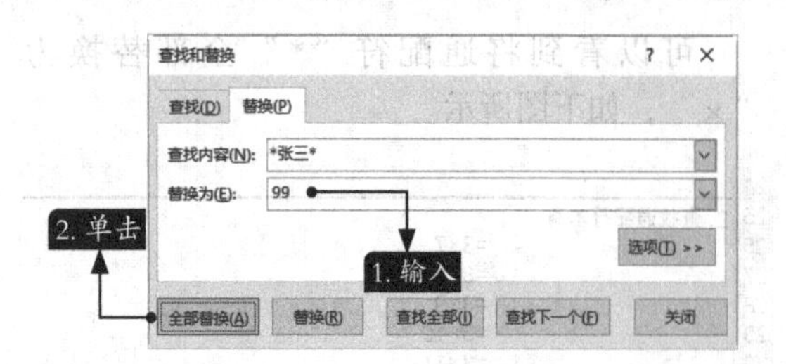

步骤 04 弹出提示框，提示替换完成，单击【确定】按钮。

可以看到将所有包含“张三”的单元格内容全部替换为“99”，如下图所示。

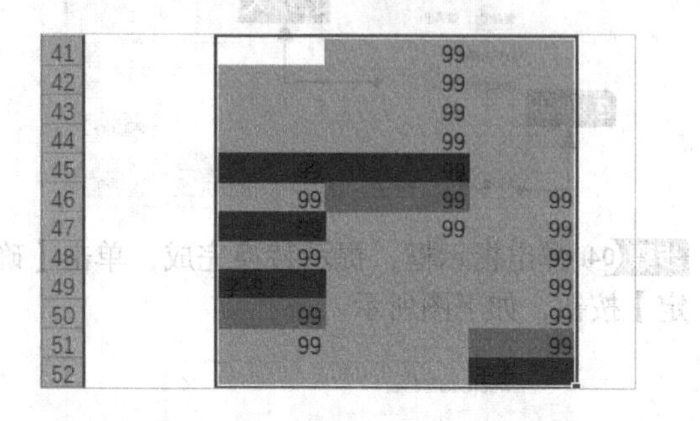

6.3.7 查找值或公式

如果单元格内容为公式的值，那就存在一个问题：查找时，是查找公式还是公式的值呢？【查找范围】下拉列表中包含【值】和【公式】选项。选择【值】时，只查找公式生成的结果是否符合要查找的值；选择【公式】时，只查找公式表达式中有没有符合要求的部分，而忽略公式所生成的结果。下面具体介绍选择【值】与【公式】的区别。具体步骤如下。

步骤 01 在B56单元格中输入公式“=1+2”，结果为“3”；在B57单元格中输入公式“=3”，结果为“3”；在B58单元格中输入公式“=1+3+7”，结果为“11”；B59单元格中的内容为常量值“3”。选择B56:B58单元格区域，如下图所示。

步骤 02 按【Ctrl+F】组合键，打开【查找和替换】对话框。选择【查找】选项卡，在【查找内容】文本框中输入“3”，单击【选项】按钮，如下图所示。

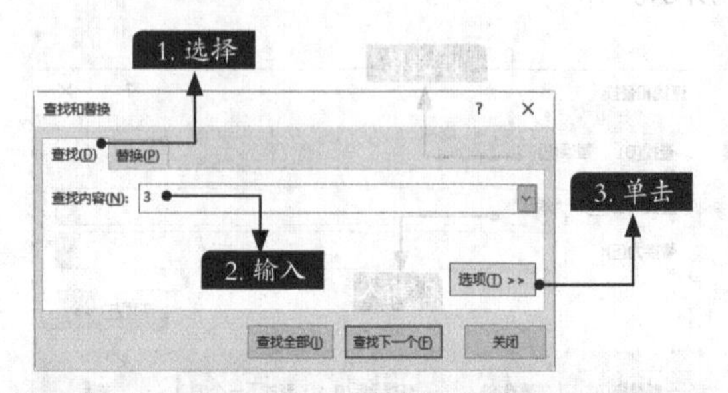

步骤 03 在【查找范围】下拉列表中选择【公式】选项，单击【查找全部】按钮，如右上图所示。

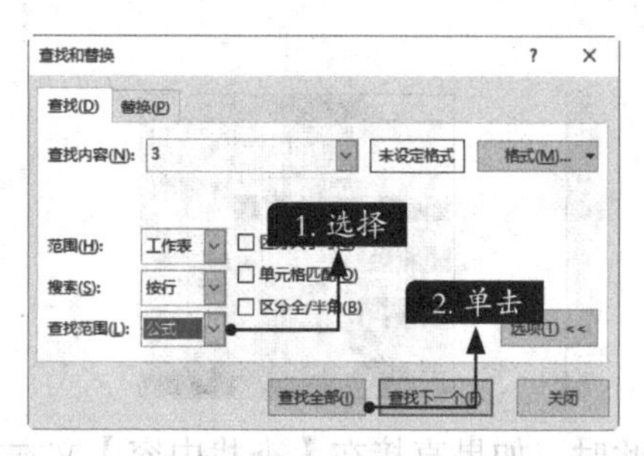

查找到B57和B58这两个单元格，这两个单元格的公式表达式中均包含数字“3”，如下图所示。

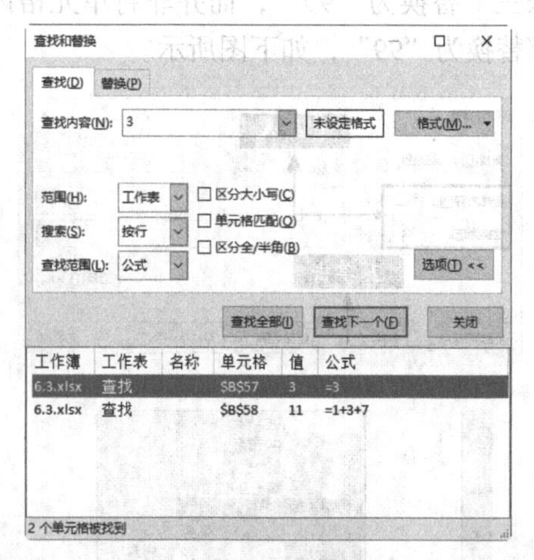

步骤 04 选择B56:B58单元格区域，在【查找范围】下拉列表中选择【值】选项，单击【查找全部】按钮，如下页首图所示。

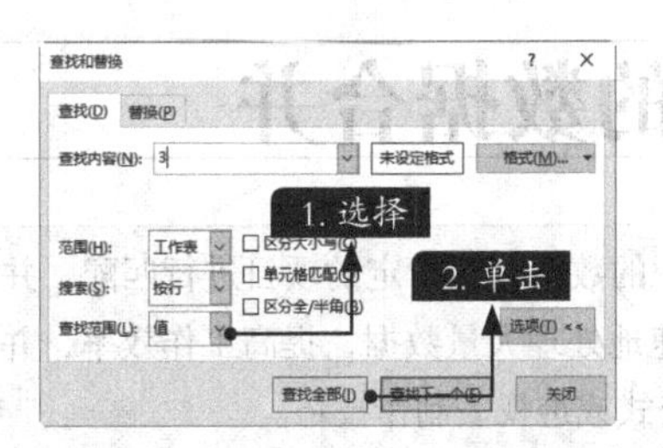

查找到B57和B56这两个单元格，这两个单元格的公式的计算结果均为数字“3”，如右图所示。

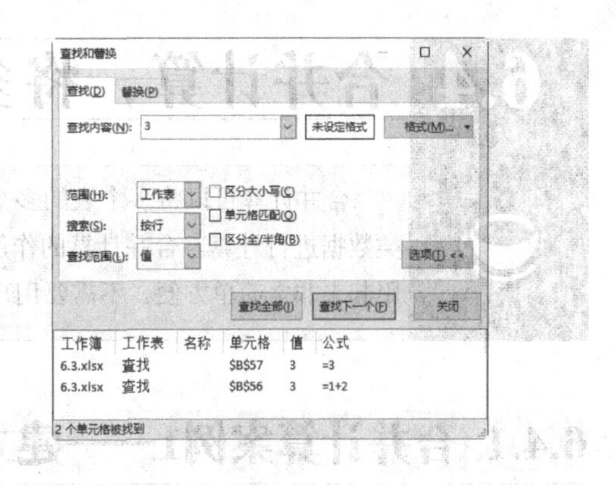

6.3.8 查找值并设置样式

找出单元格区域中所有值为“TRUE”的单元格并为其设置红色背景色，具体操作步骤如下。

步骤 01 选择C63:C77单元格区域，如下图所示。

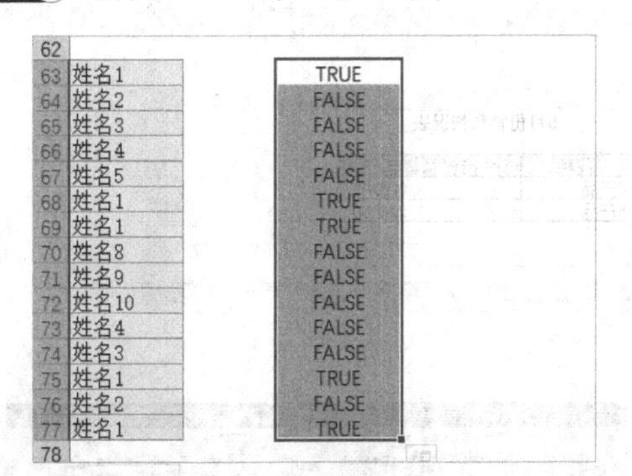

62		
63	姓名1	TRUE
64	姓名2	FALSE
65	姓名3	FALSE
66	姓名4	FALSE
67	姓名5	FALSE
68	姓名1	TRUE
69	姓名1	TRUE
70	姓名8	FALSE
71	姓名9	FALSE
72	姓名10	FALSE
73	姓名4	FALSE
74	姓名3	FALSE
75	姓名1	TRUE
76	姓名2	FALSE
77	姓名1	TRUE
78		

步骤 02 按【Ctrl+F】组合键，打开【查找和替换】对话框。在【查找内容】文本框中输入“TRUE”，单击【选项】按钮，在【查找范围】下拉列表中选择【值】选项，单击【查找全部】按钮，如下图所示。

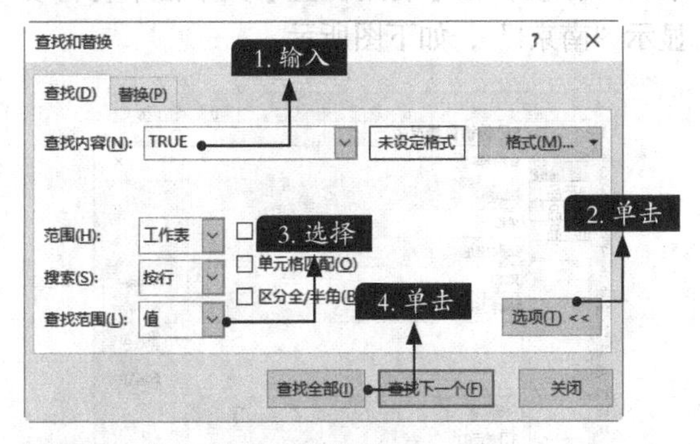

步骤 03 可以看到已经找到所有值为“TRUE”的单元格，选择任意结果，按【Ctrl+A】组合键进行全选，如右上图所示。

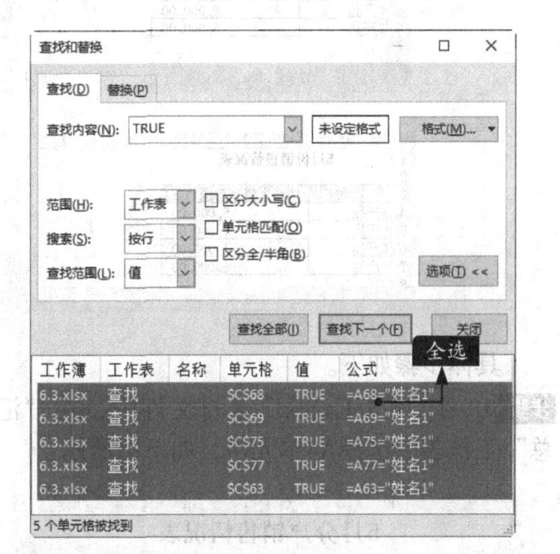

步骤 04 单击【开始】选项卡下【字体】组中的【填充颜色】按钮，在下拉列表中选择“红色”，即可为值为“TRUE”的单元格设置红色背景色，如下图所示。

63	姓名1	TRUE
64	姓名2	FALSE
65	姓名3	FALSE
66	姓名4	FALSE
67	姓名5	FALSE
68	姓名1	TRUE
69	姓名1	TRUE
70	姓名8	FALSE
71	姓名9	FALSE
72	姓名10	FALSE
73	姓名4	FALSE
74	姓名3	FALSE
75	姓名1	TRUE
76	姓名2	FALSE
77	姓名1	TRUE

6.4 合并计算，将多个表的数据合并

合并计算可以将多个表的多个单元格区域中的数据按照指定的项目进行匹配，并对同类数据进行计算。合并计算的作用在于能够快速地处理大量数据，提高工作效率，并且使用起来非常简单方便，不需要用户掌握复杂的公式或透视表制作技巧。

6.4.1 合并计算案例1——建立分户报表

打开“素材\ch06\6.4.1.xlsx”文件，这里需要将“南京”“海口”“上海”“珠海”4个工作表中的内容进行汇总，如下图所示。

5月份销售情况表

品种	南京销售额
B产品	6,650.00
C产品	8,000.00
D产品	1,000.00

5月份销售情况表

品种	海口销售额
B产品	6,650.00
A产品	5,000.00
C产品	8,000.00

5月份销售情况表

品种	上海销售额
A产品	5,000.00
C产品	7,000.00
D产品	1,000.00
G产品	6,000.00

5月份销售情况表

品种	珠海销售额
C产品	8,000.00
F产品	1,200.00

具体步骤如下。

步骤01 在“6.4.1.xlsx”素材文件中，在“汇总”工作表中选择A4单元格，如下图所示。

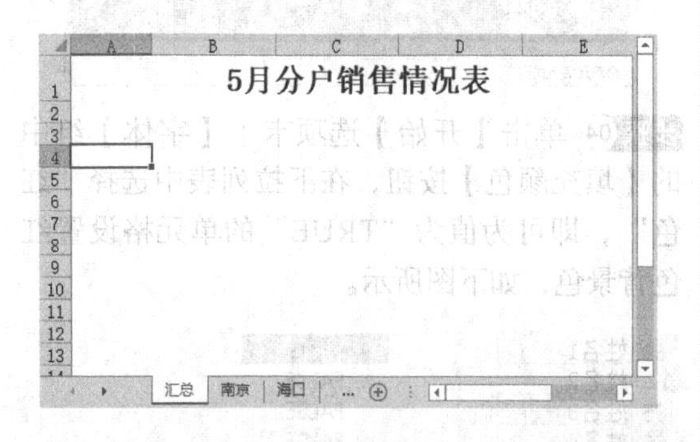

小提示

数据汇总结果会从当前选择的单元格开始显示。

步骤02 单击【数据】选项卡下【数据工具】组中的【合并计算】按钮，如右上图所示。

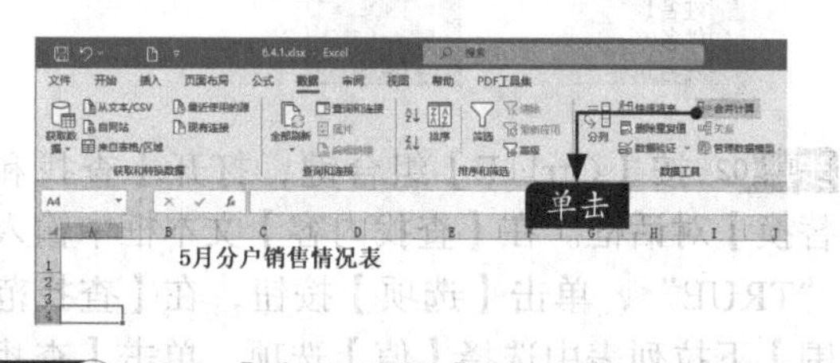

步骤03 弹出【合并计算】对话框，选择“南京”工作表，在【引用位置】文本框中将自动显示“南京!”，如下图所示。

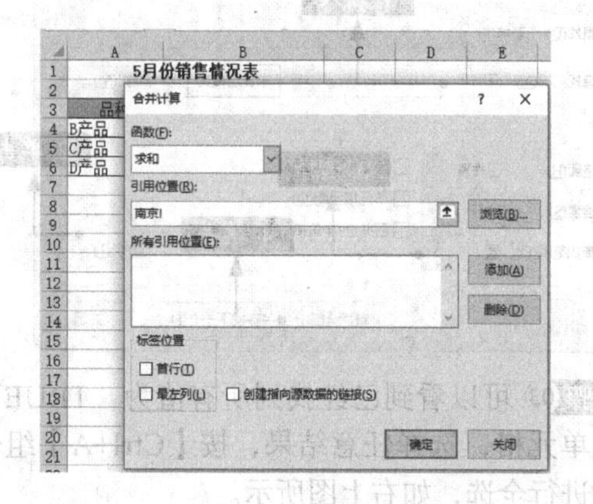

步骤04 选择A3:B6单元格区域，即在【引用位置】文本框中显示“南京!$A$3:$B$6”，单击【添加】按钮，如下图所示。

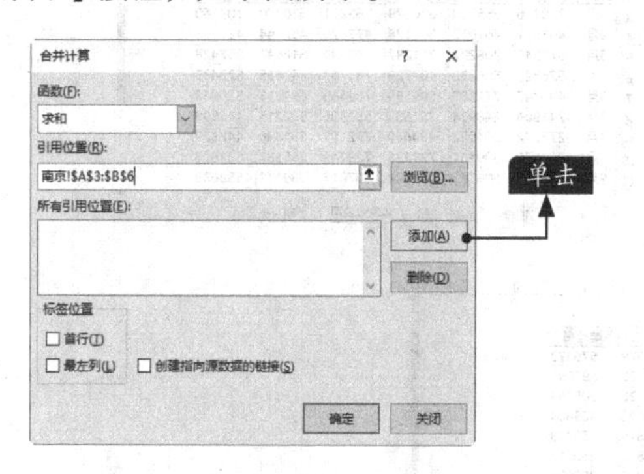

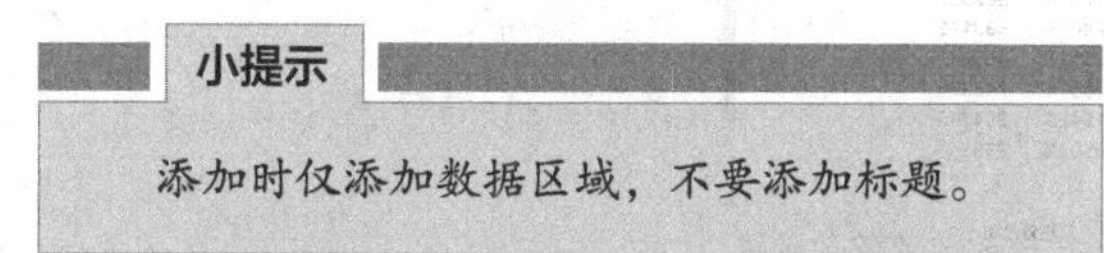
小提示

添加时仅添加数据区域，不要添加标题。

选择的数据被添加至【所有引用位置】列表框，如下图所示。

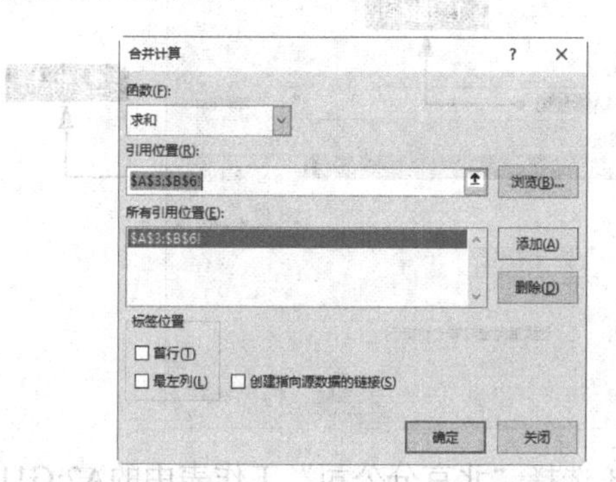

步骤05 使用同样的方法，添加“海口”工作表的A3:B6单元格区域，如下图所示。

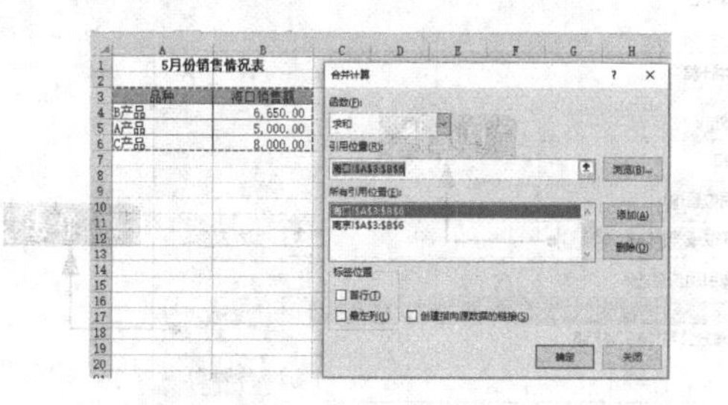

步骤06 添加“上海”工作表的A3:B7单元格区域，如下图所示。

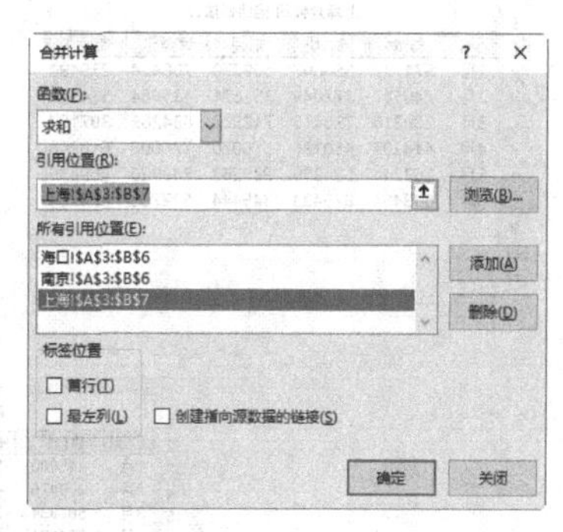

步骤07 添加“珠海”工作表的A3:B5单元格区域，选中【首行】和【最左列】复选框，单击【确定】按钮，如下图所示。

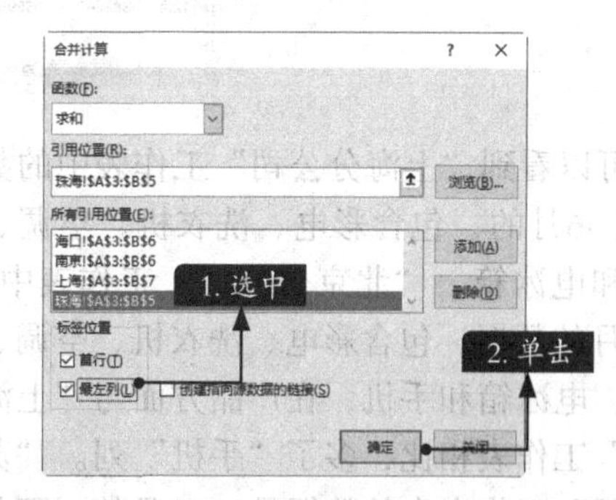

步骤08 合并计算后，添加表格边框，最终效果如下图所示。

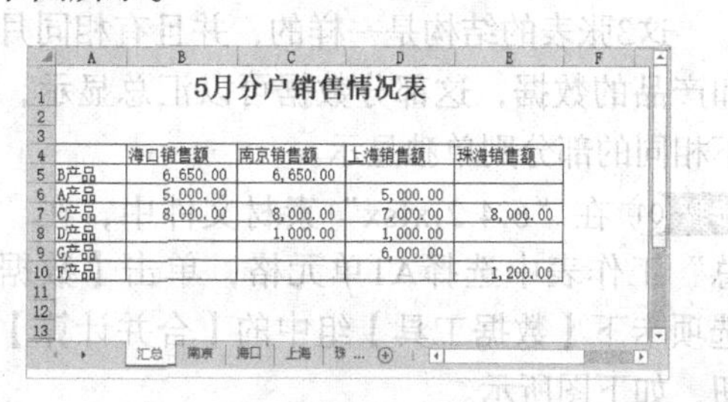

5月分户销售情况表

	海口销售额	南京销售额	上海销售额	珠海销售额
B产品	6,650.00	6,650.00		
A产品	5,000.00		5,000.00	
C产品	8,000.00	8,000.00	7,000.00	8,000.00
D产品		1,000.00	1,000.00	
G产品			6,000.00	
F产品				1,200.00

小提示

合并计算的数据必须是数值型数据，只有数值型数据才可以进行合并计算。

6.4.2 合并计算案例2——分公司数据合并

本节所使用的3张分公司销售数据表的结构是一样的，但是其所涵盖的月份、产品略有差异，这时该如何进行合并计算呢？

打开“素材\ch06\6.4.2.xlsx”文件，文件中包含“上海分公司”“北京分公司”“苏州分公司”3张工作表，如下图所示。

上海分公司 销售额统计

月份	彩电	洗衣机	空调	计算机	电冰箱
1月	571137	558097	509779	708424	239492
2月	240517	377049	351671	435964	574502
3月	208216	730416	712832	634263	397157
4月	414207	430736	516070	776008	618268
5月	762244	521359	233263	238926	669435
6月	643454	875433	345444	532765	494334

北京分公司 销售额统计

月份	彩电	洗衣机	空调	计算机	电冰箱	手机
1月	310336	255210	620279	769231	510470	303160
2月	463571	461612	509178	477620	452144	436095
3月	678545	208202	211237	636299	518647	357428
4月	526522	566238	407729	731763	242635	523433
5月	496747	771107	506569	752469	691313	530968
6月	741904	248934	321605	553305	502215	443599
7月	272272	304052	304649	772151	261348	448329
8月	212270	389461	723325	723741	255587	531838
9月	686483	508585	766044	507017	389412	558633

苏州分公司 销售额统计

月份	彩电	洗衣机	空调	计算机	电冰箱
1月	445082	577420	291743	700079	576473
2月	289476	407628	525387	613723	597097
3月	581834	734137	613484	257126	205358
4月	224624	388232	327995	641090	423804
5月	519682	567316	433850	373875	776748
6月	774700	521256	474943	617812	260017
7月	374170	521034	401409	667019	382093
8月	254231	430929	464331	524659	388171
9月	257564	470272	254121	435127	465842
10月	609369	257527	553055	698574	748326
11月	525744	752645	634942	315426	254796
12月	382240	303898	302393	785028	238656

可以看到“上海分公司”工作表中的数据是1月~6月的，包含彩电、洗衣机、空调、计算机和电冰箱。“北京分公司”工作表中是1月~9月的数据，包含彩电、洗衣机、空调、计算机、电冰箱和手机，在产品方面与“上海分公司”工作表相比，多了“手机”列。“苏州分公司”工作表中的数据是1~12月的，不包含“手机”列。

这3张表的结构是一样的，并且有相同月份和产品的数据，这部分数据可以汇总显示，而不相同的部分则单独显示。

步骤 01 在“6.4.2.xlsx”素材文件中，在“汇总”工作表中选择A1单元格，单击【数据】选项卡下【数据工具】组中的【合并计算】按钮，如下图所示。

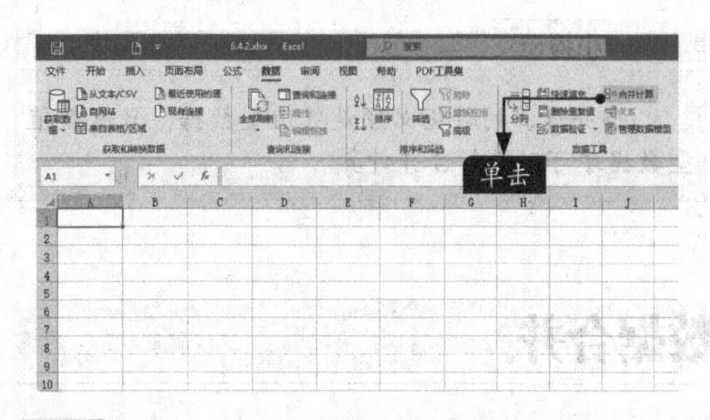

步骤 02 弹出【合并计算】对话框，选择“上海分公司”工作表中的A2:F8单元格区域，单击【添加】按钮，如右上图所示。

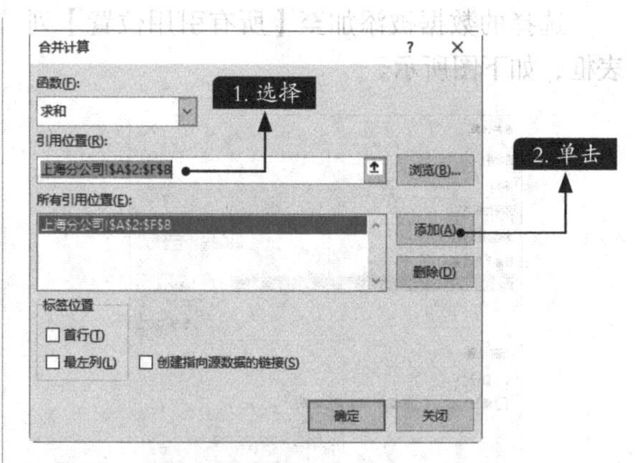

步骤 03 选择“北京分公司”工作表中的A2:G11单元格区域，单击【添加】按钮，如下图所示。

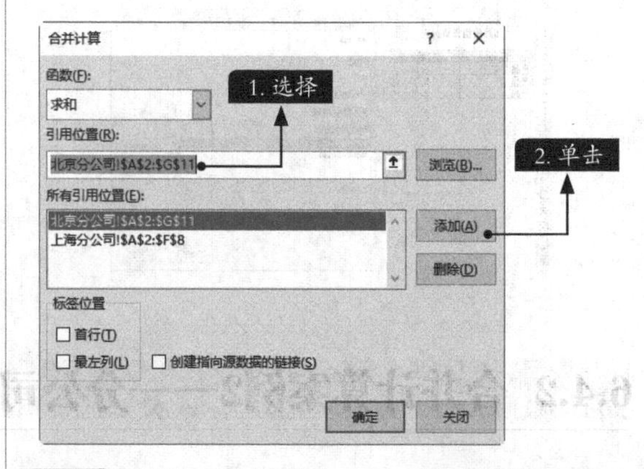

步骤 04 选择“苏州分公司”工作表中的A2:F14单元格区域，单击【添加】按钮。在【标签位置】区域选中【首行】和【最左列】复选框，

单击【确定】按钮，如下图所示。

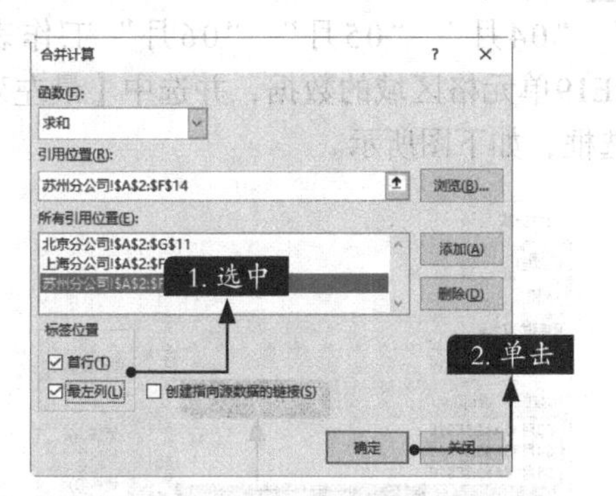

步骤05 汇总分公司数据后的效果如右图所示。

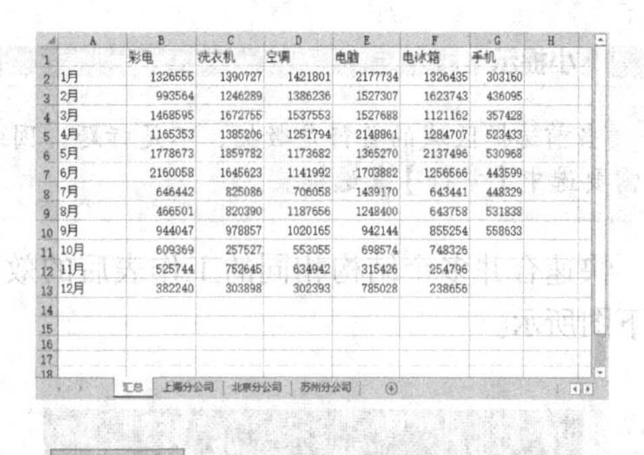

	A	B	C	D	E	F	G
1		彩电	洗衣机	空调	电脑	电冰箱	手机
2	1月	1326555	1390727	1421801	2177734	1326435	303160
3	2月	993564	1246289	1386236	1527307	1623743	436095
4	3月	1468595	1672755	1537553	1527688	1121162	357428
5	4月	1165353	1385206	1251794	2148861	1284707	523433
6	5月	1778673	1859782	1173682	1365270	2137496	530968
7	6月	2160058	1645623	1141992	1703882	1256566	443599
8	7月	646442	825086	706058	1439170	643441	448329
9	8月	466501	820390	1187656	1248400	643758	531838
10	9月	944047	978857	1020165	942144	855254	558633
11	10月	609369	257527	553055	698574	748326	
12	11月	525744	752645	634942	315426	254796	
13	12月	382240	303898	302393	785028	238656	

汇总 | 上海分公司 | 北京分公司 | 苏州分公司

小提示

可以看到合并计算会对标题有重叠的部分进行求和，没有重叠的部分则单独显示。

6.4.3 合并计算案例3——快速合并多个结构相同的工作表

在表格数据结构完全相同的情况下，需要将其汇总，但如果还需要查看每张表格的详细数据，该怎么处理呢？

步骤01 打开“素材\ch06\6.4.3.xlsx”素材文件，其中包含6张需要合并计算的工作表。首先选择并复制任意工作表中的A1:E2单元格区域，如下图所示。

科室	可控费用		不可控费用	
	预算	实际	预算	实际
管理部	1,078,733.00	1,828,241.00	1,338,116.00	363,648.00
总务科	1,308,002.00	1,168,182.00	1,380,545.00	837,963.00
采购科	1,513,418.00	297,891.00	575,308.00	459,726.00
管理科	869,787.00	540,958.00	1,148,480.00	1,880,711.00
人事科	1,406,841.00	1,279,070.00	449,572.00	883,565.00
制造部	1,373,402.00	345,039.00	872,176.00	1,033,990.00
生管科	1,274,815.00	1,989,901.00	1,609,754.00	1,022,495.00
冲压科	836,664.00	1,833,432.00	1,489,858.00	1,670,707.00
焊接科	1,718,605.00	1,256,963.00	1,872,132.00	1,333,184.00
涂装科	1,582,681.00	1,254,236.00	1,384,443.00	1,452,150.00
组装科	229,879.00	890,960.00	1,182,982.00	607,894.00
品质科	1,777,996.00	1,444,242.00	1,682,962.00	1,109,627.00
设管科	1,120,356.00	867,805.00	1,573,360.00	1,509,484.00
技术科	1,742,422.00	1,492,863.00	1,587,427.00	1,988,055.00
营业科	970,218.00	1,411,567.00	942,590.00	455,867.00
财务科	1,628,161.00	1,154,765.00	1,237,400.00	1,856,240.00
合计	20,431,980.00	19,056,115.00	20,327,105.00	18,465,306.00

合并数据 | 01月 | 02月 | 03月 | 04月 | 05月

步骤02 切换至“合并数据”工作表，选择A1单元格，将复制的标题粘贴至工作表中，如下图所示。

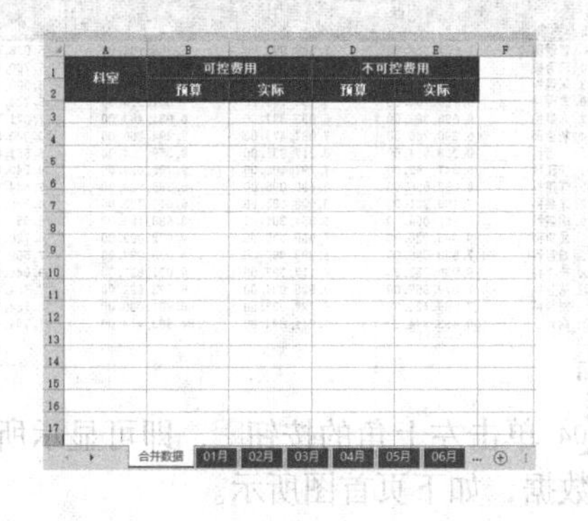

步骤03 选择A3单元格，单击【数据】选项卡下【数据工具】组中的【合并计算】按钮。弹出【合并计算】对话框，依次添加“01月”~“06月”工作表中A3:E19单元格区域的数据，如下图所示。

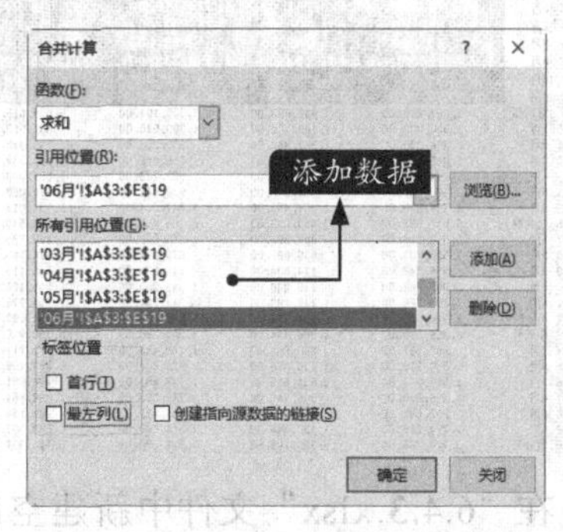

步骤04 选中【最左列】复选框，单击【确定】按钮，如下图所示。

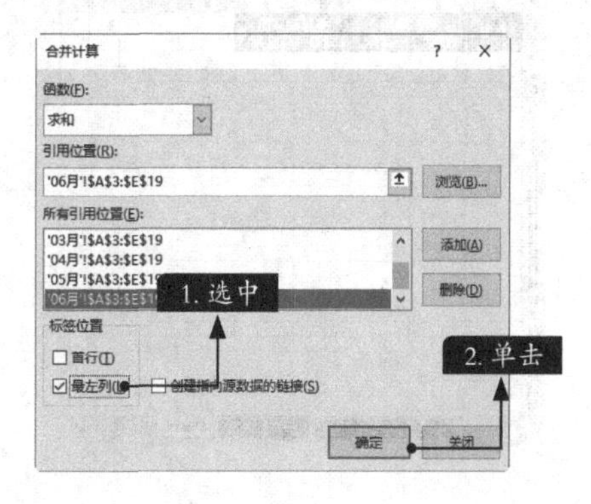

小提示

当前选择区域的首行是数据，不是标题，因此不需要选中【首行】复选框。

快速合并多个结构相同的工作表后的效果如下图所示。

科室	可控费用		不可控费用	
	预算	实际	预算	实际
管理部	7,607,869.00	7,843,093.00	5,308,104.00	5,076,618.00
总务科	6,977,063.00	7,343,233.00	6,286,935.00	8,788,640.00
采购科	6,358,375.00	4,956,334.00	4,065,780.00	6,308,820.00
管理科	6,728,784.00	6,780,198.00	7,301,370.00	5,724,331.00
人事科	6,686,382.00	6,933,837.00	6,931,453.00	7,271,703.00
制造部	6,098,766.00	7,087,473.00	7,294,250.00	3,098,570.00
生管科	10,289,814.00	8,217,035.00	8,059,624.00	5,881,099.00
冲压科	6,347,192.00	7,797,402.00	9,786,096.00	8,249,078.00
焊接科	6,288,056.00	6,690,085.00	6,388,888.00	9,664,978.00
涂装科	7,108,321.00	6,908,585.00	6,613,733.00	6,330,635.00
组装科	5,961,054.00	6,354,301.00	8,688,183.00	6,955,683.00
品质科	9,395,625.00	6,969,635.00	9,972,023.00	6,720,417.00
设管科	7,508,096.00	6,283,982.00	6,030,097.00	7,508,796.00
技术科	9,955,353.00	8,117,397.00	8,071,827.00	9,046,036.00
营业科	7,879,857.00	7,528,627.00	6,792,692.00	7,784,414.00
财务科	7,509,424.00	6,227,032.00	6,901,080.00	6,564,500.00
合计	100,483,944.00	97,241,694.00	94,383,413.00	91,794,134.00

合并数据 | 01月 | 02月 | 03月 | 04月 | 05月 | 06月

如果还需要在汇总表中查看每个表的详细数据，如下图所示，该怎么做？具体步骤如下。

科室	可控费用		不可控费用	
	预算	实际	预算	实际
1月	1,078,733.00	1,828,241.00	1,338,116.00	363,648.00
2月	1,420,852.00	1,652,100.00	571,367.00	250,853.00
3月	1,901,301.00	1,759,752.00	268,962.00	137,115.00
4月	1,736,270.00	1,607,182.00	1,352,343.00	2,173,296.00
5月	867,294.00	383,839.00	894,068.00	275,771.00
6月	603,419.00	611,979.00	883,248.00	1,875,935.00
管理部	7,607,869.00	7,843,093.00	5,308,104.00	5,076,618.00
1月	1,308,002.00	1,168,182.00	1,380,545.00	837,963.00
2月	396,226.00	1,362,862.00	835,854.00	723,345.00
3月	1,015,508.00	1,274,056.00	516,092.00	1,422,339.00
4月	1,154,650.00	1,753,002.00	967,793.00	1,891,980.00
5月	1,400,849.00	333,678.00	939,617.00	1,979,000.00
6月	1,701,828.00	1,451,453.00	1,647,034.00	1,934,013.00
总务科	6,977,063.00	7,343,233.00	6,286,935.00	8,788,640.00
1月	1,513,418.00	297,891.00	575,308.00	459,726.00
2月	1,556,703.00	535,068.00	573,087.00	1,614,790.00
3月	216,043.00	174,606.00	246,534.00	543,418.00
4月	300,992.00	748,230.00	1,242,260.00	1,245,428.00
5月	1,496,379.00	1,749,183.00	344,291.00	1,764,978.00
6月	1,274,840.00	1,451,356.00	1,084,300.00	680,480.00
采购科	6,358,375.00	4,956,334.00	4,065,780.00	6,308,820.00
1月	869,787.00	540,958.00	1,148,480.00	1,880,711.00
2月	639,373.00	1,435,376.00	936,754.00	951,409.00
3月	1,680,913.00	2,031,565.00	1,147,451.00	136,051.00
4月	1,470,845.00	956,746.00	718,083.00	1,889,664.00
5月	293,608.00	682,709.00	1,535,833.00	308,189.00
6月	1,774,258.00	1,132,844.00	1,814,769.00	558,307.00
管理科	6,728,784.00	6,780,198.00	7,301,370.00	5,724,331.00

步骤01 在“6.4.3.xlsx”文件中新建空白工作表，并将标题复制、粘贴到其中，如下图所示。

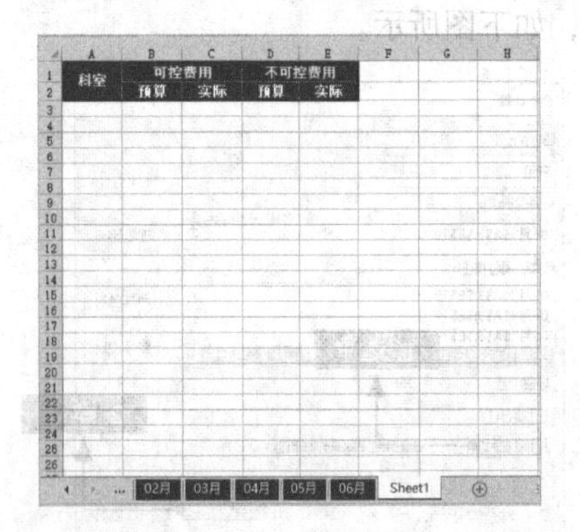

步骤02 依次添加“01月”“02月”“03月”“04月”“05月”“06月”工作表中A3:E19单元格区域的数据，并选中【最左列】复选框，如下图所示。

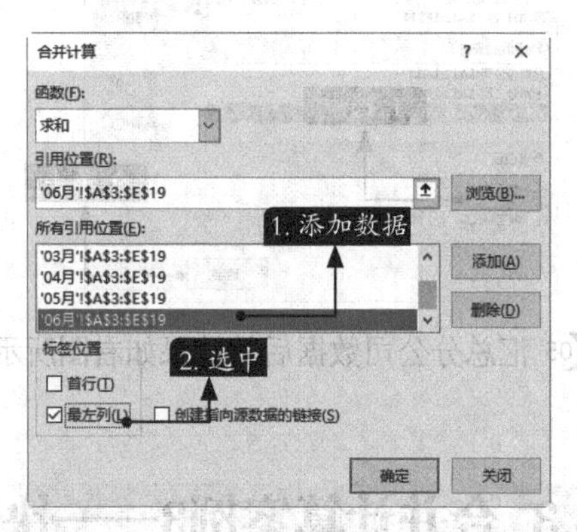

步骤03 选中【创建指向源数据的链接】复选框，单击【确定】按钮，如下图所示。

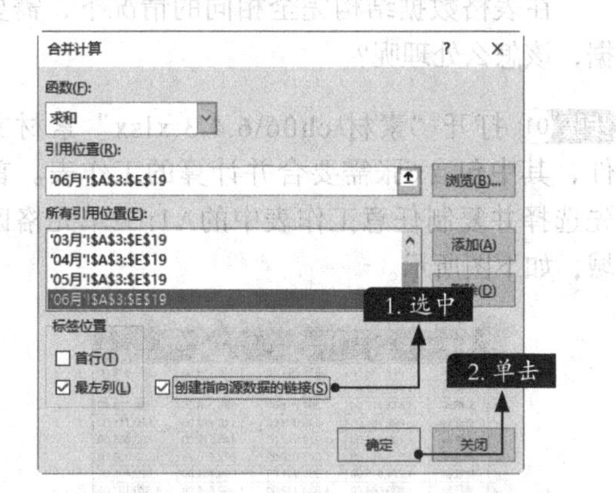

小提示

选中【创建指向源数据的链接】复选框后，是不能在源数据工作表中对数据进行计算的，只能在新工作表中计算。

合并计算后的效果如下图所示。

科室	可控费用		不可控费用	
	预算	实际	预算	实际
管理部	7,607,869.00	7,843,093.00	5,308,104.00	5,076,618.00
总务科	6,977,063.00	7,343,233.00	6,286,935.00	8,788,640.00
采购科	6,358,375.00	4,956,334.00	4,065,780.00	6,308,820.00
管理科	6,728,784.00	6,780,198.00	7,301,370.00	5,724,331.00
人事科	6,686,382.00	6,933,837.00	6,931,453.00	7,271,703.00
制造部	6,098,766.00	7,087,473.00	7,294,250.00	3,098,570.00
生管科	10,289,814.00	8,217,035.00	8,059,624.00	5,881,099.00
冲压科	6,347,192.00	7,797,402.00	9,786,096.00	8,249,078.00
焊接科	6,288,056.00	6,690,085.00	6,388,888.00	9,664,978.00
涂装科	7,108,321.00	6,908,585.00	6,613,733.00	6,330,635.00
组装科	5,961,054.00	6,354,301.00	8,688,183.00	6,955,683.00
品质科	9,395,625.00	6,969,635.00	9,972,023.00	6,720,417.00
设管科	7,508,096.00	6,283,982.00	6,030,097.00	7,508,796.00
技术科	9,955,353.00	8,117,397.00	8,071,827.00	9,046,036.00
营业科	7,879,857.00	7,528,627.00	6,792,692.00	7,784,414.00
财务科	7,509,424.00	6,227,032.00	6,901,080.00	6,564,500.00
合计	100,483,944.00	97,241,694.00	94,383,413.00	91,794,134.00

步骤04 单击左上角的按钮2，即可显示所有的详细数据，如下页首图所示。

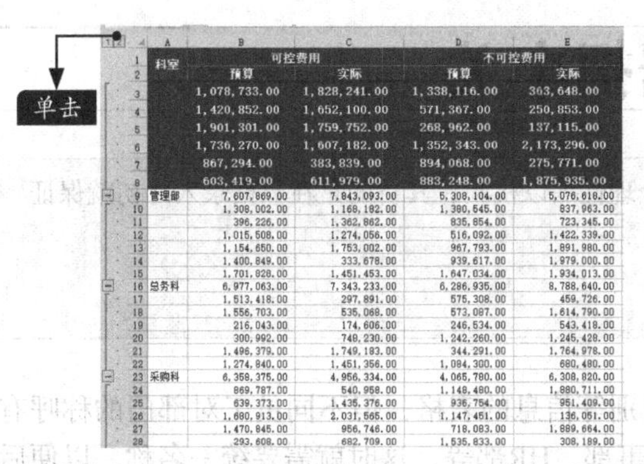

行	科室	可控费用		不可控费用	
		预算	实际	预算	实际
3		1,078,733.00	1,828,241.00	1,338,116.00	363,648.00
4		1,420,852.00	1,652,100.00	571,367.00	250,853.00
5		1,901,301.00	1,759,752.00	268,962.00	137,115.00
6		1,736,270.00	1,607,182.00	1,352,343.00	2,173,296.00
7		867,294.00	383,839.00	894,068.00	275,771.00
8		603,419.00	611,979.00	883,248.00	1,875,935.00
9	管理部	7,607,869.00	7,843,093.00	5,308,104.00	5,076,618.00
10		1,308,002.00	1,168,182.00	1,380,545.00	837,963.00
11		396,226.00	1,362,862.00	835,854.00	723,345.00
12		1,015,508.00	1,274,056.00	516,092.00	1,422,339.00
13		1,154,650.00	1,753,002.00	967,793.00	1,891,980.00
14		1,400,849.00	333,678.00	939,617.00	1,979,000.00
15		1,701,828.00	1,451,453.00	1,647,034.00	1,934,013.00
16	总务科	6,977,063.00	7,343,233.00	6,286,935.00	8,788,640.00
17		1,513,418.00	297,891.00	575,308.00	459,726.00
18		1,556,703.00	535,068.00	573,087.00	1,614,790.00
19		216,043.00	174,606.00	246,534.00	543,418.00
20		300,992.00	748,230.00	1,242,260.00	1,245,428.00
21		1,496,379.00	1,749,183.00	344,291.00	1,764,978.00
22		1,274,840.00	1,451,356.00	1,084,300.00	680,480.00
23	采购科	6,358,375.00	4,956,334.00	4,065,780.00	6,308,820.00
24		869,787.00	540,958.00	1,148,480.00	1,880,711.00
25		639,373.00	1,435,376.00	936,754.00	951,409.00
26		1,680,913.00	2,031,565.00	1,147,451.00	136,051.00
27		1,470,845.00	956,746.00	718,083.00	1,889,664.00
28		293,608.00	682,709.00	1,535,833.00	308,189.00

步骤05 单击左上角的按钮1，即可将数据折叠，仅显示合并计算后的数据，如下图所示。

单击

行	A	预算	实际	预算	实际
9	管理部	7,607,869.00	7,843,093.00	5,308,104.00	5,076,618.00
16	总务科	6,977,063.00	7,343,233.00	6,286,935.00	8,788,640.00
23	采购科	6,358,375.00	4,956,334.00	4,065,780.00	6,308,820.00
30	管理科	6,728,784.00	6,780,198.00	7,301,370.00	5,724,331.00
37	人事科	6,686,382.00	6,933,837.00	6,931,453.00	7,271,703.00
44	制造部	6,098,766.00	7,087,473.00	7,294,250.00	3,098,570.00
51	生管科	10,289,814.00	8,217,035.00	8,059,624.00	5,881,099.00
58	冲压科	6,347,192.00	7,797,402.00	9,786,096.00	8,249,078.00
65	焊接科	6,288,056.00	6,690,085.00	6,388,888.00	9,664,978.00
72	涂装科	7,108,321.00	6,908,585.00	6,613,733.00	6,330,635.00
79	组装科	5,961,054.00	6,354,301.00	8,688,183.00	6,955,683.00
86	品质科	9,395,625.00	6,969,635.00	9,972,023.00	6,720,417.00
93	设管科	7,508,096.00	6,283,982.00	6,030,097.00	7,508,796.00
100	技术科	9,955,353.00	8,117,397.00	8,071,827.00	9,046,036.00
107	营业科	7,879,857.00	7,528,627.00	6,792,692.00	7,784,414.00
114	财务科	7,509,424.00	6,227,032.00	6,901,080.00	6,564,500.00
121	合计	100,483,944.00	97,241,694.00	94,383,413.00	91,794,134.00

步骤06 若需要在展开后的A列中填充月份，可以先在空白单元格区域输入“1月”“2月”“3月”“4月”“5月”“6月”并复制，如下图所示。

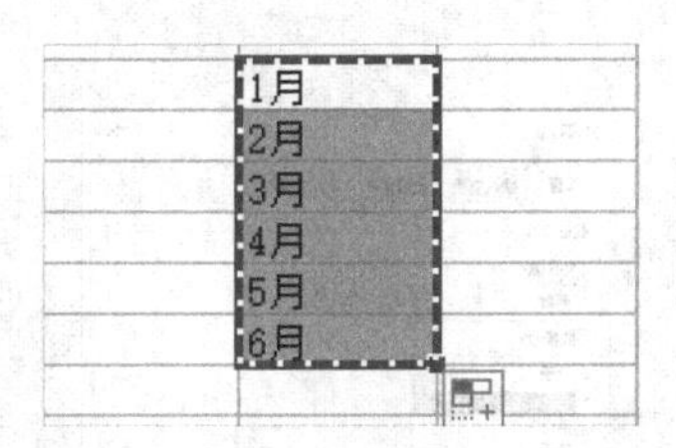

步骤07 选择A3:A121单元格区域，按【F5】键，打开【定位】对话框，单击【定位条件】按钮，如下图所示。

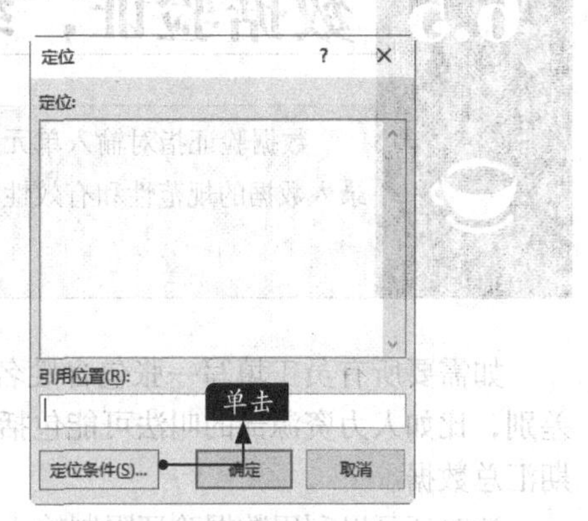

步骤08 打开【定位条件】对话框，选中【空值】单选按钮，单击【确定】按钮，如下图所示。

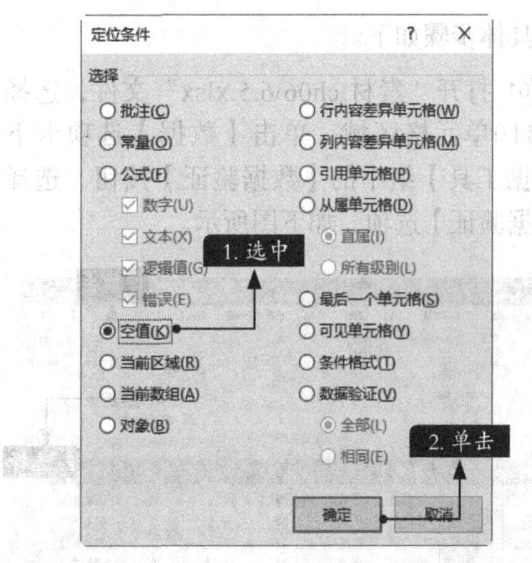

步骤09 选择A3:A121单元格区域的所有空单元格，按【Ctrl+V】组合键粘贴即可，如下图所示。

行	科室	可控费用		不可控费用	
		预算	实际	预算	实际
3	1月	1,078,733.00	1,828,241.00	1,338,116.00	363,648.00
4	2月	1,420,852.00	1,652,100.00	571,367.00	250,853.00
5	3月	1,901,301.00	1,759,752.00	268,962.00	137,115.00
6	4月	1,736,270.00	1,607,182.00	1,352,343.00	2,173,296.00
7	5月	867,294.00	383,839.00	894,068.00	275,771.00
8	6月	603,419.00	611,979.00	883,248.00	1,875,935.00
9	管理部	7,607,869.00	7,843,093.00	5,308,104.00	5,076,618.00
10	1月	1,308,002.00	1,168,182.00	1,380,545.00	837,963.00
11	2月	396,226.00	1,362,862.00	835,854.00	723,345.00
12	3月	1,015,508.00	1,274,056.00	516,092.00	1,422,339.00
13	4月	1,154,650.00	1,753,002.00	967,793.00	1,891,980.00
14	5月	1,400,849.00	333,678.00	939,617.00	1,979,000.00
15	6月	1,701,828.00	1,451,453.00	1,647,034.00	1,934,013.00
16	总务科	6,977,063.00	7,343,233.00	6,286,935.00	8,788,640.00
17	1月	1,513,418.00	297,891.00	575,308.00	459,726.00
18	2月	1,556,703.00	535,068.00	573,087.00	1,614,790.00
19	3月	216,043.00	174,606.00	246,534.00	543,418.00
20	4月	300,992.00	748,230.00	1,242,260.00	1,245,428.00
21	5月	1,496,379.00	1,749,183.00	344,291.00	1,764,978.00
22	6月	1,274,840.00	1,451,356.00	1,084,300.00	680,480.00
23	采购科	6,358,375.00	4,956,334.00	4,065,780.00	6,308,820.00
24	1月	869,787.00	540,958.00	1,148,480.00	1,880,711.00
25	2月	639,373.00	1,435,376.00	936,754.00	951,409.00
26	3月	1,680,913.00	2,031,565.00	1,147,451.00	136,051.00
27	4月	1,470,845.00	956,746.00	718,083.00	1,889,664.00
28	5月	293,608.00	682,709.00	1,535,833.00	308,189.00
29	6月	1,774,258.00	1,132,844.00	1,814,769.00	558,307.00
30	管理科	6,728,784.00	6,780,198.00	7,301,370.00	5,724,331.00

6.5 数据验证，给数据把个关

数据验证指对输入单元格的数据的合理性加以检验，其目的是在数据录入之初就保证录入数据的规范性和有效性。

如需要所有员工填写一张包含姓名、部门、职别等信息的表格，但不同员工对部门的称呼有差别，比如人力资源部的叫法可能包括人力部、人事部、HR部等，这时就需要统一名称，以便后期汇总数据。

这时还可以利用数据验证限制输入的内容，以保证录入的数据规范、有效。

6.5.1 制作下拉选项，限制输入的类型

具体步骤如下。

步骤 01 打开“素材\ch06\6.5.xlsx”文件，选择B2:B10单元格区域，单击【数据】选项卡下【数据工具】组中的【数据验证】按钮，选择【数据验证】选项，如下图所示。

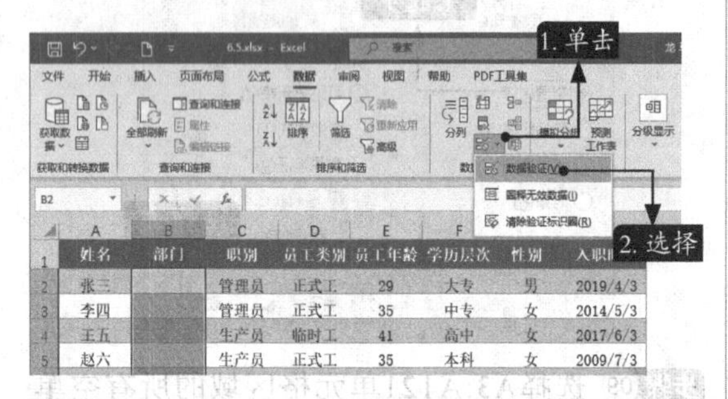

步骤 02 打开【数据验证】对话框，在【设置】选项卡下的【允许】下拉列表中可以看到【任何值】【整数】【小数】【序列】【日期】【时间】【文本长度】【自定义】8个选项，如下图所示。

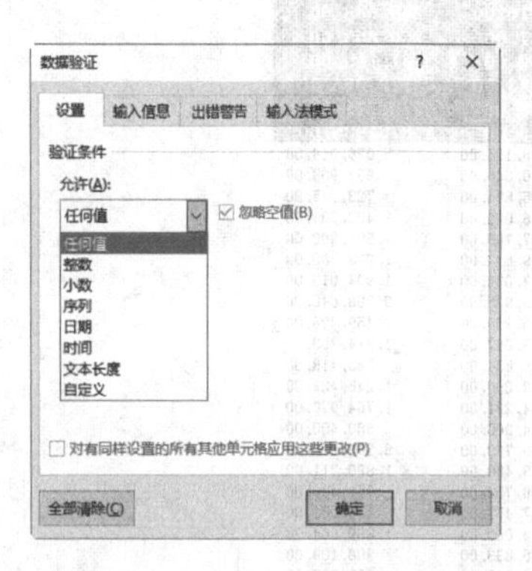

小提示

Excel默认选择【任何值】选项，即允许输入任意数值。选择【整数】选项后，需要选择数据的类型，包括【介于】【未介于】【等于】【不等于】【大于】【小于】【大于或等于】【小于或等于】选项，之后需要设置整数的范围，如下图所示。

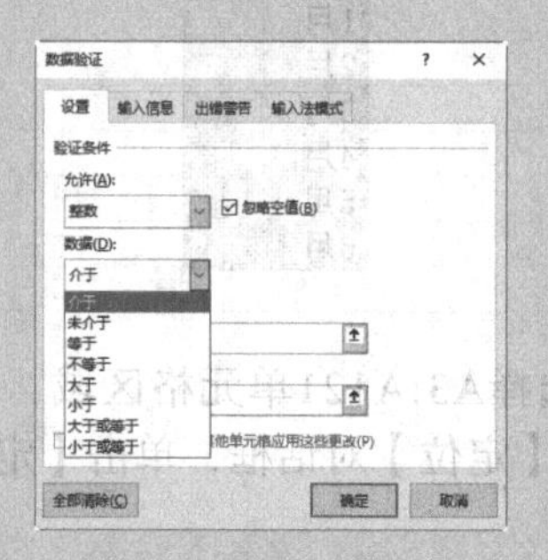

选择【小数】选项，同样包含【介于】【未介于】【等于】【不等于】【大于】【小于】【大于或等于】【小于或等于】选项，之后需要设置小数的范围。

选择【序列】选项，可以设置仅允许输入序列内的数据。

选择【日期】选项，与【整数】选项类似，但限制的是日期数据。

选择【时间】选项，与【整数】选项类似，但限制的是时间数据。

选择【文本长度】选项，与【整数】选项类似，但限制的是输入文本的长度。

选择【自定义】选项，可以结合公式实现更复杂的限制。

步骤03 在【允许】下拉列表中选择【序列】选项，单击【来源】右侧的 ⬆ 按钮，如下图所示。

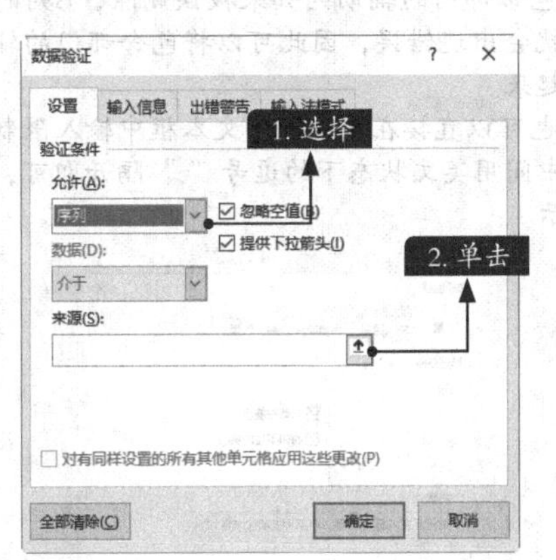

步骤04 选择J2:J7单元格区域，单击按钮，如下图所示。

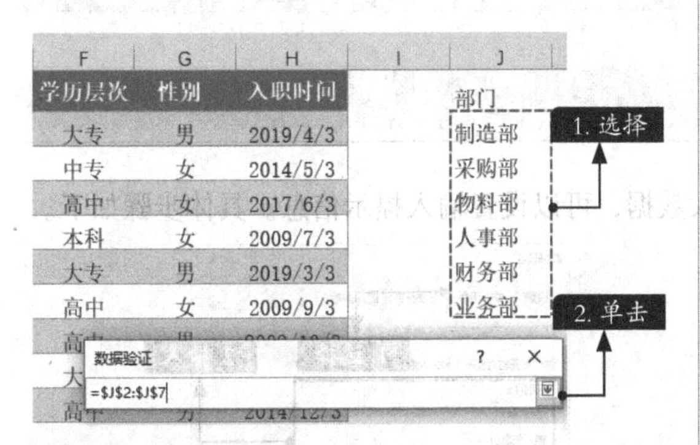

步骤05 返回【数据验证】对话框，单击【确定】按钮，如下图所示。

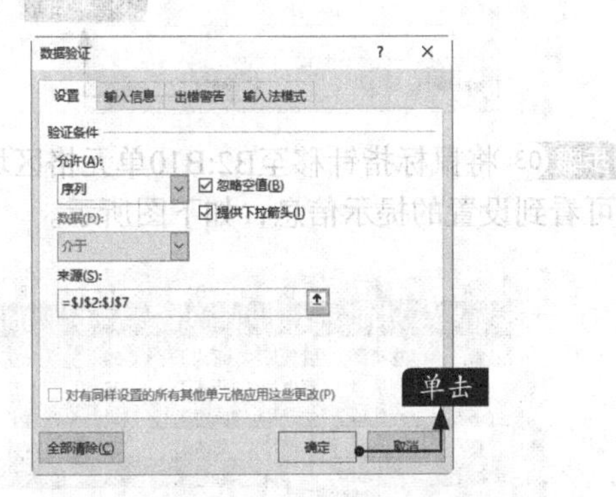

步骤06 单击B2:B10单元格区域中任意单元格右侧的下拉按钮，选择员工的部门，如下图所示。

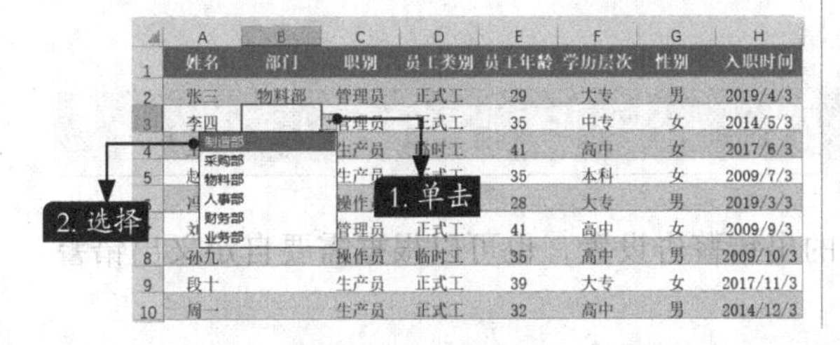

步骤07 如果在单元格中输入非序列内的内容，则会弹出错误提示框，单击【取消】按钮即可，如下图所示。这样就能有效地控制和规范输入的数据。

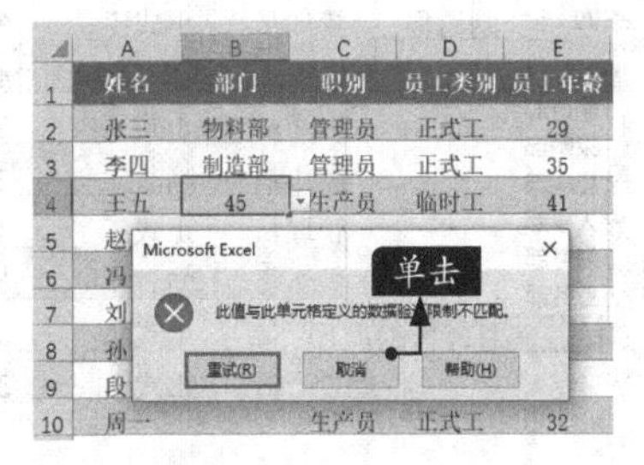

如果部门增加了，例如像下图这样在J8单元格中新增了“海外部”，该怎么修改？具体步骤如下。

选择B2:B10单元格区域中的任意单元格，打开【数据验证】对话框，重新选择【来源】为“=$J$2:$J$8”，选中【对有同样设置的所有其他单元格应用这些更改】复选框，单击【确定】按钮，如下图所示。

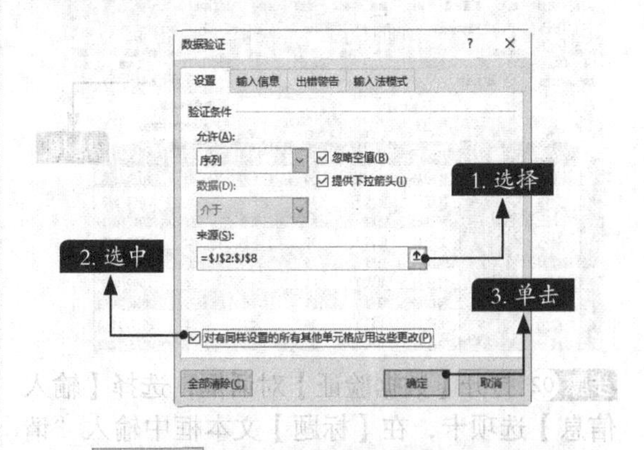

小提示

如果操作时仅选择了一个或部分要设置验证条件的单元格，但又希望为所有类似单元格应用新的更改，可以选择【设置】选项卡，并选中【对有同样设置的所有其他单元格应用这些更改】复选框。

可以看到B2:B10单元格区域每个单元格的下拉列表中都添加了【海外部】选项，如下图所示。

	A	B	C	D	E
1	姓名	部门	职别	员工类别	员工年龄
2	张三	物料部	管理员	正式工	29
3	李四	制造部	管理员	正式工	35
4	王五		生产员	临时工	41
5	赵		生产员	正式工	35
6	冯		操作员	临时工	28
7	刘		管理员	正式工	41
8	孙		操作员	临时工	35
9	段		生产员	正式工	39
10	周一		生产员	正式工	32

制造部
采购部
物料部
人事部
财务部
业务部
海外部

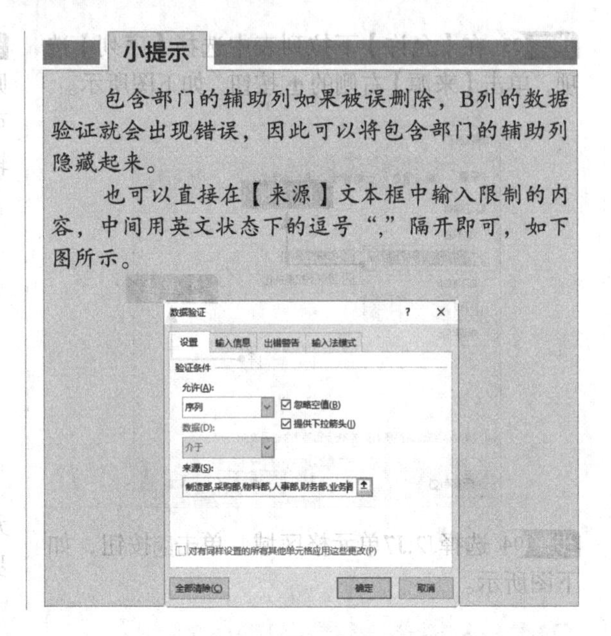

小提示

包含部门的辅助列如果被误删除，B列的数据验证就会出现错误，因此可以将包含部门的辅助列隐藏起来。

也可以直接在【来源】文本框中输入限制的内容，中间用英文状态下的逗号“,”隔开即可，如下图所示。

6.5.2 设置输入提示信息

在设置数据验证时，为了使用户按照要求输入数据，可以设置输入提示信息。具体步骤如下。

步骤01 选择B2:B10单元格区域，单击【数据】选项卡下【数据工具】组中的【数据验证】按钮，在弹出的下拉列表中选择【数据验证】选项，如下图所示。

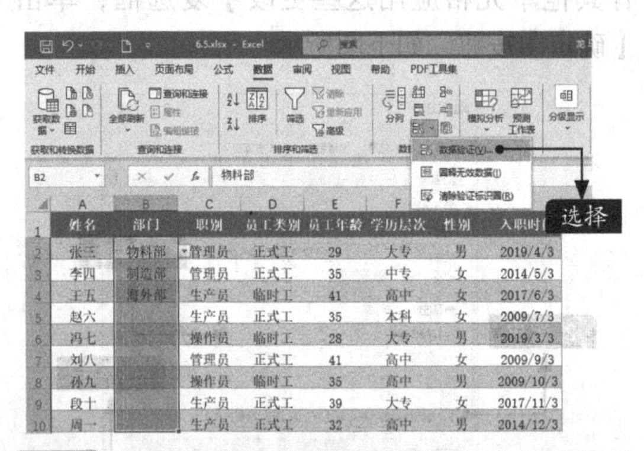

步骤02 打开【数据验证】对话框，选择【输入信息】选项卡，在【标题】文本框中输入“请注意”，在【输入信息】文本框中输入“使用鼠标在下拉列表中选择输入的内容”，单击【确定】按钮，如右上图所示。

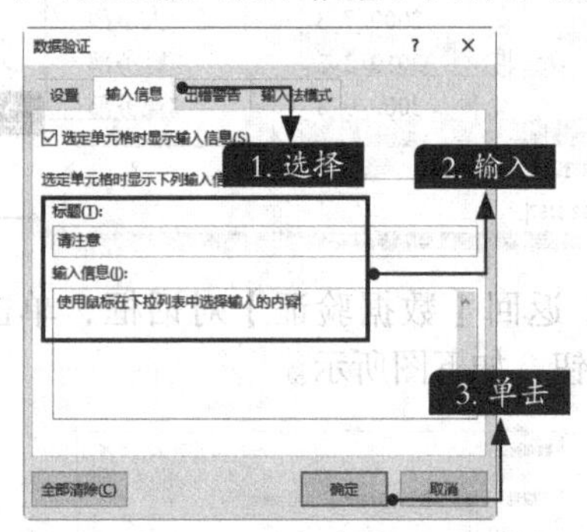

步骤03 将鼠标指针移至B2:B10单元格区域，即可看到设置的提示信息，如下图所示。

	A	B	C	D	E	F
1	姓名	部门	职别	员工类别	员工年龄	学历层次
2	张三	物料部	管理员	正式工	29	大专
3	李四	制造部	管理员	正式工	35	中专
4	王五	海外部	生产员	临时工	41	高中
5	赵六		生产员	正式工	35	本科
6	冯七		员	临时工	28	大专
7	刘八		员	正式工	41	高中
8	孙九		员	临时工	35	高中
9	段十		生产员	正式工	39	大专
10	周一		生产员	正式工	32	高中

请注意
使用鼠标在下拉列表中选择输入的内容

6.5.3 设置出错警告

设置数据验证时，用户可以使用Excel默认的出错警告设置，也可以根据需要自定义出错警告。具体步骤如下。

步骤01 选择B2:B10单元格区域，打开【数据验证】对话框，选择【出错警告】选项卡，在【样式】下拉列表中选择【停止】，在【标题】文本框中输入“注意：录入数据错误”，在【错误信息】文本框中输入“请在下拉列表中选择正确部门数据！”，单击【确定】按钮，如下图所示。

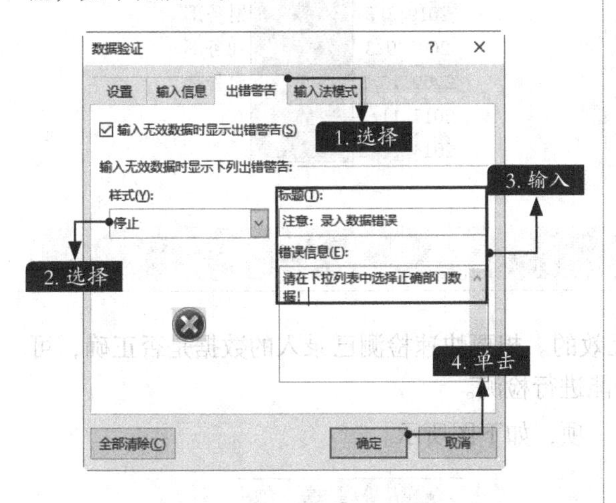

小提示

出错警告样式包含3类，通常选择【停止】。

【停止】：最严厉等级，不允许输入错误数据，重复警告直至改正确为止。

【警告】：弹出提示框提醒，但允许输入错误数据。

【信息】：与【警告】相似，当数据录入错误时，会显示标识，但不会阻止用户继续录入数据。

步骤02 在B2:B10单元格区域的单元格中输入错误数据，则会弹出出错警告，如下图所示。

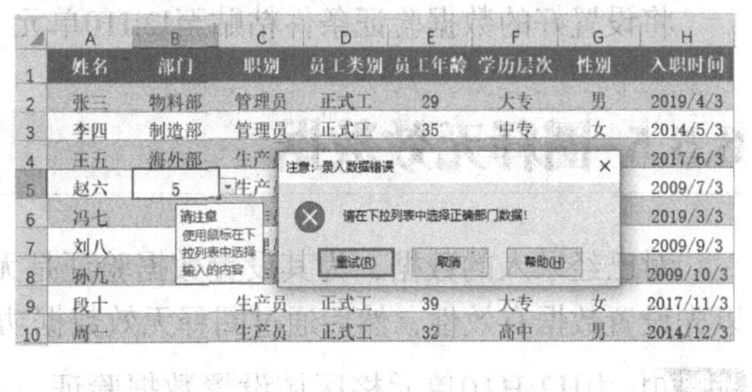

6.5.4 复制设置的数据验证条件

设置数据验证后，可以把设置好的数据验证条件复制到其他列中。

步骤01 选择B2单元格，按【Ctrl+C】组合键复制，如下图所示。

	A	B	C	D
1	姓名	部门	职别	员工类别
2	张三	物料部	管理员	正式工
3	李四	制造[illegible]	[illegible]员	正式工
4	王五	海外[illegible]	[illegible]员	临时工
5	赵六	采购[illegible]	[illegible]员	正式工
6	冯七	人事部	操作员	临时工
7	刘八	业务部	管理员	正式工
8	孙九	业务部	操作员	临时工
9	段十	财务部	生产员	正式工
10	周一	人事部	生产员	正式工

请注意
使用鼠标在下拉列表中选择输入的内容

步骤02 选择I2:I10单元格区域并单击鼠标右键，在弹出的快捷菜单中选择【选择性粘贴】→【选择性粘贴】选项，如右上图所示。

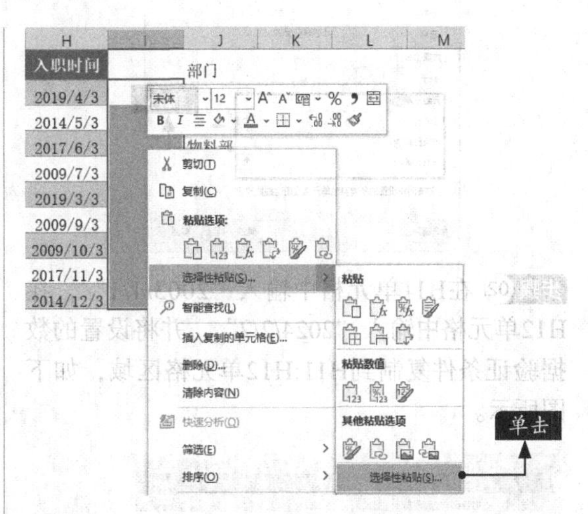

步骤03 打开【选择性粘贴】对话框，选中【验证】单选按钮，单击【确定】按钮，如下页首图所示。

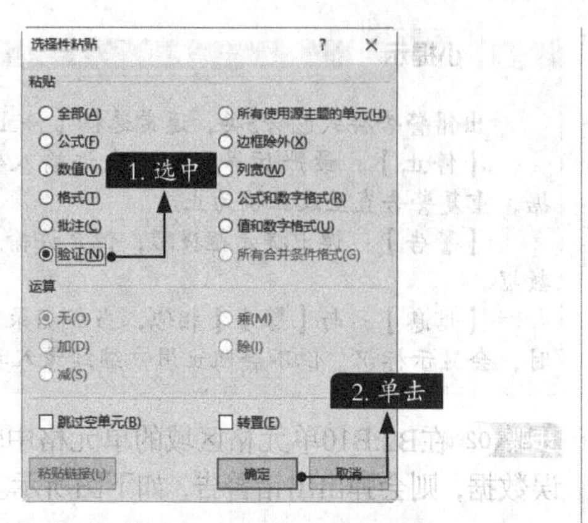

将设置好的数据验证条件粘贴至I2:I10单元格区域后的效果如下图所示。

6.5.5 圈释无效数据

对已经录入的数据，为其设置数据验证是无效的。想要快速检测已录入的数据是否正确，可以先设置数据有效性，然后通过圈释无效数据功能进行检测。

步骤 01 为H2:H10单元格区域设置数据验证，打开【数据验证】对话框，在【开始日期】文本框中输入“2005/1/1”，在【结束日期】文本框中输入“=TODAY()”，如下图所示。

步骤 02 在H11单元格中输入“2003/1/1”，在H12单元格中输入“2024/2/2”，并将设置的数据验证条件复制到H11:H12单元格区域，如下图所示。

	A	B	C	D	E	F	G	H
1	姓名	部门	职别	员工类别	员工年龄	学历层次	性别	入职时间
2	张三	物料部	管理员	正式工	29	大专	男	2019/4/3
3	李四	制造部	管理员	正式工	35	中专	女	2014/5/3
4	王五	海外部	生产员	临时工	41	高中	女	2017/6/3
5	赵六	采购部	生产员	正式工	35	本科	女	2009/7/3
6	冯七	人事部	操作员	临时工	28	大专	男	2019/3/3
7	刘八	业务部	管理员	正式工	41	高中	女	2009/9/3
8	孙九	业务部	操作员	临时工	35	高中	男	2009/10/3
9	段十	财务部	生产员	正式工	39	大专	女	2017/11/3
10	周一	人事部	生产员	正式工	32	高中	男	2014/12/3
11								2003/1/1
12								2024/2/2

输入

步骤 03 选择【数据】选项卡下【数据工具】组中【数据验证】按钮下的【圈释无效数据】选项，如下图所示。

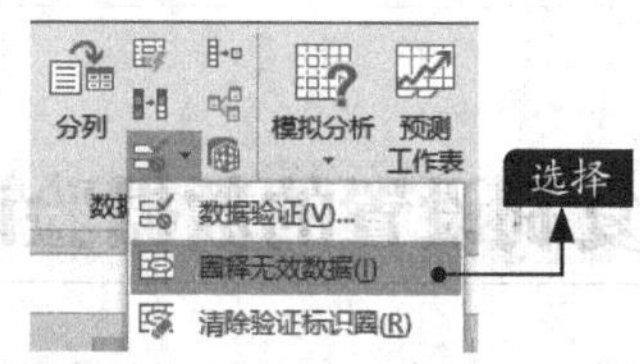

可以看到已经用标识圈标出了所有无效的数据，如下图所示。

	A	B	C	D	E	F	G	H
1	姓名	部门	职别	员工类别	员工年龄	学历层次	性别	入职时间
2	张三	物料部	管理员	正式工	29	大专	男	2019/4/3
3	李四	制造部	管理员	正式工	35	中专	女	2014/5/3
4	王五	海外部	生产员	临时工	41	高中	女	2017/6/3
5	赵六	采购部	生产员	正式工	35	本科	女	2009/7/3
6	冯七	人事部	操作员	临时工	28	大专	男	2019/3/3
7	刘八	业务部	管理员	正式工	41	高中	女	2009/9/3
8	孙九	业务部	操作员	临时工	35	高中	男	2009/10/3
9	段十	财务部	生产员	正式工	39	大专	女	2017/11/3
10	周一	人事部	生产员	正式工	32	高中	男	2014/12/3
11								2003/1/1
12								2024/2/2

步骤 04 更改无效的数据为有效数据即可清除标识圈，如下图所示。

	A	B	C	D	E	F	G	H
1	姓名	部门	职别	员工类别	员工年龄	学历层次	性别	入职时间
2	张三	物料部	管理员	正式工	29	大专	男	2019/4/3
3	李四	制造部	管理员	正式工	35	中专	女	2014/5/3
4	王五	海外部	生产员	临时工	41	高中	女	2017/6/3
5	赵六	采购部	生产员	正式工	35	本科	女	2009/7/3
6	冯七	人事部	操作员	临时工	28	大专	男	2019/3/3
7	刘八	业务部	管理员	正式工	41	高中	女	2009/9/3
8	孙九	业务部	操作员	临时工	35	高中	男	2009/10/3
9	段十	财务部	生产员	正式工	39	大专	女	2017/11/3
10	周一	人事部	生产员	正式工	32	高中	男	2014/12/3
11								2013/1/1
12								2022/2/2

小提示

选择【数据验证】按钮下的【清除验证标识圈】选项也可清除标识圈。

6.6 条件格式，让重点数据更醒目

条件格式的作用是根据设置的格式，让单元格内容响应条件设置，从而改变单元格格式，如字体、颜色、背景等，但单元格内容不会有任何变化。

6.6.1 设置条件格式

例如，将销售额大于100000元的单元格填充为红色，具体操作如下。

步骤01 打开“素材\ch06\6.6.xlsx”文件，选择F2:F17单元格区域，单击【开始】选项卡下【样式】组中的【条件格式】按钮，在弹出的下拉列表中选择【突出显示单元格规则】→【大于】选项，如下图所示。

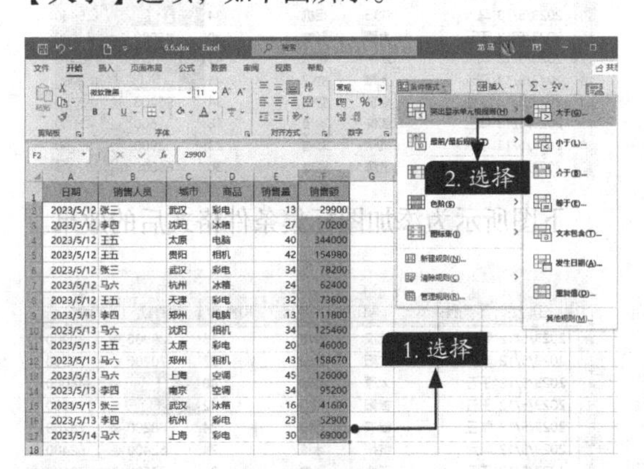

步骤02 弹出【大于】对话框，在【为大于以下值的单元格设置格式】文本框中输入“100000”，单击【设置为】右侧的下拉按钮，在弹出的下拉列表中根据需要选择Excel定义好的格式，这里选择【自定义格式...】选项，如下图所示。

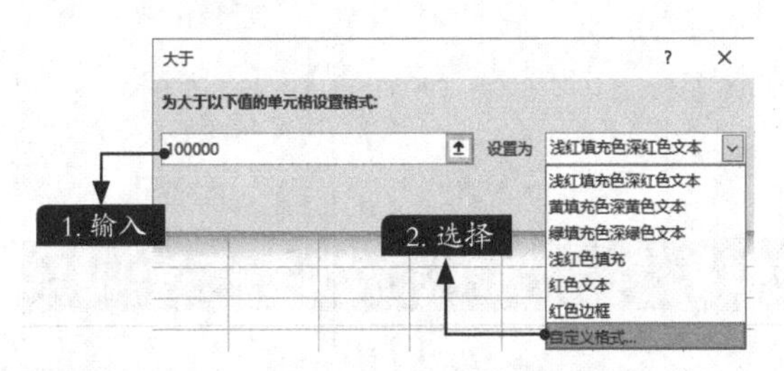

步骤03 弹出【设置单元格格式】对话框，在【字体】选项卡下可以设置字体样式，这里设置【字形】为【加粗】，【字体颜色】为“白色”，如下图所示。

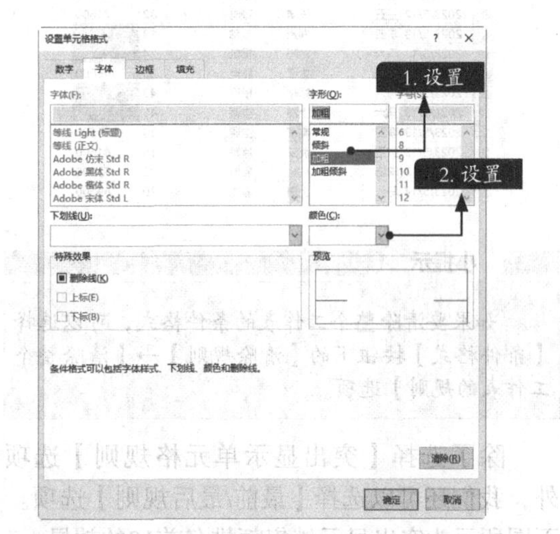

步骤04 在【边框】选项卡下可以设置边框样式。选择【填充】选项卡，设置填充色为“红色”，单击【确定】按钮，如下图所示。

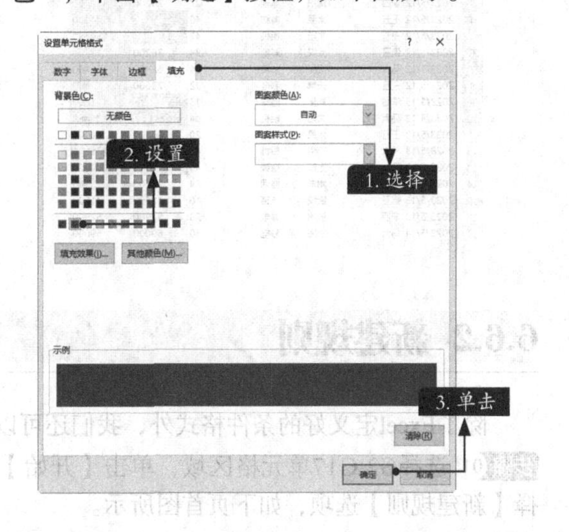

步骤05 返回【大于】对话框，单击【确定】按钮，如下图所示。

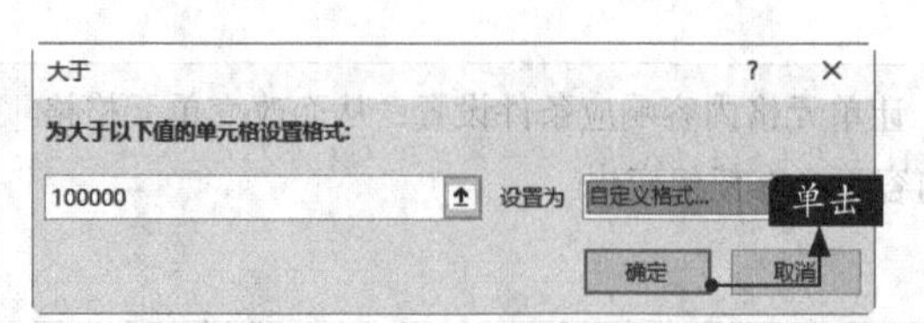

可以看到，销售额大于“100000”的单元格的字体颜色显示为白色，单元格填充色变为红色，如下图所示。

	A	B	C	D	E	F
1	日期	销售人员	城市	商品	销售量	销售额
2	2023/5/12	张三	武汉	彩电	13	29900
3	2023/5/12	李四	沈阳	冰箱	27	70200
4	2023/5/12	王五	太原	电脑	40	344000
5	2023/5/12	王五	贵阳	相机	42	154980
6	2023/5/12	张三	武汉	彩电	34	78200
7	2023/5/12	马六	杭州	冰箱	24	62400
8	2023/5/12	王五	天津	彩电	32	73600
9	2023/5/13	李四	郑州	电脑	13	111800
10	2023/5/13	马六	沈阳	相机	34	125460
11	2023/5/13	王五	太原	彩电	20	46000
12	2023/5/13	马六	郑州	相机	43	158670
13	2023/5/13	马六	上海	空调	45	126000
14	2023/5/13	李四	南京	空调	34	95200
15	2023/5/13	张三	武汉	冰箱	16	41600
16	2023/5/13	李四	杭州	彩电	23	52900
17	2023/5/14	马六	上海	彩电	30	69000

小提示

如果要清除整个工作表的条件格式，可以选择【条件格式】按钮下的【清除规则】→【清除整个工作表的规则】选项。

除了选择【突出显示单元格规则】选项外，我们还可以选择【最前/最后规则】选项。下图所示为突出显示销售额排名前10的效果。

	A	B	C	D	E	F	G
1	日期	销售人员	城市	商品	销售量	销售额	销售额
2	2023/5/12	张三	武汉	彩电	13	29900	29900
3	2023/5/12	李四	沈阳	冰箱	27	70200	70200
4	2023/5/12	王五	太原	电脑	40	344000	344000
5	2023/5/12	王五	贵阳	相机	42	154980	154980
6	2023/5/12	张三	武汉	彩电	34	78200	78200
7	2023/5/12	马六	杭州	冰箱	24	62400	62400
8	2023/5/12	王五	天津	彩电	32	73600	73600
9	2023/5/13	李四	郑州	电脑	13	111800	111800
10	2023/5/13	马六	沈阳	相机	34	125460	125460
11	2023/5/13	王五	太原	彩电	20	46000	46000
12	2023/5/13	马六	郑州	相机	43	158670	158670
13	2023/5/13	马六	上海	空调	45	126000	126000
14	2023/5/13	李四	南京	空调	34	95200	95200
15	2023/5/13	张三	武汉	冰箱	16	41600	41600
16	2023/5/13	李四	杭州	彩电	23	52900	52900
17	2023/5/14	马六	上海	彩电	30	69000	69000

下图所示为设置数据条条件格式后的效果。

	A	B	C	D	E	F	G
1	日期	销售人员	城市	商品	销售量	销售额	销售额
2	2023/5/12	张三	武汉	彩电	13	29900	29900
3	2023/5/12	李四	沈阳	冰箱	27	70200	70200
4	2023/5/12	王五	太原	电脑	40	344000	344000
5	2023/5/12	王五	贵阳	相机	42	154980	154980
6	2023/5/12	张三	武汉	彩电	34	78200	78200
7	2023/5/12	马六	杭州	冰箱	24	62400	62400
8	2023/5/12	王五	天津	彩电	32	73600	73600
9	2023/5/13	李四	郑州	电脑	13	111800	111800
10	2023/5/13	马六	沈阳	相机	34	125460	125460
11	2023/5/13	王五	太原	彩电	20	46000	46000
12	2023/5/13	马六	郑州	相机	43	158670	158670
13	2023/5/13	马六	上海	空调	45	126000	126000
14	2023/5/13	李四	南京	空调	34	95200	95200
15	2023/5/13	张三	武汉	冰箱	16	41600	41600
16	2023/5/13	李四	杭州	彩电	23	52900	52900
17	2023/5/14	马六	上海	彩电	30	69000	69000

下图所示为设置色阶条件格式后的效果。

	A	B	C	D	E	F	G
1	日期	销售人员	城市	商品	销售量	销售额	销售额
2	2023/5/12	张三	武汉	彩电	13	29900	29900
3	2023/5/12	李四	沈阳	冰箱	27	70200	70200
4	2023/5/12	王五	太原	电脑	40	344000	344000
5	2023/5/12	王五	贵阳	相机	42	154980	154980
6	2023/5/12	张三	武汉	彩电	34	78200	78200
7	2023/5/12	马六	杭州	冰箱	24	62400	62400
8	2023/5/12	王五	天津	彩电	32	73600	73600
9	2023/5/13	李四	郑州	电脑	13	111800	111800
10	2023/5/13	马六	沈阳	相机	34	125460	125460
11	2023/5/13	王五	太原	彩电	20	46000	46000
12	2023/5/13	马六	郑州	相机	43	158670	158670
13	2023/5/13	马六	上海	空调	45	126000	126000
14	2023/5/13	李四	南京	空调	34	95200	95200
15	2023/5/13	张三	武汉	冰箱	16	41600	41600
16	2023/5/13	李四	杭州	彩电	23	52900	52900
17	2023/5/14	马六	上海	彩电	30	69000	69000

下图所示为添加图标集条件格式后的效果。

	A	B	C	D	E	F	G
1	日期	销售人员	城市	商品	销售量	销售额	销售额
2	2023/5/12	张三	武汉	彩电	13	29900	29900
3	2023/5/12	李四	沈阳	冰箱	27	70200	70200
4	2023/5/12	王五	太原	电脑	40	344000	344000
5	2023/5/12	王五	贵阳	相机	42	154980	154980
6	2023/5/12	张三	武汉	彩电	34	78200	78200
7	2023/5/12	马六	杭州	冰箱	24	62400	62400
8	2023/5/12	王五	天津	彩电	32	73600	73600
9	2023/5/13	李四	郑州	电脑	13	111800	111800
10	2023/5/13	马六	沈阳	相机	34	125460	125460
11	2023/5/13	王五	太原	彩电	20	46000	46000
12	2023/5/13	马六	郑州	相机	43	158670	158670
13	2023/5/13	马六	上海	空调	45	126000	126000
14	2023/5/13	李四	南京	空调	34	95200	95200
15	2023/5/13	张三	武汉	冰箱	16	41600	41600
16	2023/5/13	李四	杭州	彩电	23	52900	52900
17	2023/5/14	马六	上海	彩电	30	69000	69000

6.6.2 新建规则

除了Excel定义好的条件格式外，我们还可以根据需要新建规则，具体操作步骤如下。

步骤01 选择G2:G17单元格区域，单击【开始】选项卡下【样式】组中的【条件格式】按钮，选择【新建规则】选项，如下页首图所示。

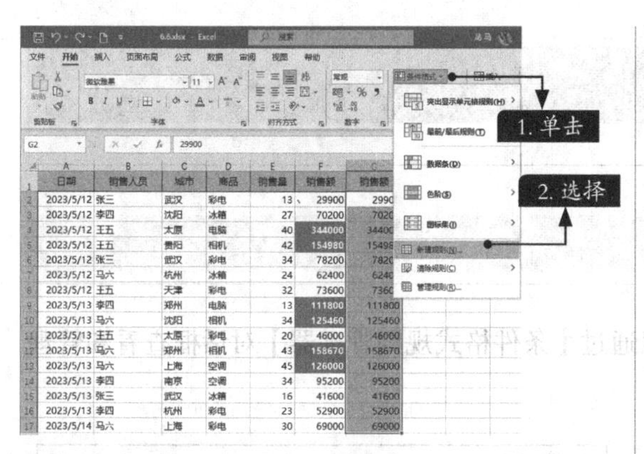

步骤02 弹出【新建格式规则】对话框，在【选择规则类型】列表框中选择【只为包含以下内容的单元格设置格式】选项，在【只为满足以下条件的单元格设置格式】区域中选择【大于或等于】选项，在其右侧的文本框中输入“100000”，单击【格式】按钮，如下图所示。

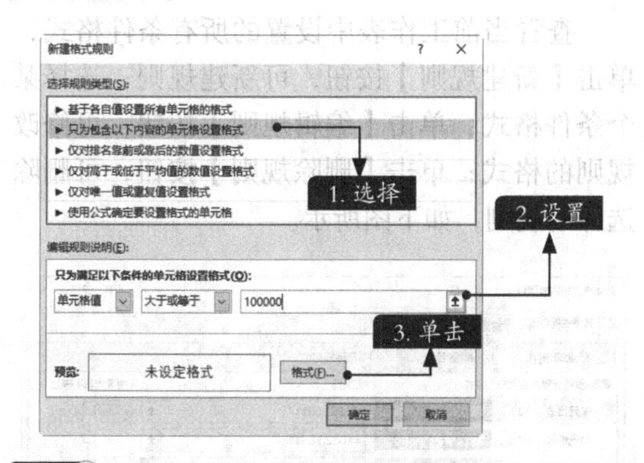

步骤03 弹出【设置单元格格式】对话框，参照6.6.1小节的方法设置单元格格式，设置完成后单击【确定】按钮，如下图所示。

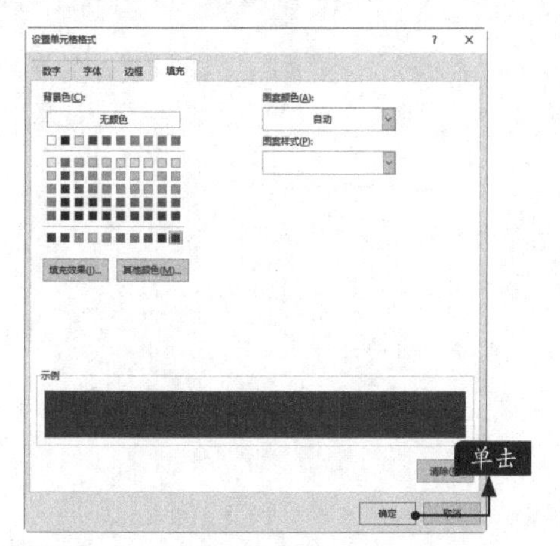

步骤04 返回【新建格式规则】对话框，如果对预览效果满意，则单击【确定】按钮，如右上图所示。

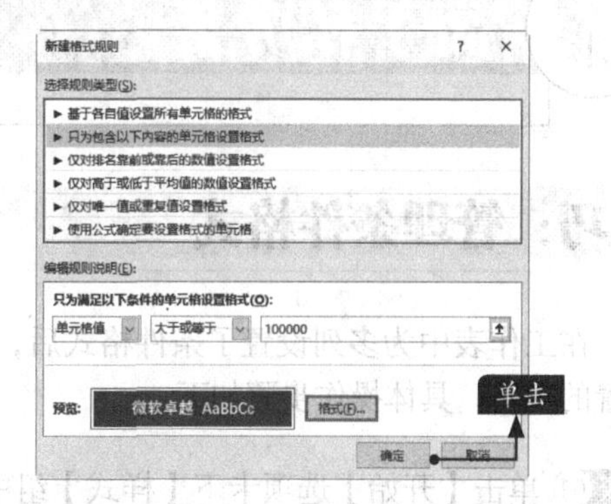

应用新建规则后的效果如下图所示。

日期	销售人员	城市	商品	销售量	销售额	销售额
2019/5/12	张三	武汉	彩电	13	29900	29900
2019/5/12	李四	沈阳	冰箱	27	70200	70200
2019/5/12	王五	太原	电脑	40	344000	344000
2019/5/12	王五	贵阳	相机	42	154980	154980
2019/5/12	张三	武汉	彩电	34	78200	78200
2019/5/12	马六	杭州	冰箱	24	62400	62400
2019/5/12	王五	天津	彩电	32	73600	73600
2019/5/13	李四	郑州	电脑	13	111800	111800
2019/5/13	马六	沈阳	相机	34	125460	125460
2019/5/13	王五	太原	彩电	20	46000	46000
2019/5/13	马六	郑州	相机	43	158670	158670
2019/5/13	马六	上海	空调	45	126000	126000
2019/5/13	李四	南京	空调	34	95200	95200
2019/5/13	张三	武汉	冰箱	16	41600	41600
2019/5/13	李四	杭州	彩电	23	52900	52900
2019/5/14	马六	上海	彩电	30	69000	69000

步骤05 使用同样的方法再次新建规则，查看预览效果后单击【确定】按钮，如下图所示。

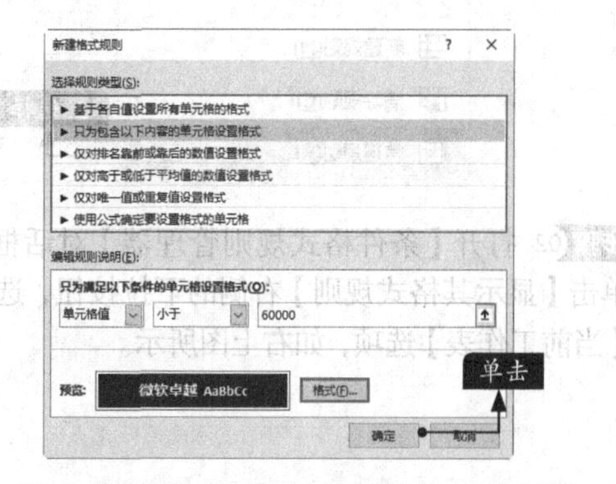

设置条件格式后的最终效果如下图所示。

日期	销售人员	城市	商品	销售量	销售额	销售额
2023/5/12	张三	武汉	彩电	13	29900	29900
2023/5/12	李四	沈阳	冰箱	27	70200	70200
2023/5/12	王五	太原	电脑	40	344000	344000
2023/5/12	王五	贵阳	相机	42	154980	154980
2023/5/12	张三	武汉	彩电	34	78200	78200
2023/5/12	马六	杭州	冰箱	24	62400	62400
2023/5/12	王五	天津	彩电	32	73600	73600
2023/5/13	李四	郑州	电脑	13	111800	111800
2023/5/13	马六	沈阳	相机	34	125460	125460
2023/5/13	王五	太原	彩电	20	46000	46000
2023/5/13	马六	郑州	相机	43	158670	158670
2023/5/13	马六	上海	空调	45	126000	126000
2023/5/13	李四	南京	空调	34	95200	95200
2023/5/13	张三	武汉	冰箱	16	41600	41600
2023/5/13	李四	杭州	彩电	23	52900	52900
2023/5/14	马六	上海	彩电	30	69000	69000

高手私房菜

技巧：管理条件格式

在工作表中为多列设置了条件格式后，可以通过【条件格式规则管理器】对话框查看和管理设置的规则，具体操作步骤如下。

步骤01 单击【开始】选项卡下【样式】组中的【条件格式】按钮，选择【管理规则】选项，如下图所示。

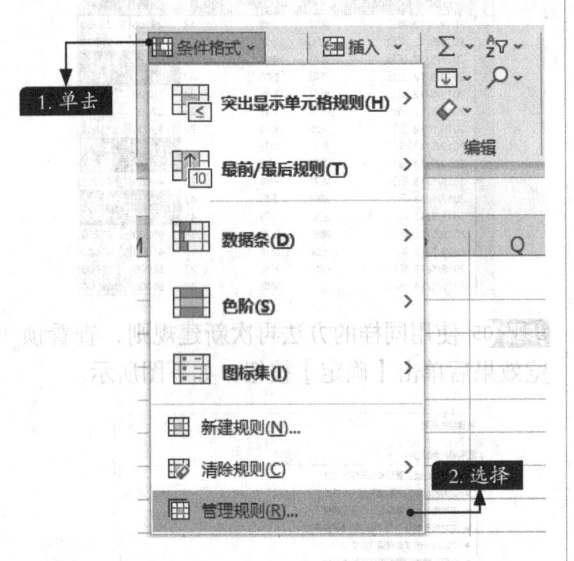

步骤02 打开【条件格式规则管理器】对话框，单击【显示其格式规则】右侧的下拉按钮，选择【当前工作表】选项，如右上图所示。

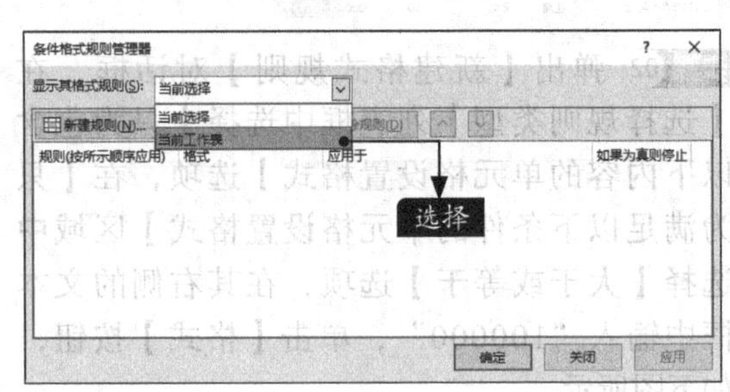

查看当前工作表中设置的所有条件格式，单击【新建规则】按钮，可新建规则；选择某个条件格式，单击【编辑规则】按钮，可修改规则的格式；单击【删除规则】按钮，可删除选择的规则，如下图所示。

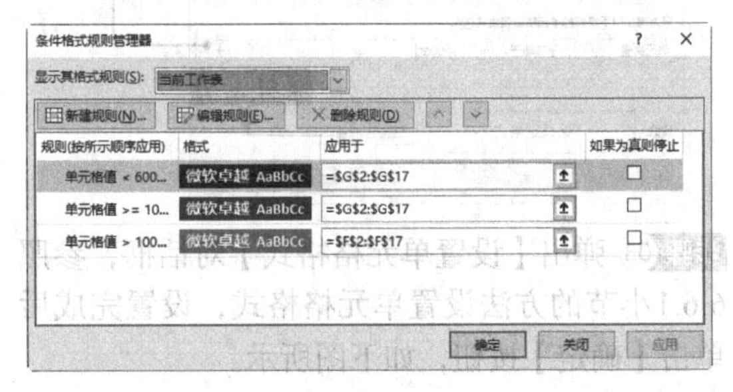

第7章

小数据，大智慧

学习目标

Excel数据分析能帮助我们快速挖掘、处理和解读大量数据，发现数据的潜在价值，支持我们做出更科学准确的决策，对企业的发展非常重要。本章讲解常用的数据分析方法。

学习效果

	A	B	C	D	E	F	G
13	2023/9/14	北京	彩盒	352	46,321.58	48829.99	
14	2023/5/25	北京	彩盒	350	52,462.78	60392.10	
15	2023/4/28	北京	彩盒	300	64,904.99	65740.66	
16	2023/3/23	北京	彩盒	110	81,133.06	88047.39	
17	2023/12/12	北京	彩盒	818	82,966.87	106799.28	
18	2023/10/22	北京	彩盒	818	83,158.63	106799.28	
19	2023/3/21	北京	彩盒	550	88,869.47	126481.42	
20	2023/1/24	北京	彩盒	348	97,749.58	123863.07	
21	2023/7/19	北京	彩盒	1500	225,401.61	255707.59	
22	2023/5/31	北京	日用品	180	11,660.44	13673.35	
23	2023/3/16	北京	日用品	30	12,278.49	13470.83	
24	2023/3/23	北京	日用品	42	15,879.07	18637.95	
25	2023/3/21	北京	日用品	60	16,033.91	18898.77	
26	2023/3/21	北京	日用品	16	18,982.85	19269.69	
27	2023/4/28	北京	日用品	20	22,294.09	21015.94	
28	2023/5/31	北京	日用品	20	24,318.37	23710.26	
29	2023/3/23	北京	日用品	150	35,834.38	41750.00	

Sheet1

	A	B	C	D
1				
2			固定成本	销售数量
3			500000	2.941176471
4				
5			销售金额	销售成本
6		单位	200000	30000
7		总计	588235.2941	88235.29412
8				
9			总利润	0

7.1 排序，让数据一目了然

Excel的排序功能将杂乱的数据按照特定顺序排列，方便快速查找和比较数据。排序让数据一目了然，使得数据分析更加简便。

7.1.1 使用简单排列提高数据的易读性

在工作中，经常需要对数据进行排序，以便让杂乱无章的数据变得有规律。当数据为数字时，例如金额、数量和年龄等，我们通常关心的都是最大的数据，所以在绝大部分的情况下需要对数据从大到小进行排序，也就是降序排列。具体步骤如下。

步骤01 打开“素材\ch07\7.1.xlsx”文件，单击需要排序的列名“成本”，如下图所示。

单击

	A	B	C	D	E	F
1	订购日期	区域	类别	数量	成本	销售金额
2	2023/1/24	北京	彩盒	348	97,749.58	123863.07
3	2023/2/13	北京	彩盒	250	19,814.79	27651.58
4	2023/3/16	北京	彩盒	90	36,850.45	40412.48
5	2023/3/21	北京	彩盒	550	88,869.47	126481.42
6	2023/3/21	北京	彩盒	157	7,580.00	10831.41
7	2023/3/21	北京	彩盒	18	1,510.23	2723.99
8	2023/3/23	北京	彩盒	110	81,133.06	88047.39
9	2023/4/28	北京	彩盒	300	64,904.99	65740.66
10	2023/5/25	北京	彩盒	350	52,462.78	60392.10
11	2023/6/18	北京	彩盒	200	31,731.54	36646.23
12	2023/6/20	北京	彩盒	198	9,776.16	11897.41
13	2023/6/27	北京	彩盒	152	24,916.42	28178.16

步骤02 单击【数据】选项卡下【排序和筛选】组中的【降序】按钮，如下图所示。

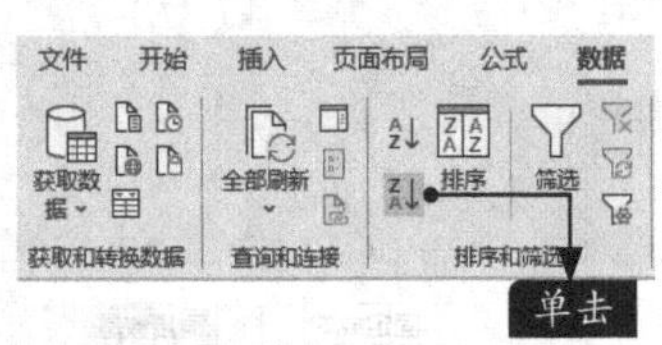

此时整张表格的数据都按照成本进行降序排列，如下图所示。

	A	B	C	D	E	F
1	订购日期	区域	类别	数量	成本	销售金额
2	2023/4/12	上海	日用品	1500	336,731.78	300105.91
3	2023/4/5	上海	日用品	1450	331,856.46	305484.15
4	2023/7/23	上海	日用品	1150	286,037.11	264205.22
5	2023/7/19	北京	彩盒	1500	225,401.61	255707.59
6	2023/10/22	深圳	睡袋	2705	198,504.23	288354.27
7	2023/6/14	上海	日用品	700	164,471.28	149967.65
8	2023/12/12	深圳	彩盒	1000	161,788.10	185382.44
9	2023/12/12	深圳	睡袋	1512	138,594.55	142448.49
10	2023/5/31	广州	服装	1512	137,427.88	142448.49
11	2023/6/27	深圳	睡袋	1512	137,021.67	142448.49
12	2023/6/7	上海	鞋袜	1500	136,117.03	190946.14
13	2023/3/21	广州	日用品	1000	121,226.42	141614.68

如果需要排序的数据是中文，例如性别、产品名称或者人名时，Excel会根据中文拼音的首字母进行排序。而且根据习惯，大部分情况下都是升序排列。例如在本案例中，对区域进行升序排列的效果如下图所示。

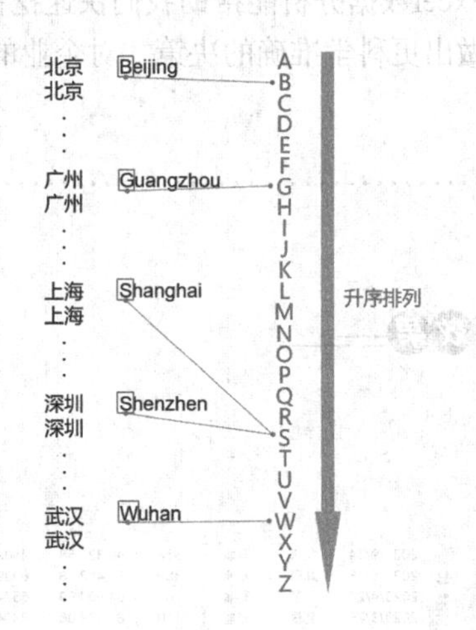

如果首字母相同，如“上海”和“深圳”的拼音的首字母都是“S”，Excel就会比较第2个字母，如果第2个字母也相同，则会比较第3个字母，以此类推，直到字母不同为止，如下图所示。

7.1.2 自定义排序，满足个性需求

在实际工作中，数据不一定需要升序或降序排列。例如在“7.1.xlsx”素材文件中，公司的重点区域是北京，然后是上海、广州、深圳和武汉，如下图所示，因此公司希望对数据进行排序时，北京第1、上海第2、广州第3、深圳第4、武汉第5，这时就要进行自定义排序，具体步骤如下。

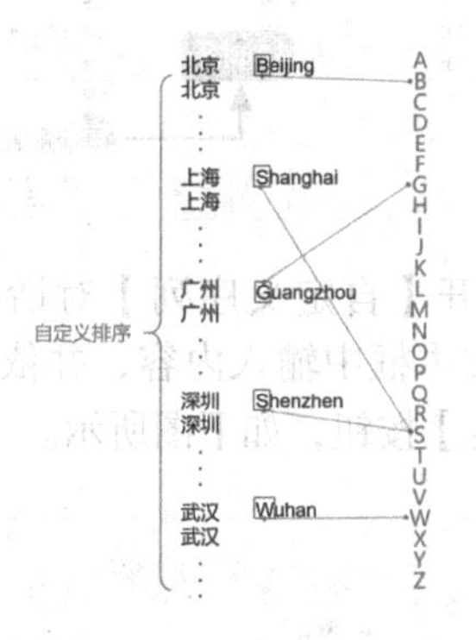

步骤01 单击需要排序的列名“区域”，然后在【数据】选项卡中单击【排序】按钮，如下图所示。

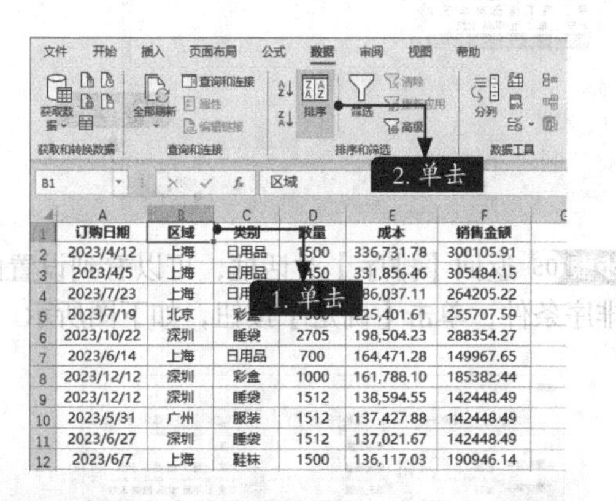

步骤02 打开【排序】对话框，单击【次序】旁的下拉按钮，在弹出的下拉列表中选择【自定义序列】选项，如下图所示。

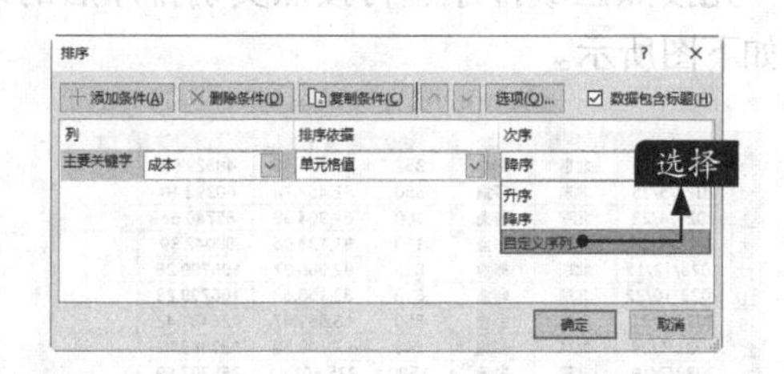

步骤03 打开【自定义序列】对话框，在【输入序列】区域中依次输入“北京”“上海”“广州”“深圳”“武汉”，并换行隔开，如右上图所示。

步骤04 输入完成后，单击右侧的【添加】按钮，然后单击【确定】按钮，如下图所示。

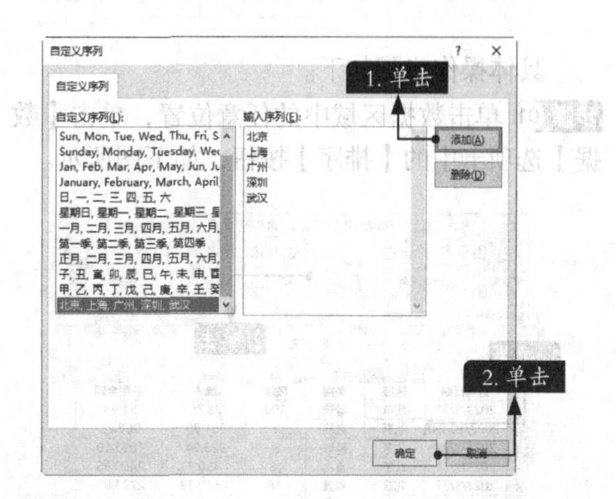

步骤05 返回【排序】对话框，单击【确定】按钮，自定义排序后的效果如下图所示。

	A	B	C	D	E	F
97	2023/3/23	北京	彩盒	110	81,133.06	88047.39
98	2023/12/12	北京	彩盒	818	82,966.87	106799.28
99	2023/10/22	北京	彩盒	818	83,158.63	106799.28
100	2023/3/21	北京	彩盒	550	88,869.47	126481.42
101	2023/1/24	北京	彩盒	348	97,749.58	123863.07
102	2023/7/19	北京	彩盒	1500	225,401.61	255707.59
103	2023/6/19	上海	鞋袜	4	189.41	634.69
104	2023/4/27	上海	彩盒	20	232.81	222.92
105	2023/8/22	上海	鞋袜	20	255.80	237.13
106	2023/4/6	上海	彩盒	4	336.54	783.37
107	2023/2/7	上海	食品	3	418.20	467.12
108	2023/10/31	上海	鞋袜	5	418.97	593.46
109	2023/7/18	上海	鞋袜	3	445.03	1041.52
110	2023/10/8	上海	食品	3	448.61	1054.88

Sheet1

7.1.3 复杂排序，凸显你的专业性

在本案例中，由于数据较为复杂，现在要求先按照区域进行排序，然后再按照彩盒、日用品、食品、睡袋、鞋袜等类别进行降序排列。

有两个排序条件时，Excel会把所有数据先按照“区域”分成5组，将这5组按照公司规定的顺序排列，如下图所示。

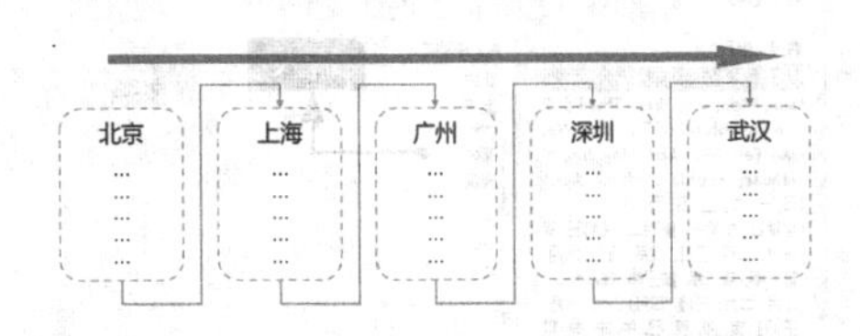

然后在每个小组内将数据按照类别进行排序，如下图所示。

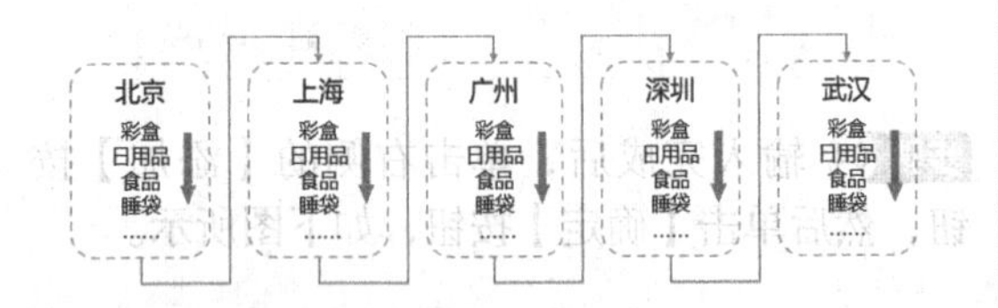

具体操作步骤如下。

步骤01 单击数据区域中的任意位置，单击【数据】选项卡中的【排序】按钮，如下图所示。

步骤02 设置按照区域排序的自定义序列，然后单击【添加条件】按钮，如下图所示。

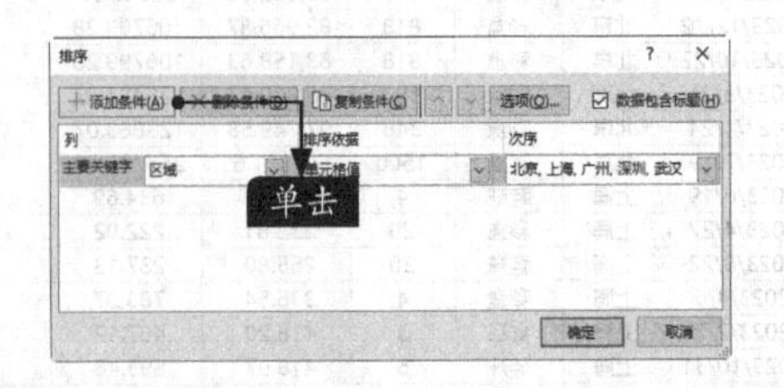

步骤03 新增排序条件，在【次要关键字】处选择【类别】选项，然后在【次序】下拉列表中选择【自定义序列】选项，如右上图所示。

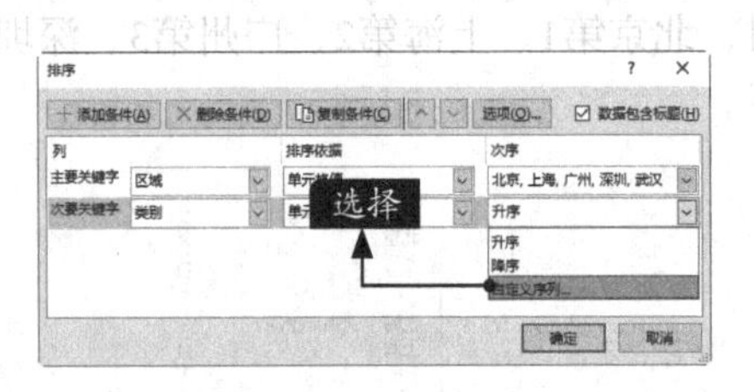

步骤04 打开【自定义序列】对话框，在【输入序列】文本框中输入内容，并依次单击【添加】【确定】按钮，如下图所示。

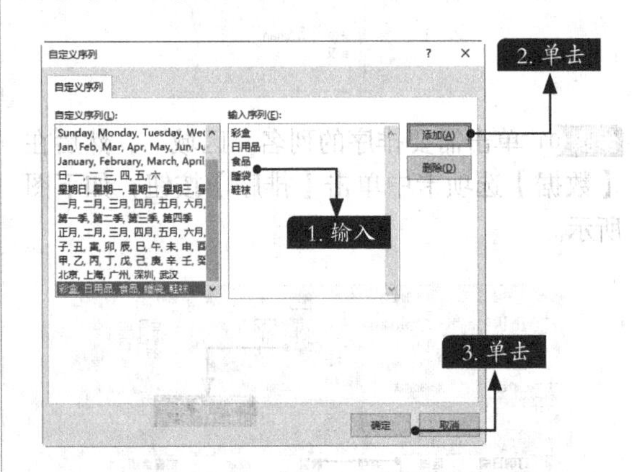

步骤05 返回【排序】对话框，可以看到设置的排序条件，单击【确定】按钮，如下图所示。

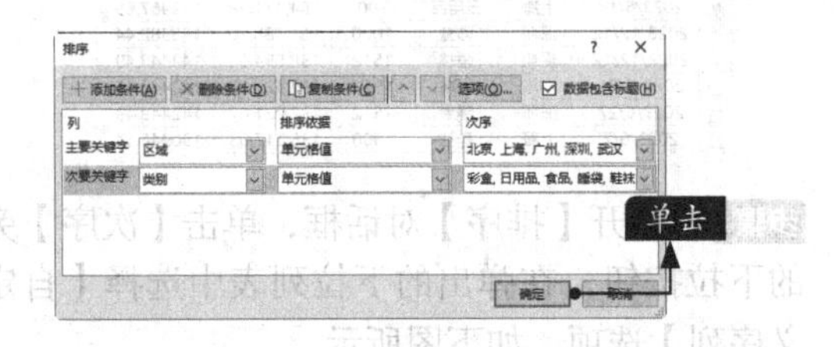

先按照区域排序、再按照类别排序后的效果如下图所示。

	A	B	C	D	E	F	G
13	2023/9/14	北京	彩盒	352	46,321.58	48829.99	
14	2023/5/25	北京	彩盒	350	52,462.78	60392.10	
15	2023/4/28	北京	彩盒	300	64,904.99	65740.66	
16	2023/3/23	北京	彩盒	110	81,133.06	88047.39	
17	2023/12/12	北京	彩盒	818	82,966.87	106799.28	
18	2023/10/22	北京	彩盒	818	83,158.63	106799.28	
19	2023/3/21	北京	彩盒	550	88,869.47	126481.42	
20	2023/1/24	北京	彩盒	348	97,749.58	123863.07	
21	2023/7/19	北京	彩盒	1500	225,401.61	255707.59	
22	2023/5/31	北京	日用品	180	11,660.44	13673.35	
23	2023/3/16	北京	日用品	30	12,278.49	13470.83	
24	2023/3/23	北京	日用品	42	15,879.07	18637.95	
25	2023/3/21	北京	日用品	60	16,033.91	18898.77	
26	2023/3/21	北京	日用品	16	18,982.85	19269.69	
27	2023/4/28	北京	日用品	20	22,294.09	21015.94	
28	2023/5/31	北京	日用品	20	24,318.37	23710.26	
29	2023/3/23	北京	日用品	150	35,834.38	41750.00	

7.1.4 排序的别样玩法——按颜色排序

在Excel中将要做的事情记录下来，然后使用不同的颜色按照重要与紧急程度对事情进行标记，如“红色”表示“重要且紧急”，“绿色”表示“重要但不紧急”，“黑色”表示“不紧急”，最后使用Excel的排序功能，将同等重要和紧急的事情集中排列在一起，方便处理。具体步骤如下。

步骤01 打开“素材\ch07\7.1.4.xlsx”文件。选择数据区域中的任意单元格，单击【数据】选项卡下【排序和筛选】组中的【排序】按钮，如下图所示。

步骤02 弹出【排序】对话框，将【主要关键字】设置为【本周待办事项】，【排序依据】设置为【字体颜色】，【次序】设置为“红色”，单击【确定】按钮，如下图所示。

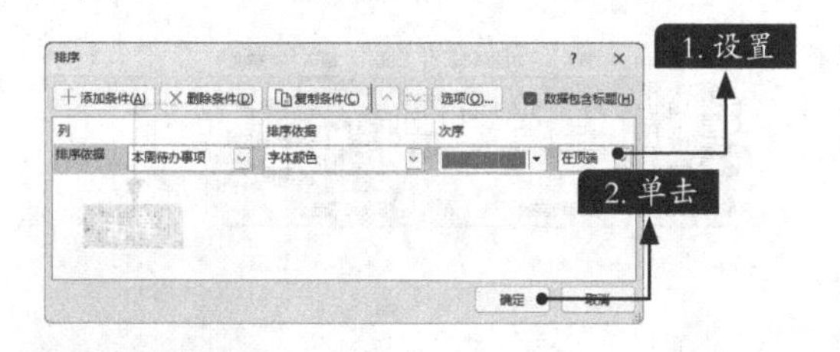

步骤03 单击【复制条件】按钮，复制一个相同的排序条件，将【次序】设置为“绿色”，单击【确定】按钮，如下图所示。

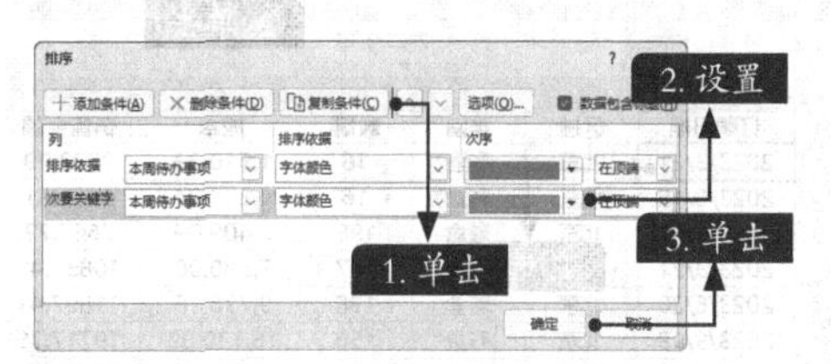

按照颜色排序后的效果如下图所示。

	A	B	C
1	序号	本周待办事项	
2	1	完成项目报告	
3	3	客户问题回复	
4	5	更新市场策划	
5	8	确定会议议程	
6	9	项目进度跟进	
7	12	招聘新员工	
8	4	制定销售计划	
9	10	合同审批流程	
10	11	与供应商协商	
11	13	员工培训计划	
12	15	预算审批流程	
13	2	编写财务分析报告	
14	6	收集用户反馈	
15	7	讨论产品改进	
16	14	内部沟通改善	

> **小提示**
>
> 若要恢复之前的排序，选择“序号”列的任意单元格，单击【升序】按钮即可。

7.2 筛选，快速找到需要的数据

Excel的筛选功能可以根据特定条件或标准过滤和组织数据，只显示符合条件的行，使得数据更加清晰、易理解，让用户快速找到所需信息。借助筛选功能，无论是简单的文本筛选还是复杂的数字筛选，用户都能轻松完成任务。

7.2.1 按文字筛选

想快速找到自己需要的数据，可以使用Excel的筛选功能。例如本案例中，需要筛选出所有在北京区域销售的产品。具体步骤如下。

步骤01 打开“素材\ch07\7.2.xlsx”文件，选择数据表中的任意单元格，单击【数据】选项卡下【排序和筛选】组中的【筛选】按钮，如下图所示。

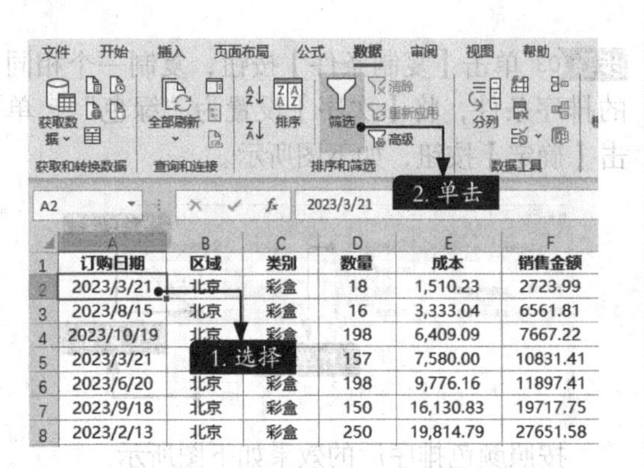

步骤02 此时整个表格第1行的每个单元格右侧都会出现一个下拉按钮，单击“区域”右侧的下拉按钮，在下拉列表中取消选中【（全选）】复选框，选中【北京】复选框，单击【确定】按钮，如下图所示。

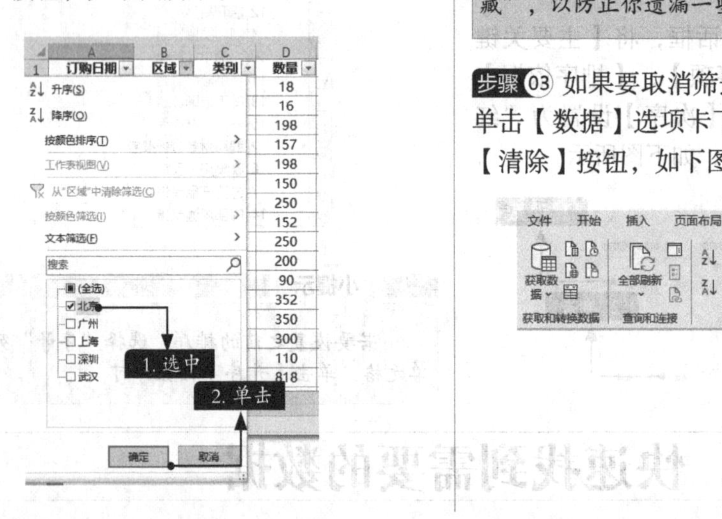

筛选出北京区域销售数据后的效果如下图所示。

	A	B	C	D	E	F
1	订购日期	区域	类别	数量	成本	销售金额
2	2023/3/21	北京	彩盒	18	1,510.23	2723.99
3	2023/8/15	北京	彩盒	16	3,333.04	6561.81
4	2023/10/19	北京	彩盒	198	6,409.09	7667.22
5	2023/3/21	北京	彩盒	157	7,580.00	10831.41
6	2023/6/20	北京	彩盒	198	9,776.16	11897.41
7	2023/9/18	北京	彩盒	150	16,130.83	19717.75
8	2023/2/13	北京	彩盒	250	19,814.79	27651.58
9	2023/6/27	北京	彩盒	152	24,916.42	28178.16
10	2023/8/22	北京	彩盒	250	25,468.24	30767.25
11	2023/6/18	北京	彩盒	200	31,731.54	36646.23
12	2023/3/16	北京	彩盒	90	36,850.45	40412.48
13	2023/9/14	北京	彩盒	352	46,321.58	48829.99
14	2023/5/25	北京	彩盒	350	52,462.78	60392.10
15	2023/4/28	北京	彩盒	300	64,904.99	65740.66

小提示

仔细查看左侧的行号会发现，所有的数字都变成了蓝色。

这是因为筛选功能实际上是对不满足条件的行进行了隐藏。蓝色的行号是Excel在提醒你“当前看到的数据是筛选后的数据，还有很多数据被隐藏”，以防止你遗漏一些重要数据。

步骤03 如果要取消筛选，显示所有数据，可以单击【数据】选项卡下【排序和筛选】组中的【清除】按钮，如下图所示。

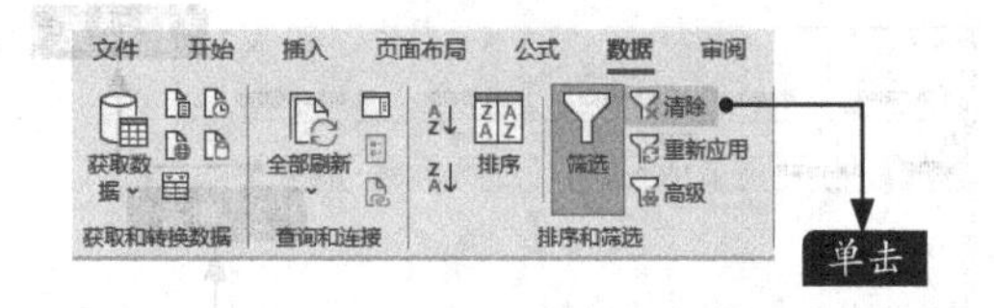

7.2.2 按数字筛选

Excel检测到“数量”这一列的数据都是数字时，就会在筛选功能中自动添加【数字筛选】选项。它可以对数字进行“大于”“小于”“介于”的常用筛选，也可以满足按“前10项”“高于平均值”“低于平均值”等条件筛选销售金额的个性化要求，还支持用户自定义筛选条件。

例如，筛选出“数量大于500”的数据，具体操作步骤如下。

步骤01 单击“数量”列右侧的下拉按钮，在打开的列表中选择【数字筛选】选项，选择【大于】选项，如下图所示。

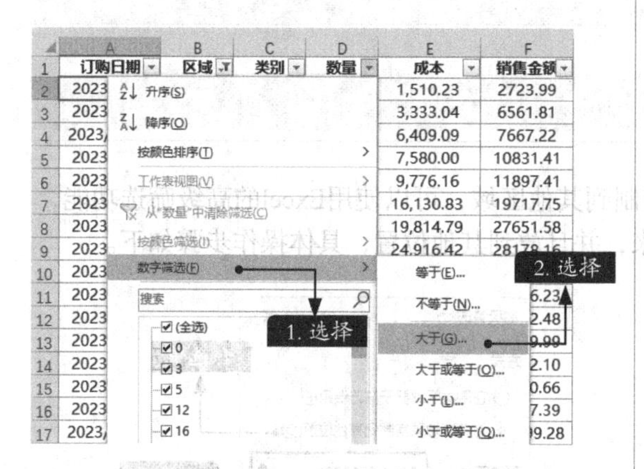

步骤02 弹出【自定义自动筛选方式】对话框，在【大于】后的文本框中输入“500”，单击【确定】按钮，如右上图所示。

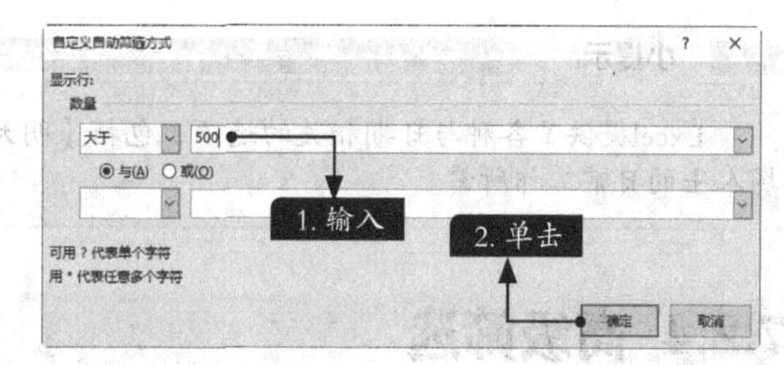

筛选出“数量大于500”的所有数据的效果如下图所示。

	订购日期	区域	类别	数量	成本	销售金额
17	2023/12/12	北京	彩盒	818	82,966.87	106799.28
18	2023/10/22	北京	彩盒	818	83,158.63	106799.28
19	2023/3/21	北京	彩盒	550	88,869.47	126481.42
21	2023/7/19	北京	彩盒	1500	225,401.61	255707.59
69	2023/6/30	北京	睡袋	600	16,156.10	19673.24
76	2023/7/16	北京	睡袋	600	21,108.18	25904.58
83	2023/5/25	北京	睡袋	600	34,342.33	44109.00
88	2023/6/30	北京	睡袋	700	41,843.75	50629.66
89	2023/6/30	北京	睡袋	1000	65,748.74	77891.78
94	2023/4/28	北京	鞋袜	4700	3,431.00	2440.61
153	2023/6/14	上海	日用品	700	164,471.28	149967.65
154	2023/7/23	上海	日用品	1150	286,037.11	264205.22
155	2023/4/5	上海	日用品	1450	331,856.46	305484.15
156	2023/4/12	上海	日用品	1500	336,731.78	300105.91
207	2023/4/24	上海	食品	5000	24,538.19	22625.71
212	2023/12/27	上海	食品	800	32,622.67	38574.98

7.2.3 按时间筛选

日期数据也是工作中经常碰到的数据。本案例中，需要找到下半年的所有产品，具体操作步骤如下。

步骤01 重新打开“7.2.xlsx”文件，单击“订购日期”列右侧的下拉按钮，在弹出的下拉列表中选择【日期筛选】选项下的【介于】选项，如下图所示。

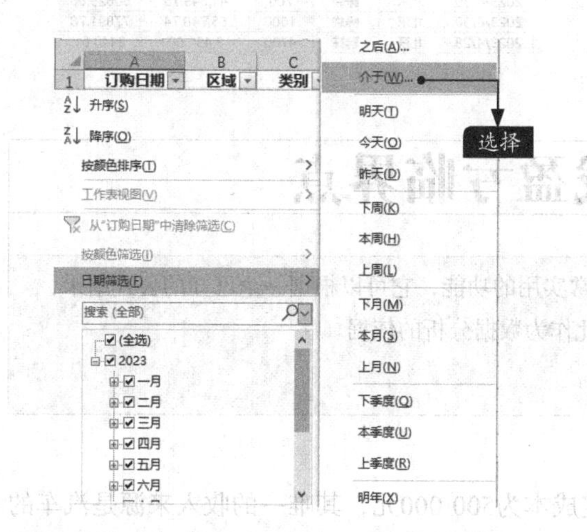

步骤02 在文本框中分别输入“2023/7/1”和“2023/12/31”，也可以单击右侧的下拉箭头或右侧的【日期选取器】按钮，选择相应的日期，然后单击【确定】按钮，如下图所示。

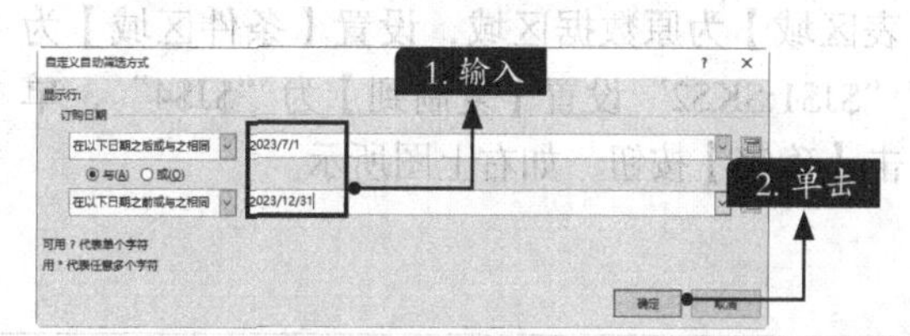

筛选出下半年的所有产品的效果如下图所示。

	订购日期	区域	类别	数量	成本	销售金额
3	2023/8/15	北京	彩盒	16	3,333.04	6561.81
4	2023/10/19	北京	彩盒	198	6,409.09	7667.22
7	2023/9/18	北京	彩盒	150	16,130.83	19717.75
10	2023/8/22	北京	彩盒	250	25,468.24	30767.25
13	2023/9/14	北京	彩盒	352	46,321.58	48829.99
17	2023/12/12	北京	彩盒	818	82,966.87	106799.28
18	2023/10/22	北京	彩盒	818	83,158.63	106799.28
21	2023/7/19	北京	彩盒	1500	225,401.61	255707.59
22	2023/9/24	北京	服装	60	18,667.47	17794.93
23	2023/10/24	北京	服装	90	24,237.50	27954.25
35	2023/8/15	北京	食品	30	1,612.13	2476.14
37	2023/10/22	北京	食品	150	3,683.86	15544.97
39	2023/12/12	北京	食品	30	4,178.91	3707.65
44	2023/9/24	北京	食品	246	12,993.24	18248.93
46	2023/9/18	北京	食品	16	17,562.25	16883.03
47	2023/10/24	北京	食品	250	18,334.45	27651.58

小提示

Excel提供了各种与日期相关的选项，包括【明天】【下周】等，还支持自定义筛选条件，足够满足职场人士的日常工作所需。

7.2.4 高级筛选

在实际工作中，如果需要将筛选出的数据复制到其他区域，可以使用Excel的高级筛选功能，如将“区域为北京，数量＞500”的数据筛选出来，并且放到其他位置，具体操作步骤如下。

步骤01 重新打开“7.2.xlsx”文件，在JI:J2、K1:K2单元格区域中依次输入“区域”“北京”“数量”“＞500”，如下图所示。

	J	K
1	区域	数量
2	北京	>500

步骤02 单击【数据】选项卡下【排序和筛选】组中的【高级】按钮，如下图所示。

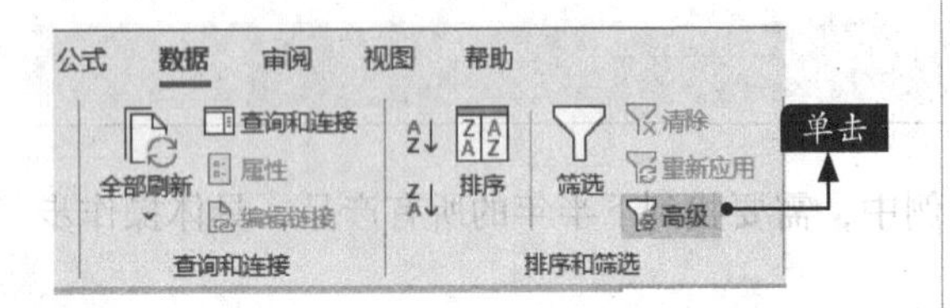

步骤03 弹出【高级筛选】对话框，选中【将筛选结果复制到其他位置】单选按钮，设置【列表区域】为原数据区域，设置【条件区域】为“$J$1:$K$2”设置【复制到】为“$J$4”，单击【确定】按钮，如右上图所示。

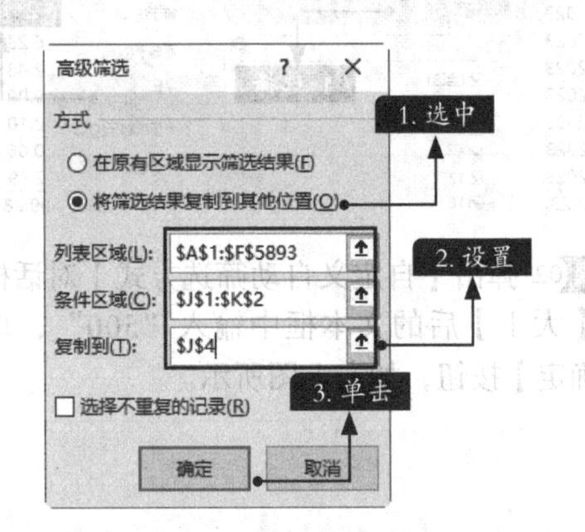

将满足条件的数据筛选出来并复制到以J4单元格开头的区域的效果如下图所示。

J	K	L	M	N	O
区域	数量				
北京	>500				
订购日期	区域	类别	数量	成本	销售金额
2023/12/12	北京	彩盒	818	82,966.87	106799.28
2023/10/22	北京	彩盒	818	83,158.63	106799.28
2023/3/21	北京	彩盒	550	88,869.47	126481.42
2023/7/19	北京	彩盒	1500	225,401.61	255707.59
2023/6/30	北京	睡袋	600	16,156.10	19673.24
2023/7/16	北京	睡袋	600	21,108.18	25904.58
2023/5/25	北京	睡袋	600	34,342.33	44109.00
2023/6/30	北京	睡袋	700	41,843.75	50629.66
2023/6/30	北京	睡袋	1000	65,748.74	77891.78
2023/4/28	北京	鞋袜	4700	3,431.00	2440.61

7.3 单变量求解：寻找盈亏临界点

Excel中的单变量求解功能是一个非常实用的功能，它可以根据一个已知的公式结果，反向计算出该结果对应的变量值，并以此作为数据分析的依据。

一个汽车销售公司每个月的房租和工资等固定成本为500 000元，其唯一的收入来源是汽车的销售额。每销售一台汽车，该公司平均可以得到200 000元的销售额，但是对每台车进行提取、运输、检查和存储等操作的总平均成本为30 000元，则该公司每个月需要销售多少台车才能保本？

对于这种存在多种方案可以选择的情况（可以选择销售1台、销售2台或销售更多台汽车等方案），解决流程通常有以下3个步骤：转化已知条件、选择方法和执行运算，如下图所示。

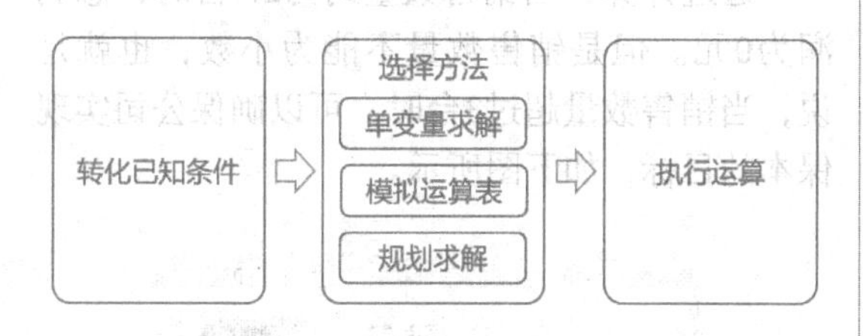

1. 转化已知条件

根据问题的描述，将所有的已知条件制作成如下图所示的表格（详见“素材\ch07\7.3.xlsx”文件），其中唯一的可变的数值是“销售数量”，为它设置灰色底纹以与其他单元格进行区分。

	A	B	C	D
1				
2			固定成本	销售数量
3			500000	
4				
5			销售金额	销售成本
6		单位	200000	30000
7		总计		
8				
9			总利润	

不同的销售数量对应不同的销售金额和销售成本，从而影响总利润，而本案例中追求的最终结果是保本，其实就是计算在销售数量为多少时，总利润为“0”。具体步骤如下。

步骤01 在D3单元格中输入“1”，假设销售数量为1台；在C7单元格中输入公式“=C6*D3”，代表“销售金额总计=单位销售金额×销售数量”，如下图所示。

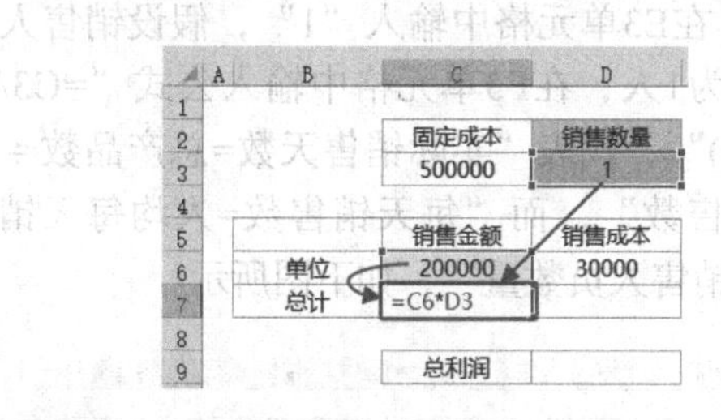

步骤02 在D7单元格中输入公式“=D6*D3”，代表“销售成本总计=单位销售成本×销售数量”，如右上图所示。

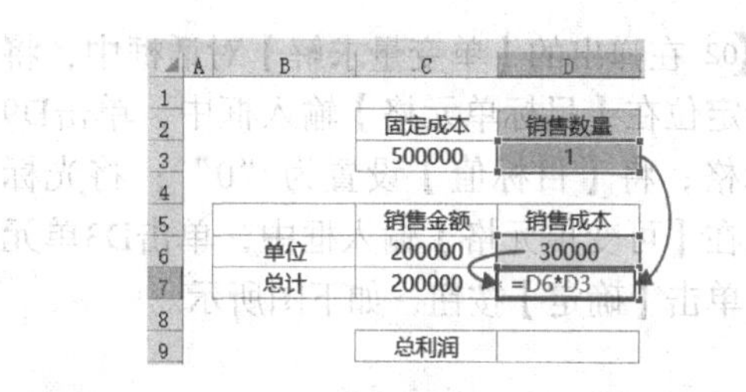

步骤03 在D9单元格中，输入公式“=C7-C3-D7”，代表“总利润=销售金额总计-固定成本-销售成本总计”，如下图所示。

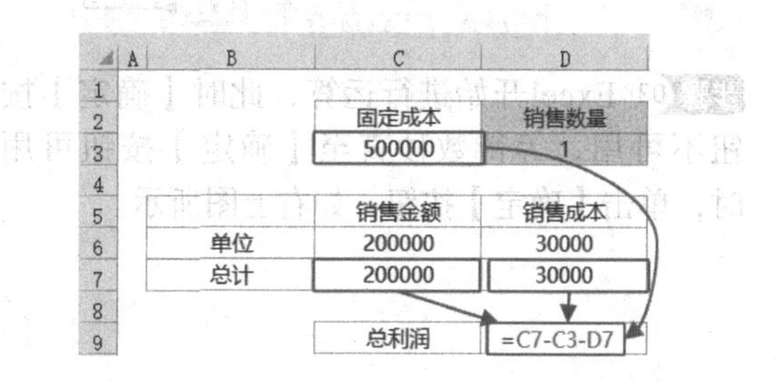

2. 选择方法

选择方法即在Excel中选择要使用的功能，Excel中有3种常用的功能：单变量求解、模拟运算表和规划求解。

（1）单变量求解：用于单个变量的情况，且目标结果值固定。

（2）模拟运算表：用于1~2个变量的情况，呈现多种运算结果。

（3）规划求解：用于给出多个变量、多个条件下的计算结果。

在此案例中，只有一个变量“销售数量”，且目标结果是固定值，即总利润为“0”，这种情况下就使用单变量求解功能。

3. 执行运算

步骤01 单击【数据】选项卡下【预测】组中的【模拟分析】按钮，选择【单变量求解】选项，如下图所示。

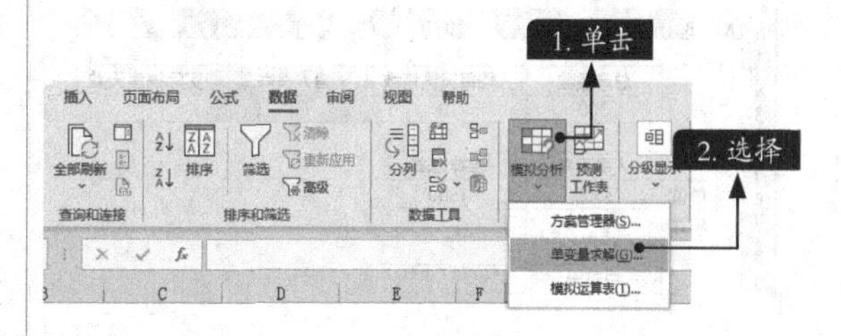

步骤02 在弹出的【单变量求解】对话框中，将光标定位在【目标单元格】输入框中，单击D9单元格；将【目标值】设置为“0”；将光标定位在【可变单元格】输入框中，单击D3单元格；单击【确定】按钮，如下图所示。

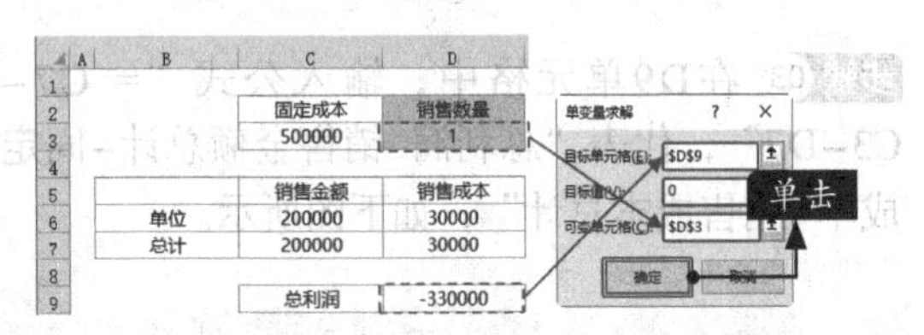

步骤03 Excel开始进行运算，此时【确定】按钮不可用，等待数秒直至【确定】按钮可用时，单击【确定】按钮，如右上图所示。

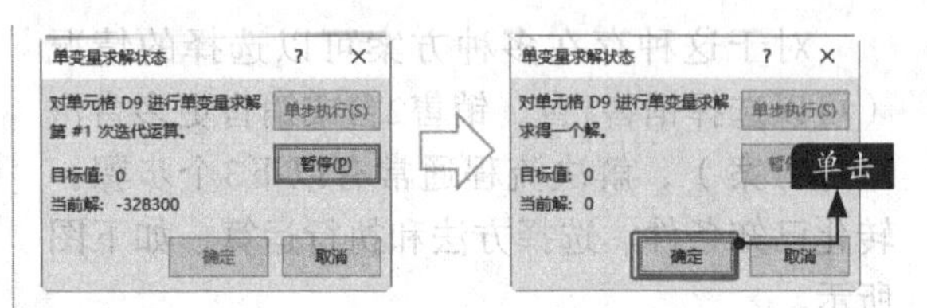

通过计算，当销售数量约为2.9台时，总利润为0元。但是销售数量不能为小数，也就是说，当销售数量超过3台时，可以确保公司实现保本的目标，如下图所示。

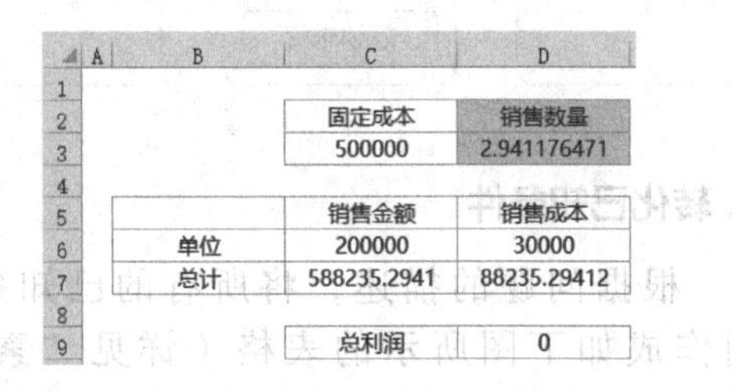

	A	B	C	D
1				
2			固定成本	销售数量
3			500000	2.941176471
4				
5			销售金额	销售成本
6		单位	200000	30000
7		总计	588235.2941	88235.29412
8				
9			总利润	0

7.4 模拟运算表：计算不同情况下的结果

Excel中的模拟运算表功能可以帮助用户快速完成复杂的计算和数据处理任务，提高工作效率。

某公司存在一批库存商品，该库存商品的数量为300件。这些库存商品在全部销售完前，需要放在仓库，因此每天会消耗1500元的库存成本。为了将这些库存商品尽快地销售出去，公司决定招聘销售人员。已知每名销售人员预计每天可以销售10件库存商品，且每名销售人员每个月的固定工资为3500元，则需要招聘多少名销售人员才能以最少的支出将这些库存商品全部销售出去呢？

1. 转化已知条件

根据问题的描述，将所有的已知条件制作成下图所示的表格（“素材\ch07\7.4.xlsx”文件），其中唯一的可变的数值是“销售人员数量”，为它设置灰色底纹以与其他单元格进行区分。

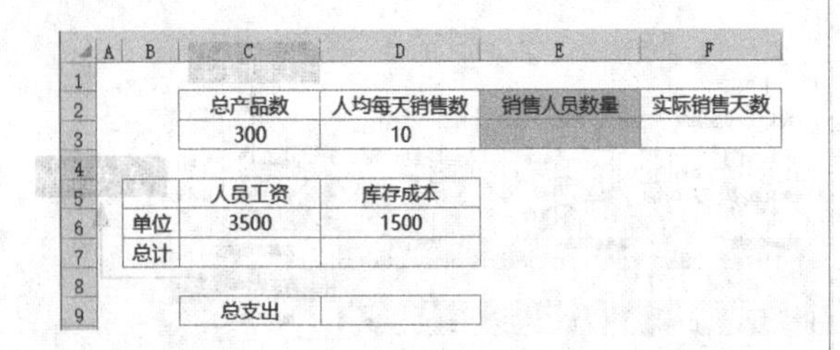

	A	B	C	D	E	F
1						
2			总产品数	人均每天销售数	销售人员数量	实际销售天数
3			300	10		
4						
5			人员工资	库存成本		
6		单位	3500	1500		
7		总计				
8						
9			总支出			

不同的销售人员数量对应不同的实际销售天数、人员工资和库存成本，从而影响总支出，本案例中追求总支出最小。具体步骤如下。

步骤01 在E3单元格中输入“1”，假设销售人员数量为1人；在F3单元格中输入公式“=C3/(D3*E3)”，代表“实际销售天数=总产品数÷每天销售数”，而“每天销售数=人均每天销售数×销售人员数量”，如下图所示。

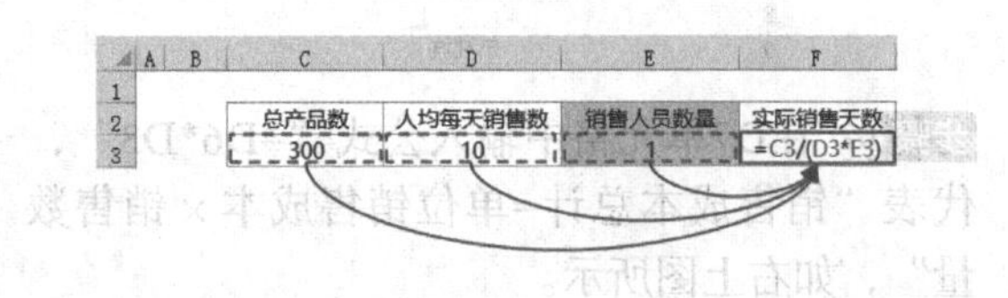

	A	B	C	D	E	F
1						
2			总产品数	人均每天销售数	销售人员数量	实际销售天数
3			300	10	1	=C3/(D3*E3)

步骤02 在C7单元格中输入公式“=E3*C6”，代表“总人员工资=单位人员工资×销售人员数量”，如下图所示。

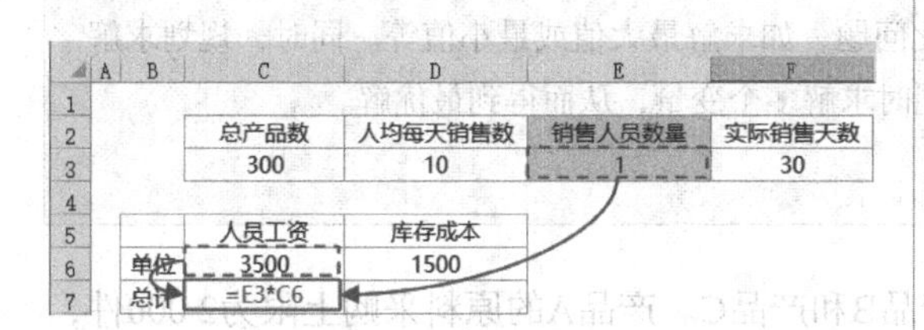

步骤03 在D7单元格中，输入公式“=F3*C6”，代表“总库存成本=单位库存成本×实际销售天数”，如下图所示。

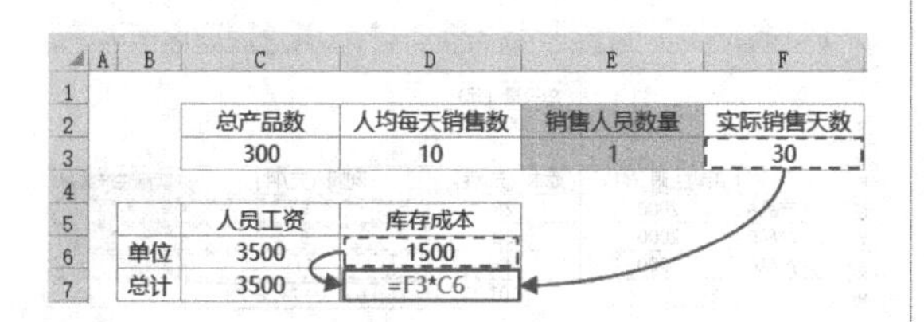

步骤04 在D9单元格中，输入公式“=C7+D7”，代表“总支出=总人员工资+总库存成本”，如下图所示。

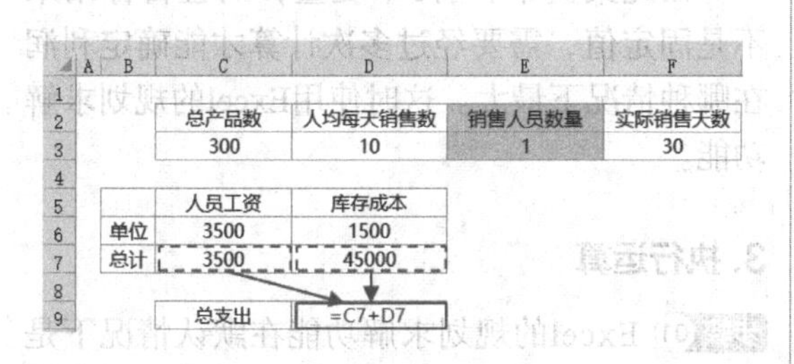

2. 选择方法

而在此案例中，只有一个变量“销售人员数量”，但目标结果不是固定值，需要经过多次计算才能确定总支出在哪种情况下最小。这时使用Excel的模拟运算表功能。

3. 执行运算

步骤01 如果需要使用模拟运算表功能，就需要将所有变量的可能结果罗列出来，比如销售人员为1~15名，那么可以在H2:H16单元格区域自动填充1~15的序列。并在I2单元格中输入公式“=D9”，代表当销售人员数量为“1”时，总支出的结果是“48 500”，如右上图所示。

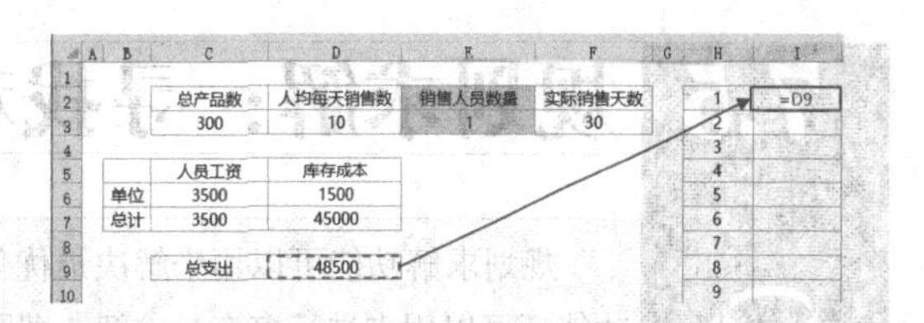

步骤02 选中H2:I16单元格区域，单击【数据】选项卡中的【模拟分析】按钮，选择【模拟运算表】选项，如下图所示。

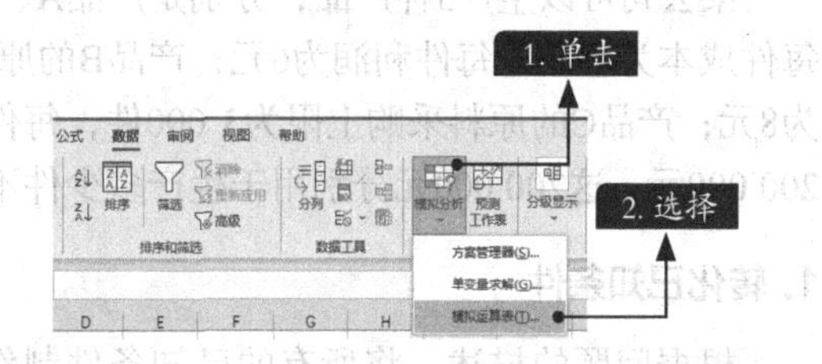

步骤03 因为不同情况下的总支出要呈现在I2:I16单元格区域，所以在弹出的【模拟运算表】对话框中，将光标定位在【输入引用列的单元格】文本框中，单击E3单元格，并单击【确定】按钮，如下图所示。

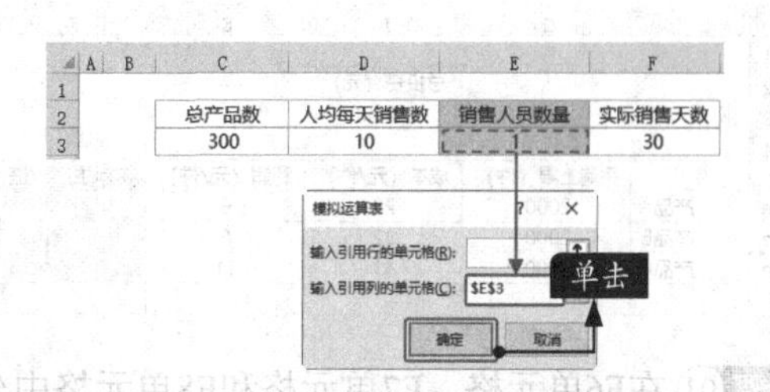

步骤04 观察H2:I16单元格区域，可发现在招聘4名销售人员时，总支出最小，为25 250元，如下图所示。

1	48500
2	29500
3	25500
4	25250
5	26500
6	28500
7	30928.57
8	33625
9	36500
10	39500
11	42590.91
12	45750
13	48961.54
14	52214.29
15	55500

7.5 规划求解：寻找利润最大化的方案

规划求解功能可以用来解决最优化问题，如求解最大值或最小值等。同时，规划求解功能还可以用来进行多变量求解，即同时求解多个变量，从而得到最优解。

某公司可以生产3种产品，分别是产品A、产品B和产品C。产品A的原料采购上限为2 000件，每件成本为28元，每件利润为6元；产品B的原料采购上限为2 000件，每件成本为32元，每件利润为8元；产品C的原料采购上限为3 000件，每件成本为41元，每件利润为11元。而公司总共投资为200 000元，这200 000元分别用于生产多少件不同的产品，才能让利润最大呢？

1. 转化已知条件

根据问题的描述，将所有的已知条件制作成下图所示的表格（“素材\ch07\7.5.xlsx”文件），其中可变的数值是产品的“实际生产数量”，为它设置灰色底纹以与其他单元格进行区分。

	B	C	D	E	F
2			总投资（元）		
3			200000		
5		采购上限（件）	成本（元/件）	利润（元/件）	实际生产数量
6	产品A	2000	28	6	
7	产品B	2000	32	8	
8	产品C	3000	41	11	

步骤01 在F6单元格、F7单元格和F8单元格中分别输入“1”，代表产品A、产品B和产品C的实际生产数量都为1件。在D9单元格中输入公式“=D6*F6+D7*F7+D8*F8”，代表“总成本=产品A的单位成本×实际生产数量+产品B的单位成本×实际生产数量+产品C的单位成本×实际生产数量”，如下图所示。

	B	C	D	E	F
2			总投资（元）		
3			200000		
5		采购上限（件）	成本（元/件）	利润（元/件）	实际生产数量
6	产品A	2000	28	6	1
7	产品B	2000	32	8	1
8	产品C	3000	41	11	1
9			=D6*F6+D7*F7+D8*F8		

步骤02 在E9单元格中输入公式“=E6*F6+E7*F7+E8*F8”，代表“总利润=产品A的单位利润×实际生产数量+产品B的单位利润×实际生产数量+产品C的单位利润×实际生产数量”，如右上图所示。

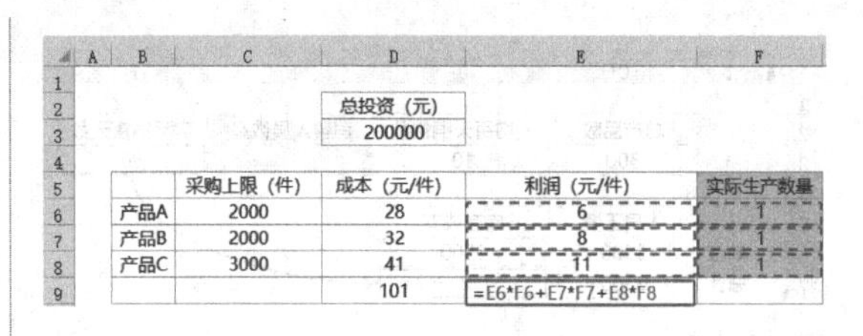

	B	C	D	E	F
2			总投资（元）		
3			200000		
5		采购上限（件）	成本（元/件）	利润（元/件）	实际生产数量
6	产品A	2000	28	6	1
7	产品B	2000	32	8	1
8	产品C	3000	41	11	1
9			101	=E6*F6+E7*F7+E8*F8	

2. 选择方法

在此案例中，有3个变量，而且目标结果不是固定值，需要经过多次计算才能确定利润在哪种情况下最大。这时使用Excel的规划求解功能。

3. 执行运算

步骤01 Excel的规划求解功能在默认情况下是隐藏的，需要手动开启。单击【开发工具】选项卡下的【Excel加载项】按钮，如下图所示。

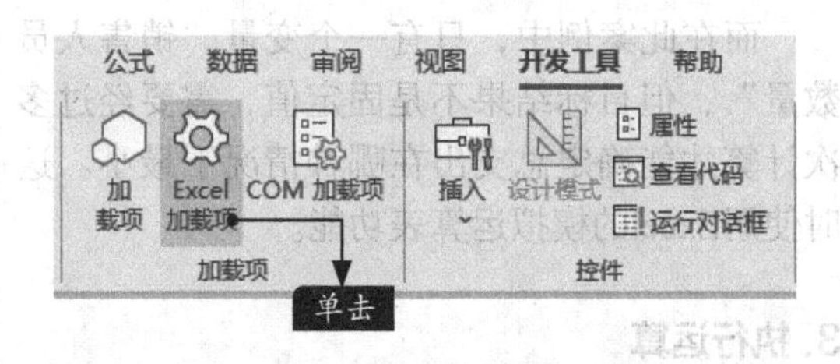

步骤02 在弹出的【加载项】对话框中，选中【规划求解加载项】复选框，并单击【确定】按钮，如下页首图所示。

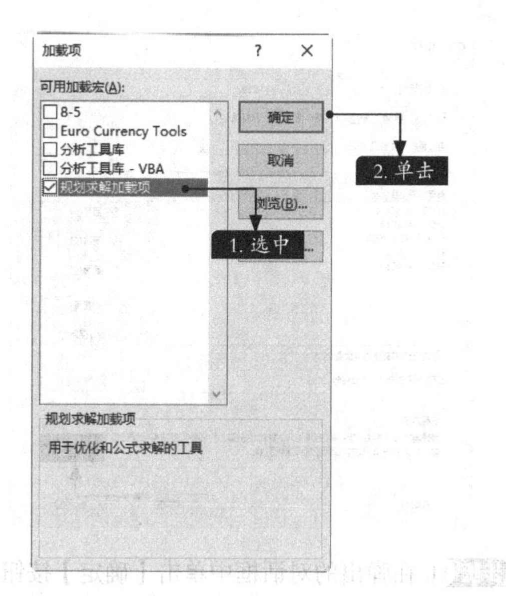

步骤03 单击【数据】选项卡下【分析】组中的【规划求解】按钮，如下图所示。

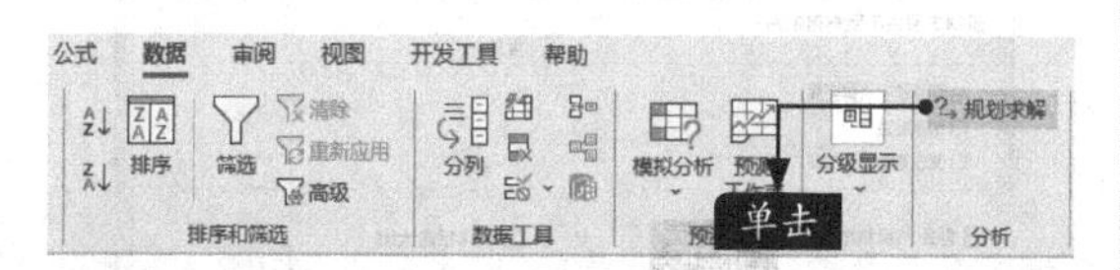

步骤04 弹出【规划求解参数】对话框，将光标定位在【设置目标】输入框中，单击E9单元格，选中【最大值】单选按钮，将光标定位在【通过更改可变单元格】输入框选中，选择F6:F8单元格区域，然后单击【添加】按钮，如下图所示。

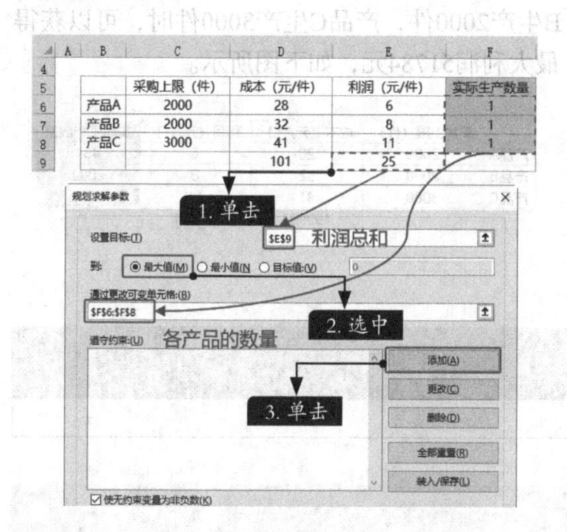

步骤05 将光标定位在【单元格引用】输入框中，单击F6单元格，将光标定位在【约束】输入框中，单击C6单元格，单击【添加】按钮，添加第1个约束条件（产品A的采购数量不大于2000件），如下图所示。

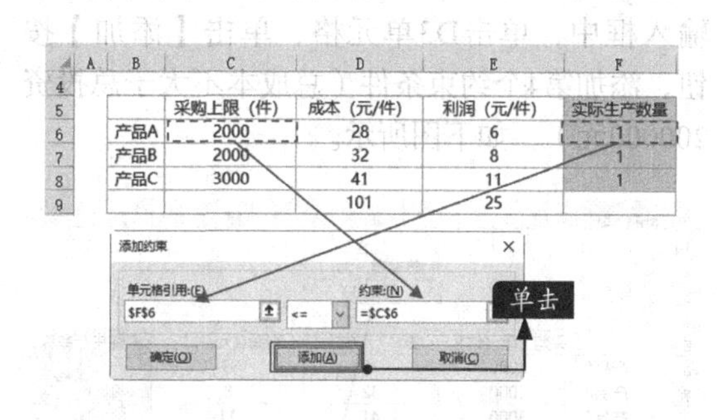

小提示

为什么不在此处直接输入“2000”，而是单击存放“2000”的C6单元格呢？因为如果约束条件中的数值发生变化，就不用重新手动输入。

步骤06 将光标定位在【单元格引用】输入框中，单击F7单元格，将光标定位在【约束】输入框中，单击C7单元格，单击【添加】按钮，添加第2个约束条件（产品B的采购数量不大于2000件），如下图所示。

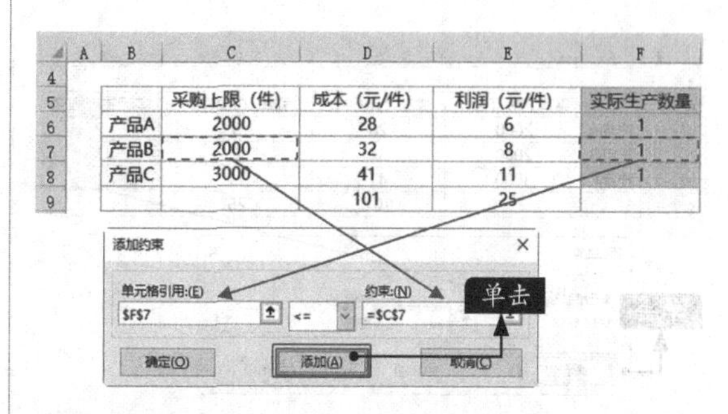

步骤07 将光标定位在【单元格引用】输入框中，单击F8单元格，将光标定位在【约束】输入框中，单击C8单元格，单击【添加】按钮，添加第3个约束条件（产品C的采购数量不大于3000件），如下图所示。

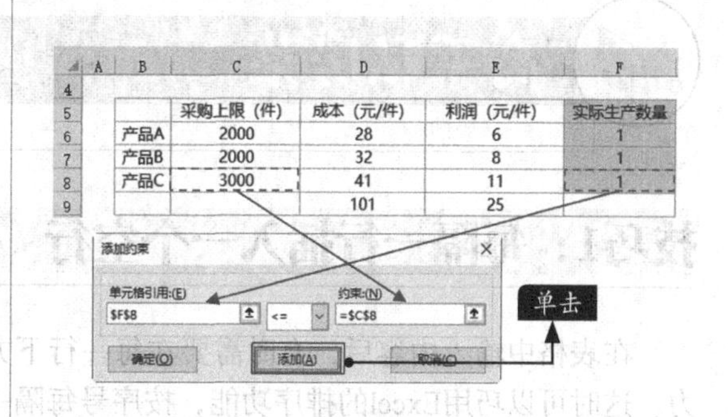

步骤08 将光标定位在【单元格引用】输入框中，单击D9单元格，将光标定位在【约束】输入框中，单击D3单元格，单击【添加】按钮，添加第4个约束条件（总成本不大于总投资200000元），如下图所示。

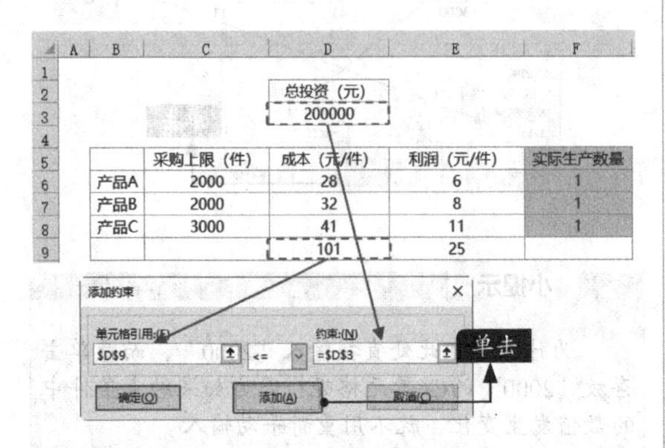

步骤09 将光标定位在【单元格引用】输入框中，选中F6:F8单元格区域，在中间的下拉列表中选择【int】选项，在【约束】输入框中输入“整数”，单击【确定】按钮，添加第5个约束条件（各产品的销售数量都是整数），如下图所示。

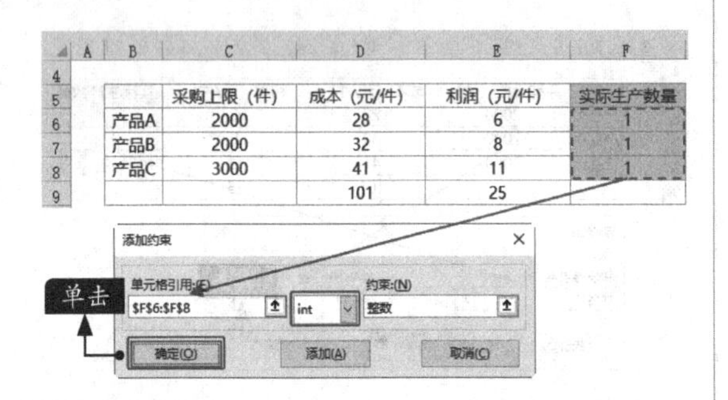

步骤10 添加完所有的约束条件后，单击【求解】按钮，如右上图所示。

步骤11 在弹出的对话框中单击【确定】按钮，如下图所示。

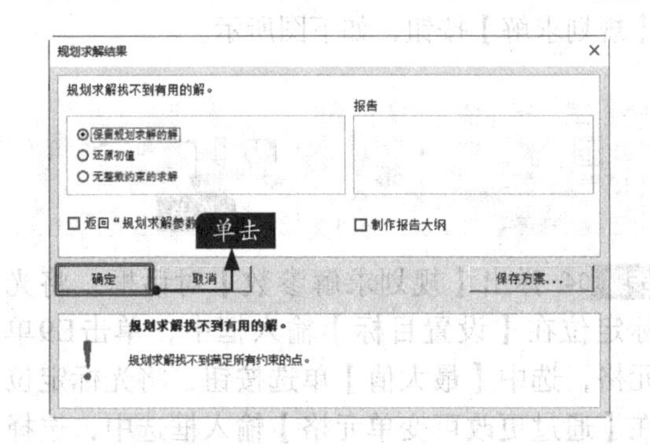

此时在表格中已计算出了满足约束条件的各产品的生产数量，当产品A生产464件，产品B生产2000件，产品C生产3000件时，可以获得最大利润51784元，如下图所示。

	采购上限（件）	成本（元/件）	利润（元/件）	实际生产数量
产品A	2000	28	6	464
产品B	2000	32	8	2000
产品C	3000	41	11	3000
		199992	51784	

高手私房菜

技巧1：每隔一行插入一个空行

在表格中输入内容后，有时需要在每一行下方增加一个空行，一行行地插入空行，费时又费力。这时可以巧用Excel的排序功能，按序号每隔一行插入一个空行。具体步骤如下。

步骤01 打开“素材\ch07\技巧1.xlsx”文件。选择A2:A52单元格区域，按【Ctrl+C】组合键进行复制，再选择A53单元格，按【Ctrl+V】组合键粘贴，然后选择A列，单击【数据】选项卡下【排序和筛选】组中的【升序】按钮，如下图所示。

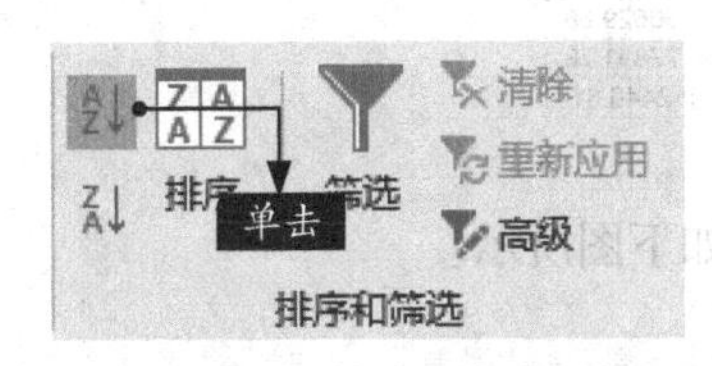

步骤02 弹出【排序提醒】对话框，选中【扩展选定区域】单选按钮，单击【排序】按钮，如右上图所示。

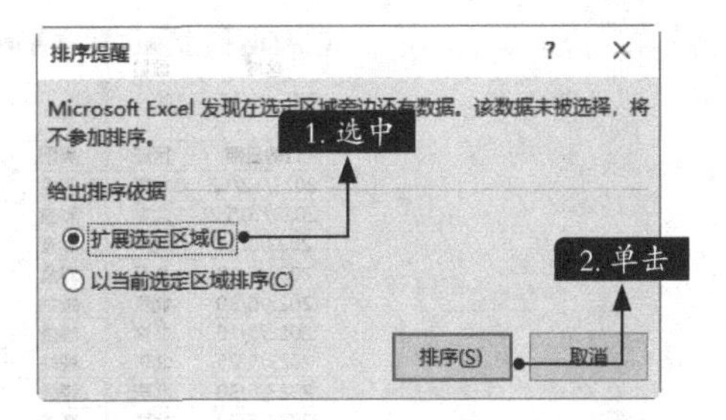

可以看到每隔一行插入了一个空行，效果如下图所示。

	A	B
1	序号	部门
2	1	财务部
3	1	
4	2	人事部
5	2	
6	3	财务部
7	3	
8	4	人事部
9	4	
10	5	生产部
11	5	
12	6	生产部
13	6	
14	7	财务部
15	7	

技巧2：筛选的结果不一定可信怎么办

由Excel筛选出的结果一定可信吗？不一定。下面来做一个实验。具体步骤如下。

步骤01 打开“素材\ch07\技巧2.xlsx”文件，J4:O14单元格区域筛选出了“区域是北京且数量大于500”的数据，有10条，如下图所示。

	J	K	L	M	N	O
1	区域	数量				
2	北京	>500				
3						
4	订购日期	区域	类别	数量	成本	销售金额
5	2023/12/12	北京	彩盒	818	82,966.87	106799.28
6	2023/10/22	北京	彩盒	818	83,158.63	106799.28
7	2023/3/21	北京	彩盒	550	88,869.47	126481.42
8	2023/7/19	北京	彩盒	1500	225,401.61	255707.59
9	2023/6/30	北京	睡袋	600	16,156.10	19673.24
10	2023/7/16	北京	睡袋	600	21,108.18	25904.58
11	2023/5/25	北京	睡袋	600	34,342.33	44109.00
12	2023/6/30	北京	睡袋	700	41,843.75	50629.66
13	2023/6/30	北京	睡袋	1000	65,748.74	77891.78
14	2023/4/28	北京	鞋袜	4700	3,431.00	2440.61
15						

步骤02 将D2单元格中的“18”手动修改为“1800”，如下图所示。

	A	B	C	D
1	订购日期	区域	类别	数量
2	2023/3/21	北京	彩盒	18
3	2023/8/15	北京	彩盒	16
4	2023/10/19	北京	彩盒	198
5	2023/3/21	北京	彩盒	157

	A	B	C	D
1	订购日期	区域	类别	数量
2	2023/3/21	北京	彩盒	1800
3	2023/8/15	北京	彩盒	16
4	2023/10/19	北京	彩盒	198
5	2023/3/21	北京	彩盒	157

可以看到筛选出的“区域是北京且数量大于500”的单元格区域中仍然有10条数据，没有发生改变，如下页首图所示。

J	K	L	M	N	O	P
区域	数量					
北京	>500					
订购日期	区域	类别	数量	成本	销售金额	
2023/12/12	北京	彩盒	818	82,966.87	106799.28	
2023/10/22	北京	彩盒	818	83,158.63	106799.28	
2023/3/21	北京	彩盒	550	88,869.47	126481.42	
2023/7/19	北京	彩盒	1500	225,401.61	255707.59	
2023/6/30	北京	睡袋	600	16,156.10	19673.24	
2023/7/16	北京	睡袋	600	21,108.18	25904.58	
2023/5/25	北京	睡袋	600	34,342.33	44109.00	
2023/6/30	北京	睡袋	700	41,843.75	50629.66	
2023/6/30	北京	睡袋	1000	65,748.74	77891.78	
2023/4/28	北京	鞋袜	4700	3,431.00	2440.61	

步骤03 参照7.2.4小节重新操作，可以看到数据变为11条，如下图所示。

	J	K	L	M	N	O	P
1	区域	数量					
2	北京	>500					
3							
4	订购日期	区域	类别	数量	成本	销售金额	
5	2023/3/21	北京	彩盒	1800	1,510.23	2723.99	
6	2023/12/12	北京	彩盒	818	82,966.87	106799.28	
7	2023/10/22	北京	彩盒	818	83,158.63	106799.28	
8	2023/3/21	北京	彩盒	550	88,869.47	126481.42	
9	2023/7/19	北京	彩盒	1500	225,401.61	255707.59	
10	2023/6/30	北京	睡袋	600	16,156.10	19673.24	
11	2023/7/16	北京	睡袋	600	21,108.18	25904.58	
12	2023/5/25	北京	睡袋	600	34,342.33	44109.00	
13	2023/6/30	北京	睡袋	700	41,843.75	50629.66	
14	2023/6/30	北京	睡袋	1000	65,748.74	77891.78	
15	2023/4/28	北京	鞋袜	4700	3,431.00	2440.61	
16							

小提示

第2行数据，修改前的区域是北京，数量是18，不满足条件；但是将数量修改为1800后，满足了“区域是北京且数量大于500”的条件，逻辑上，筛选结果应该会多一条数据，但实际上，Excel的筛选结果并没有发生改变。

这是因为Excel的筛选是基于原表数据的，筛选结果并不像公式的运算结果一样会实时更新。

这也就意味着，Excel的筛选结果不一定是可信的。因此，为了确保准确性，必须重新操作一次，得到最新的筛选结果。